제3판

회로의 기본 소자 – 다이오드와 TR, FET를 중심으로 다룬

# 기초 전자회로 실험 · 실습

이기학 / 주창식 / 백주기 공저

D.B.Info

# 머리말

최첨단 기술의 시대를 살아가고 있는 우리는 시시각각 변화하고 있는 시대적 변화에 능동적으로 대처하기 위해 기초지식을 강화하여야 한다. 특히 전기, 전자, 제어, 통신공학도들에게 가장 기본이 되는 기초전자회로실험에 대한 중요성을 인식해야 한다.

본 교재는 전자회로의 가장 기본인 되는 이론을 습득하고 이를 실험을 통해 확인할 수 있도록 실험서를 엮은 것이다. 또한 다양한 소자보다는 가장 기본이 되는 소자인 다이오드(정류, 제너)와 TR, FET를 보다 깊이 있게 다루었다. 결과보고서에서는 본 실험의 이해도를 측정하기 위해 문제를 제시한 것 이 가장 큰 특징 중에 하나이다.

본 교재의 구성을 보면 다음과 같다.

제 I 부 전자회로의 기초

기초 1장. 전자회로 기초 이론　　기초 2장. 기본 소자 판별법

제 II부 다이오드의 특성과 응용

1장. 다이오드의 특성　　2장. 다이오드의 등가모델

3장. 제너다이오드의 특성　　4장. 정류기 회로

5장. 리미팅회로와 클램프 회로　　6장. 배전압회로와 필터

제 III부 트랜지스터의 특성과 응용

7장. 트랜지스터의 특성　　8장. 트랜지스터의 바이어스 회로

9장. 저주파 증폭회로와 응용

제IV부 FET의 특성과 응용

10장. FET의 종류와 특성　　11장. FET 바이어스 및 증폭회로

제V부 발진회로 설계와 응용회로의 예

12장. 발진기 설계　　13장. 응용회로의 예

제VI부 부록(데이터 시트)

이 책은 독자들이 쉽게 이해할 수 있도록 최대한 노력하였으나 미흡한 내용이 많이 있으리라 생각된다. 독자들의 충고와 조언을 토대로 계속 수정 보완하여 보다 유익한 책자가 되도록 노력하고자 한다. 끝으로 이 책을 완성하기까지 도와준 동료 교수님들과 이 책의 출판을 맡으신 출판사 사장님께 깊은 감사를 드립니다.

저자씀

CONTENTS

# 차례

## 1부 전자회로 기초



## 2부 다이오드의 특성과 응용

# 부품목록

**〈실험〉**

실험 1. 다이오드 특성

| 명칭 | 규격 | 수량 | 비고 |
|---|---|---|---|
| 다이오드 | 1N4001 | 1개 | 1/2W |
| 저항 | 100Ω, 330Ω, 470Ω, | 각 1개 | 1W,1/2W |
| | 1kΩ, 4.7kΩ, 470kΩ | 각 1개 | 1/2W |

실험 2. 제너다이오드의 특성

| 명칭 | 규격 | 수량 | 비고 |
|---|---|---|---|
| 제너다이오드 | 1N4742 | 1개 | 12±2V,1/2W |
| 저항 | 100Ω, 2.2kΩ, 4.7kΩ | 각 1개 | 1W,1/2W |

실험 3. 반파정류기

| 명칭 | 규격 | 수량 | 비고 |
|---|---|---|---|
| 트랜스 | 2차 : 24V 또는 12V | 1개 | 110V, 220V |
| 다이오드 | 1N4001 | 1개 | 1/2W |
| 저항 | 10Ω, 1kΩ | 각 1개 | 1W,1/2W |
| 콘덴서 | 1000μF | 1개 | 25V |

실험 4. 브리지 정류기

| 명칭 | 규격 | 수량 | 비고 |
|---|---|---|---|
| 트랜스 | 2차 : 24V 또는 12V | 1개 | 110V, 220V |
| 다이오드 | 1N4001 | 1개 | 1/2W |
| 저항 | 10Ω, 1kΩ | 각 1개 | 1W,1/2W |
| 콘덴서 | 1000μF | 1개 | 25V |

실험 5. 배전압회로

| 명칭 | 규격 | 수량 | 비고 |
|---|---|---|---|
| 다이오드 | 1N4001 | 2개 | 1/2W |
| 저항 | 100Ω, 5.6kΩ | 각1개 | 1W,1/2W |
| | 500Ω | 1개 | 5W |
| 전해콘덴서 | 100μF | 3개 | 50V |
| 트랜스 | 0V, 6V, 12V | 1개 | 110V, 220V |

실험 6. 필터회로

| 명칭 | 규격 | 수량 | 비고 |
|---|---|---|---|
| 다이오드 | 1N4001 | 2개 | 1/2W |
| 저항 | 100Ω, 2.7kΩ | 1개 | 1W,1/2W |
| | 250Ω | 1개 | 2W |
| 전해콘덴서 | 100μF | 2개 | 50V |
| 트랜스 | 0V, 6V, 12V | 1개 | 110V, 220V |

실험 7. 클리핑 회로

| 명칭 | 규격 | 수량 | 비고 |
|---|---|---|---|
| 다이오드 | 1N5625 | 2개 | 1/2W |
| 저항 | 120kΩ | 1개 | 1/2W |
| 건전지 | 1.5V | 2개 | |

실험 8. 슬라이서

| 명칭 | 규격 | 수량 | 비고 |
|---|---|---|---|
| 다이오드 | 1N5625 | 2개 | 1/2W |
| 저항 | 120kΩ | 1개 | 1/2W |
| 가변저항 | 2.5kΩ | 1개 | |
| 스위치 | ON/OFF SW | 2개 | |
| 건전지 | 1.5V | 2개 | |

실험 9. 클램핑 회로

| 명칭 | 규격 | 수량 | 비고 |
|---|---|---|---|
| 다이오드 | 1N5625 | 2개 | 1/2W |
| 저항 | 120kΩ | 1개 | 1/2W |
| 콘덴서 | 0.1μF | 1개 | 25V |
| 건전지 | 1.5V, 2V | 2개 | |

실험 10. 트랜지스터의 특성

| 명칭 | 규격 | 수량 | 비고 |
|---|---|---|---|
| 트랜지스터 | 2N3904 | 1개 | NPN |
| 저항 | 100Ω | 1개 | 1W |
| | 100kΩ | 1개 | 1/2W |
| 가변저항 | 10kΩ | 2개 | |

실험 11. 고정바이어스 회로

| 명칭 | 규격 | 수량 | 비고 |
|---|---|---|---|
| 트랜지스터 | 2N3904 | 1개 | NPN |
| 저항 | 1kΩ, 6.8kΩ, 2.2MΩ | 각 1개 | 1/2W |

실험 12. 이미터바이어스 회로

| 명칭 | 규격 | 수량 | 비고 |
|---|---|---|---|
| 트랜지스터 | 2N3904 | 1개 | NPN |
| 저항 | 4.7kΩ | 1개 | 1/2W |
| | 10kΩ | 2개 | 1/2W |

실험 13. 전류귀환바이어스 회로

| 명칭 | 규격 | 수량 | 비고 |
|---|---|---|---|
| 트랜지스터 | 2N3904 | 1개 | NPN |
| 저항 | 3.3kΩ, 10kΩ, 22kΩ | 각 1개 | 1/2W |
| | 100kΩ | 1개 | 1/2W |

실험 14. 공통이미터증폭회로

| 명칭 | 규격 | 수량 | 비고 |
|---|---|---|---|
| 트랜지스터 | 2N3904 | 1개 | NPN |
| 저항 | 330Ω, 3.3kΩ, 10kΩ | 각 1개 | 1W,1/2W |
| | 12kΩ, 15kΩ, 22kΩ, | 각 1개 | 1/2W |
| | 100kΩ | 1개 | 1/2W |
| 전해콘덴서 | 10μF | 2개 | 25V |
| | 100μF | 1개 | 25V |

실험 15. 공통컬렉터증폭회로

| 명칭 | 규격 | 수량 | 비고 |
|---|---|---|---|
| 트랜지스터 | 2N3904 | 1개 | NPN |
| 저항 | 33Ω, 1kΩ, 47kΩ | 각 1개 | 1W,1/2W |
| | 2.2kΩ | 1개 | 1/2W |
| | 22kΩ | 2개 | 1/2W |
| 전해콘덴서 | 10μF | 2개 | 25V |
| 콘덴서 | 0.001μF | 1개 | 25V |

실험 16. 공통베이스증폭회로

| 명칭 | 규격 | 수량 | 비고 |
|---|---|---|---|
| 트랜지스터 | 2N3904 | 1개 | NPN |
| 저항 | 10kΩ, 12kΩ, 22kΩ | 각 1개 | 1/2W |
| | 100kΩ | 1개 | 1/2W |
| | 330Ω, 3.3kΩ | 2개 | 1W, 1/2W |
| 전해콘덴서 | 10μF | 1개 | 25V |
| | 100μF | 2개 | 25V |

실험 17. J-FET의 직류특성

| 명칭 | 규격 | 수량 | 비고 |
|---|---|---|---|
| FET | 2N5951 | 1개 | NPN |
| 다이오드 | 1N4001 | 각 1개 | |
| 저항 | 470Ω, 1kΩ, 2.2kΩ | 각 1개 | 1/2W |
| | 100kΩ | 1개 | 1/2W |
| 가변저항 | 10kΩ | 2개 | |

실험 18. J-FET 바이어스회로

| 명칭 | 규격 | 수량 | 비고 |
|---|---|---|---|
| FET | 2N5951 | 1개 | NPN |
| 저항 | 1kΩ, 2.2kΩ, 4.7kΩ | 각 1개 | 1/2W |
| | 100kΩ, 330kΩ | 각 1개 | 1/2W |

실험 19. 공통소스증폭기

| 명칭 | 규격 | 수량 | 비고 |
|---|---|---|---|
| FET | 2N5951 | 1개 | NPN |
| 저항 | 470Ω, 4.7kΩ, 10kΩ | 각 1개 | 1/2W |
| | 100kΩ | 2개 | 1/2W |
| 가변저항 | 10kΩ | 2개 | |

## 〈응용회로의 예〉

1. 안정화회로(Regulator)

| 명칭 | 규격 | 수량 | 비고 |
|---|---|---|---|
| 트랜지스터 | CS9013 | 1개 | NPN |
| 다이오드 | 1N4001 | 1개 | 1A |
| 제너다이오드 | $V_Z = 9$V | 1개 | |
| 전해콘덴서 | 100μF | 3개 | 50V |
| 저항 | 470Ω, 47kΩ | 각 1개 | 1W |
| 파워트랜스 | 12V | 1개 | 220V |
| 기판 | 13 × 23 × 1 | 1개 | |

2. 비안정 멀티바이브레이터 발진기(2석 윙커)

| 명칭 | 규격 | 수량 | 비고 |
|---|---|---|---|
| 트랜지스터 | 2SC1815 | 2개 | NPN |
| 발광다이오드 | 적색 | 2개 | 1A |
| 전해콘덴서 | 22μF | 3개 | 16V |
| 저항 | 470Ω, 22kΩ | 각 2개 | |
| 기판 | 13 × 23 × 1 | 1개 | |

3. 4석 경보음 발생기

| 명칭 | 규격 | 수량 | 비고 |
|---|---|---|---|
| 트랜지스터 | CS9014 | 2개 | NPN |
| | CS9013 | 1개 | NPN |
| | CS9012 | 1개 | PNP |
| 다이오드 | 1N60 | 1개 | |
| 전해콘덴서 | 220μF, 100μF | 각2개 | 16V |
| | 47μF | 1개 | 16V |
| 콘덴서 | 0.047μF | 1개 | 16V |
| 저항 | 100Ω, 220Ω, 560Ω | 각 1개 | 1/2W |
| | 3.9Ω, 33kΩ | 각 2개 | 1/2W |
| | 15kΩ | 1개 | 1/2W |
| 기판 | 13 × 23 × 1 | 1개 | |
| 스피커 | 2.2인치 | 1개 | |

4. 3석 전자 경보 사이렌

| 명칭 | 규격 | 수량 | 비고 |
|---|---|---|---|
| 트랜지스터 | 2SC1815 | 2개 | NPN |
| | 2SA562 | 1개 | PNP |
| 전해콘덴서 | 47μF | 2개 | 16V |
| 콘덴서 | 0.1μF | 2개 | 16V |
| 저항 | 330Ω, 47kΩ, 100kΩ | 각 1개 | 1/2W |
| | 1kΩ, 33kΩ | 각 2개 | 1/2W |
| | 15kΩ | 1개 | 1/2W |
| LED | 적색 | 1개 | |
| 스위치 | PUSH 스위치 | 1개 | |
| 기판 | 13 × 23 × 1 | 1개 | |
| 스피커 | 2.2인치 | 1개 | |

5. 멀티발진회로

| 명칭 | 규격 | 수량 | 비고 |
|---|---|---|---|
| 트랜지스터 | 2SC1815 | 2개 | NPN |
| | 2SA562 | 1개 | PNP |
| 다이오드 | 1N4001 | 5개 | |
| 전해콘덴서 | 4.7μF | 2개 | |
| 콘덴서 | 30pF | 4개 | |
| | 82pF | 2개 | |
| 저항 | 1kΩ | 6개 | 1/2W |
| | 30kΩ, 10kΩ | 각 1개 | 1/2W |
| | 47kΩ | 4개 | 1/2W |
| LED | 적색 | 6개 | |
| 기판 | 13 × 23 × 1 | 1개 | |

6. 4석 OTL AMP

| 명칭 | 규격 | 수량 | 비고 |
|---|---|---|---|
| 트랜지스터 | CS9011,CS9013G | 각1개 | NPN |
| | CS9015, CS9012G | 각 1개 | PNP |
| 다이오드 | CD0021 | 2개 | |
| 전해콘덴서 | 1μF, 4.7μF, 100μF | 각 1개 | |
| | 47μF, 5μF | 1개 | |
| 콘덴서 | 0.02μF | 2개 | |
| 가변저항 | 5kΩ | 1개 | |
| 저항 | 68kΩ, 6.8kΩ, 150kΩ | 각 1개 | |
| | 22Ω, 820Ω | 각 1개 | |
| | 5.6kΩ | 2개 | |
| 기판 | 13 × 23 × 1 | 1개 | |

7. 저주파 증폭기

| 명칭 | 규격 | 수량 | 비고 |
|---|---|---|---|
| 트랜지스터 | CS9014D | 2개 | NPN |
| | CS9013G | 3개 | NPN |
| | CS1860 | 1개 | NPN |
| | CS9012G, CS1861 | 각 1개 | PNP |
| 전해콘덴서 | 220μF, 3μF, 4.7μF | 각 1개 | |
| | 1μF, 1000μF | 1개 | |
| | 100μF | 2개 | |
| 콘덴서 | 20pF, 150pF, 200pF | 1개 | |
| | 0.04μF | 1개 | |
| 가변저항 | 5kΩ | 1개 | |
| 저항 | 500Ω, 27kΩ, 150kΩ | 각 1개 | |
| | 47kΩ, 1.8kΩ, 6.8kΩ | 각 1개 | |
| | 1.5kΩ, 560kΩ, 10Ω | 각 1개 | |
| | 10kΩ,470kΩ,100Ω | 2개 | |
| | 0.5Ω | 2개 | |
| 기판 | 13 × 23 × 1 | 1개 | |

8. 돌비(DOLBY) EQ 회로

| 명칭 | 규격 | 수량 | 비고 |
|---|---|---|---|
| 트랜지스터 | 2SC372 | 2개 | NPN |
| | 2SA495 | 1개 | PNP |
| FET | 2SK30 | 1개 | |
| 다이오드 | 1N60 | 5개 | |
| 전해콘덴서 | 47μF, 4.7μF | 각 1개 | |
| | 220μF | 각 2개 | |
| | 10μF | 3개 | |
| | 1μF | 5개 | |
| 콘덴서 | 0.002μF, 0.001μF | 1개 | |
| | 0.0047μF | 2개 | |
| 가변저항 | 50kΩ | 2개 | |
| 저항 | 220Ω, 3.3kΩ, 2.7kΩ | 각 1개 | |
| | 8.2kΩ, 220kΩ, 1MΩ | 각 1개 | |
| | 10kΩ, 120kΩ, 47kΩ | 각 1개 | |
| | 1kΩ, 68Ω, 22Ω | 각 1개 | |
| | 33kΩ, 15kΩ | 각 2개 | |
| 기판 | 13 × 23 × 1 | 1개 | |

# 제 1부

# 전자회로 기초

# 기초 1장

# 전자 회로 기초 이론

## 1. SI 단위계(출처 : 한국표준과학연구소)

### (1) SI란

① Le Systeme International d'Unites(佛)에서 온 약어(略語)

⇔ "국제단위계"

⇔ "國際單位系"

⇔ "The International System of Units"

② 현재 세계 대부분의 국가에서 채택하여 국제 공동으로 사용하고 있는 단위계

③ "미터계"(또는 "미터법")라고 부르고 사용하여 오던 단위계가 현대화된 것

④ 1960년 제 11차 국제도량형총회(CGPM)에서 "국제단위계"라는 명칭과 그 약칭 "SI"를 채택 결정

### (2) SI의 배경 및 발달

① 1790년경 프랑스에서 "미터계" 발명

② 1875년 17개국이 미터협약(Convention du Metre)에 조인함으로써 공식화

③ 1881년 CGS계(센티미터-그램-초에 바탕을 둠) ⇒ 과학 분야에서 사용

④ 1900년경 MKS계(미터-킬로그램-초에 바탕을 둠) ⇒ 실용적 측정에 사용

⑤ 1901년 Giovanni Giorgi가 전기 기본 단위 하나를 새로 도입할 것을 제의

⇒ 역학 및 전기 단위들이 통합된 일관성 있는 체계의 형성

⑥ 1935년 국제전기기술위원회(IEC)가 전기 단위로 ampere, coulomb, ohm, volt 중 하나를 채택하여 역학의 MKS와 통합할 것을 추천

⇒ 뒤에 암페어(ampere)가 선정됨.

⇒ MKSA계 형성

⑦ 1954년 제10차 CGPM에서 MKSA의 4개의 단위와 온도의 단위 "켈빈도", 광도의 단위 "칸델라"의 모두 6개의 단위에 바탕을 일관성 있는 단위계를 채택

⑧ 1960년 제11차 CGPM에서 이 단위계에 공식적인 명칭 "국제단위계"를 부여하고, 약칭 "SI"를 부여하여 모든 언어에서 사용하도록 함.

⑨ 1967년 온도의 단위가 켈빈도(°K)에서 켈빈(K)으로 바뀜

⑩ 1971년 7번째의 기본 단위인 몰(mole)이 추가

⇒ 현재의 SI

### (3) SI의 특징

① 각 속성(또는 물리량)에 대하여 한 가지 단위만 사용

예로서, 길이에 대하여는 미터만 사용(자(尺) 또는 피트(foot) 같은 단위를 사용하지 않음)

⇒ 전체적으로 볼 때 단위의 수가 대폭 감소

② 모든 활동 분야에 적용

⇒ 과학이나 기술 또는 상업 등 모든 분야에 적용

⇒ 전 세계가 같은 방법으로 사용

⇒ 상호 교류나 이해를 쉽게 함.

③ 일관성 있는 체계

몇 가지 기본 단위를 바탕으로 이들의 곱이나 비의 형식으로 모든 물리량을 나타내는 일관성 있는 체계를 형성하였다.

⇒ 다른 체계와의 혼합에서 오는 인자들이 없어지게 됨.

④ 배우기와 사용하기가 쉽다.

⇒ 한마디로, SI는 그 명칭이 뜻하는 대로 "국제" 단위계이다.

### (4) SI의 구조

국제단위계(SI)는 기본 단위 유도 단위 2가지 부류의 단위로 형성되어 있다.

① 기본 단위 : 관례상 독립된 차원을 가지는 것으로 간주되는 명확하게 정의된 단위들을 선택하여 SI의 바탕을 형성

⇒ 미터, 킬로그램, 초, 암페어, 켈빈, 몰, 칸델라의 7개 단위

② 유도 단위 : 관련된 양들을 연결시키는 대수적 관계에 따라서 기본 단위들의 조합 또는 기본 단위와 다른 유도 단위들의 조합으로 이루어짐. 평면각과 입체각을 나타내는 라디안과 스테라디안도 이에 포함됨.

⇒ 과학적인 관점에서 볼 때 이와 같이 두 부류로 나누는 것은 어느 정도 임의적이며, 국제 관계, 교육 및 과학적 교육 및 과학적 연구 활동 등에 있어서 실용적이며 범세계적인 단일 체계의 이점을 고려한 것임.

### (5) SI의 기본 단위

① 기본 단위는 관례상 독립된 차원을 가지는 것으로 간주되는 명확하게 정의된 단위들을 선택하여 SI의 바탕을 이루고 있다.

〈표 1.1〉 SI의 기본 단위

| 물리량 | 단위의 명칭 | 단위의 기호 |
|---|---|---|
| 길이 | 미터(meter) | m |
| 질량 | 킬로그램(kilogram) | kg |
| 시간 | 초(second(sec.)) | s |
| 전류 | 암페어(ampere) | A |
| 절대 온도 | 켈빈(kelvin) | K |
| 광도 | 칸델라(candela) | cd |

현재는 이들 중 질량의 단위인 킬로그램(kg)만 인공적으로 만든 국제원기에 의하여 정의되어 있고, 나머지 6 개는 모두 물리적인 실험에 의하여 정의되어 있음.

② 이들 정의들은 과학 기술의 발달에 따라 바뀌어 왔고, CGPM에 의해서 결정됨.

여기서 전류(A)와 절대 온도(K)는 대문자로 표기하고 그 이외에는 소문자로 표기하고 있음에 유의해야 한다.

### (6) 기본 단위의 정의

① 길이의 단위(m)

"미터(meter)는 진공에서 빛이 1/299 792 458초 동안 진행한 경로의 길이이다."(1983년 제17차 CGPM)

⇒ 이에 따라서 빛의 속력은 정확히 299 792 458 m/s이며, 길이의 단위가 독립적으로 정의되었을 때처럼 오차를 포함하지 않는 상수이다.

② 질량의 단위(kg)

"킬로그램(kilogram)은 질량의 단위이며, 국제 킬로그램 원기의 질량과 같다."(1901년 제3차 CGPM)

⇒ 여기서, 질량의 단위라고 강조한 것은 그간 흔히 중량(무게)의 뜻과 혼동되어서 사용되어 왔기 때문에 이를 중지시키고 질량임을 명백히 하기 위한 것이다.

③ 시간의 단위(s)

"초(second)는 세슘 133원자 (133Cs)의 바닥상태에 있는 두 초미세 준위 간의 전이에 대응하는 복사선 9,192,631,770 주기의 지속 시간이다."(1967년 제13차 CGPM)

④ 전류의 단위(A)

"암페어(ampere)는 무한히 길고 무시할 수 있을 만큼 작은 원형 단면적을 가진 두 개의 평행한 직선 도체가 진공 중에서 1미터 간격으로 유지될 때, 두 도체 사이에 매 미터당 $2\times10^{-7}$ 뉴턴(N)의 힘을 생기게 하는 일정한 전류이다."(1948년 제9차 CGPM)

⑤ 열역학적 온도의 단위(K)

"켈빈(kelvin)은 열역학적 온도의 단위로 물의 삼중점의 열역학적 온도의 1/273.16이다."(1976년 제13차 CGPM)

⇒ 이에 부가하여 다음 식으로 정의된 섭씨온도도 사용한다.(기호 $t$, 단위 ℃)

$$t = T - T_0$$

여기서, $T_0$=273.15 K로 정의되었음

⑥ 물질량의 단위(mol)

"몰은 탄소 12의 0.012 킬로그램에 있는 원자의 개수와 같은 수의 구성 요소를 포함한 어떤 계의 물질량이다. 몰을 사용할 때에는 구성 요소를 반드시 명시해야 하며 이 구성 요소는 원자, 분자, 이온, 전자, 기타 입자 또는 이 입자들의 특정한 집합체가 될 수 있다."(1971년 제14차 CGPM)

⇒ 몰의 정의에서 탄소 12는 바닥상태에서 정지해 있으며 속박되어 있지 않은 원자를 가리킨다. 또한 이 정의는 몰의 단위를 가진 양의 특성을 부여하는 점에 주의하여야 한다.

⑦ 광도의 단위(cd)

"칸델라(candela)는 주파수 540×1012 헤르츠인 단색광을 방출하는 광원의 복사도가 어떤 주어진 방향으로 매 스테라디안당 1/683 와트일 때 이 방향에 대한 광도이다."(1976년 제16차 CGPM)

### (7) SI의 유도 단위

① 기본 단위를 물리 법칙에 의해 대수적인 관계식으로 결합하여 나타내는 것

② 유도 단위의 표현에는 기본 단위 외의 다른 인자가 나타나지 않음

⇒ SI 단위가 일관성을 갖게 되고, 또한 계산할 때 다른 환산 인자를 필요로 하지 않음

③ 이 유도 단위 중에서 21개는 편의상 특별한 명칭과 기호가 주어졌음.

④ 경우에 따라 많은 유도 단위가 만들어질 수 있으며 이들은 기본 단위로만 표현된 경우, 그리고 특별한 명칭을 가진 유도 단위를 사용한 경우로 분류할 수 있다.

〈표 1.2〉 기본 단위로 표시된 SI 유도 단위

| | SI 단위 | |
|---|---|---|
| | 명 칭 | 기 호 |
| 넓이 | 제곱미터 | $m^2$ |
| 부피 | 세제곱미터 | $m^3$ |
| 속력, 속도 | 미터 매초 | m/s |

〈표 1.3〉 특별한 명칭을 가진 SI 유도 단위표

| 양 | SI 단위 | | |
|---|---|---|---|
| | 명 칭 | 기 호 | 기본 단위나 다른 유도 단위로 표시 |
| 평면각 | 라디안(radian) | rad | $m \cdot m^{-1}=1$ |
| 입체각 | 스테라디안(steradian) | sr | $m^2 \cdot m^{-2}=1$ |
| 진동수, 주파수 | 헤르츠(hertz) | Hz | $s^{-1}$ |
| 힘 | 뉴턴(newton) | N | $m \cdot kg \cdot s^{-2}$ |
| 압력, 응력 | 파스칼(pascal) | Pa | $N/m^2$ |
| 에너지, 일, 열량 | 줄(joule) | J | N · m |
| 일률, 전력 | 와트(watt) | W | J/s |
| 전하량 | 쿨롬(coulomb) | C | A · s |
| 전위, 전압, 기전력 | 볼트(volt) | V | J/C, W/A |
| 전기 용량 | 패럿(farad) | F | C/V |
| 전기 저항 | 옴(ohm) | Ω | V/A |
| 전기 전도도 | 지멘스(siemens) | S | $\Omega^{-1}$, A/V |
| 자기력 선속 | 웨버(weber) | Wb | V · s |
| 자기력 선속밀도 | 테슬라(tesla) | T | $Wb/m^2$ |
| 인덕턴스 | 헨리(henry) | H | Wb/A |
| 섭씨 온도 | 섭씨도(degree elsius) | ℃ | K |
| 광선속 | 루멘(lumen) | lm | cd · sr |
| 조명도 | 럭스(lux) | lx | $lm/m^2$ |
| 방사능 | 베크렐(becqurel) | Bq | $s^{-1}$ |
| 흡수 선량, 비에너지 투여 | 그레이(gray) | Gy | J/kg |
| 선량 당량, 선량 당량 지수 | 시버트(sievert) | Sv | J/kg |

<표 1.4> 특별한 명칭으로 표시된 SI 유도 단위

| 양 | SI 단위 | | |
|---|---|---|---|
| | 명 칭 | 기 호 | 기본단위로 표시 |
| 힘의 모멘트 | 뉴턴 미터 | N·m | $m^2 \cdot kg \cdot s^{-2}$ |
| 표면 장력 | 뉴턴 매미터 | N/m | $kg \cdot s^{-2}$ |
| 열용량, 엔트로피 | 줄 매켈빈 | J/K | $m^2 \cdot kg \cdot s^{-2} \cdot K^{-1}$ |
| 전기장의 세기 | 볼트 매미터 | V/m | $m \cdot kg \cdot s^{-3} \cdot A^{-1}$ |
| 각속도 | 라디안 매초 | rad/s | $m \cdot m^{-1} \cdot s^{-1}=s^{-1}$ |
| 각가속도 | 라디안 매초제곱 | $rad/s^2$ | $m \cdot m^{-1} \cdot s^{-2}=s^{-2}$ |
| 복사도 | 와트 매스테라디안 | W/sr | $m^4 \cdot m^{-2} \cdot kg \cdot s^{-3}=m^2 \cdot kg \cdot s^{-3}$ |

### (8) SI의 접두어

① SI 접두어

⇒ 킬로그램(kg)을 제외한 모든 SI 단위의 십진 배수 및 분수의 명칭과 기호를 형성하기 위하여 접두어를 사용한다.

⇒ 십진 배수는 10을 양의 정수 제곱한 것($10^3$, $10^5$ 등)을 말하며 십진 분수는 10을 음의 정수 제곱한 것($10^{-3}$, $10^{-6}$ 등)을 말한다.

⇒ 현재 사용되는 접두어는 몇 차례에 걸쳐 CGPM에서 채택된 것인데 여기에 실린 접두어는 제19차 CGPM(1991)에서 채택된 것까지 포함된 것이다.

② 질량의 단위

⇒ SI 단위 중에서 질량의 단위(kg)만이 역사적 이유에서 그 명칭에 접두어가 포함되어 있다.

⇒ 그러나, 질량의 단위의 십진 배수 및 분수의 명칭은 "그램"이라는 단어에("킬로그램"이 아니라) 접두어를 붙여서 형성한다.

③ 배수 및 분수의 명칭

⇒ 접두어나 그 기호는 단위의 명칭이나 기호에 직접 붙여서 그 단위의 십진 배수 및 분수를 형성한다.

⇒ 이렇게 형성된 단위는 원칙적으로 "SI 단위의 배수 또는 분수"라고 불러야 되지만, 통상적으로는 기본 단위, 유도 단위 또 이들의 배수와 분수 모두 "SI 단위"라고 부른다.

〈표 1.5〉 SI 접두어

| 곱 할 인 자 | 명 칭 | 기 호 |
|---|---|---|
| 1 000 000 000 000 000 000 000 000 = $10^{24}$ | 요타(yotta) | Y |
| 1 000 000 000 000 000 000 000 = $10^{21}$ | 제타(zetta) | Z |
| 1 000 000 000 000 000 000 = $10^{18}$ | 엑사(exa) | E |
| 1 000 000 000 000 000 = $10^{15}$ | 페타(peta) | P |
| 1 000 000 000 000 = $10^{12}$ | 테라(tera) | T |
| 1 000 000 000 = $10^{9}$ | 기가(giga) | G |
| 1 000 000 = $10^{6}$ | 메가(mega) | M |
| 1 000 = $10^{3}$ | 킬로(kilo) | k |
| 100 = $10^{2}$ | 헥토(hecto) | h |
| 10 = $10^{1}$ | 데카(deka) | da |
| 0.1 = $10^{-1}$ | 데시(deci) | d |
| 0.01 = $10^{-2}$ | 센티(centi) | c |
| 0.001 = $10^{-3}$ | 밀리(milli) | m |
| 0.000 001 = $10^{-6}$ | 마이크로(micro) | μ |
| 0.000 000 001 = $10^{-9}$ | 나노(nano) | n |
| 0.000 000 000 001 = $10^{-12}$ | 피코(pico) | p |
| 0.000 000 000 000 001 = $10^{-15}$ | 펨토(femto) | f |
| 0.000 000 000 000 000 001 = $10^{-18}$ | 아토(atto) | a |
| 0.000 000 000 000 000 000 001 = $10^{-21}$ | 젭토(zepto) | z |
| 0.000 000 000 000 000 000 000 001 = $10^{-24}$ | 욕토(yocto) | y |

### (9) SI 단위의 사용법

1) SI 단위 기호의 사용법

언어에 따라 단위 명칭은 다를지라도, 단위기호는 국제적으로 공통이며 같은 방법으로 사용한다.

① 본문의 활자체와는 관계없이, 단위 기호는 로마체(Roman, 직립체)로 쓰며, 양의 기호는 이탤릭체(Italic)로 쓴다. 단위 기호는 일반적으로 소문자이나, 다만 단위의 명칭이 고유명사에서 유래된 것이면 기호의 첫 글자는 대문자이다.(타자로 칠 경우 단위의 기호와 혼동이 될 염려가 있으면 양의 기호에 밑줄을 긋는다)

보기
- 양 : $m$ 또는 m̲ (질량), $t$ 또는 t̲ (시간)
- 단위 : kg, s, K, Pa, GHz 등

② 단위 기호는 복수의 경우에도 변하지 않으며, 마침표 등 다른 기호나 다른 문자를 첨가해서는 안 된다.(다만 문장의 끝에 오는 마침표는 예외이다.)

보기
- kg이며 Kg이 아님(비록 문장의 시작이라도).
- 5 s이며, 5 sec 또는 5 secs가 아님.
- gauge 압력을 표시할 때 600 kPa(gauge)이며, 600 kPag가 아님.

③ 어떤 양을 수치와 단위 기호로 나타낼 때 그 사이를 한 칸 띄어야 한다.(다만 평면각의 도, 분, 초의 기호와 수치 사이는 띠지 않는다.)

보기
- 35 mm이며 35mm가 아님.
- 32 ℃이며 32℃가 아님.
- 2.37 lm이며 2.37lm(2.37 lumens)가 아님.
- 25°, 25°23′, 25°23′27″ 등은 옳음.

2) SI 단위의 곱하기와 나누기

① 두 개 이상의 단위의 곱은 다음 방법 중의 어느 하나로 표시할 수 있다.

보기
- N · m 또는 Nm

주의 기호 사이의 빈 칸 없이 Nm도 가능하나 이때는 접두어와 혼동이 없게 하여야 함. 즉, mN은 millinewton이며 meter newton이 아니어야 함.

② 한 단위를 다른 단위로 나누어서 이루어진 유도 단위는 다음 방법 중의 하나로 표시할 수 있다.

보기
- m/s 또는 m · $s^{-1}$

주의 사선(/) 다음에 두 개 이상의 단위가 올 때는 반드시 괄호로 표시한다.

③ 단위 기호와 단위 명칭을 같은 식에 혼합하여 사용하면 안 된다.

보기
- 옳음 : joules per kilogram 또는 J/kg
- 틀림 : joules/kilogram 또는 joules/kg 또는 joules · $kg^{-1}$

3) SI 접두어의 사용법

① 일반적으로 접두어는 크기 정도(orders of magnitude)를 나타내는 데 적합하도록 되어야 한다.

따라서 유효 숫자가 아닌 영(0)들을 없애고, 계산할 때 10의 멱수로 나타내는 대신에 접두어를 적절히 사용할 수 있다.

보기 • 12,300 mm는 12.3 m가 됨.
• $12.3 \times 10^3$ m는 12.3 km가 됨.
• 0.00123 mm는 1.23μm가 됨.

② 어떤 양을 한 단위와 수치로 나타낼 때 보통 수치가 0.1과 1000 사이에 오도록 접두어를 선택한다. 다만 다음의 경우는 예외로 한다.

⇒ 넓이나 부피를 나타낼 때 헥토, 데카, 데시, 센티가 필요할 수 있다.

보기 • 제곱헥토미터($hm^2$), 세제곱센티미터($cm^3$)
• 같은 종류의 양의 값이 실린 표에서나 주어진 문맥에서 그 값을 비교하거나 논의할 때에는 0.1에서 1000의 범위를 벗어나도 같은 단위를 사용하는 것이 좋다.
• 어떤 양을 특정한 분야에서 쓸 때 관례적으로 특정한 배수가 사용된다.

보기 • 기계공학 도면에서는 그 값이 0.1에서 1000 mm의 범위를 많이 벗어나도 mm가 사용된다.

③ 복합 단위의 배수를 형성할 때 한 개의 접두어를 사용하여야 한다.

이때 접두어는 통상적으로 분자에 있는 단위에 붙여야 되는데, 다만 한 가지 예외의 경우는 kg이 분모에 올 경우이다.

보기 • V/m이며 mV/mm가 아님. • MJ/kg이며 kJ/g가 아님.

④ 두 개나 그 이상의 접두어를 나란히 붙여 쓰는 복합 접두어는 사용할 수 없다.

보기 • 1 nm이며 1 mμm가 아님. • 1 pF이며 1μμF가 아님.

⇒ 만일 현재 사용하는 접두어의 범위를 벗어나는 값이 있으면, 이때는 기본 단위와 10의 멱수로 표시하여야 한다.

⑤ 접두어를 가진 단위에 붙는 지수는 그 단위의 배수나 분수 전체에 적용되는 것이다.

보기 • $1\ cm^3=(10^{-2}\ m)^3=10^{-6}\ m^3$
• $1\ ns^{-1}=(10^{-9}\ s)^{-1}=10^9\ s^{-1}$
• $1\ mm^2/s=(10^{-3}\ m)^2/s=10^{-6}\ m^2/s$

4) SI 단위 명칭의 사용법

영어 명칭을 사용할 필요가 있을 때가 있는데 이때 몇 가지 유의하여야 할 점은 다음과 같다.

① 단위 명칭은 보통명사와 같이 취급하여 소문자로 쓴다.
⇒ 다만 문장의 시작이나 제목 등의 문법상 필요한 경우는 대문자를 쓴다.

보기 • 3 newtons이며 3 Newtons가 아님.

② 일반적으로 영어 문법에 따라 복수 형태가 사용되며(예로서, henry의 복수는 henries로 씀)
⇒ lux, hertz, siemens는 불규칙 복수 형태로 단수와 복수가 같다.

③ 접두어와 단위 명칭 사이는 한 칸 띄지도 않고 연자 부호(hyphen) "-"를 쓰지 않는다.

보기 • kilometer이며 kilo-meter가 아님.
• "megohm", "kilohm", "hectare"의 세 가지 경우는 접두어 끝에 있는 모음이 생략된다.

이 외에는 모든 단위 명칭은 모음으로 시작되어도 두 모음을 모두 써야 하며 발음도 모두 해야 한다.

## (10) 전자 부품 기호

<표 1.6> 전자 부품 기호

| 구 분 | | 기호 | 구 분 | | 기호 |
|---|---|---|---|---|---|
| 배선 | 도선 |   | 콘덴서 (커패시터) | 고정 콘덴서 | 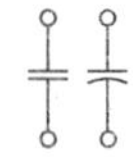 |
| | 도선의 교차 |  | | 반고정 콘덴서 (TC) |  |
| | 도선의 접속 |  | | 가변 콘덴서 (VC) |  |
| | 도선의 분기 |  | | 전해 콘덴서 | 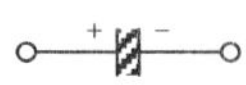 |
| 접지 | 케이스 접지 | 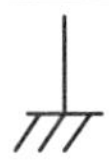 | 인덕턴스 | 인덕턴스 | 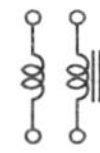 |
| | 대지 접지 |  | | 가변 인덕턴스 | 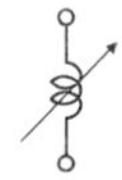 |
| 전원 | 직류(DC) | 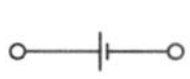 | | 상호 인덕턴스 | 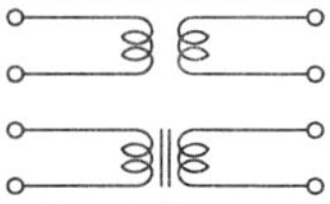 |
| | 교류(AC) | 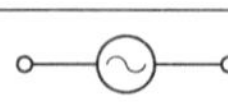 | 전압계 | 직류 전압계 |  |
| 저항 | 고정 저항 | 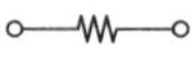 | | 교류 전압계 |  |
| | 반고정 저항 |  | 전류계 | 직류 전류계 |  |
| | | | | 교류 전류계 |  |
| | 가변 저항 | 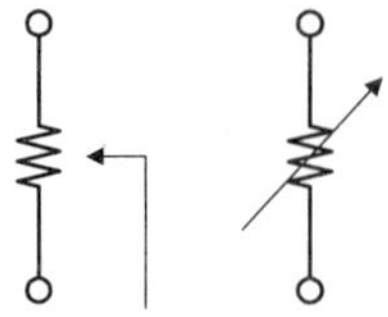 | 다이오드 | 정류, 검파 |  |
| | | | | 발광(LED) |  |
| | | | | 정전압(zener) |  |
| | | | 트랜지스터 (TR) | NPN | 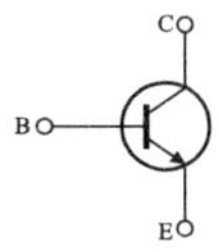 |
| | | | | PNP | 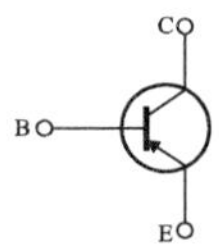 |

## 2. 공학용 계산기 사용법

본 교재에서는 2가지 종류의 공학용 계산기를 이용하였으며 모든 계산법을 설명하지 않고 주로 많이 사용되는 몇 가지 경우만 예를 들어 설명하였다.

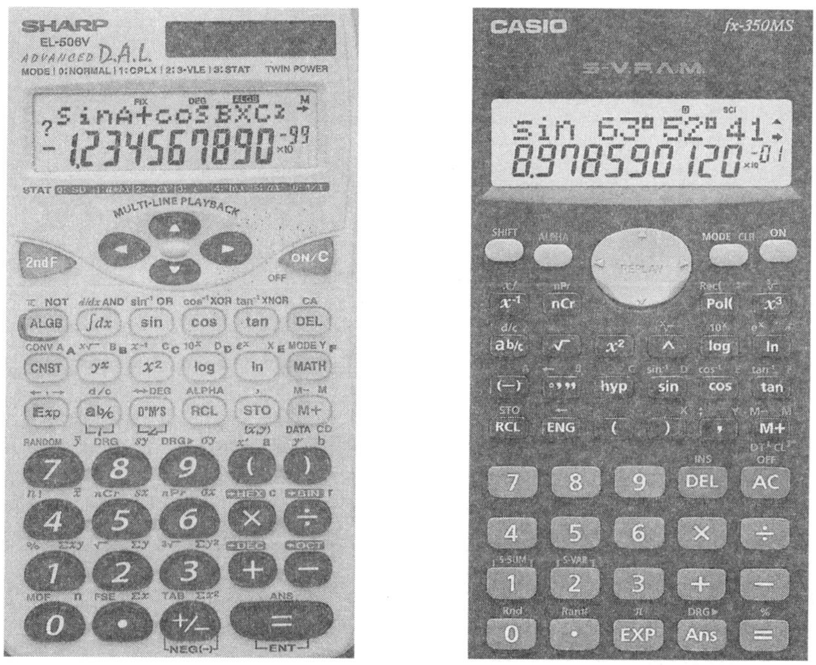

(a) EL-506V (b) fx-350MS

〈그림 1.1〉 공학용 계산기의 예

### (1) EL-506V 계산기 사용 예

전원 ON : , 전원 OFF : 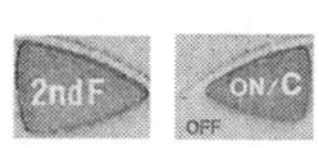

① 3(5+2)=  21.

② 3×5+2=  17.

③ 45+285÷3=  140.

④ $\dfrac{18+6}{15-8}=$ 

 3.428571429

⑤ $(5\times10^{3})\div(4\times10^{-3})=$ 

1250000.

〈표 1.7〉 각도(angle) 단위 모드

| 종류 | $\Theta=\sin^{-1}x$<br>$\Theta=\tan^{-1}x$ | $\Theta=\cos^{-1}x$ | 개 념 |
|---|---|---|---|
| DEG(degree) | $-90\le\Theta\le90$ | $0\le\Theta\le180$ | 1회전을 360° |
| RAD(radian) | $-\frac{\pi}{2}\le\Theta\le\frac{\pi}{2}$ | $0\le\Theta\le\pi$ | 1회전을 2π[rad] |
| GRAD(gradient) | $-100\le\Theta\le100$ | $0\le\Theta\le200$ | $\dfrac{\text{세로축 변위량}}{\text{가로축 변위량}}$[g] |

⑥ 90° → [rad]  Rad 1.570796327

→ [g]  Grad 100.

→ [°] 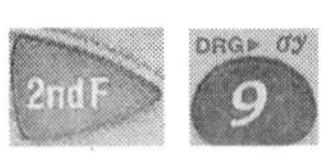 Deg 90.

⑦ $\sin^{-1}0.8$=[°] 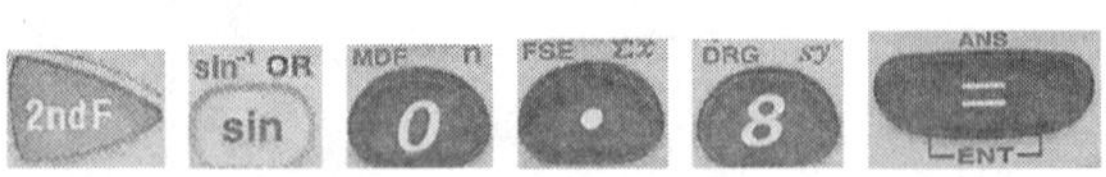 Deg 53.13010235

→ [rad]  Rad 0.927295218

→ [g] 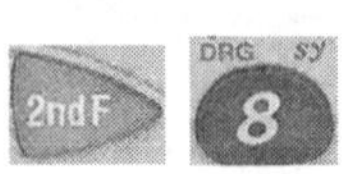 Gra 59.03344706

→ [°] 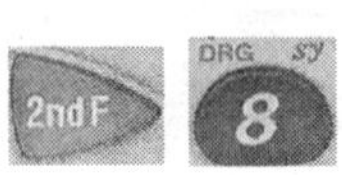 Deg 53.13010235

⑧ sin 60[°]= [sin] [6] [0] [=]

| Deg |
|---|
| 0.866025403 |

⑨ $\cos\frac{\pi}{4}$[rad]= [2ndF] [8] [cos] [(] [2ndF] [ALGB] [÷] [4] [)] [=]

| Rad |
|---|
| 0.707106781 |

→ [°] [2ndF] [8] (DEG 모드로 설정)

| Deg |
|---|
| 45. |

⑩ $\tan^{-1}1$=[g] [2ndF] [8] [2ndF] [8] [2ndF] [tan] [1] [=]

| Gra |
|---|
| 50. |

→ [°] [2ndF] [8] (다시 DEG 모드로 설정)

| Deg |
|---|
| 45. |

⑪ ln 20(=$\log_e$ 20)= [ln] [2] [0] [=] 2.995732274

⑫ log 50(=$\log_{10}$ 50)= [log] [5] [0] [=] 1.698970004.

⑬ $e^3$= [2ndF] [ln] [3] [=] 20.08553692

⑭ $10^{1.7}$= [2ndF] [log] [1] [•] [7] [=] 50.11872336

⑮ $\frac{1}{6}+\frac{1}{7}$= [6] [2ndF] [$x^2$] [+] [7] [2ndF] [$x^2$] [=]

다른 방법 [1] [÷] [6] [+] [1] [÷] [7] [=] 0.309523809

⑯ $8^{-2}-3^4\times5^2$= [8] [$y^x$] [2] [+/−] [−] [3] [$y^x$] [4] [×]

[5] [$y^x$] [2] [=] −2024.984375

⑰ $(12^3)^{-\frac{1}{4}}$= [1] [2] [$y^x$] [3] [$y^x$] [4] [2ndF] [$x^2$] [=]

다른 방법 [(] [1] [2] [$y^x$] [3] [)] [$y^x$] [4] [2ndF] [$x^2$] [=]

다른 방법 [(] [1] [2] [$y^x$] [3] [)] [$y^x$] [(] [1] [÷] [4] [)]

[=] | 6.447419591 |

⑱ $\sqrt{49} - \sqrt[4]{81}$= [2ndF] [2] [4] [9] [−] [4] [2ndF] [$y^x$] [8] [1]

[=] | 4. |

⑲ $\sqrt[3]{27}$= [2ndF] [3] [2] [7] [=] | 3. |

⑳ 4!(=1×2×3×4×)= [4] [2ndF] [4] [=] | 24. |

㉑ $3\frac{1}{2} + \frac{4}{3}$ = $\left[a\frac{b}{c}\right]$ [3] [ab/c] [1] [ab/c] [2] [+] [4] [ab/c] [3]

[=] | 4 ┌ 5 ┌ 6 | $\left(=4\frac{5}{6}\right)$

→ [a.xxx] [ab/c] | 4.833333333 |

→ [d/c] [2ndF] [ab/c] | 29 ┌ 6 | $\left(=\frac{29}{6}\right)$

㉒ $10^{\frac{2}{3}}$= [2ndF] [log] [2] [ab/c] [3] [=] | 4.641588834 |

㉓ $1.25 + \frac{2}{5}$ =[a.xxx] [1] [•] [2] [5] [+] [2] [ab/c] [5] [=]

| 1.65 |

→ $\left[a\frac{b}{c}\right]$ [ab/c] | 1 ┌ 13 ┌ 20 |

㉔ 1.65= [1] [•] [6] [5] [=] | 1.65 |

→ $\left[a\frac{b}{c}\right]$ [ab/c] | 1 ┌ 13 ┌ 20 |

→ [d/c] [2ndF] [ab/c] | 33 ┌ 20

→ [a.xxx] [ab/c] | 1.65

㉕ $\begin{cases} x=6 \\ y=4 \end{cases} \rightarrow \begin{cases} r= \\ \Theta = \quad [°] \end{cases}$ [6] [2ndF] [STO] [4] [MATH] [1] | $r=$ 7.211102551

[2ndF] [Exp] | $\Theta=$ Deg 33.69006753

[2ndF] [Exp] | $r=$ 7.211102551

㉖ $\begin{cases} r=14 \\ y=36[°] \end{cases} \rightarrow \begin{cases} x= \\ y= \end{cases}$ [1] [4] [2ndF] [STO] [3] [6] [MATH] [2]

$x=$ Deg 11.32623792

[2ndF] [Exp] | $y=$ Deg 8.228993532

[2ndF] [Exp] | $x=$ Deg 11.32623792

### (2) fx-350MS의 계산기 사용 예

① $\frac{2}{3}+\frac{1}{5}=\frac{13}{15}$ [2] [÷] [3] [+] [1] [÷] [5] [=] | 0.866666666

다른 방법 [2] [ab/c] [3] [+] [1] [ab/c] [5] [=] | 13⌋ 15

② $3\frac{1}{4}+1\frac{2}{3}=4\frac{11}{12}$ [3] [ab/c] [1] [ab/c] [4] [+] [1] [ab/c] [2] [ab/c] [3] [=]

4⌋ 11⌋ 12

③ $\frac{2}{4}=\frac{1}{2}$ [2] [ab/c] [4] [=] | 1⌋ 2

다른 방법 [2] [÷] [4] [=] → 0.5

[a b/c] → 1⌟2

④ $\frac{1}{2}+1.6=2.1$ [1] [a b/c] [2] [+] [1] [·] [6] [=] → 2.1

⑤ $2.75=2\frac{3}{4}$ [2] [·] [7] [5] [=] → 2.75

[a b/c] → 2⌟3⌟4

$=\frac{11}{4}$ [SHIFT] [a b/c] → 11⌟4

⑥ $1\frac{2}{3}=\frac{5}{3}$ [1] [a b/c] [2] [a b/c] [3] [=] → 1⌟2⌟3

[SHIFT] [a b/c] → 5⌟3

[SHIFT] [a b/c] → 1⌟2⌟3

⑦ [MODE CLR]를 이용 → 번호([1] [2] [3])를 선택하여 설정

| Fix | Sci | Norm |
|---|---|---|
| 1 | 2 | 3 |

1(Fix) : number of decimal places

2(Sci) : Number of significant digits

3(Norm) : Exponential display format

㉮ 200÷7×14= [2] [0] [0] [÷] [7] [×] [1] [4] [=]

400. (Norm 모드)

Fix 400.000 (Fix 모드 선택시 [MODE CLR] ... [1] )

| 400. | (Norm 모드 선택 [MODE CLR] ... [3])하면 Fix 모드 해제) |
|---|---|

㉯ 1÷3=[S-SUM 1] [÷] [3] [% =] 

| 0.333333333 |
|---|

| Sci $3.3^{-01}$ | (Sci 모드 선택([MODE CLR] .. [S-VAR 2])) |
|---|---|
| 0.333333333 | (Norm 모드 선택[MODE CLR] ... [3])하면 Fix 모드 해제) |

⑧ [MODE CLR] 이용 → 번호([S-SUM 1] [S-VAR 2] [3])를 선택하여 설정

| Deg | Rad | Gra |
|---|---|---|
| 1 | 2 | 3 |

$90° = \frac{\pi}{2}$[rad]=100[g]

(degrees=radians=grads)

㉮ sin 63°52′41″=0.897859012

[MODE CLR] ... [S-SUM 1] (Deg 모드 선택 후)

[sin⁻¹ D sin] [6] [3] [← B °’’’] [5] [S-VAR 2] [← B °’’’] [4] [S-SUM 1] [% =]

| Deg 0.897859012 |
|---|

(Rad 모드 선택 시) [MODE CLR] ... [S-VAR 2]

| Rad 0.015670595 |
|---|

(Gra 모드 선택 시) [MODE CLR] ... [3]

| Gra 0.997621124 |
|---|

㉯ $\cos\frac{\pi}{3}$[rad] = 0.5

[MODE CLR] ... [S-VAR 2] (Rad 모드 선택 후)

[cos] [(] [SHIFT] [EXP] [÷] [3] [)] [=]

| Rad |
|---|
| 0.5 |

㉰ $\cos^{-1}\frac{\sqrt{2}}{2}$=0.25π[rad]

[MODE] ... [2] (Rad 모드 선택 후)

[SHIFT] [cos] [(] [√] [2] [÷] [2] [)] [=]

| Rad |
|---|
| 0.785398163 |

| Rad |
|---|
| 0.785398163 |

[÷] [SHIFT] [EXP] [=]

| Rad |
|---|
| 0.25 π[Rad] |

㉱ $\tan^{-1}$0.741=36.53844577°

[MODE] ... [1] (Deg 모드 선택 후)

[SHIFT] [tan] [0] [7] [4] [1] [=]

| Deg |
|---|
| 36.53844577 |

⑨ 4.25[rad] → 243.5070629[°]

| D | R | G |
|---|---|---|
| 1 | 2 | 3 |

[MODE] ... [1] (Deg 모드 선택 후)

[4] [·] [2] [5] [SHIFT] [Ans] [2] [=]

| 4.25r |
|---|
| 243.5070629 |

⑩ log 1.23(=$\log_{10}$ 1.23)=0.089905111

[log] [1] [·] [2] [3] [=]

| |
|---|
| 0.089905111 |

⑪ ln 90(=$\log_e$ 90)=4.49980967

⑫ $e^{10}$=22026.46579

⑬ $10^{1.5}$=31.6227766

⑭ $2^4$=16

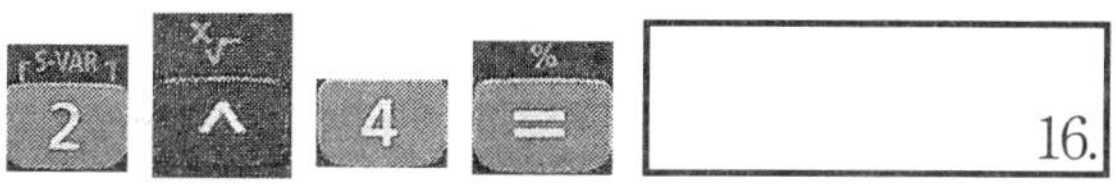


⑮ $\sqrt{2}+\sqrt{3}\times\sqrt{5}$=5.287196909

⑯ $\sqrt[3]{5}+\sqrt[3]{-27}$=−1.290024053

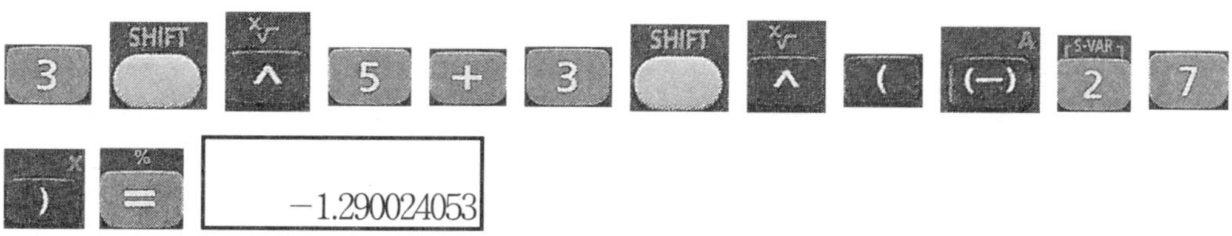


⑰ $\sqrt[7]{123}(=123^{\frac{1}{7}})$=1.988647795

⑱ $123+30^2$=1023

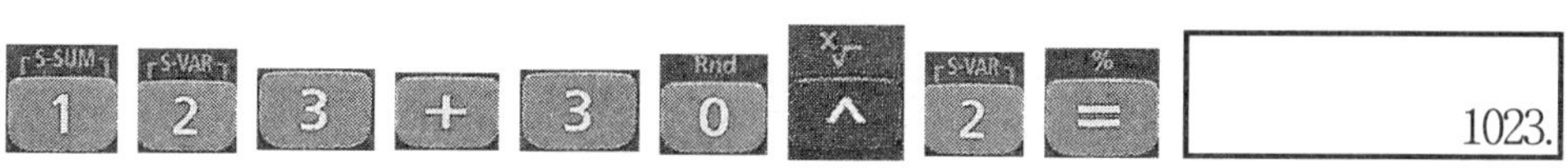


⑲ $\dfrac{1}{\dfrac{1}{3}-\dfrac{1}{4}}$=12

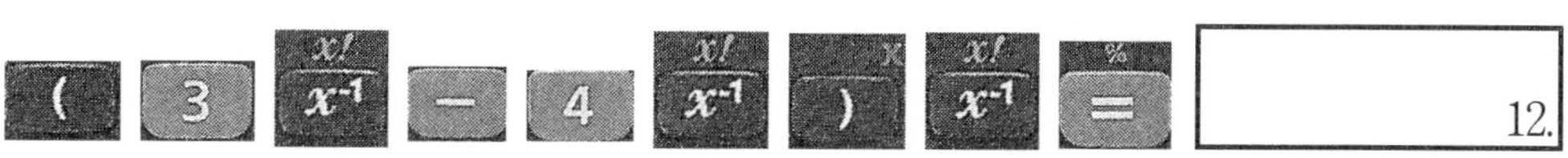

⑳ 8!(=1×2×3×4×5×6×7×8)=40320

[8] [SHIFT] [x!/x⁻¹] [%/=] → 40320.

㉑ 3π=9.424777961

[3] [SHIFT] [π/EXP] [%/=] → 9.424777961

㉒ $\begin{cases} x=1 \\ y=\sqrt{3} \end{cases} \rightarrow \begin{cases} r= \\ \Theta= \ [°] \end{cases}$

[Rec(/Pol(] [1] [;/,] [√] [3] [)] [%/=] → 2.

Θ : [STO/RCL] [tan⁻¹/tan] (F) → 1.047197551

$r$ : [STO/RCL] [cos⁻¹/cos] (E) → 2.

㉓ $\begin{cases} r=2 \\ y=60[°] \end{cases} \rightarrow \begin{cases} x= \\ y= \end{cases}$

[SHIFT] [Rec(/Pol(] [2] [;/,] [6] [0] [)] [%/=] → 1.

$y$ : [STO/RCL] [tan⁻¹/tan] (F) → 1.732050808

$x$ : [STO/RCL] [cos⁻¹/cos] (E) → 1.

# 기초 2장

## 기본 소자 판별법

### 1. 저항 판별법

저항은 전류의 흐름을 방해한다. 즉 저항을 가진 물질 내로 전류가 흐를 때에는 전자와 원자의 충돌로써 야기되는 열이 발생한다.

저항의 종류는 고정 저항과 반고정 저항, 가변 저항으로 분류할 수 있다.

#### (1) 고정 저항

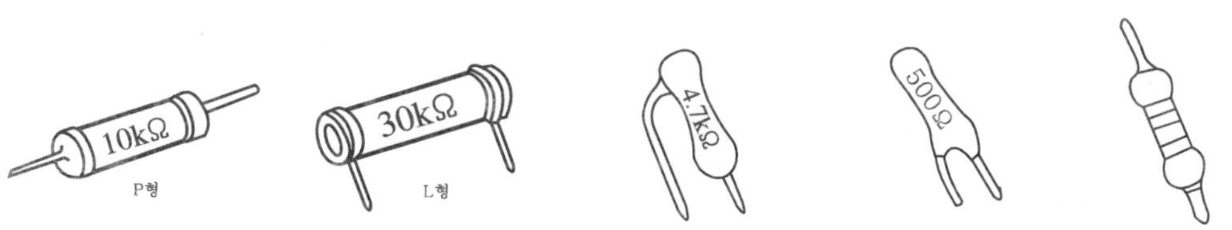


(a) 탄소 피막(카본) 저항의 외형　　(b) 솔리드 저항의 외형

〈그림 2.1〉 탄소 피막형과 솔리드형 저항

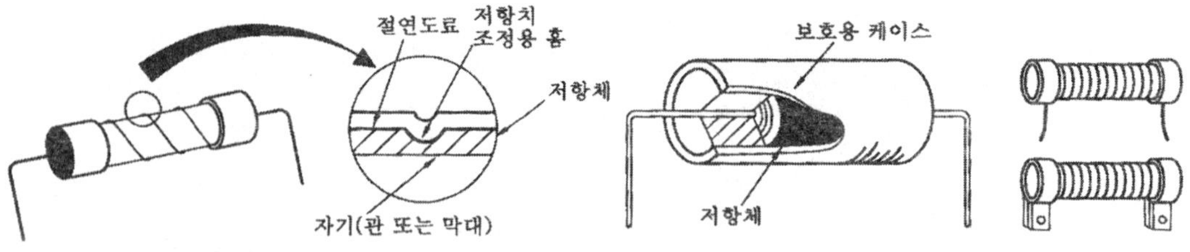


(a) 탄소 피막 저항 (b) 솔리드 저항 (c) 권선 저항

〈그림 2.2〉 권선 저항의 구성과 외형

### (2) 어레이(네트워크) 저항

디지털 회로 등에서 동일한 저항 값이 저항을 대량으로 사용

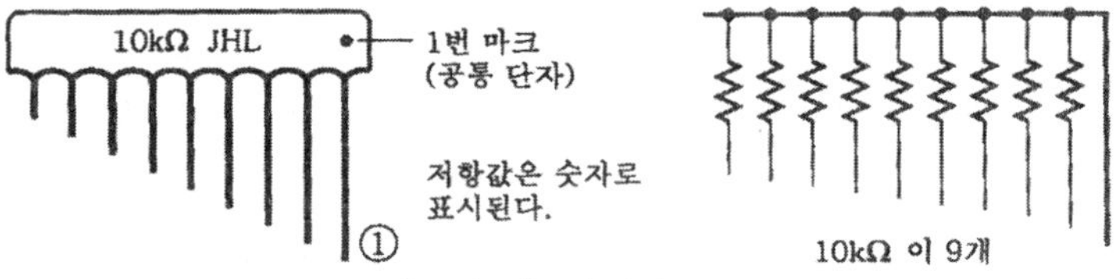


〈그림 2.3〉 어레이 저항의 외형과 등가 회로

### (3) 저항 색별법(4색띠, 5색띠)

저항 치수 표기에서 부피가 큰 것에는 치수를 저항체 안에 기입할 수 있으나 작은 것에는 색띠로 하여금 치수를 나타나게 된다.

〈표 2.1〉 고정 저항의 식별표

| 4색인 경우 | | 제1색띠 | 제2색띠 | 제3색띠 | 제4색띠 |
|---|---|---|---|---|---|
| | | 첫째수 | 둘째수 | 승수(지수) | 오차(%) |
| 5색인 경우 | | 제1색띠 | 제2, 3색띠 | 제4색띠 | 제5색띠 |
| | | 첫째수 | 둘, 셋째수 | 승수(지수) | 오차(%) |
| 흑(검정) | black | 0 | 0 | $10^0$ | - |
| 갈(밤색) | brown | 1 | 1 | $10^1$ | ±1 % |
| 적(빨강) | red | 2 | 2 | $10^2$ | ±2% |
| 등(주황) | orange | 3 | 3 | $10^3$ | |
| 황(노랑) | yellow | 4 | 4 | $10^4$ | |
| 녹(잔디) | green | 5 | 5 | $10^5$ | ±0.5 % |
| 청(파랑) | blue | 6 | 6 | $10^6$ | ±0.25 % |
| 자(보라) | violet | 7 | 7 | $10^7$ | ±0.1 % |
| 회(회색) | gray | 8 | 8 | $10^8$ | ±0.05 % |
| 백(흰색) | white | 9 | 9 | $10^9$ | - |
| 금(금분) | gold | - | - | $10^{-1}(=0.1)$ | ±5 % |
| 은(은분) | silver | - | - | $10^{-2}=(0.01)$ | ±10 % |
| 무 | (no color) | - | - | - | ±20 % |

## (4) 저항의 컬러 코드

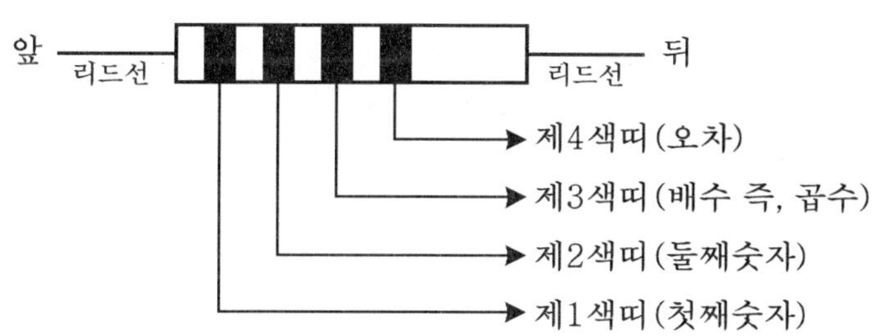


저항값(R) = (1색띠)(2색띠)×$10^{(3색띠)}$±(4색띠)%

〈그림 2.4〉 저항 4색띠의 형태

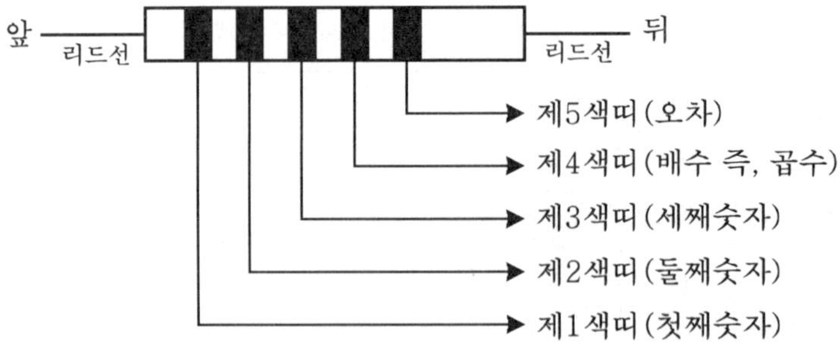


저항값(R) = (1색띠)(2색띠)(3색띠)×$10^{(4색띠)}$±(5색띠)%

〈그림 2.5〉 저항 5색띠의 형태

$$\%\ 오차 = \frac{실제\ 측정값 - 색띠에\ 의한\ 저항값}{색띠에\ 의한\ 저항값}$$

### (5) 저항값 읽기 연습

① 4색띠인 경우

| 적 적 금 금 | 갈 흑 흑 금 | 황 회 갈 적 |
|---|---|---|
| 22×0.1=2.2Ω | 10×$10^0$=10Ω | 48×$10^1$=480Ω |
| 허용 오차 ±5% | 허용 오차 ±5% | 허용 오차 ±2% |

② 5색띠인 경우

| 갈 등 황 갈 적 | 적 등 자 갈 자 | 청 갈 흑 금 녹 |
|---|---|---|
| 134×$10^1$=1.34kΩ | 237×$10^1$=2.37kΩ | 610×$10^{-1}$=61Ω |
| 허용 오차 ±2% | 허용 오차 ±0.1% | 허용 오차 ±0.5% |

### (6) 전력의 이해

일반적으로 저항은 (1kΩ, 1/4W 또는 1/2W 등)의 부품의 규격이 정해지는 데 이때 적용되는 전력(W)은 저항이 1kΩ일 경우는 다음과 같이 적용하여 부품을 선정할 수 있다.

① 1/4 W : $P = I^2 R,\ I^2 = P/R,\ I = \sqrt{0.25/10^3} = 0.015811$ (A)

$P = V^2/R,\ V^2 = PR,\ V = \sqrt{0.25 \times 10^3} = 15.8$ (V)

즉 저항에 흐르는 전류가 15.8 mA 이하
저항 양단의 전압이 15.8 V 이하

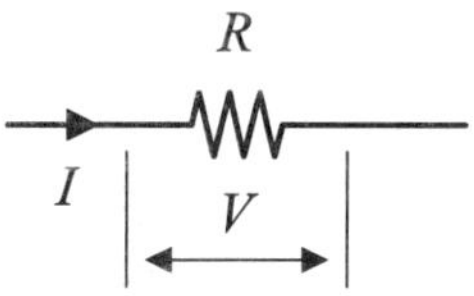


<그림 2.6> $R$ 양단의 전류와 전압

② 1/2 W : $P = I^2 R,\ I^2 = P/R,\ I = \sqrt{0.5/10^3} = 0.02236$ (A)

$P = V^2/R,\ V^2 = PR,\ V = \sqrt{0.5 \times 10^3} = 22.3$ (V)

즉 저항에 흐르는 전류가 22.36 mA 이하
저항 양단의 전압이 22.36 V 이하

③ 1 W : $P = I^2 R,\ I^2 = P/R,\ I = \sqrt{1/10^3} = 0.03162$ (A)

$P = V^2/R,\ V^2 = PR,\ V = \sqrt{1 \times 10^3} = 31.62$ (V)

즉 저항에 흐르는 전류가 31.62 mA 이하
저항 양단의 전압이 31.62 V 이하

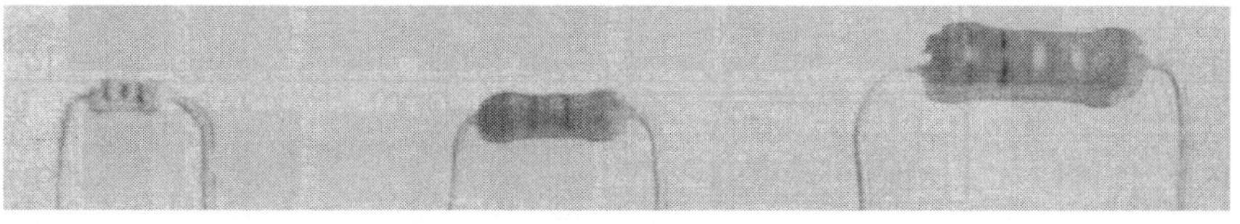

(a) 1/4 W (b) 1/2 W (c) 1 W

<그림 2.7> 전력에 따른 저항의 실제 모형

### (7) 가변 저항

가변 저항은 반 고정 저항과 가변 저항으로 분류할 수 있으며 가변 저항은 일반적으로 볼륨 등에 많이 쓰인다.

1) 가변 저항

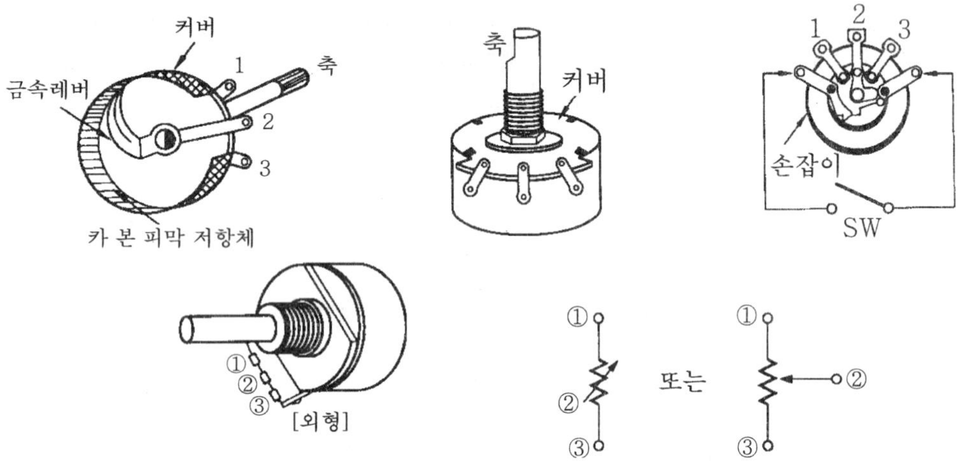


〈그림 2.8〉 가변 저항의 외형과 심벌

① 가변 저항의 용도

가변 저항기의 저항 값은 축이 회전각에 따라 변화하며 변화에 따라 A, B, C, D, MN으로 분류된다.

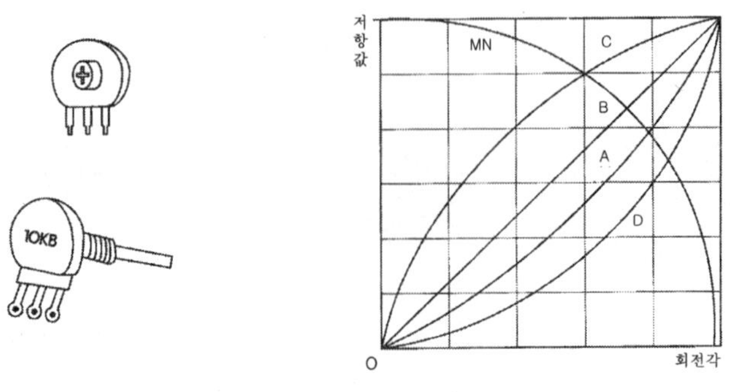


〈그림 2.9〉 가변 저항의 분류

〈표 2.2〉 가변 저항의 용도

| 형태 | 용 도 |
|---|---|
| A | 음량 조정 |
| B | 음질, 감도 조절 |
| C | 이득 조정 |
| D | 고이득 앰프, 라디오 이득 조절 |
| MN | 밸런스 조정 |

② 반고정 저항

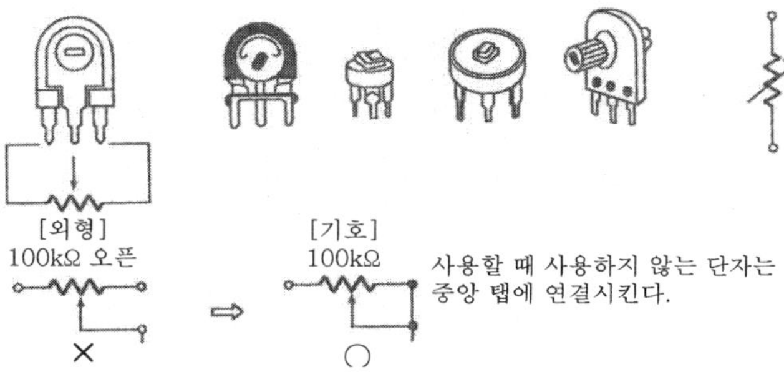


〈그림 2.10〉 반고정 저항의 외형과 심벌

## 2. 콘덴서 판별법

콘덴서는 절연체(dielectric)라고 하는 절연 물질로 분리시킨 2개의 전도성 금속판으로 구성된 전기 장치이다.

<그림 2.11>은 콘덴서의 기본 구조와 심벌을 보인 것이다.

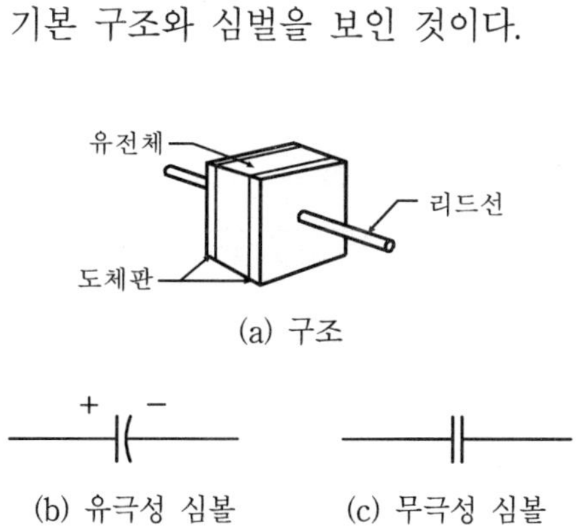


〈그림 2.11〉 콘덴서의 구조와 심벌

<그림 2.12>는 콘덴서의 중성 상태에서부터 충전 상태에 이르는 과정을 보여 주고 있다.

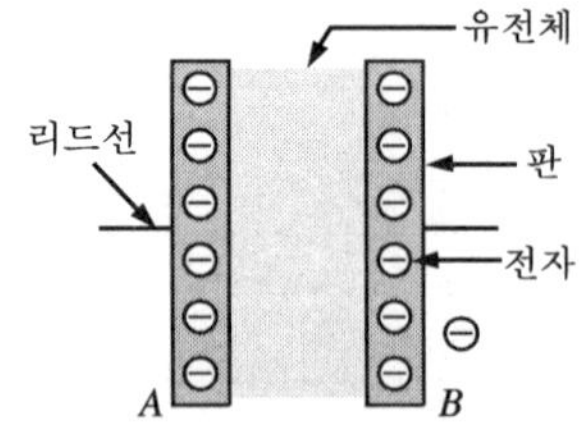


(a) 중성상태(충전되지 않은 상태), 커패시터 양극판에 같은 전하 존재

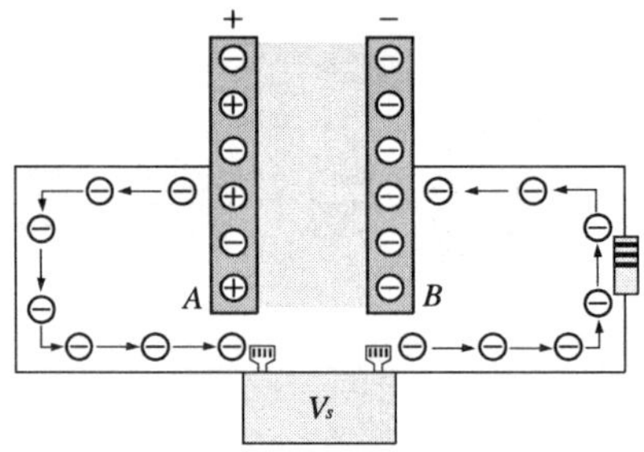


(b) 충전되는 과정(전자는 극판 A에서 극판 B로 흐른다.)

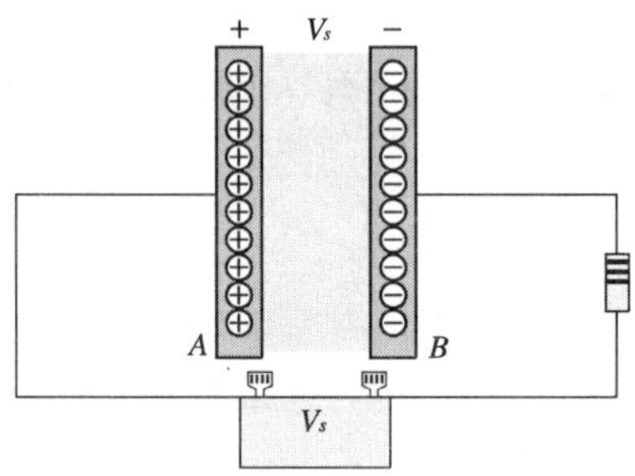


(c) 완전히 충전된 상태, 전자는 이동이 없다.

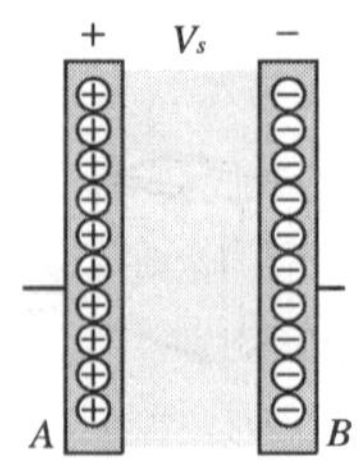


(d) 전원을 분리한 상태, 커패시터는 전하를 갖고 있다.

〈그림 2.12〉 콘덴서의 충전 과정

### (1) 고정 콘덴서의 판별법

1) 직접 정전 용량 값을 읽기

알루미늄 전해 콘덴서나 탄탈 전해 콘덴서의 정전 용량, 정격 전압 및 극성은 몸체에 직접 표시되어 있으므로 바로 읽을 수 있다.

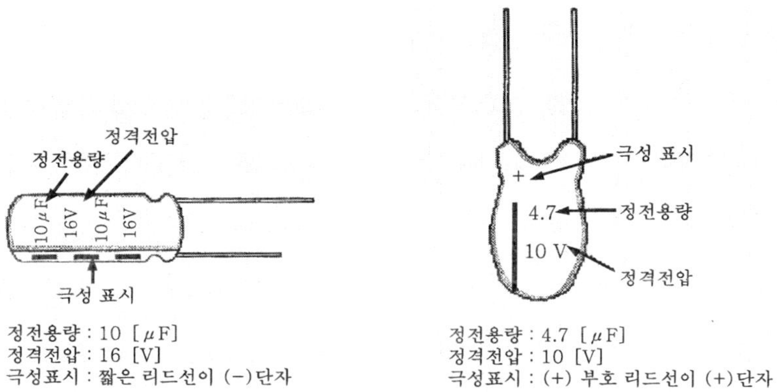


〈그림 2.13〉 직접 표기된 정전 용량

2) 색띠 읽기

① 고유전율형 컬러 코드

〈표 2.3〉 고유전율형 컬러 코드

| 색 | 제1색띠 | 제2색띠 | 제3색띠 | 제4색띠 | 제5색띠 |
|---|---|---|---|---|---|
| | 첫째수 | 둘째수 | 승수(지수) | 오차(%) | 정격 전압(V) |
| 흑(검정) | 0 | 0 | $10^0$ | ±20% | |
| 갈(밤색) | 1 | 1 | $10^1$ | | |
| 적(빨강) | 2 | 2 | $10^2$ | ±2% | 250V |
| 등(주황) | 3 | 3 | $10^3$ | | |
| 황(노랑) | 4 | 4 | $10^4$ | | |
| 녹(잔디) | 5 | 5 | | ±5% | 500V |
| 청(파랑) | 6 | 6 | | | |
| 자(보라) | 7 | 7 | | | |
| 회(회색) | 8 | 8 | | ±3% | |
| 백(흰색) | 9 | 9 | | | |
| 은(은분) | | | | ±10% | |

② 온도 보상용 컬러 코드

〈표 2.4〉 온도 보상용 컬러 코드

| 색 | 제1, 2색띠 첫째수 둘째수 | 제3색띠 승수 (지수) | 제4색띠 허용 오차 (10 pF 이하) | 허용 오차 (10 pF 이상) | 제5색띠 정격 전압 (V) |
|---|---|---|---|---|---|
| 흑(검정) | 0 | $10^0$ | ±2.0 pF | ±2.0 pF | - |
| 갈(밤색) | 1 | $10^1$ | | ±1% | - |
| 적(빨강) | 2 | $10^2$ | | ±2% | 250V |
| 등(주황) | 3 | $10^3$ | | | - |
| 황(노랑) | 4 | $10^4$ | | | - |
| 녹(잔디) | 5 | | ±0.5 pF | ±5% | 500V |
| 청(파랑) | 6 | | | | - |
| 자(보라) | 7 | | | | - |
| 회(회색) | 8 | 0.01 | ±0.025 pF | | - |
| 백(흰색) | 9 | 0.1 | ±1.0 pF | ±10% | - |
| 금(금분) | - | - | | - | - |

정격 전압 : 황녹색(50V), 핑크색(25V, 16V)

③ 색띠의 형태

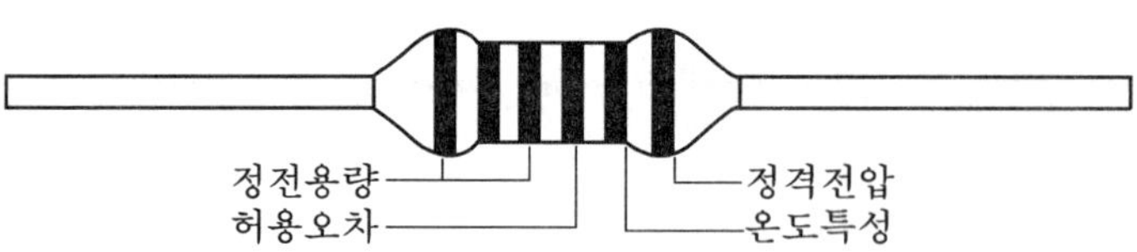


〈그림 2.14〉 콘덴서의 색띠의 형태

3) 문자와 숫자의 조합으로 된 정전 용량 값 읽기

① 허용 오차

〈표 2.5〉 허용 오차

| 문자 | B | C | D | F | G | J | K | M | N | V | X | Z | P |
|---|---|---|---|---|---|---|---|---|---|---|---|---|---|
| 허용 오차 (%) | ±0.1 | ±0.25 | ±0.5 | ±1 | ±2 | ±5 | ±10 | ±20 | ±30 | +20 -10 | +40 -10 | +80 -20 | +100 -0 |
| 허용 오차 (pF) | ±0.1 | ±0.25 | ±0.5 | ±1 | ±2 | - | - | - | - | - | - | - | - |

② 정격 전압(V)

〈표 2.6〉 정격 전압(V)

| 구분 | A | B | C | D | E | F | G | H | J | K |
|---|---|---|---|---|---|---|---|---|---|---|
| 0 | 1 | 1.25 | 1.6 | 2.0 | 2.5 | 3.15 | 4.0 | 5.0 | 6.3 | 8.0 |
| 1 | 10 | 12.5 | 16 | 20 | 25 | 31.5 | 40 | 50 | 63 | 80 |
| 2 | 100 | 125 | 160 | 200 | 250 | 315 | 400 | 500 | 630 | 800 |
| 3 | 1000 | 1,250 | 1,600 | 2,000 | 2,500 | 3,150 | 4,000 | 5,000 | 6,300 | 8,000 |

③ 적용 예

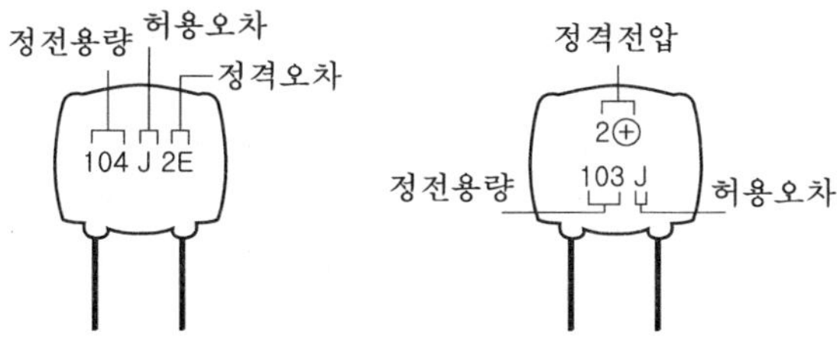


〈그림 2.15〉 문자와 숫자로 조합된 정전 용량

㉮ 104J2E

정전 용량(104) : $10 \times 10^4 = 10^5$ pF = 0.1μF

허용 오차(J) : ±5 %

정격 전압(2E) : 250 V

㉯ 2G103J

정전 용량(103) : $10 \times 10^3 = 10^4$ pF = 0.01μF

허용 오차(J) : ±5 %

정격 전압(2G) : 400 V

### (2) 가변 콘덴서

가변 콘덴서(VC : Variable Condenser)는 연속적으로 정전 용량을 가변시킬 수 있는 것으로 회전극과 고정 극으로 구성되어 있어 회전 극을 돌리면 대항하는 면적이 변하게 된다. 이에 따라서 정전 용량 값이 가변되는 것이다.

가변 콘덴서는 공기를 유전체로 하는 에어 가변 콘덴서와 마이카나 폴리에틸렌 등을 유전체로 사용하는 폴리 가변 콘덴서가 있다. 에어 가변 콘덴서는 대형 정전 용량이 필요한 곳에 사용하고 폴리 가변 콘덴서는 소형 정전 용량이 필요한 곳에 사용한다. 통신 기기의 고주파 회로나 주파수의 세밀한 조정이 필요한 곳에 사용하는 트리머(trimmer) 콘덴서나 패딩 콘덴서 등의 반고정 가변 콘덴서도 있다.

〈그림 2.16〉 가변 콘덴서의 심벌

〈표 2.7〉 가변 콘덴서의 종류

| 외 형 | 종 류 | | 용 도 |
|---|---|---|---|
| 동조 바리콘 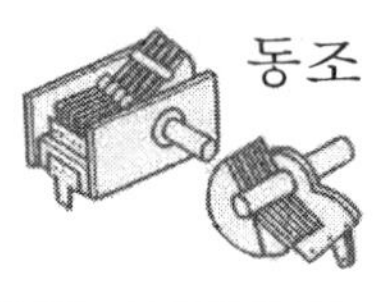 | 바리콘 | 에어 바리콘 | 라디오, TV, 통신기의 동조 회로, 혼합 회로 |
| | | 폴리 바리콘 | 포터블 라디오, 소형 통신기의 동조, 혼합 회로 |
| | | 세라믹 바리콘 | |
| 세라믹 트리머, 폴리 트리머 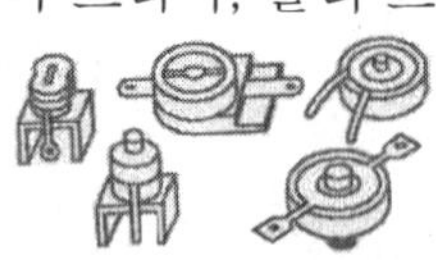 | 트리머 | 세라믹 트리머 | 라디오, TV, 통신기, 와이어리스 마이크의 동조 보정, 트래킹 등 |
| | | 폴리 트리머 | |

1) 에어 바리콘의 외형

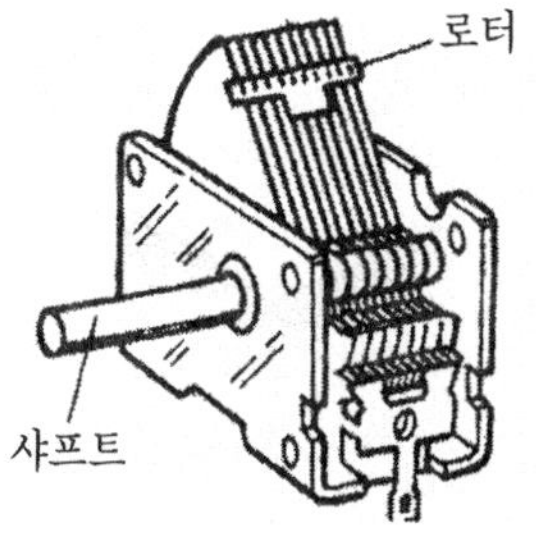


(a) 에어바리콘

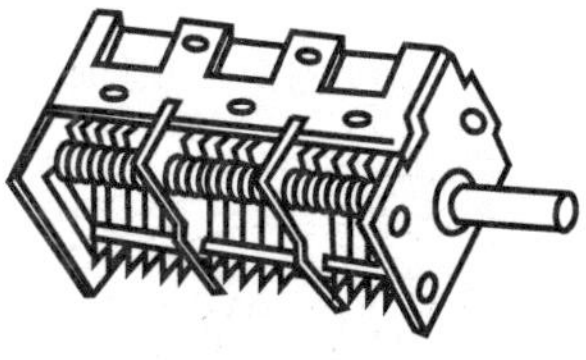

(b) 갱 바리콘

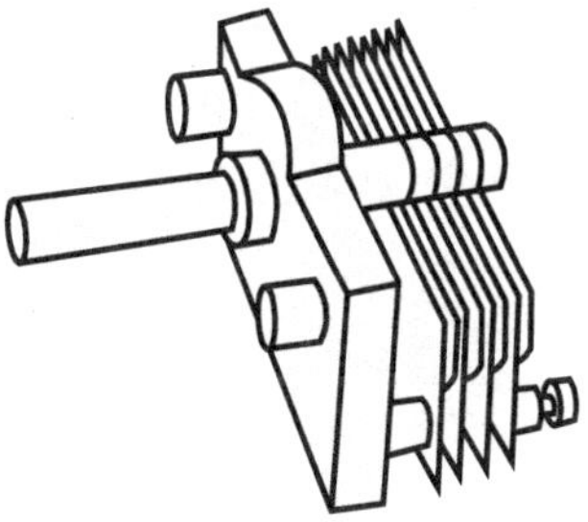

(c) 송신용 바리콘

〈그림 2.17〉 바리콘의 외형

2) 폴리 바리콘

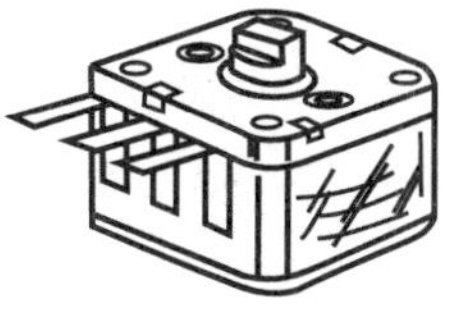

AM 용

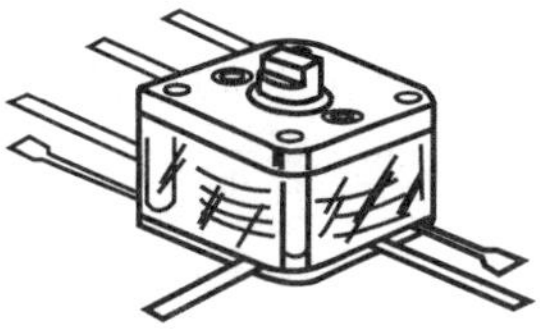

FM 용

〈그림 2.18〉 폴리 바리콘

3) 트리머 콘덴서

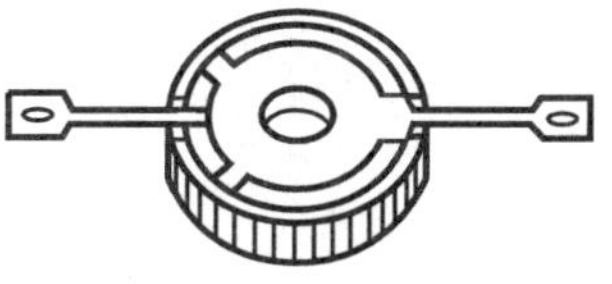

필름 트리머

필름 트리머

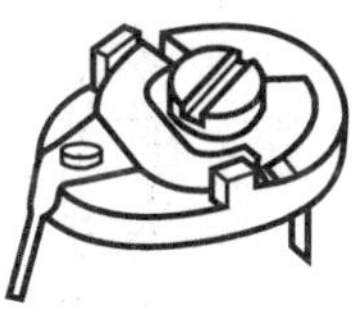

필름 트리머

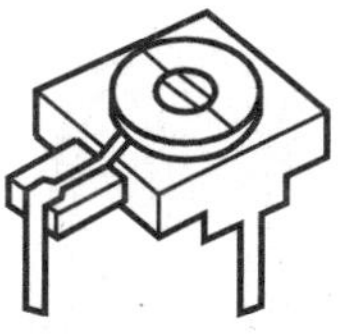

세라믹 트리머

〈그림 2.19〉 트리머 콘덴서

## 3. 인덕터의 판별법

### (1) 인덕터의 원리

인덕터는 <그림 2.20>에 보인 바와 같이 전선으로 감은 코일이 인덕터로 이루어졌다. 코일을 통과한 전류는 전자기장을 만든다.

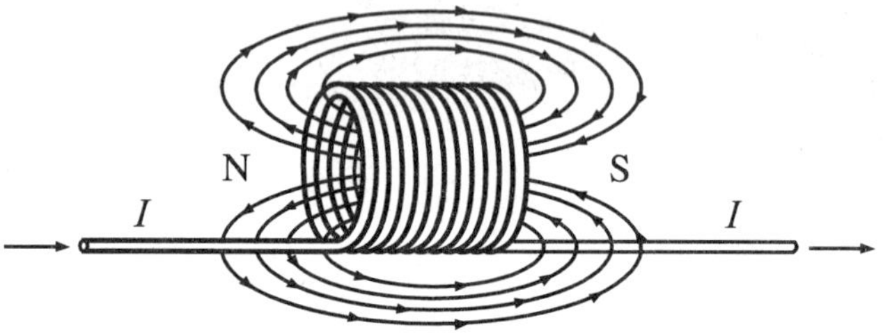


〈그림 2.20〉 기본 인덕터의 원리

코일 주위에 있는 자력선은 코일 주변과 코일 간에 강력한 자기장을 형성하고 인접된 루프 주변에 있는 코일에 영향을 준다. 인접된 2개의 루프에서 자력선의 상호 작용을 <그림 2.21>에 보였다.

전류가 증가하면 전자기장을 증가하고 전류가 감소하면 전자기장도 감소한다. 또한 변화하는 전자기장은 전류의 변화에 대해 반대 방향으로 코일 양단에 유도 전압을 발생한다. 이 성질을 자기 인덕턴스라고 한다.

인덕턴스의 단위는 헨리(H : henry)이고 1 H란 인덕턴스는 단위 시간당 1 A의 비율로 변화되고 코일을 통해 흐르는 전류가 인덕터 양단에 1 V 전압을 유도했을 때의 인덕턴스를 의미한다.

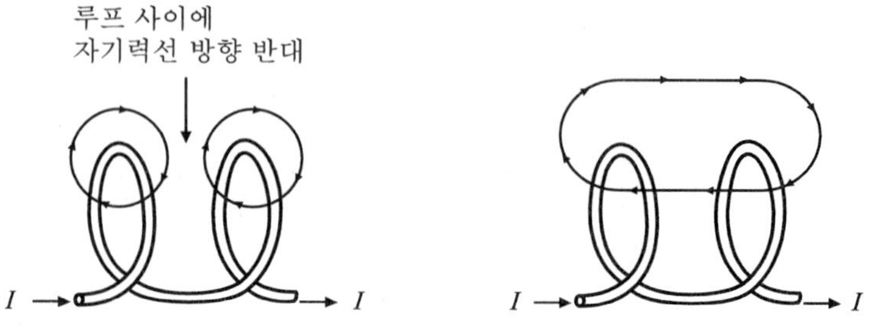


(a) 루프 간격이 넓을 때 (b) 루프 간격이 좁을 때

〈그림 2.21〉 인접된 루프의 상호 작용

인덕터의 기본적인 심벌은 <그림 2.22>와 같다.

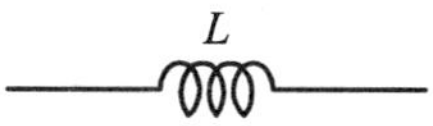


〈그림 2.22〉 인덕터의 심벌

전류의 변화는 전자기장의 변화의 원인이 되고 코일 양단에 걸린 전압을 유도한다. 이를 식으로 나타내면 다음과 같다.

$$V_{\text{ind}} = L\left(\frac{di}{dt}\right)$$

$$i = \frac{1}{L}\int V_{\text{ind}}\, dt$$

### (2) 인덕터의 심벌

인덕터는 기본적으로 고정 인덕터와 가변 인덕터로 나눈다.
이에 관한 심벌은 <그림 2.23>에 보였다.

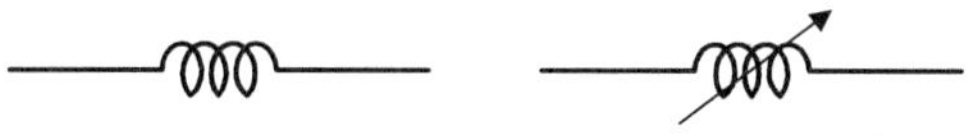

(a) 고정 인덕터 (b) 가변인덕터

〈그림 2.23〉 고정과 가변 인덕터의 심벌

고정과 가변 인덕터는 코어 물질의 형태에 따라 분류할 수 있다.
일반적인 3가지 형태는 공심 코어, 철심 코어, 페라이트 코어 등이다. 이를 <그림 2.24>에 보였다.

(a) 공심(공기코어) (b) 철심코어 (c) 페라이트 코어

〈그림 2.24〉 코어에 따른 인덕터 심벌

### (3) 인덕터의 용도에 따른 분류

인덕터는 인덕턴스를 가지는 코일을 말하며 교류에 대해 저항력을 가진 이 저항력을 유도 리액턴스라고 한다.

용도에 따라 동조 코일, 발진 코일, 트랜스포머 등으로 구분된다.

1) 동조 코일

중파 방송 수신용의 동조 코일은 아래 그림과 같이 페라이트 코어에 리드선을 감은 막대(bar) 안테나가 많이 사용되며 그 자체가 안테나로서의 효과도 갖는다.

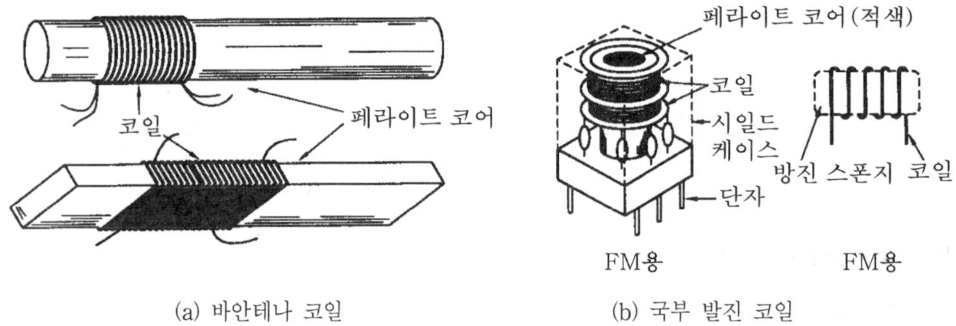


〈그림 2.25〉 동조 코일의 구조

2) 초크(choke) 코일

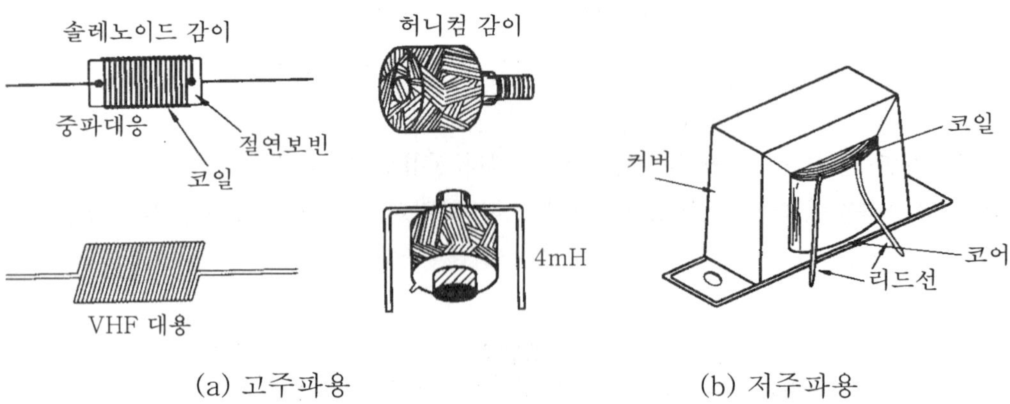


〈그림 2.26〉 초크 코일의 구조

### 3) 초크 코일의 인덕턴스 식별법

초크 코일도 저항과 같은 색깔로 되어 있는 경우와 숫자로 되어 있는 경우와 같다. 이때 색 식별 법은 <표 2.8>에 보였다. 단위는 μH라는 것이 좀 다르다.

〈표 2.8〉 인덕터의 색띠

| 색 | 제1색띠 | 제2색띠 | 제3색띠 | 제4색띠 |
|---|---|---|---|---|
| | 첫째수 | 둘째수 | 승수(지수) | 허용 오차 |
| 흑(검정) | 0 | 0 | $10^0$ | ±20 % |
| 갈(밤색) | 1 | 1 | $10^1$ | – |
| 적(빨강) | 2 | 2 | $10^2$ | – |
| 등(주황) | 3 | 3 | $10^3$ | – |
| 황(노랑) | 4 | 4 | – | – |
| 녹(잔디) | 5 | 5 | – | – |
| 청(파랑) | 6 | 6 | – | – |
| 자(보라) | 7 | 7 | – | – |
| 회(회색) | 8 | 8 | – | – |
| 백(흰색) | 9 | 9 | – | – |
| 금(금색) | – | – | 0.1 | ±5 % |
| 은(은색) | – | – | 0.01 | ±10 % |

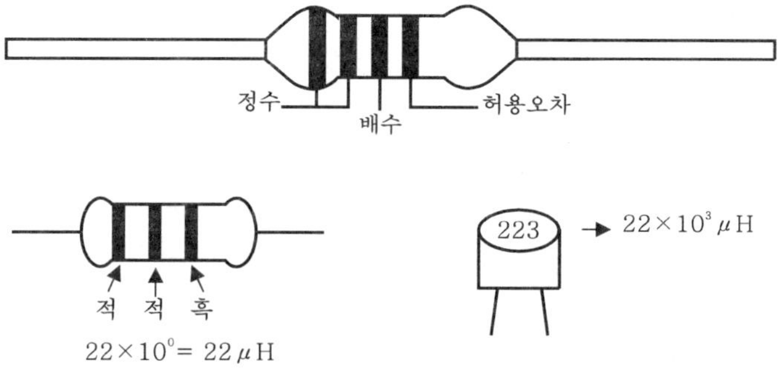


〈그림 2.27〉 초크 코일의 식별 예

# 제 2부
# 다이오드의 특성과 응용

# 1장 다이오드의 특성

다이오드는 한 방향으로만 전류를 흐르게 하는 반도체 소자로서 전원장치의 정류기, 통신용 수신기 회로의 검파기 및 컴퓨터 기기에서 스위치 등 여러 분야에서 응용되는 소자이다.

## 1. PN접합

P형 반도체와 N형 반도체가 그림 1.1과 같이 원자 구조적으로 결합된 것을 PN접합(PN junction)이라고 한다. 여기서 접합(junction)은 다른 접촉(contact)과는 다르며 원자 구조적으로 결합되어 있는 상태를 말한다.

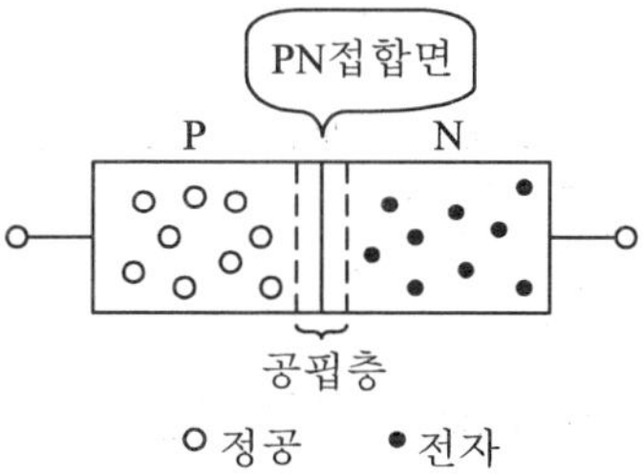


〈그림 1.1〉 PN 접합

PN 접합한 접합부의 근처에서는 그림 1.1과 같이 P형 반도체 안의 정공과 N형 반도에 안의 자유전자가 서로 확산현상에 의하여 상대측의 영역으로 들어가고 그곳에서 결합하여 소멸하며 캐리어가 없는 부분이 생긴다. 이러한 부분을 공핍층 이라고 하는데 공핍층에는 캐리어가 없기 때문에 절연체로 간주할 수가 있다. 그러나 공핍층에는 P형 측에 음이온, N형 측에 양이온이 존재하고 있으며 N형에서 P형으로 향하는 전계가 발생하고 있는 것을 잊어서는 안 된다.

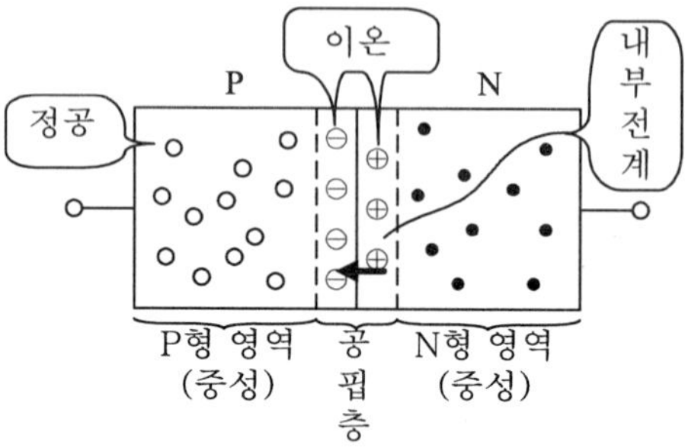


〈그림 1.2〉 다이오드 공핍층에서의 내부전계

PN접합의 P형 측에 정(+) 전압을, N형 측에 부(-)전압을 가하면, 즉 순방향 전압을 가하면 P형 반도체 정공은 N형 반도체 안으로 또한 N형 반도체의 자유전자는 P형 반도체 안으로 공핍층을 넘어서 확산현상에 의하여 침입한다. 그리고 전원에서는 차례로 정공과 전자가 보급되기 때문에 전류가 계속 흐르게 된다. 이러한 전류를 순방향 전류라고 한다.

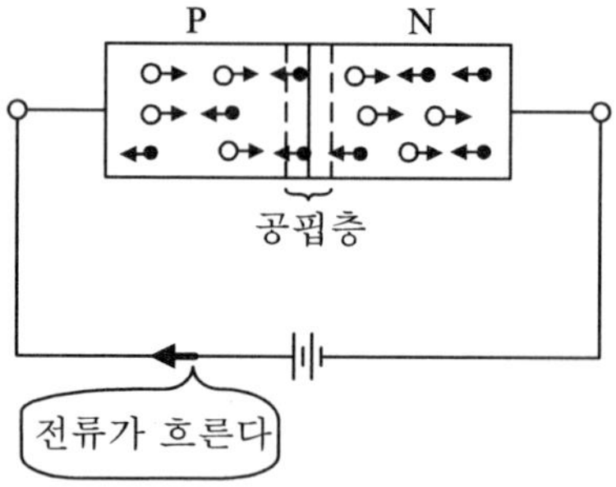


〈그림 1.3〉 순방향 전압과 전류

이번에는 PN접합한 P형 측에 부(-)전압을, 또한 N형 측에 정(+)전압을 가하면 그림 1.4와 같이 P형 반도체의 전공은 P형 측의 전극(부(-) 전극)쪽으로 끌리고 또한 N형 반도체의 전자는 N형 측의 전극(정(+) 전극)쪽으로 끌린다.

이러한 것은 공핍층이 전압을 가하기 전보다도 확산된 것이다. PN 접합에 대하여 이와 같은 방향으로 전압을 가하는 것을 역방향 전압을 가한다고 한다.

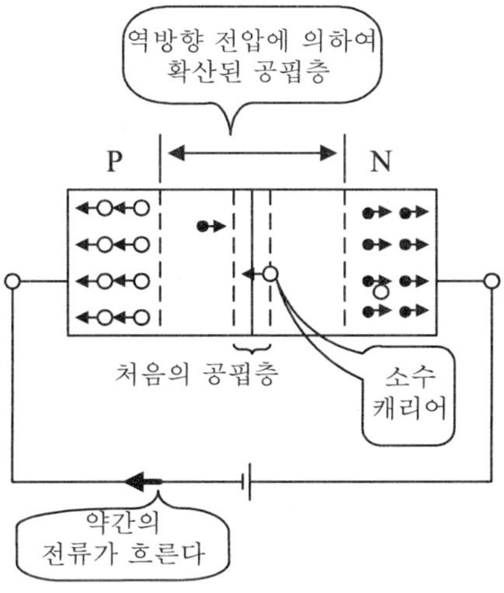


〈그림 1.4〉 공핍층의 확산

그러면 PN접합에 역방향 전압을 가했을 때에는 전류가 전혀 흐르지 않는 것이 아니다. 사실 P형 반도체에는 소수 캐리어로서 약간의 자유전자가 있고 N형 반도체에도 약간의 정공이 존재하고 있다. 이러한 소수의 캐리어 공핍층 속을 통과해서 반대측의 영역으로 이동할 수 있기 때문에 약간의 전류가 흐르는데 이것이 역방향 전류이다.

이와 같이 PN 접합에는 양단에 가해지는 전압의 방향에 따라 전류를 많이 흐르게 하거나 거의 흐르지 않게 하는 작용을 하는데 이러한 작용을 정류작용이라고 한다. 이러한 성질을 이용한 전자부품이 다이오드(diode)이다. 즉 다이오드는 PN 접합의 원리를 응용한 것이다.

다이오드를 나타내는 기호는 Diode의 첫 문자를 취해서 D를 사용한다. 또한 다이오드 심볼은 그림 1.5와 같이 나타낸다. 그리고 각각의 단자를 애노드(anode), 캐소드(cathode)라고 하며 기초 A, K로 표시하는 일도 있다. 그림 1.5에 나타난 방향의 기호는 전류가 흐르기 쉬운 방향을 나타내고 있다.

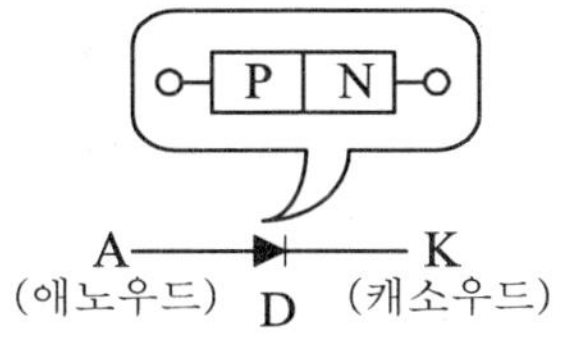


〈그림 1.5〉 다이오드의 심볼

## 2. 다이오드의 특성

다이오드는 전압을 가하는 방법에 따라 그림 1.6과 같이 전류가 흐르거나 거의 흐르지 않는다. 그림 1.6과 같은 다이오드의 전압과 전류의 관계를 다이오드의 전압-전류특성이라고 한다.

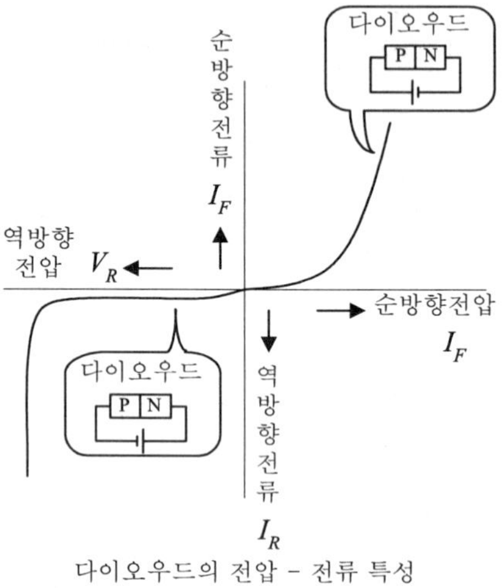


〈그림 1.6〉 다이오드의 전압-전류특성

그런데 다이오드는 실리콘(Si)을 사용한 것과 게르마늄(Ge)을 사용한 것이 있으며 그 특성을 각각 그림 1.7과 같은 특성을 된다.

어떠한 순방향 특성이라도 전압에 대하여 전류가 지수 함수적으로 증가하나 Ge에서 약 0.1V, Si에서는 약 0.5V부터 전류가 흐르기 시작한다.

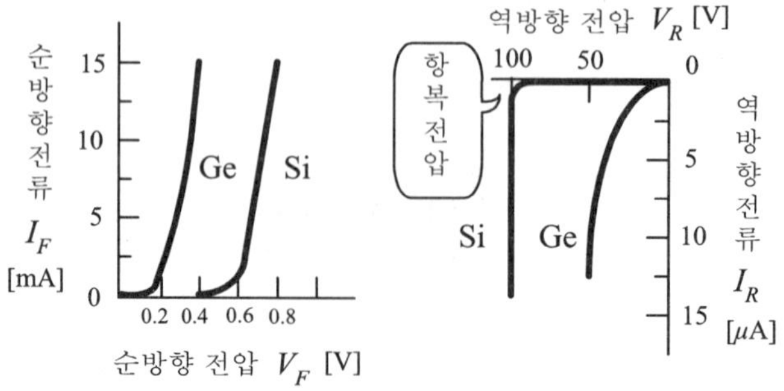


(a) 순방향 전압-전류특성 (b) 역방향 전압-전류특성

〈그림 1.7〉 다이오드의 순방향과 역방향 특성

또한 다이오드의 역방향 특성을 보면 Si은 Ge보다 역방향 전류가 적은 것을 알 수 있다. 그리고 역방향 전압을 크게 하면 어떤 전압의 값이 되었을 때 갑자기 전류가 흐르기 시작하는 특성을 가지고 있는 것도 알 수 있다. 이러한 전압을 항복전압 또는 제너전압이라고 하며 정전압 다이오드에 응용되고 있다.

## 3. 다이오드의 형상

다이오드에는 여러 가지 형상으로 된 것이 있는데 다음과 같은 컬러코드나 포인트 표시, 그림 기호표시등에 따라 순방향을 알 수 있도록 되어 있다.

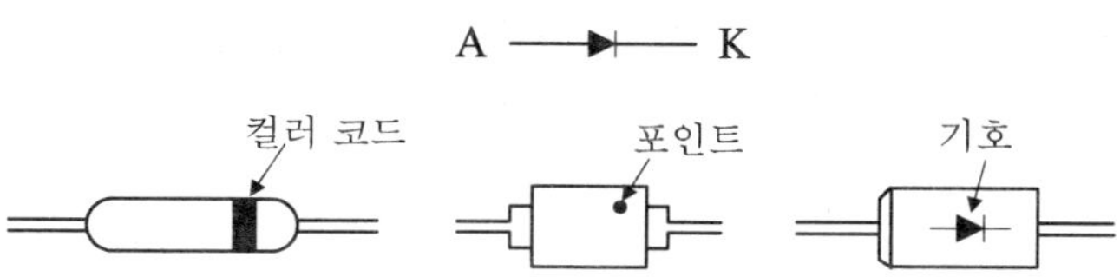


〈그림 1.8 〉다이오드의 형상

## 4. 다이오드의 분류

다이오드는 그 종류가 대단히 많고 분류방법에 따라서도 다음과 같은 것이 있다.

**(1) 재료에 의한 분류**

① 게르마늄(Ge) ② 실리콘(Si) ③ 갈륨비소(GaAs)등

**(2) 구조에 의한 분류**

① 본드형 ② 합금형 ③ 플레너형 ④ 쇼트키 바리어형

**(3) 특성에 의한 분류**

① 바리캡 ② 정전압 다이오드 ③ 터널다이오드
④ 건 다이오드 ⑤ 발광 다이오드 등

**(4) 용도에 의한 분류**

① 검파용 ② 정류용 ③ 리미터용 ④ 변조용
⑤ 혼합용 ⑥ 스위칭용 ⑦ 증폭용등

## 5. 다이오드의 표시

반도체 전자 부품의 형명을 붙이는 방법에 따르면 다이오드의 형명은 다음의 예와 같이 1S에 이어서 기호, 숫자를 사용해서 표시하도록 되어있다.

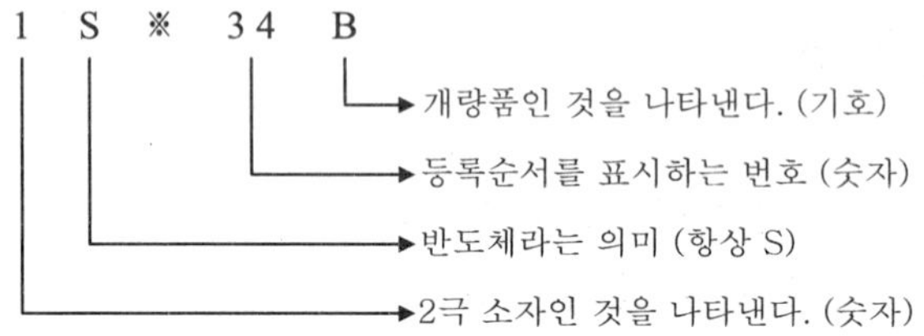


그리고 ※표시가 있는 곳에는, 예를 들면 다음과 같이 G, Q, S등과 같은 기호를 넣으므로서 다이오드의 종류를 나타낸다.

1SG : 건다이오드
1SQ : 발광다이오드
1SS : 마이크로파용

## 6. 가변용량 다이오드(바리캡)

PN접합의 역방향 전압을 가하면 공핍층이라고 하는 절연층의 폭이 넓어진다. 이 상태는 PN 접합이 콘덴서와 동일한 작용을 하고 있는 것으로 볼 수 있다. 즉, 절연층(유전체)을 가운데에 두고 P형 영역과 N형 영역이 전극으로서 동작하고 있는 콘덴서로 되어 있다.

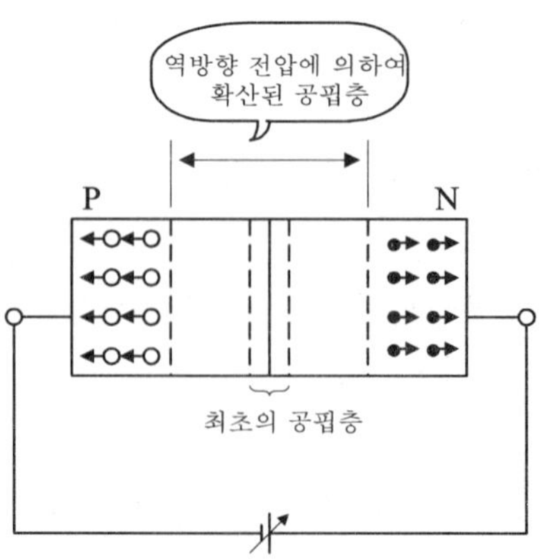


〈그림 1.9〉 가변용량 다이오드의 원리

그리고 역방향 전압의 크기를 바꾸면 공핍층의 폭이 바뀌기 때문에 이것은 콘덴서의 유전체 두께를 바꾸어서 정전용량의 값을 변화시키는 것과 같다. 이러한 목적으로 만든 다이오드를 가변용량 다이오드 또는 바리캡이라고 하며 TV나 FM 수신기의 자동주파수제어(AFC) 회로 또는 라디오의 동조용 바리콘을 대신하는 소자로서 사용되고 있다.

## 7. 정전압 다이오드(제너다이오드)

실리콘 다이오드에는 역전압을 크게 하면 어떤 전압에서 갑자기 역방향 전류가 증가하는 특성이 있다. 그리고 역전압을 이 이상 증가해도 전류는 증가하나 다이오드의 단자전압은 거의 일정하게 유지하는 성질이 있다. 이것을 이용한 것이 정전압 다이오드이다.

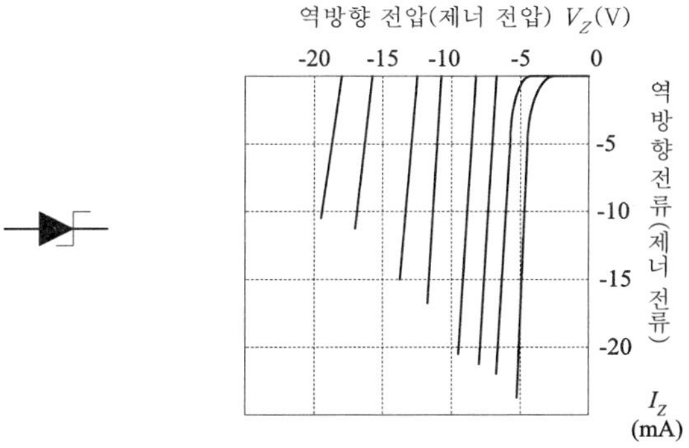


(a) 심볼 (b) 역방향 특성

〈그림 1.10〉 정전압 다이오드

## 8. 검파용 다이오드

진폭이 작은 고주파의 진폭변조파를 다이오드에 가하고 방송파에 포함되고 있는 변조신호 성분을 인출하는 것을 검파라고 하는데 이것에 사용하는 것이 검파용 다이오드이다.

## 9. 정류용 다이오드

교류를 직류로 변환하기 위한 전원 정류용으로서 실리콘과 같은 정류용 다이오드가 널리 사용되고 있다. 그림 1.11은 교류에서 직류를 만드는 정류회로의 예이다.

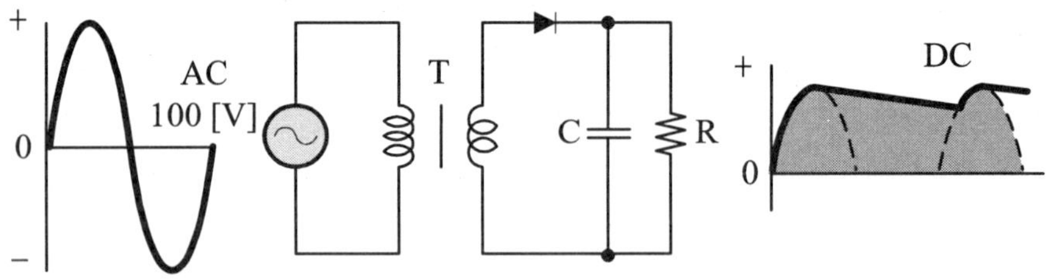


〈그림 1.11〉 반파정류회로의 예

우선 교류전원을 변압기에서 적당한 크기의 전압으로 변압하고 다이오드로 그림 1.11의 파선과 같이 반파정류하며 다음에 콘덴서 C의 충방전 작용을 이용하여 평활하게 하면 실선과 같은 직류가 얻어진다. 이 회로는 정(+)의 반파만을 인출하므로 반파정류회로라고 한다.

## 10. 다이오드 사용상의 주의

지금까지는 다이오드의 성질이나 작용 등에 대하여 배워왔는데 실제로 다이오드를 사용하는 경우에는 다음과 같은 점에 주의하지 않으면 안 된다.

예를 들면 그림 1.12(a)와 같은 유리 밀봉형 소신호 다이오드를 들어보기로 한다.

(a) 유리 밀봉형 소신호 다이오드

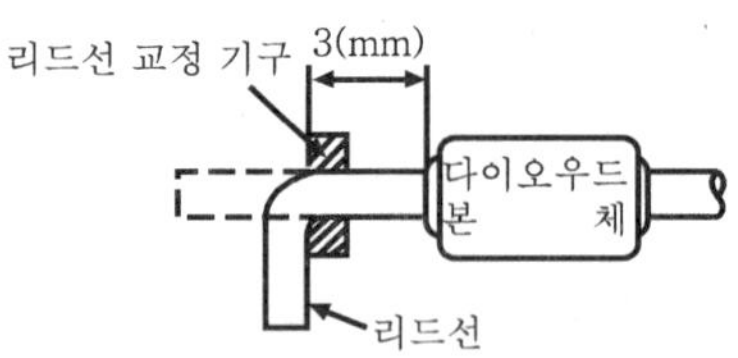


(b) 리드선 굽힘 부분

〈그림 1.12〉 다이오드 사용 시 주의 점

**(1) 리드선을 구부리는 경우에 그림 1.12(b)와 같이 다이오드 본체의 유리부분에 힘이 가해지지 않도록 본체의 측면 끝에서 약 3mm 이상 떨어진 곳에서 구부리도록 한다.**

**(2) 다이오드를 납땜하는 경우에는 160℃정도의 저융점 땜납을 사용하고 본체에서 3mm이상 떨어지게 하여 10초 이내에 완료하도록 한다.**

# 2장 다이오드의 등가모델

## 1. 이상적인 다이오드

이상적인 다이오드는 가장 기본적인 비선형 소자이다. 이것은 그림 2.1(a)의 회로 기호로 표시되는 2단자 소자로서 그림 2.1(b)에 나타낸 전압-전류($v-i$)특성을 가진다. 이상적인 다이오드의 특성은 다음과 같이 설명될 수 있을 것이다. 그림 2.1(a)에 표시된 기준 방향에 대해 부(-)전압이 다이오드에 가해진다면 전류는 흐르지 않을 것이고 다이오드는 그림 2.1(c)와 같이 개방회로처럼 동작할 것이다. 다이오드가 이 모드에서 동작할 때 역방향 바이어스(reverse bias)되었다고 한다. 이상적인 다이오드는 역방향으로 동작할 때 0A의 전류를 흘리며 이때 다이오드는 차단(cut off) 또는 오프(off)되었다고 한다.

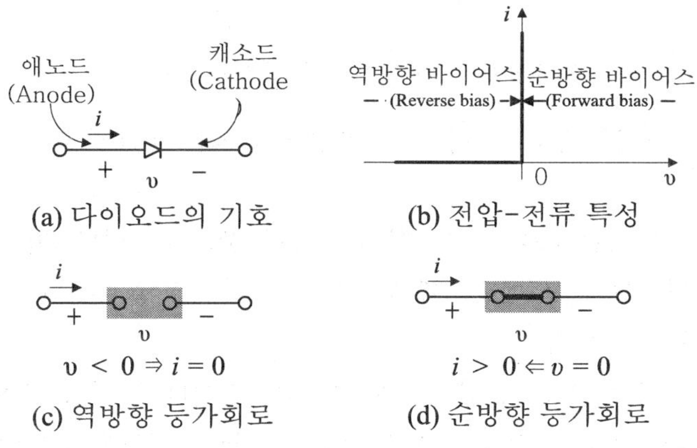


〈그림 2.1〉 이상적인 다이오드의 전압-전류 특성

# 2. 전압-전류특성

## (1) 전압-전류 특성을 이용한 설계(1)

전압-전류 특성을 이용하여 외부회로를 설계할 경우는 다음과 같다.

1) 외부 회로는 도통된 다이오드의 경우에 흐르는 순방향 전류가 미리 정해진 값으로 제한되도록 설계한다.
2) 차단된 다이오드 경우에도 이에 걸리는 역방향 전압이 미리 정해진 값으로 제한되도록 설계한다.

이를 이용하여 설계한 예를 보이면 그림 2.2와 같다.

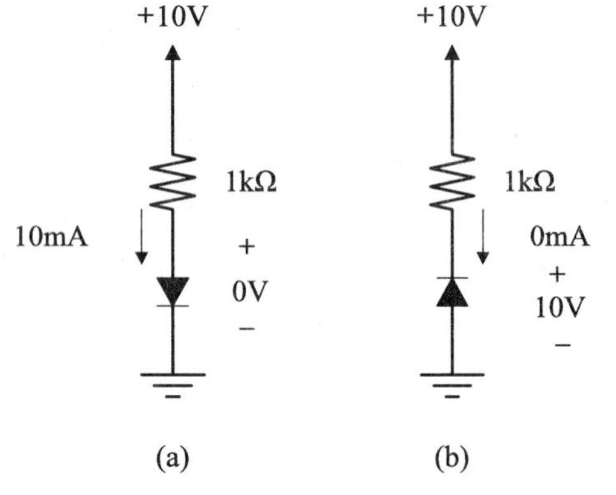


(a) 순방향 전류회로 (b) 역방향 전압회로

〈그림 2.2〉 전압-전류 특성을 이용한 설계의 예

그림 2.2(a)의 회로에서는 다이오드가 분명히 도통(ON)될 것이다. 따라서 다이오드 양단의 전압강하는 0V일 것이고 다이오드에 흐르는 전류는 10V와 1kΩ의 저항기에 의해서 결정된다. 즉 10mA가 될 것이다.

그림 2.2(b)에서는 다이오드가 분명히 차단(OFF)될 것이다. 따라서 다이오드에 흐르는 전류는 0A가 될 것이고 그 결과 10V의 전체 전압이 역방향 전압으로 다이오드의 양단에 나타날 것이다.

### (2) 정류기 회로

그림 2.3은 다이오드의 일반적인 응용회로로 전압-전류특성을 이용하여 정류기 회로이다.

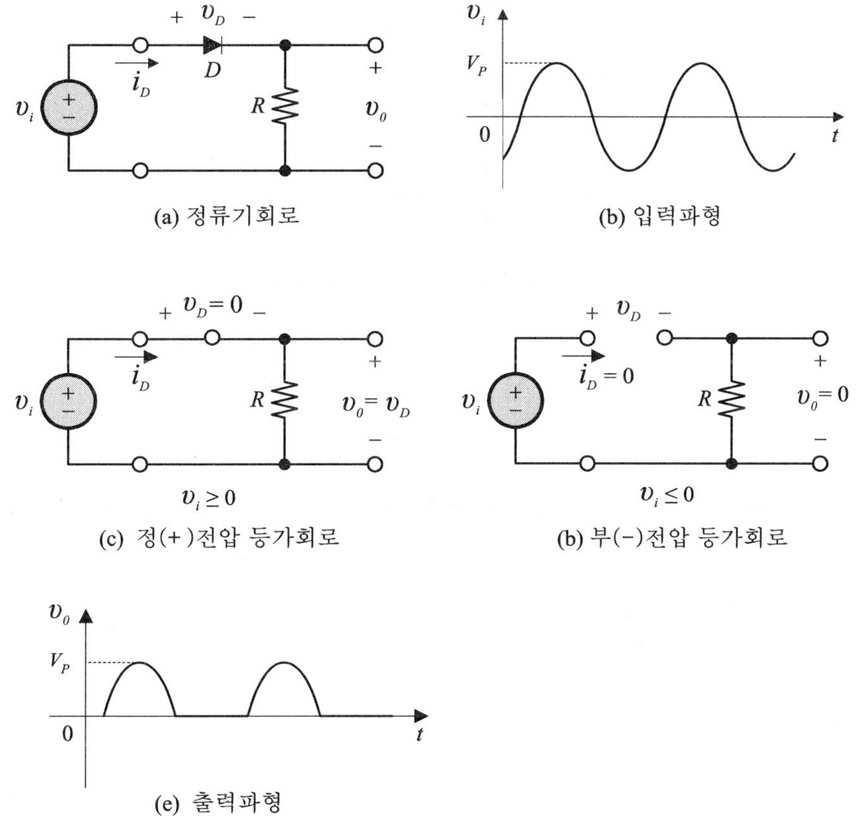

〈그림 2.3〉 정류기 회로

**(문제 2-1) 그림 2.3(a)에 나타낸 회로의 전달특성($v_o - v_i$)의 특성을 그려라.**

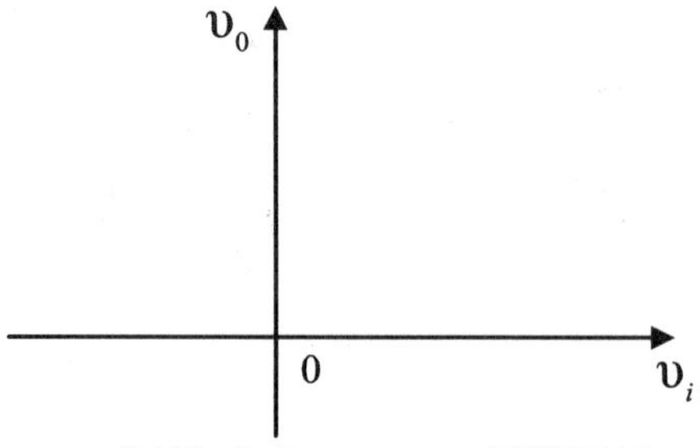


〈그림 2.4〉 $v_O - v_I$ 전달특성

**(문제 2-2) 그림 2.3(a)에 나타낸 회로에서 다이오드 양단의 전압($v_D$)특성을 그려라.**

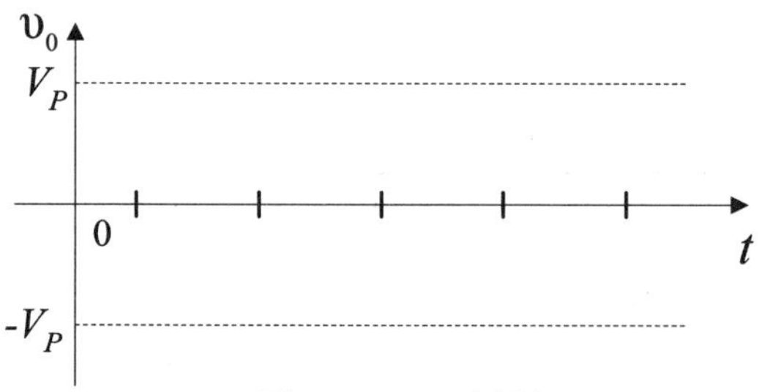


〈그림 2.5〉 $v_D$ 특성

**예제 2-1**

그림 2.6에 12V 전지를 충전하기 위한 회로를 나타낸 것이다. $v_S$가 $24V_{p-p}$ 진폭을 갖는 정현파 일 때 다이오드가 ON되는 각 사이클의 구간을 구하라. 또 다이오드 전류의 최대값(피크값)과 다이오드에 걸리는 역방향 전압의 최대값을 구하라.

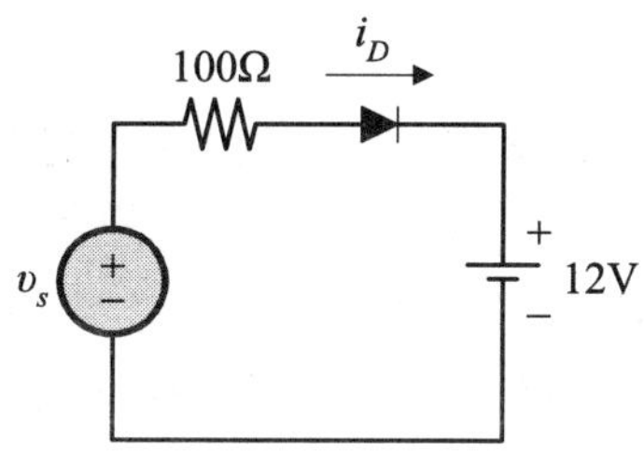


〈그림 2.6〉 예제 2-1의 회로도

**풀이**

① 도통각

그림 2.6에서 다이오드는 $v_s$가 12V를 초과할 때 도통(ON)된다. 도통각은 $2\theta$이다. $\theta$는 다음과 같이 주어진다.

$$24\cos\theta = 12,\ \ \theta = 60^{\circ}$$

따라서 도통각은 120° 또는 한 사이클의 1/3이다.

② 다이오드 전류의 최대값

다이오드 전류의 최대값은 다음과 같이 구하면 0.12A가 된다.

$$i_p = \frac{24-12}{100} = 0.12\text{A}$$

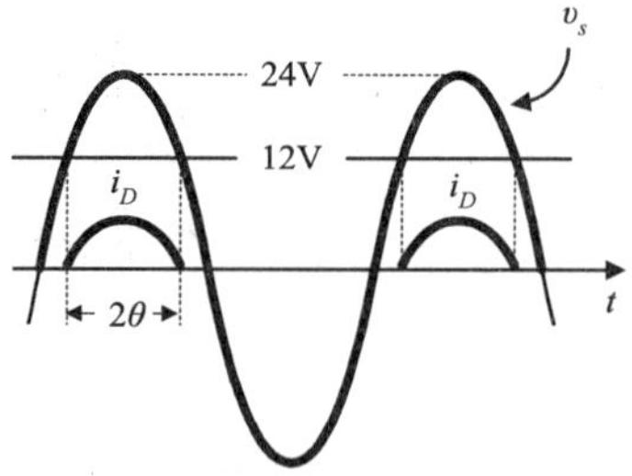


〈그림 2.7〉 예제 2-1의 파형특성

③ 다이오드 역방향 전압의 최대값

다이오드 역방향 전압은 $v_s$가 부(-)전압 피크일 때 최대가 되며 그 값은 다음과 같이 계산된다.

24V + 12V = 36V

### (3) 논리 게이트 설계

다이오드와 저항을 함께 사용하면 디지털 논리함수를 실현할 수 있다. 그림 2.7은 논리게이트의 예를 보인 것이다. 0V에 가까운 전압을 0 또는 저레벨(low leverl)로 간주하고 +5V에 가까운 전압 값을 논리 1 또는 고레벨(high level)로 간주하는 정논리를 생각해 보면 그림 2.8의 회로는 세 개의 입력, 즉 $v_A$, $v_B$, $v_C$를 가지고 있다.

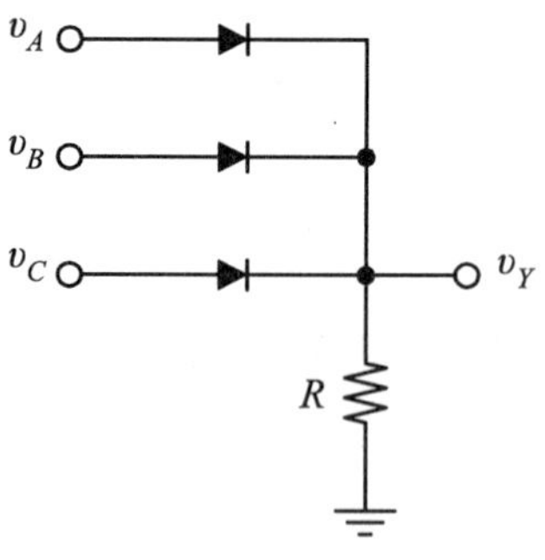


〈그림 2.8〉 정논리 OR 게이트

회로에 입력이 가해지면 +5V 입력에 접속된 다이오드들은 도통될 것이고 그 결과로 출력($v_Y$)은 +5V에 클램프 될 것이다. 입력이 0V 근처에 있는 저레벨인 다이오드들은 차단될 것이다. 따라서 하나 또는 그 이상의 입력이 고레벨 일 때 출력은 고레벨이 될 것이다. 결국 이 회로는 논리 OR 함수(logic OR function)를 실현하며 이를 부울식으로 나타내면 다음과 같다.

$$Y = A + B + C$$

그림 2.9는 정논리 AND 게이트의 회로를 보인 것이다.

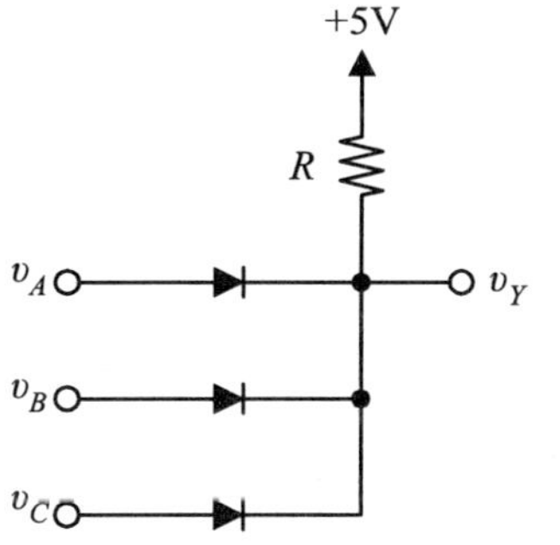


〈그림 2.9〉 정논리 AND 게이트

**예제 2-2** 다음 회로의 $I$와 $V$를 구하라.

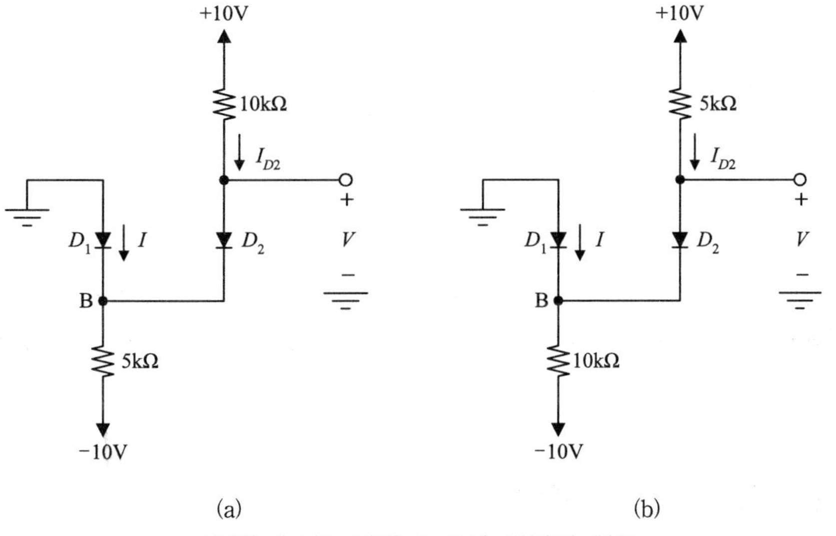


〈그림 2.10〉 예제 2-2의 전압과 전류

**풀이**

① 그림 2.10(a)회로에서 전류와 전압구하기

그림 2.10(a)에서 두 개의 다이오드가 ON된다고 가정할 때 $V_B$=0 그리고 $V$=0일 것이다. 이제 $D_2$에 흐르는 전류를 다음과 같이 구할 수 있다.

$$I_{D_2} = \frac{10-0}{10} = 1\text{mA}$$

마디 B점에서 마디방정식을 세우면 다음과 같다.

$$I + 1 = \frac{0-(-10)}{5} = 2\text{mA}$$

위의 식을 이용하여 $I$를 구하면 1mA 가 된다. 따라서 $D_1$은 가정했던대로 ON되고 최종결과는 $I$ =1mA, $V$=0V일 것이다.

② 그림 2.10(b)회로에서 전류와 전압구하기

그림 2.10(b)에서 두 다이오드가 ON된다고 가정하면 $V_B$=0그리고 $V=0$일 것이다. 따라서 $D_2$에 흐르는 전류는 다음과 같이 구해진다.

$$I_{D_2} = \frac{10-0}{10} = 2\text{mA}$$

마디 B에서 마디방정식을 구하면 다음과 같다.

$$I + 2 = \frac{0-(-10)}{10} = 1\text{mA}$$

위의 식으로부터 $I$=-1mA이다. 이는 불가능하기 때문에 본래의 가정이 틀린 것이다. 이번에는 $D_1$은 차단하고 $D_2$ 도통된다고 가정하고 회로를 다시 해석해 보기로 하자. $I_{D_2}$의 전류는 다음과 같다.

$$I_{D_2} = \frac{10-(-10)}{15} = 1.33\text{mA}$$

마디 B 전압은

$$V_B = -10 + 10 \times 1.33 = +3.3V$$

이다. 따라서 $D_1$은 가정대로 역방향 바이어스 되고 최종 결과는 $I$=0 그리고 $V$=3.3V이다.

**(문제 2-3) 다음 회로에서 전류와 전압을 구하라.**

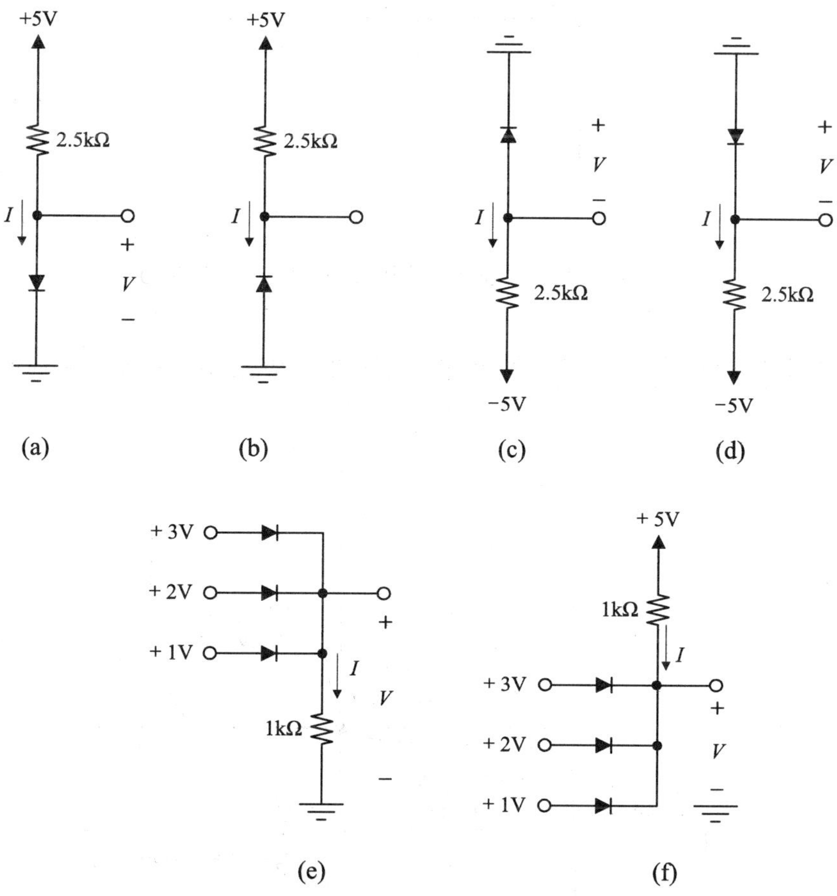


〈그림 2.11〉 문제 2-3의 회로

## 3. 접합다이오드의 지수모델

그림 2.12는 실리콘 접합 다이오드의 전압-전류특성이지만 역방향 바이어스 영역을 축소하여 표시하면 그림 2.13과 같다.

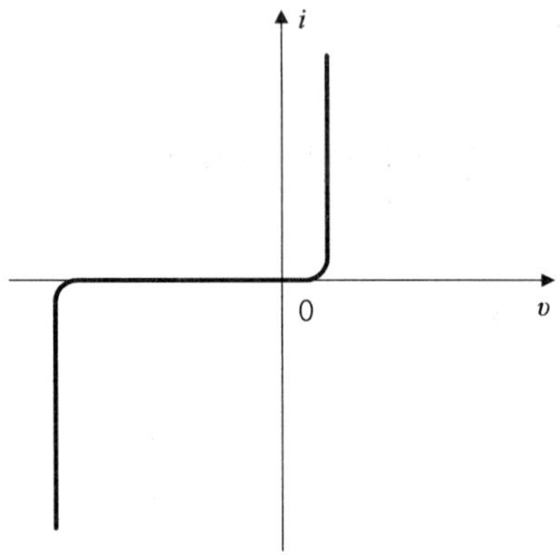


〈그림 2.12〉 Si 접합다이오드의 $v-i$특성

그림 2.13에서 보면 원점에서 불연속이 일어나는 것처럼 보인다는 점에 유의하라.

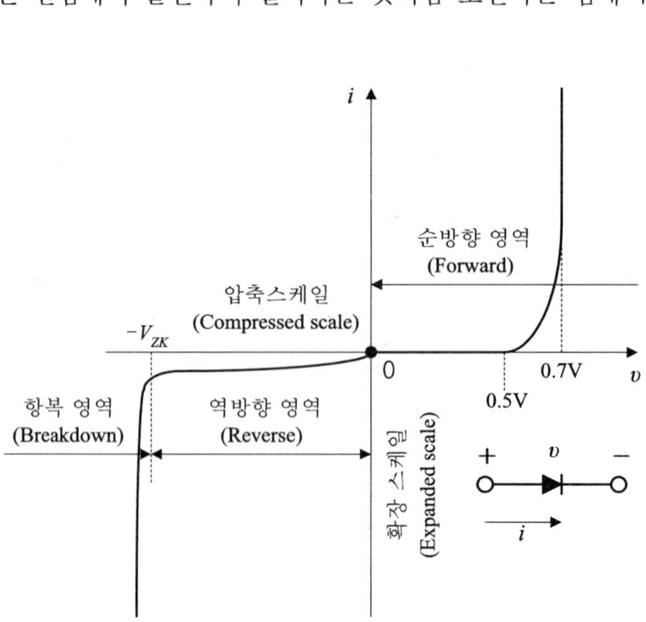


〈그림 2.13〉 역방향 바이어스 영역을 축소한 접합다이오드의 $v-i$ 특성

그림 2.13에서 보는 바와 같이 특성곡선은 세 개의 영역으로 이루어진다.

① 순방향 바이어스 영역 : $v > 0$일 때
② 역방향 바이어스 영역 : $v < 0$일 때
③ 항복(break down) 영역 : $v < -V_{ZK}$일 때

### (1) 순방향 바이어스 영역

단자 전압 $v$가 +일 때 다이오드는 순방향 바이어스 영역에서 동작한다. 이 영역에서의 $v-i$ 관계는 다음의 근사식으로 표현된다.

$$i = I_S\left(e^{v/nV_T} - 1\right) \tag{2.1}$$

여기서 $I_S$는 주어진 온도에서 주어진 다이오드에 대한 상수이다. $I_S$를 일반적으로 포화전류(saturation current)라고 부른다. 저전력 응용에 사용되는 작은 크기의 소신호 다이오드는 10-15A 정도의 $I_S$를 가진다. 그러나 $I_S$값은 온도에 크게 영향을 받는다. 온도가 5℃ 상승함에 따라 $I_S$는 두배 증가한다.

$V_T$는 열전압(thermal voltage)이라고 부르는 상수이며 다음과 같이 주어진다.

$$V_T = \frac{kT}{q} \tag{2.2}$$

$k$ : 볼츠만 상수 = 1.38 × $10^{-23}$ 줄/케빈
$T$ : 켈빈(kelvin)으로 나타낸 절대온도=273+℃로 나타낸 온도
$q$ : 전자의 전하량 = 1.602 × $10^{-19}$ 쿨롱

상수 $n$은 다이오드의 재료와 물리적 구조에 따라 달라지며, 1과 2사이의 값을 가진다. 표준 집적 회로 공정과정으로 만든 다이오드는 정상적인 조건하에서 동작할 때 $n$=1의 값을 가진다. 개별소자로서 이용할 수 있는 다이오드들은 $n$=2의 값을 가진다. 인지할 수 있을 정도의 순방향 전류에 대해서는 특히 $i \gg I_S$에 대해서는 다음과 같이 근사화 될 수 있다.

$$i \cong I_S\, e^{v/nV_T}$$

(2.3)

회로해석에서는 일반적으로 대략 $V_T$ = 25mV를 사용한다. 그림 2.12에 나타낸 $v-i$특성을 보면 $v$가 0.5V보다 작을 때는 전류가 매우 작다는 것을 알 수 있다. 이 0.5V를 컷인전압(cut-in voltage)이라고 부른다. 이 특성에서 나타나는 문턱(threshold)이 지수적인 관계의 결과라는 점에서 주목하기 바란다. 또 이런 지수 관계 때문에 $i$가 급격한 증가를 보인다는 점에도 주목하기 바란다. 따라서 다이오드가 완전히 도통되는데 필요한 전압 강하는 0.6~0.8V의 좁은 범위에 놓이게 된다.

$I_S$와 $V_T$가 온도의 함수이기 때문에 순방향 $v-i$특성은 그림 2.14에 예시한 것처럼 온도에 따라 변화한다. 다이오드 전류가 일정할 때 다이오드의 전압강하는 온도가 1℃상승함에 따라 약 2mV 씩 감소한다. 온도에 따른 다이오드의 전압의 변화는 전자식 온도계 설계에 응용된다.

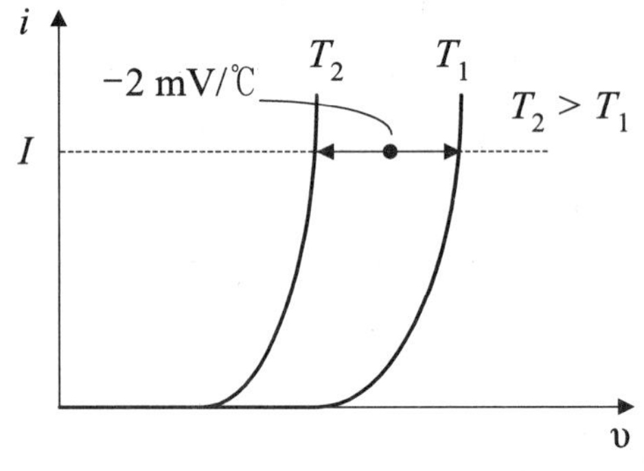


〈그림 2.14〉 다이오드 순방향 특성의 온도영향

### (2) 역방향 바이어스 영역

다이오드 전압 $v$가 "-"일 때 다이오드는 역방향 바이어스 영역에서 동작한다. $v$가 "-"이고 $V_T$(=25mV)보다 몇 배 크다면 지수항은 1보다 작아지게 될 것이고 다이오드 전류는 다음과 같이 주어질 것이다.

$$i \simeq -I_S \qquad (2.4)$$

즉 역방향 전류는 일정하며 $I_S$와 크기가 같다. 이것이 $I_S$를 포화전류라고 부르는 이유인 것이다.

실제의 역방향 전류는 비록 작기는 하지만 $I_S$보다는 큰 값을 가진다. 그리고 역방향 전류도 역방향 전압의 크기가 증가함에 따라 약간 증가한다. 역방향 전류는 주로 누설효과(leakage effect)에 기인한다. 이 누설전류는 $I_S$처럼 접합면적에 비례한다. 그러나 온도에 따른 변화는 $I_S$와 다르다. $I_S$는 온도가 5℃ 증가할 때마다 두 배가 되는데 반해 누설전류는 온도의 영향을 크게 받으며 온도가 10℃증가할 때는 두 배 증가한다는 것을 언급해 둔다.

### (3) 항복영역

다이오드의 세 번째 동작영역은 항복영역으로 그림 2.13의 다이오드 $v-i$특성에서 쉽게 구분될 수 있다. 역방향 전압이 어떤 문턱 값을 초과할 때 다이오드는 항복영역으로 들어가게 된다. 이 문턱전압을 항복전압(breakdown voltage)이라고 한다. 이 전압은 그림 2.12의 $v-i$곡선의 무릎(knee)에서의 전압이며 $V_{ZK}$로 표시된다. 여기서 첨자 $Z$는 제너(zener)를 의미하며, 첨자 $K$는 무릎을 의미한다.

그림 2.13으로부터 알 수 있듯이 항복영역에서 역방향 전류는 급격히 증가하며 이에 따른 전압강하는 매우 작다.

## 4. 반도체 소자

일본에서 쓰고 있는 형명의 호칭법은 유럽에서 쓰고 있는 법과는 다르나 우리시장에서는 주로 일본 형명의 호칭법에 의한 상품이 대부분이므로 2SA…, 2SB…, 1S…, 2SF…, 2SM…등의 형명을 붙이고 있는 일본 공업규격 JIS와 일본 전자기계공업협회 표준규격인 EIAJ(standards of electronic industries association of japan ; 일본 전자 기계 공업회 규격)에 의한 것을 소개한다.

미국에서는 2N…, 1N…, 3N… 등의 JEDEC의 규정에 의하여 쓰고 있고 유럽에서는 로마자와 숫자와의 조합으로 표시를 하고 있다.

형명의 구성은 5항으로 되고 각각 다음의 뜻을 갖고 있다.

- 1항(숫 자) : 원칙적으로 유효 전극에서 1을 뺀다.
- 2항(문자S) : 반도체(semiconductor)를 나타낸다.
- 3항(문 자) : 반도체 제품의 종류, 극성, 대략적인 용도를 나타내고, E와 I는 혼동될 염려가 있어 쓰지 않는다. 또한 다이오드는 쓰지 않는다.
- 4항(숫 자) : EIAJ등록번호로 11부터 시작하여 2행 이상의 숫자

0 : 포토 트랜지스터, 포토 다이오드
1 : 다이오드
2 : 트랜지스터, 전계효과 트랜지스터(FET), 다이리스터(SCR, TRIAC)
3 : 4극 전계효과 트랜지스터

· 5항(문 자) : 붙임자로서 붙임자가 붙지 않은 원형제품의 개량형을 나타내며 A, B, C…의 순으로 쓰여 진다. 개량형 순으로는 바꾸어 가나 그 반대로 바꾸어 쓰지는 않는다.

〈표 2.1〉 반도체 형명 표기형식

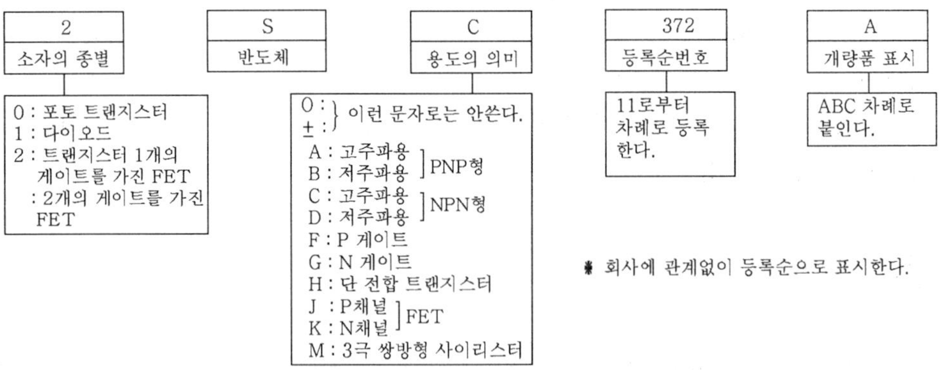


이상 일본 상품에 쓰여 지고 있는 JIS, EIAJ에 의한 규정의 설명을 했다. 그러나 일본상품에서도 정류소자, 다이오드 등에는 로마자와 숫자의 조합에 의한 특성 표시를 겸한 이름을 붙이고 있는 메이커들이 많다. 즉 1S…명칭이 아닌 것이 많다.

# 실험 1.

# 다이오드의 특성

## 1. 순방향 바이어스의 경우

(1) 그림 2.15의 회로를 구성한 후 다음을 측정하라.

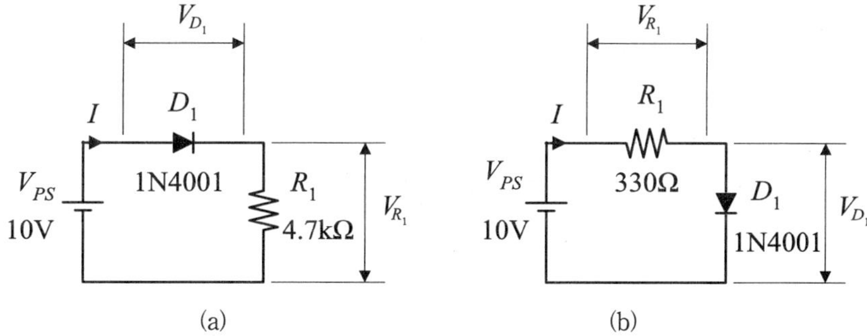


〈그림 2.15〉 순방향 바이어스 회로

1) 그림 2.15(a)의 회로에서 표 2.2(a)의 항목에 이론적인 값을 구하여 기록하라.

$$V_{R_1} = V_{PS} - V_D =$$

$$I = V_{R_1}/R_1 =$$

2) 그림 2.15(a)의 회로에서 표 2.2(a)에 항목을 측정하여 기록하라.

〈표 2.2〉 실험 2-1의 결과

| | $V_{PS}$ | $V_D$ | $V_{R_1}$ | $I$ |
|---|---|---|---|---|
| 계산값(a) : 이상적인 모델 | 10V | | | |
| 계산값(a) : 전압강하 모델 | 10V | | | |
| 측정값(a) | | | | |
| 계산값(b) : 이상적인 모델 | 10V | | | |
| 계산값(b) : 전압강하 모델 | 10V | | | |
| 측정값(b) | | | | |

3) 그림 2.15(b)의 회로에서 표 2.2(b)의 항목에 이론적인 값을 구하여 기록하라.

$V_{R_1}$ =

$I$ =

4) 그림 2.15(b)의 회로에서 표 2.2(b)에 항목을 측정하여 기록하라.

## 2. 역방향 바이어스의 경우

(1) 그림 2.16의 회로를 구성하여 다음을 측정하라.

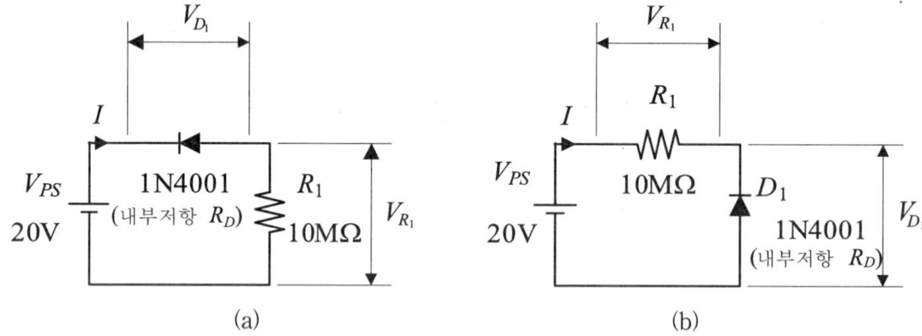


〈그림 2.16〉 역방향 바이어스 회로

1) 그림 2.16(a)의 회로에서 표 2.3(a)의 항목에 이론적인 값을 구하여 기록하라.

$V_{R_1} = V_{PS} - V_D =$

$I = V_{R_1}/R_1 =$

2) 그림 2.16(a)의 회로에서 표 2.3(a)에 항목을 측정하여 기록하라.
(참고) mV 범위를 측정할 수 있는 전압계를 사용해야 한다.

〈표 2.3 실험〉 2-2의 결과

| | $V_{PS}$ | $V_D$ | $V_{R_1}$ | $I$ | $R_D$ |
|---|---|---|---|---|---|
| 계산값(a) | 20V | | | | |
| 측정값(a) | | | | | |
| 계산값(b) | 20V | | | | |
| 측정값(b) | | | | | |

3) 그림 2.16(b)의 회로에서 표 2.3(b)의 항목에 이론적인 값을 구하여 기록하라.

$V_{R_1}$ =

$I$ =

4) 그림 2.16(b)의 회로에서 표 2.3(b)에 항목을 측정하여 기록하라.

## 3. 다이오드의 순방향 특성

(1) 그림 2.17의 회로를 구성한 후 다음을 측정하라.

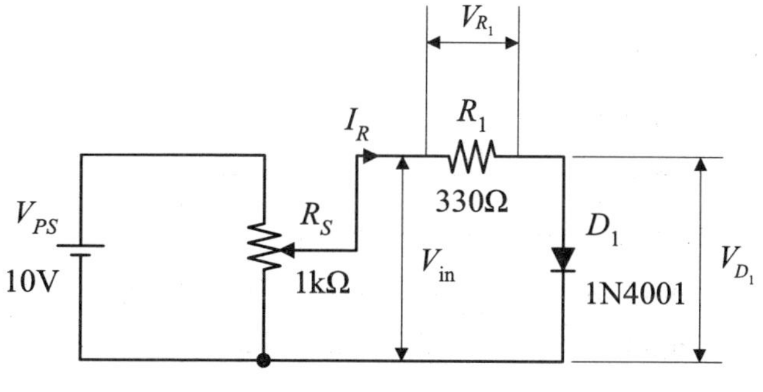


〈그림 2.17〉 다이오드의 순방향 특성

1) 그림 2.17의 가변저항을 조정하여 다이오드의 양단 전압강하가 0.4V가 되도록 한 후 $V_{in}$를 측정하여 표 2.4에 기록하라.

2) 1)에서 측정된 결과를 이용하여 그림 2.17의 회로를 보고 표 2.4의 항목에 대한 이론값을 계산하여 표 2.4에 기록하라.

$$V_{R_1} = V_{in} - V_D =$$

$$I_R = V_{R_1}/R_1$$

3) $V_{R_1}$과 $I_R$의 값을 측정하여 표 2.4에 기록하라.

〈표 2.4〉 순방향 특성 결과

| $V_D$ | 측정값 | 0.4V | 0.5V | 0.55V | 0.6V | 0.65V | 0.7V |
|---|---|---|---|---|---|---|---|
| $V_{in}$ | 측정값 | | | | | | |
| $V_{R_1}$ | 이론값 | | | | | | |
| | 측정값 | | | | | | |
| $I_R$ | 이론값 | | | | | | |
| | 측정값 | | | | | | |

4) $V_D$의 측정값이 각각 0.5V, 0.55V, 0.6V, 0.65V, 0.7V가 되게 한 후 (2)~(3)을 반복하라.

5) 표 2.4를 이용하여 그림 2.18에 특성곡선을 그려라.

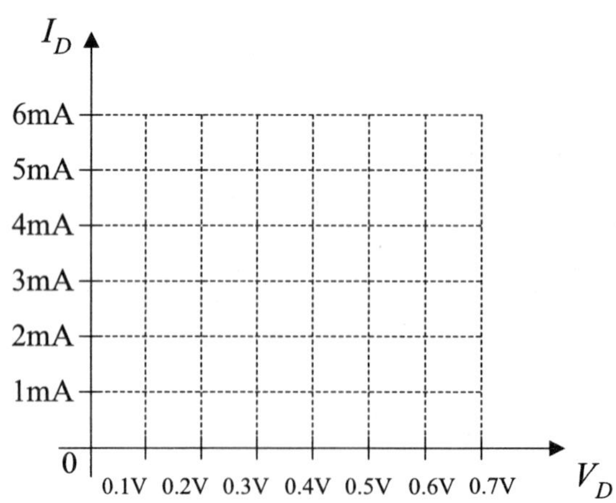


〈그림 2.18〉 다이오드의 순방향 특성곡선

## 4. 다이오드의 역방향 특성

(1) 그림 2.19의 회로를 구성한 후 다음을 측정하라.

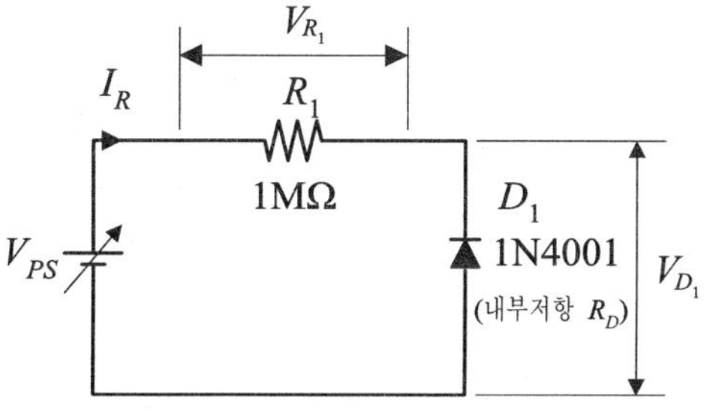


〈그림 2.19〉 다이오드의 역방향 특성

1) 그림 2.19에 연결된 전원전압을 측정하여 8V가 되도록 조정하고 $V_D$과 $V_{R_1}$을 측정하여 표 2.5에 기록하라.

2) 1)에서 측정된 결과를 이용하여 그림 2.19의 회로를 보고 $I_R$값을 계산하여 표 2.4에 기록하라.

$$I_R = V_{R_1}/R_1$$

3) $I_R$의 값을 측정하여 표 2.5에 기록하라.

〈표 2.5〉 역방향 특성 결과

| $V_{PS}$ | 측정값 | 8V | 16V | 24V |
|---|---|---|---|---|
| $V_D$ | 측정값 | | | |
| $V_{R_1}$ | 계산값 | | | |
| | 측정값 | | | |
| $I_R$ | 계산값 | | | |
| | 측정값 | | | |
| $R_D$ | 계산값 | | | |

4) $V_D$의 측정값이 각각 0.5V, 0.55V, 0.6V, 0.65V, 0.7V가 되게 한 후 (2)~(3)을 반복하라.

5) 표 2.5를 이용하여 그림 2.20에 특성곡선을 그려라.

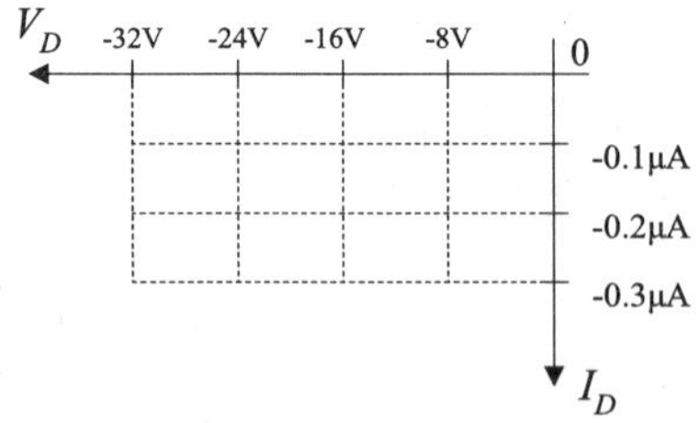


〈그림 2.20〉 역방향 특성곡선

**5. 표 2.4와 표 2.5를 이용하여 다이오드 특성곡선을 완성하라.**

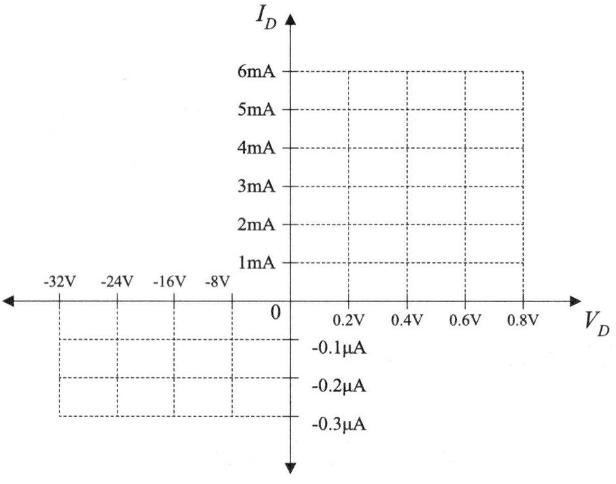


〈그림 2.21〉 다이오드 특성곡선

**6. 다이오드의 저항을 해당 저항계를 해당 범위에서 측정하고 그 결과를 표 2.6에 기록하라.**

〈표 2.6〉 다이오드의 내부 저항

| 저항계 범위 | ×100Ω | ×1kΩ | ×10kΩ |
|---|---|---|---|
| 순방향 저항(측정값) | | | |
| 역방향 저항(측정값) | | | |

## [실험결과 및 고찰]

<table>
<tr><td>실험제목</td><td colspan="6">실험 1. 다이오드 특성</td><td rowspan="2">평가</td><td>A+</td><td>A</td><td>B+</td><td>B</td><td>C+</td><td>C</td><td>D+</td><td>D</td><td>기타</td></tr>
<tr><td>소 속</td><td colspan="6">학과 학년 (주,야) 반</td><td></td><td></td><td></td><td></td><td></td><td></td><td></td><td></td><td></td></tr>
<tr><td>실험 조</td><td>조</td><td></td><td>인원</td><td></td><td colspan="2">실험일자</td><td colspan="6">년 월 일 요일</td><td colspan="3">담당교수</td><td>확인<br>(인)</td></tr>
<tr><td>학 번</td><td colspan="4"></td><td rowspan="2">조 원</td><td>학번</td><td colspan="3">①</td><td colspan="3">②</td><td colspan="3" rowspan="2"></td><td rowspan="2"></td></tr>
<tr><td>성 명</td><td colspan="4"></td><td>성명</td><td colspan="3">①</td><td colspan="3">②</td></tr>
</table>

1-1. 그림 2.15에서 저항과 다이오드의 위치를 바꾸어 놓으면 각각의 전압강하는 변화하게 되는가?

1-2. 그림 2.15에서 저항 $R_1$을 4.7kΩ에서 330Ω으로 변경시켰을 때 다이오드 양단의 전압강하는 어떻게 변하는가? 그 이유는 무엇인가 설명하라.

1-3. 그림 2.16에서 일반적으로 다이오드 양단의 전압강하를 측정하는 것보다 저항양단의 전압강하를 측정하여 계산한다. 저항양단의 전압강하를 측정하는 이유는 무엇인가?

1-4. 표 2.6에서 역방향 저항과 순방향 측정결과를 비교 설명하시오. 저항값에 따라 저항계의 범위를 변경해야 하는 이유는?

1-5. 그림 2.22의 회로에서 $I$=50nA일 경우 $V_D$, $V_{R_1}$, $R_D$를 계산하라.

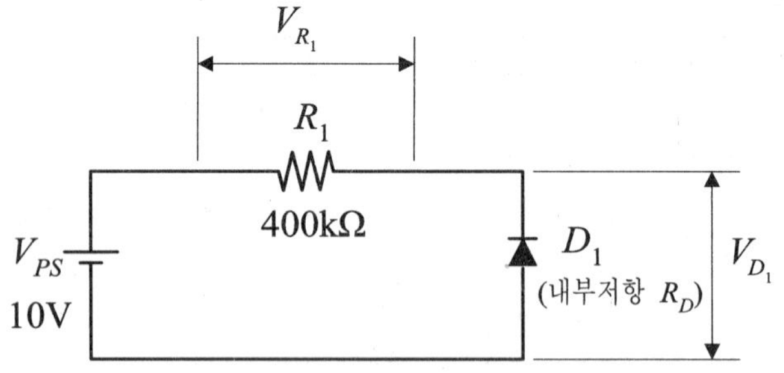


〈그림 2.22〉 실험결과 및 고찰 1-5

(1) $V_{R_1}$ =

(2) $V_D$ =

(3) $R_D$ =

1-6. 부록에서 1N4001 데이터 시트를 보고 물음에 답하라.
(1) 최대 실효전압은?

(2) 최대 역전압은?

1-7. 실험을 한 후 배운점과 느낀점을 써라.
(1) 배운점

(2) 느낀점

# 3장 제너다이오드의 특성

어떤 다이오드를 특별히 항복영역에서 동작하도록 제조되는데 이러한 다이오드를 항복다이오드(breakdown diode)라고 부르기도 하고 이 분야에 종사했던 과학자의 이름을 따서 제너다이오도(zener diode)라고 부르기도 한다.

## 1. 제너다이오드의 심볼

제너다이오드의 심볼은 그림 3.1과 같다.

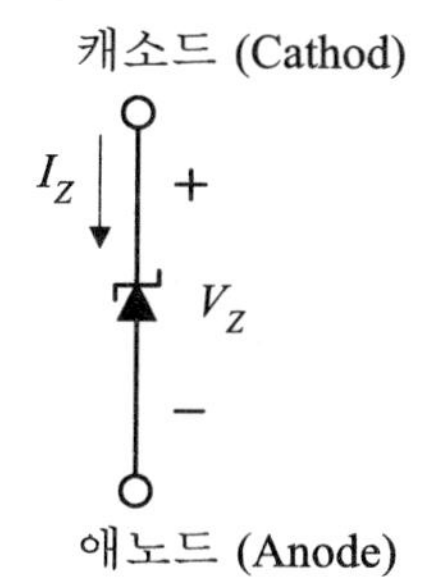


〈그림 3.1〉 제너다이오드의 심볼

제너다이오드의 정상적인 응용회로에서 전류는 캐소드로 흘러 들어가며 캐소드는 애노드보다 더 높은 전위를 가진다. 따라서 그림 3.1에서 $I_Z$와 $V_Z$은 모두 플러스 값을 가진다.

## 2. 제너다이오드의 $v-i$특성

그림 3.2는 항복영역에서 다이오드의 $v-i$ 특성을 자세하게 보여주고 있다.

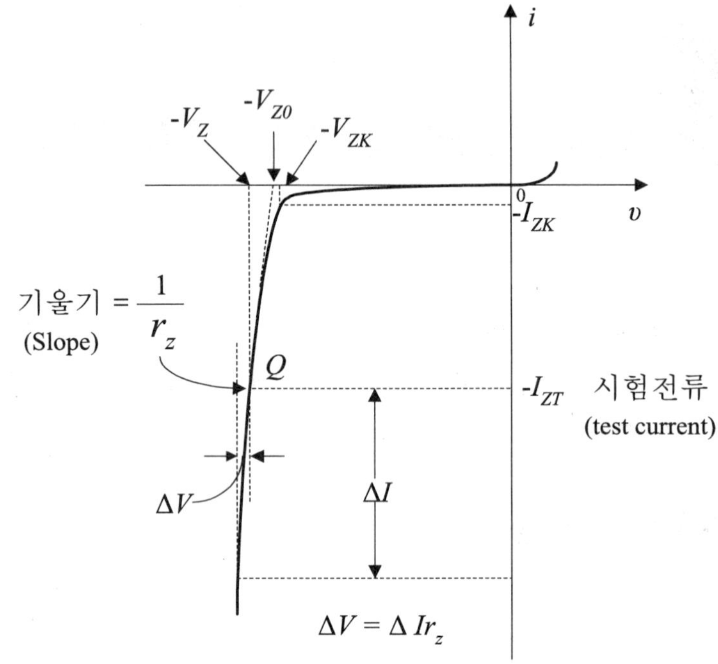


〈그림 3.2〉 항복영역에서 다이오드 $v-i$특성

그림 3.2로부터 무릎전류(knee current) $I_{ZK}$보다 큰 전류에 대해 $v-i$특성은 거의 직선이라는 것을 볼 수 있다. 제너다이오드 제조업자들은 특정한 시험 전류 $I_{ZT}$에서 제너 다이오드 양단에 걸리는 전압 $V_Z$를 명시한다. 그림 3.2에서 $Q$로 표시된 점의 좌표가 이 파라미터를 가리킨다. 6.8V 제너다이오드를 특정한 시험 전류 예를 들어 10mA에서 6.8V의 전압강하를 보일 것이다. 제너다이오드를 통해 흐르는 전류가 $I_{ZT}$로부터 벗어남에 따라 제너 다이오드 양단에 걸리는 전압이 변화할 것이다. 그러나 그 크기는 매우 작을 것이다.

그림 3.2는 전류변화 $\Delta I$에 상응하여 제너전압이 $\Delta V$만큼 변화하며 이들 사이에는 다음과 같은 관계가 있다는 것을 보여준다.

$$\Delta V = r_z \Delta I$$

여기서 $r_z$은 $Q$점 부근의 거의 선형적인 $v-i$곡선의 기울기의 역수를 나타낸다. 따라서 $r_z$ 저항은 $Q$동작점에서의 제너 다이오드의 증분저항(increment resistance)을 가리킨다. 또한 $r_z$저항은 제너다이오드의 동저항(dynamic resistance)이라고 부르기도 하며 그 값은 소자의 데이터 일람표에 명시된다. 일반적으로 $r_z$은 수 Ω~ 수십 Ω 범위 내에 있다. 분명히 $r_z$의 값이 작을수록 다이오드의 전류의 변화에 따른 제어 전압의 변화는 더 작다. 따라서 제너전압은 더 일정하게 유지되고 제너 다이오드 특성은 더 이상적으로 된다. 이 점에 관해서 그림 3.2로부터 $r_z$가 작고 전류의 넓은 범위에 걸쳐 거의 일정하지만 그 값이 무릎 근처에서 상당히 증가한다는 것을 볼 수 있다. 따라서 일반적인 설계지침의 하나로서 작은 전류 영역에서 제너다이오드를 동작시키는 것을 피해야 한다.

제너다이오드들은 수 볼트에서 수백볼트 범위 내의 $V_Z$ 전압으로 제조된다. 소자 제조업자들은 $V_Z$(특정한 전류 $I_{ZT}$에서의), $r_z$, 그리고 $I_{ZK}$를 명시할 뿐 아니라, 그 소자가 안전하게 소비할 수 있는 최대 전력도 명시한다.

제너다이오드의 $v-i$의 선형특성은 그림 3.3과 같이 등가회로로 모델링할 수 있다.

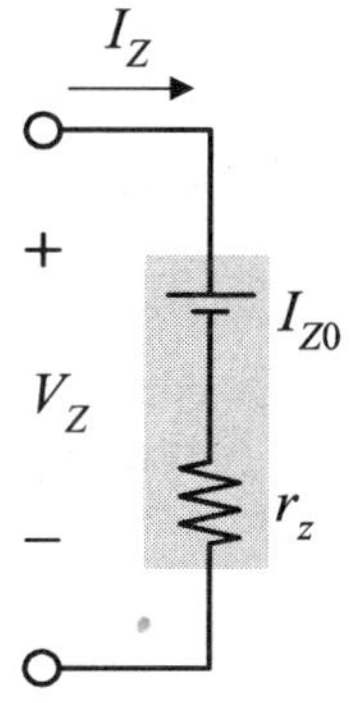


〈그림 3.3〉 제너다이오드의 모델링

여기서 $V_{Z0}$는 $1/r_z$ 기울기의 직선이 전압축과 교차하는 점을 의미한다. $V_{Z0}$가 무릎전압 $V_{ZK}$와는 약간 다르지만 실제로 그들의 값은 거의 비슷하다. 그림 3.3의 등가회로는 다음 식으로 나타낼 수 있다.

$$V_Z = V_{Z0} + r_z I_z \tag{3.1}$$

위의 식에서 $I_Z > V_{ZK}$이고, $V_Z > V_{Z0}$인 경우에만 적용된다.

## 3. 제너다이오드의 병렬연결

제너다이오드의 병렬연결의 예는 그림 3.4에 보였다. 제너다이오드가 $I_Z$=5mA에서 $V_Z$=6.8V이며 $r_z$=20Ω, $I_{ZK}$=0.2mA일 경우 각각의 항목을 예를 들어 설명하면 다음과 같다.

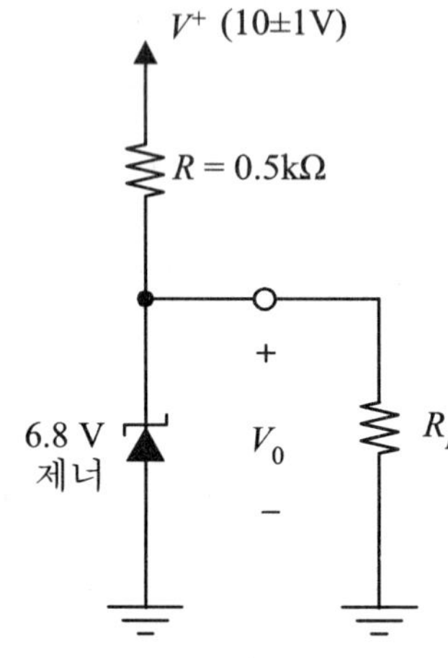


〈그림 3.4〉 제너다이오드의 병렬연결

### (1) 제너다이오드를 등가회로로 표현

그림 3.3을 제너다이오도를 등가회로로 대체한 회로는 그림 3.4에 보였다.

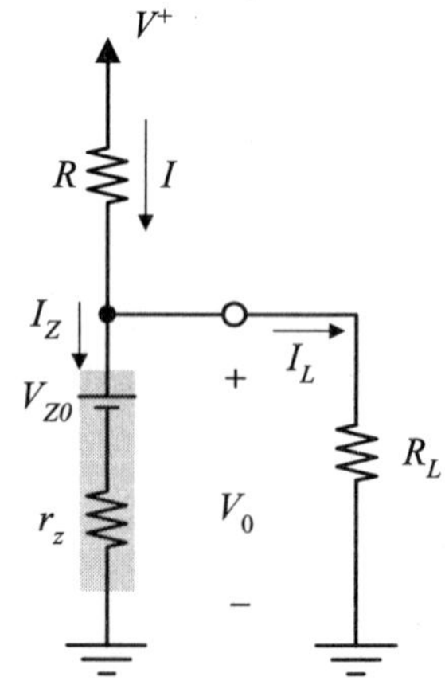


〈그림 3.5〉 제너다이오드의 병렬연결 등가회로

**(2) 부하가 없고, 공급기 전압에 리플이 없을 때의 $V_0$값**

식 (3.1)을 이용하여 $V_{Z0}$를 구하면 다음과 같다.

$$V_Z = V_{Z0} + r_z I_z, \quad V_{Z0}=6.7\text{V}$$

부하가 접속하지 않으면 제너다이오드를 통해 전류가 흐르므로 제너다이오드에 흐르는 전류는 다음과 같이 구할 수 있다.

$$I_Z = I = \frac{V^+ - V_{Z0}}{R + r_z} = \frac{10 - 6.7}{0.5 + 0.02} = 6.35\text{mA}$$

$V_0$는 다음과 같이 구할 수 있다.

$$V_0 = V_{Z0} + I_z r_z = 6.7 + 6.35 \times 0.02 = 6.83\text{V}$$

**(3) $V^+$가 $\pm 1$V 변화함으로써 발생되는 $V_0$의 변화량**

출력전압의 변화는 다음과 같이 구할 수 있다.

$$\begin{aligned}\Delta V_0 &= \frac{r_z}{R + r_z} \Delta V^+ \\ &= \frac{20}{500 + 20} \times (\pm 1) = \pm 38.5\text{mV}\end{aligned}$$

**(4) 전류 $I_L$=1mA인 부하저항 $R_L$을 접속함으로써 야기되는 $V_0$의 변화**

부하전류 $I_L$=1mA인 부하저항이 접속될 때, 제너전류는 1mA 감소한다. 제너다이오드의 출력전압변화는 다음과 같이 구할 수 있다.

$$\begin{aligned}\Delta V_0 &= r_z \Delta I_z \\ &= 20 \times (-1) = -20\text{mV}\end{aligned}$$

부하변동률(load regulation)은 다음과 같이 구한다.

$$\frac{\Delta V_0}{\Delta I_L} = -20\text{mV/mA}$$

**(5) 부하저항 $R_L$= 2kΩ을 접속함으로써 야기되는 $V_0$의 변화**

2kΩ의 부하저항이 접속될 때 부하전류는 근사적으로 6.8V/2kΩ = 3.4mA이다. 따라서 제너다이오드에 흐르는 전류의 변화는 $\Delta I_Z$ = -3.4mA 일 것이고 이에 대한 제너다이오드의 전압(출력전압) 변화는 다음과 같이 구한다.

$$\begin{aligned}\Delta V_0 &= r_z \Delta I_z \\ &= 20 \times (-3.4) = -68\text{mV}\end{aligned}$$

**(6) $R_L$=0.5kΩ일 때 $V_0$의 변화**

0.5kΩ의 $R_L$은 6.8/0.5 = 13.6mA의 부하전류를 끌어내려고 할 것이다. 그러나 이것은 불가능하다. 그 이유는 $R$을 통해 공급되는 전류 $I$ 가 단지 6.4mA이기 때문이다. 제너다이오드는 틀림없이 차단될 것이다. 그러므로 $V_0$의 전압은 $R$과 $R_L$로 형성되는 전압분배기에 의해서 다음과 같이 결정된다.

$$V_0 = \frac{R_L}{R+R_L} \times V^+ = \frac{0.5}{0.5+0.5} \times 10 = 5\text{V}$$

이 전압은 제너다이오드의 항복전압보다 작으므로 실제로 다이오드는 항복영역에서 더 이상 동작하지 않는다.

**(7) 다이오드가 항복영역에서 동작하기 위한 $R_L$의 최소값**

$I_Z = I_{ZK} = 0.2\text{mA}$이고 $V_Z \simeq V_{ZK} \simeq 6.7\text{V}$이다. 이점에서 $R$을 통해 공급되는 가장 낮은 전류가 (9-6.7)/0.5 = 4.6mA 이므로 부하 전류는 4.6 - 0.2 = 4.4mA이다. 따라서 이에 해당하는 $R_L$의 값은 다음과 같이 구할 수 있다.

$$R_L = \frac{6.7}{4.4} \simeq 1.5\text{k}\Omega$$

# 4. 제너다이오드의 출력제한

제너다이오드는 정전압 조정작용 외에도 교류 응용에 사용되어 출력전압의 진동폭을 원하는 레벨로 제한할 수 있다. 그림 3.6의 회로는 출력전압의 양의 피크 부분을 제너전압값으로 제한한 것을 나타낸다.

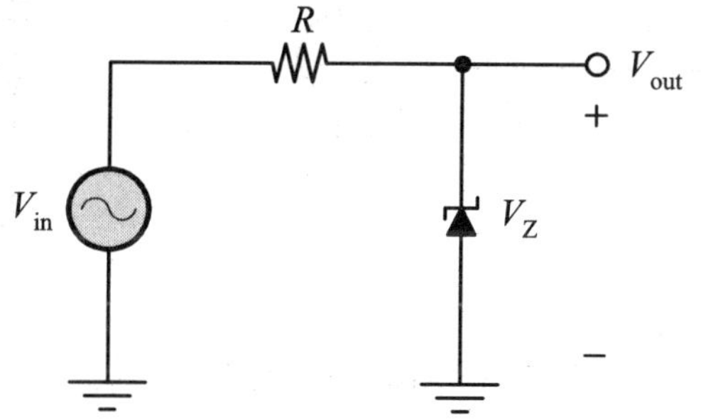


〈그림 3.6〉 제너다이오드의 출력 제한

입력전압의 범위에 따른 제너다이오드의 동작영역의 변동에 대한 내용은 그림 3.7에 보였다.

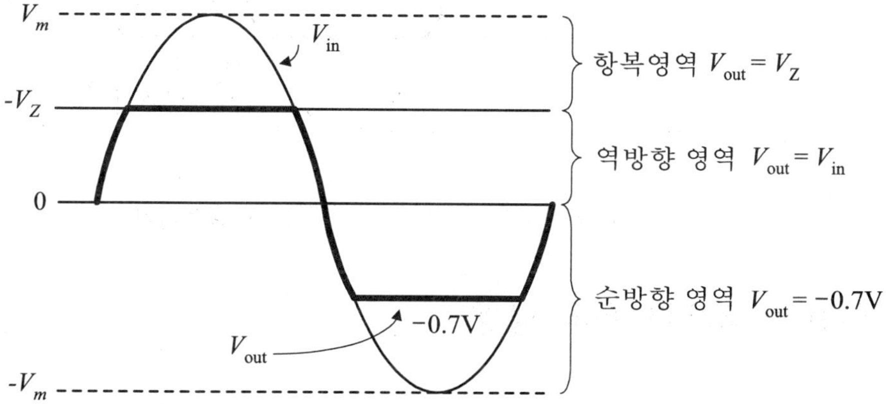


〈그림 3.7〉 제너다이오드의 동작영역

만약 그림 3.6의 회로에서 제너다이오드의 방향을 반대로 하게 되면 출력전압은 양의 반주기와 음의 반주기가 서로 반대로 나타내게 될 것이다. 그림 3.8과 같이 회로를 구성했을 경우 출력전압을 나타내면 그림 3.9와 같다.

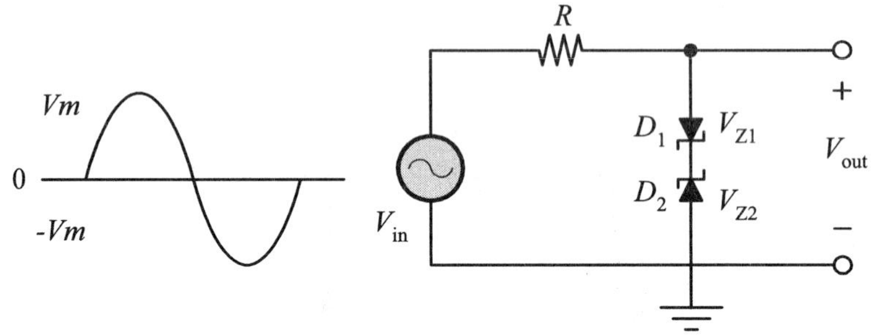


〈그림 3.8〉 제너다이오드의 응용회로

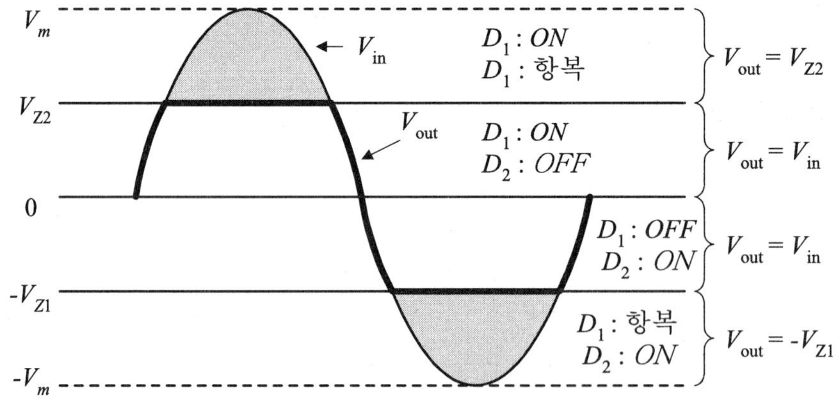


〈그림 3.9〉 제너다이오드의 응용회로의 출력특성

## 5. 제너다이오드의 온도 영향

온도가 제너 전압 $V_Z$에 미치는 영향은 제너전압의 온도계수 TC(이를 흔히 템코(temco)라고 부르기도 한다.)로 설명되며 TC는 대개 TC/℃로 표시된다. TC의 값은 제너 전압에 따라 다를 뿐 아니라 주어진 다이오드에 대해서도 동작전류에 따라 변한다. $V_Z$가 약 5V이하인 제너다이오드들은 마이너스의 TC를 보이는 반면에 $V_Z$가 약 5V이상인 제너다이오드들은 플러스의 TC를 보인다. $V_Z$가 약 5V인 제너 다이오드의 TC는 그 다이오드를 특정한 전류에서 동작시킴으로써 0으로 만들 수 있다. 낮은 온도계수를 가지는 기준전압(reference voltage)을 얻기 위한 또 다른 기법은 약 2mV/℃의 플로스 온도계수를 가지는 제너 다이오드와 순방향 도통 다이오드를 직렬로 연결하는 것이다. 순방향 도통 다이오드는 약 0.7V 전압강하와 약 -2mV/℃의 TC를 가지고 있기 때문에 이들 두 다이오드의 직렬조합은 $V_Z + 0.7$의 전압강하와 거의 0의 TC를 제공할 것이다.

## 6. 일반다이오드와 제너다이오드의 비교

순방향 바이어스된 실리콘 제너 다이오드는 약 1mA 전도의 전류가 흐르는 경우 다이오드 양단 전압은 일반용 다이오드와 마찬가지로 약 0.6V가 된다. 그러나 역방향 바이어스를 가하는 경우 제너 다이오드는 기준 전압에서 항복현상을 일으키지만 일반용 다이오드는 그 항복영역이 상당히 높고 넓어서 그림 3.10(a)와 같은 특성곡선을 나타내게 된다. 그림 3.10(a)는 100V정도의 항복전압을 갖는 일반용 다이오드이며 그림 3.10(b)는 10V의 기준 전압을 갖는 제너다이오드의 특성곡선이다.

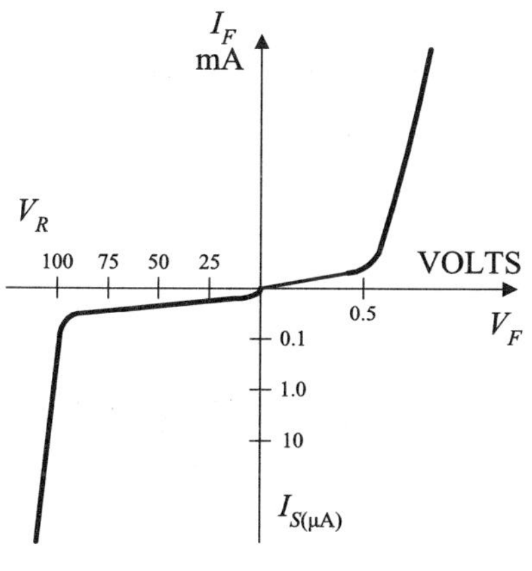


(a) 일반용 다이오드의 특성

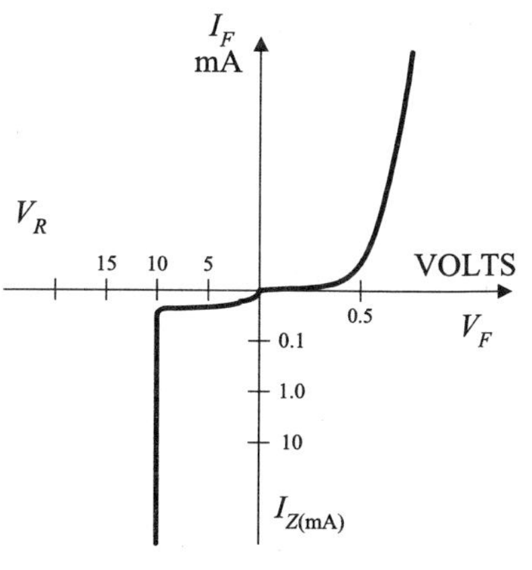


(b)제너 다이오드의 특성

〈그림 3.10〉 일반용 다이오드와 제너 다이오드의 특성비교

그림 3.11(a), (b)와 같이 순방향 바이어스를 가했을 경우 다이오드 양단 전압은 0.6V 이며 저항 양단의 전압은 19.4V가 된다. 그러나 그림 3.11(c), (d)와 같이 역방향 바이어스를 가했을 경우 제너다이오드 양단 전압은 기준 전압 10V되지만 항복전압이 100V 정도 되는 정류용 다이오드의 양단 전압은 항복현상을 일으키지 않는다. 또한 저항 $R_1$을 통하여 흐르는 역전류가 10nA 정도 되어 $R_1$ 양단에는 거의 전압이 나타나지 않는다. 만일 역전류가 정확히 100nA 정도 흐른다면 $R_1$ 양단 전압은 0.01V가 나타난다.

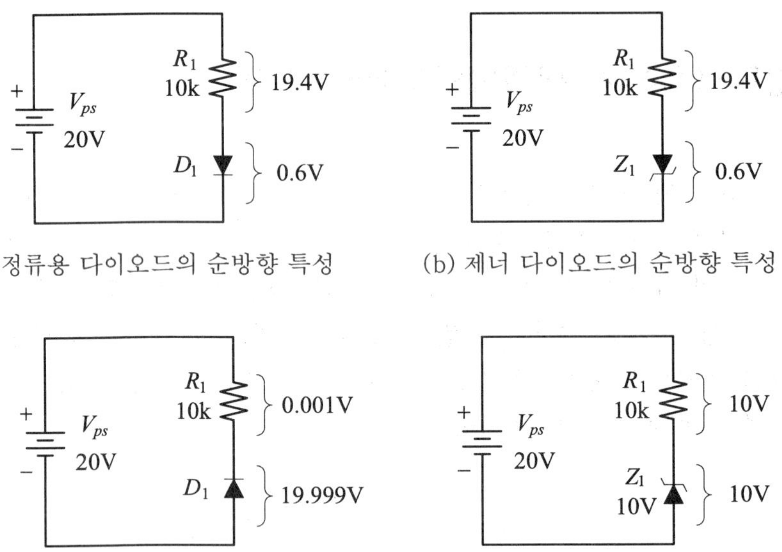


(a) 정류용 다이오드의 순방향 특성 (b) 제너 다이오드의 순방향 특성

(c) 정류용 다이오드의 역방향 특성 (d) 제너 다이오드의 역방향 특성

<그림 3.11> 정류용 다이오드와 제너 다이오드의 특성비교

## 7. 제너다이오드의 규격표시

제너다이오드의 규격이 다음과 같이 표시되었다면 그 의미는 다음과 같다.

RD 5 FB

RD 5 : 제너전압 5 V 표시

FB : 전력표시

### (1) NEC 규격 예

| 표시 | MB | JB | EB | FB | C | D |
|---|---|---|---|---|---|---|
| 전력[W] | 0.2 | 0.4 | 0.5 | 1 | 3 | 10 |

### (2) 제너다이오드 표준규격

1) 0.5 W 용 제너다이오드의 예

| 종류 | 1N5231 | 1N5232 | 1N5233 | 1N5234 | 1N5239 | 1N5240 | 1N5242 | 1N5245 | 1N5250 | 1N5251 |
|---|---|---|---|---|---|---|---|---|---|---|
| 전압[V] | 5.1 | 5.6 | 6.0 | 6.2 | 9.1 | 10 | 12 | 15 | 20 | 22 |

2) 1 W 용 제너다이오드의 예

| 종류 | 1N4733 | 1N4734 | 1N4735 | 1N4736 | 1N4739 | 1N4740 | 1N4742 | 1N4744 | 1N4747 | 1N4748 |
|---|---|---|---|---|---|---|---|---|---|---|
| 전압[V] | 5.1 | 5.6 | 6.2 | 6.8 | 9.1 | 10 | 12 | 15 | 20 | 22 |

## 8. 정전압 회로 설계의 예

### (1) 제너 다이오드에 의한 정전압 회로

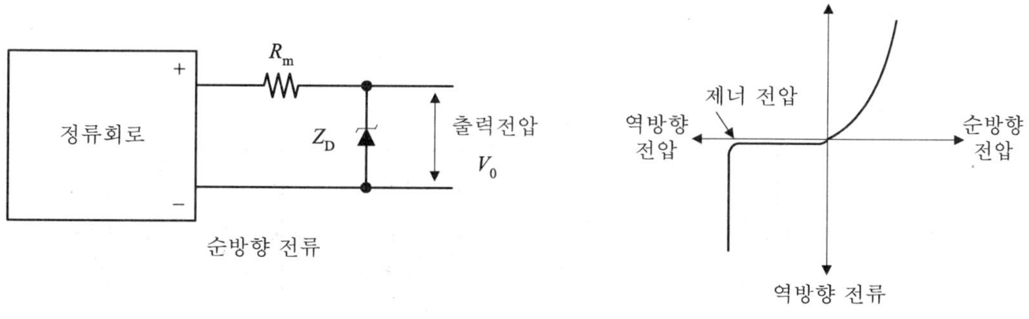

### (2) 레귤레이터(regulator) IC에 의한 정전압 회로

1) (+) 전원용 레귤레이터 IC에 의한 정전압 회로

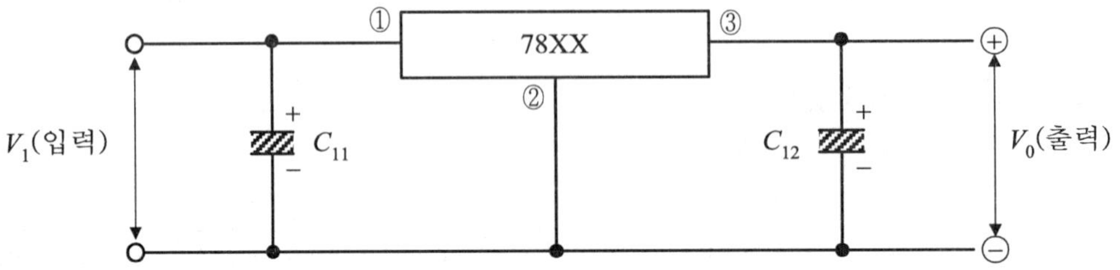


2) (−) 전원용 레귤레이터 IC에 의한 정전압 회로

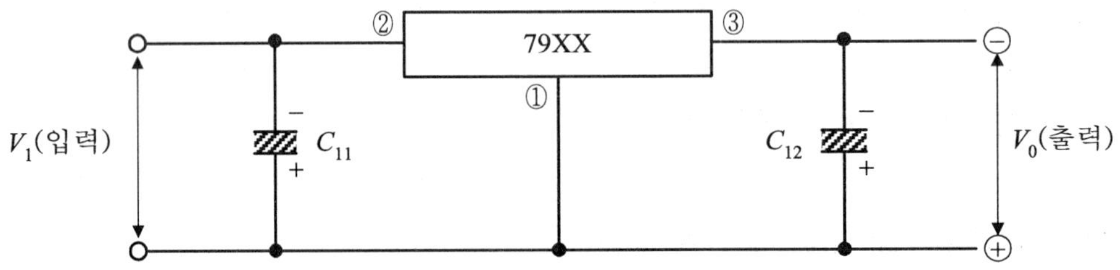


3) 출력 가변 전압형 정전압 회로

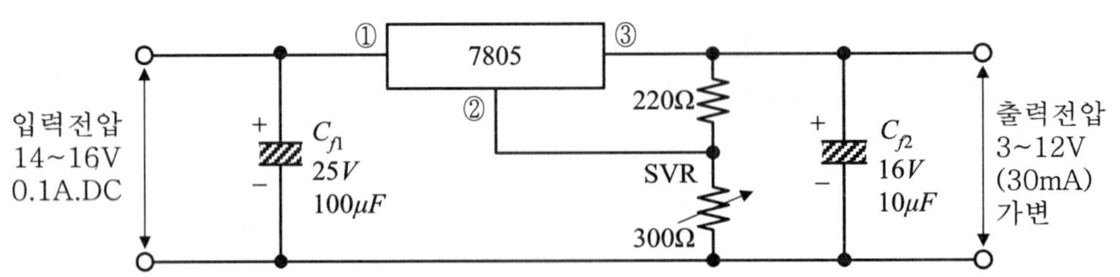

# 실험 2.

# 제너 다이오드의 특성

## 1. 제너다이오드의 순방향과 역방향 특성

(1) 그림 3.12의 회로를 구성하고 다음을 측정하라.

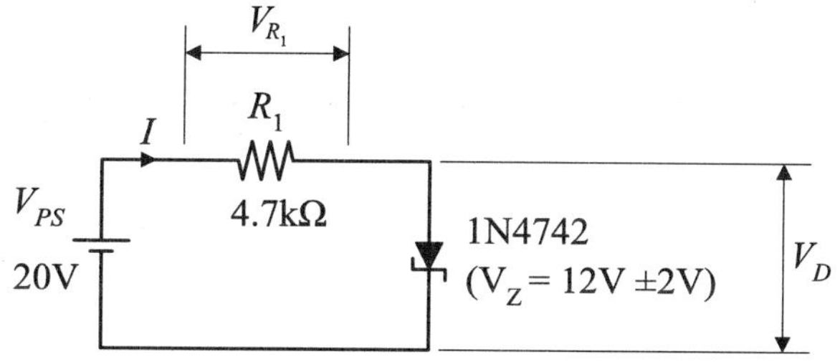


〈그림 3.12〉 제너다이오드의 순방향 바이어스

1) $D_1$ 양단의 전압강하를 측정하여 표 3.1에 기록하시오.

2) $R_1$ 양단의 전압강하를 이론적으로 계산하고, 측정하여 표 3.1에 기록하라.

$$V_{R_1} = V_{PS} - V_Z =$$

3) $R_1$과 제너다이오드를 통하여 흐르는 전류를 계산하고 측정하여 기록하라.

$$I = V_{R_1}/R_1 =$$

〈표 3.1〉 순방향 바이어스 특성

| | $V_{PS}$ | $V_Z$ | $V_{R_1}$ | $I$ |
|---|---|---|---|---|
| 계산값 | 20V | | | |
| 측정값 | | | | |

(2) 그림 3.13의 회로를 구성하고 다음을 측정하라.

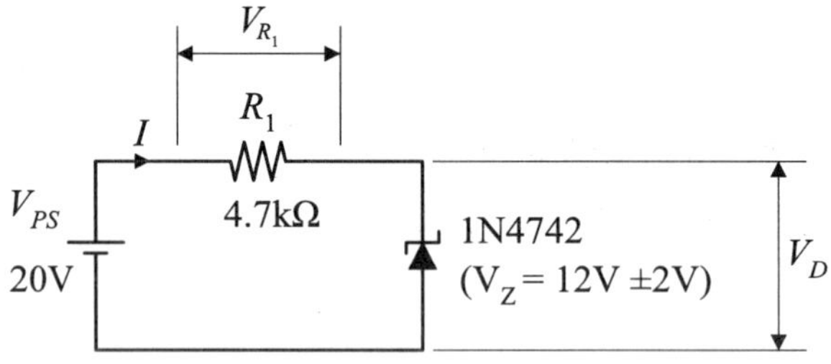


〈그림 3.13〉 제너다이오드의 역방향 바이어스

1) 역바이어스 된 제너다이오드 양단의 전압강하를 측정하여 표 3.2에 기록하라.

2) 저항양단의 전압강하를 계산하고 측정하여 표 3.2에 기록하라.

(3) 저항과 제너다이오드를 통해 흐르는 전류를 계산하고 측정하여 표 3.2에 기록하라.

〈표 3.2〉 역방향 바이어스 특성

| | $V_{PS}$ | $V_Z$ | $V_{R_1}$ | $I$ |
|---|---|---|---|---|
| 계산값 | 20V | | | |
| 측정값 | | | | |

## 2. 전원전압을 변화시킨 경우 제너다이오드의 특성

(1) 그림 3.14의 회로를 구성하고 다음을 측정하라.

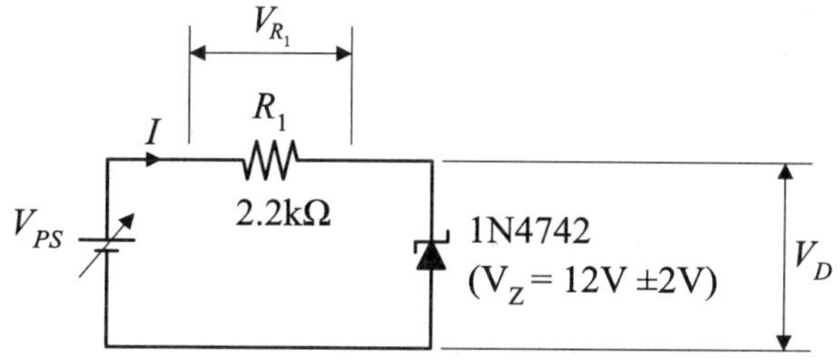


〈그림 3.14〉 전원전압이 변하는 경우

1) $V_{PS}$를 20V로 하고 $V_D$를 측정하고 표 3.3에 기록하라.

2) 그림 3.14를 보고 $V_{R_1}$의 값을 계산하고 측정하여 표 3.3에 기록하라.

$$V_{R_1} = V_{PS} - V_D =$$

3) 저항과 다이오드에 흐르는 전류($I$)를 계산하고 측정하여 표 3.3에 기록하라.

$$I = V_{R_1}/R_1 =$$

〈표 3.3〉 역방향 바이어스 특성

| | $V_{PS}$ | $V_Z$ | $V_{R_1}$ | $I$ |
|---|---|---|---|---|
| 계산값(20V) | 20V | | | |
| 측정값(20V) | | | | |
| 계산값($V_Z+2$V) | | | | |
| 측정값($V_Z+2$V) | | | | |

4) 전원전압($V_{PS}$)을 제너항복전압(12V)보다 2V 높은 전압값(14V)이 되도록 조정하고 1)~3)을 반복하라.

## 3. 제너다이오드의 $v-i$특성

(1) 그림 3.15의 회로를 구성한 후 다음을 측정하라.

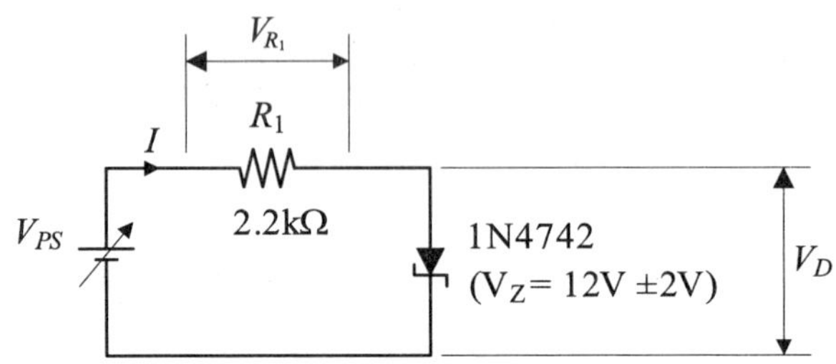


〈그림 3.15〉 제너다이오드의 $v-i$ 특성을 위한 회로도

1) $V_{PS}$를 가변시키면서 저항 $R_1$양단의 전압을 측정하여 제너 양단의 전압 $V_D$에 따른 다이오드에 흐르는 전류 $I$을 계산하고, 측정하여 제너 다이오드의 순방향 전압-전류 특성을 표 3.4에 기록하라.

〈표 3.4〉 제너다이오드의 순방향 $v-i$특성

| $V_{PS}$(측정값) | | | | | | | | |
|---|---|---|---|---|---|---|---|---|
| $V_{R_1}$(측정값) | | | | | | | | |
| $V_D$(이론값) | 0.3V | 0.4V | 0.5V | 0.55V | 0.6V | 0.65V | 0.7V | 0.8V |
| $I$(계산값) | | | | | | | | |
| $I$(측정값) | | | | | | | | |

2) 표 3.4의 결과를 이용하여 제너다이오드 특성곡선을 측정값($I$)을 이용하여 그림 3.16에 그려라.

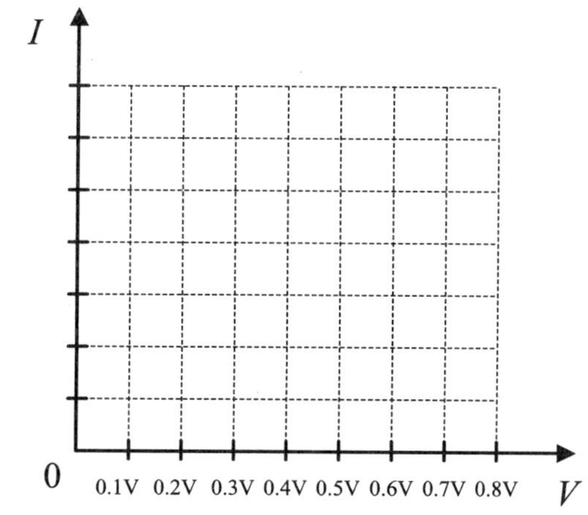


〈그림 3.16〉 제너다이오드의 순방향 특성

(2) 그림 3.17의 회로를 구성한 후 다음을 측정하라.

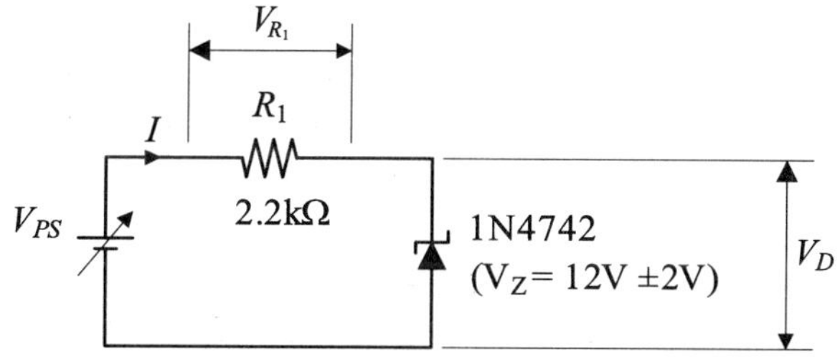


〈그림 3.17〉 제너다이오드의 $v-i$ 특성을 위한 회로도

1) $V_{PS}$를 가변시키면서 저항 $R_1$ 양단의 전압을 측정하여 제너 양단의 전압 $V_D$에 따른 다이오드에 흐르는 전류 $I$을 계산하고, 측정하여 제너 다이오드의 역방향 전압-전류 특성을 표 3.5에 기록하라.

〈표 3.5〉 제너다이오드의 역방향 $v-i$ 특성

| $V_{PS}$ | | | | | | | | |
|---|---|---|---|---|---|---|---|---|
| $V_{R_1}$ | | | | | | | | |
| $V_D$ | 2V | 4V | 6V | 8V | 10V | 12V | 15V | 20V |
| $I$(계산값) | | | | | | | | |
| $I$(측정값) | | | | | | | | |

2) 표 3.5의 결과를 이용하여 제너다이오드 특성곡선을 측정값($I$)을 이용하여 그림 3.18에 그려라.

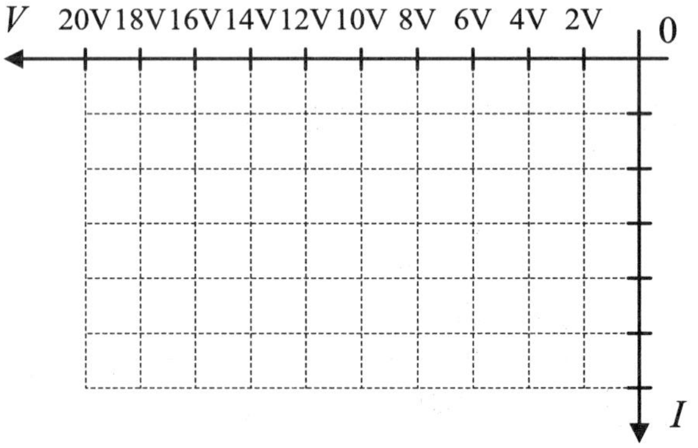


〈그림 3.18〉 제너다이오드의 역방향 특성

## [실험결과 및 고찰]

<table>
<tr><td>실험제목</td><td colspan="5">실험 2. 제너 다이오드 특성</td><td rowspan="2">평가</td><td>A+</td><td>A</td><td>B+</td><td>B</td><td>C+</td><td>C</td><td>D+</td><td>D</td><td>기타</td></tr>
<tr><td>소 속</td><td colspan="5">학과 학년 (주,야) 반</td><td></td><td></td><td></td><td></td><td></td><td></td><td></td><td></td><td></td></tr>
<tr><td>실험 조</td><td>조</td><td></td><td>인원</td><td></td><td>실험일자</td><td colspan="6">년 월 일 요일</td><td colspan="3">담 당 교 수</td><td>확인<br>(인)</td></tr>
<tr><td>학 번</td><td colspan="3"></td><td rowspan="2">조 원</td><td>학번</td><td colspan="3">①</td><td colspan="3">②</td><td colspan="3" rowspan="2"></td><td rowspan="2"></td></tr>
<tr><td>성 명</td><td colspan="3"></td><td>성명</td><td colspan="3">①</td><td colspan="3">②</td></tr>
</table>

2-1.제너다이오드가 항복상태에 있는 경우 직렬저항을 증감시켜 다이오드를 통하여 흐르는 전류를 변화시키는 것은 제너 기준전압에 영향을 주는가?

2-2. 어떤 제너다이오드가 10V ± 20% 의 오차를 갖는다면 이 제너다이오드의 항복전압의 범위는 어떻게 되는가?

2-3. 그림 3.18의 회로에서 $V_{PS}$를 $V_Z+2\text{V}$로 하였을 경우 제너다이오드는 정전압 범위에 놓여져 있는가?

2-4. 그림 3.19의 회로에서 제너전압이 10V일 때 제너다이오드 양단전압 $V_D$와 $R_1$의 양단 전압 $V_{R_1}$ 그리고 두 소자에 흐르는 전류 $I$를 구하라.

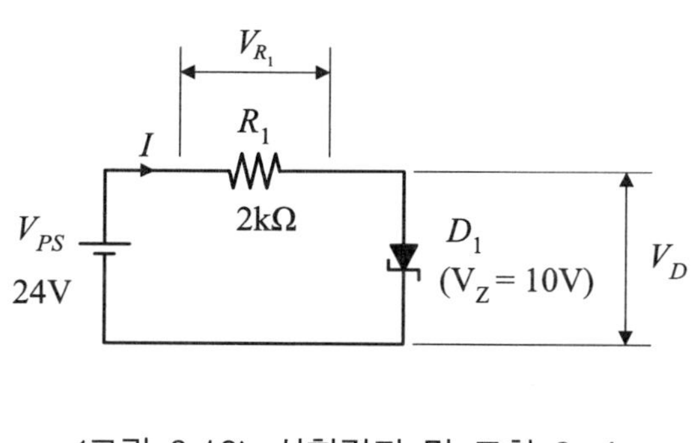


〈그림 3.19〉 실험결과 및 고찰 2-4

$V_D$ =

$V_{R_1}$ =

$I$ =

2-5. 그림 3.20에서 제너 전압이 10V일 때 $V_D$, $V_{R_1}$, $I$를 구하라.

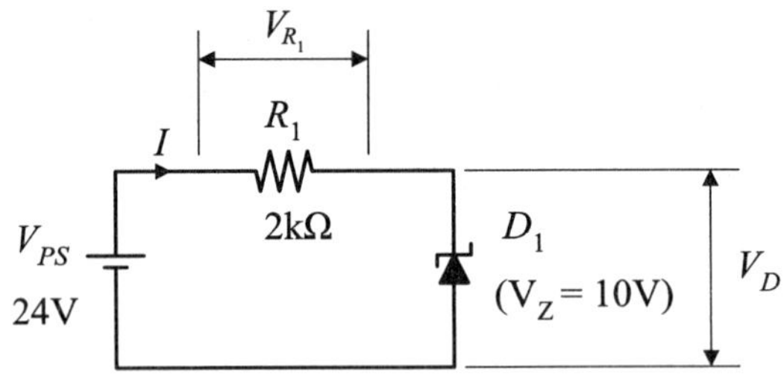


〈그림 3.20〉 실험결과 및 고찰 2-5

$V_D$ =

$V_{R_1}$ =

$I$ =

2-6. 실험을 한 후 배운점과 느낀점을 써라.

(1) 배운점

(2) 느낀점

# 4장 정류기 회로

다이오드의 응용 중에서 가장 대표적인 것은 정류기 회로에 대한 응용이다. 다이오드 정류기는 전력전자 장비에 요구되는 직류전원공급기의 기본적인 구성에 포함되어 있다. 전원공급기의 구성도는 그림 4.1에 보였다.

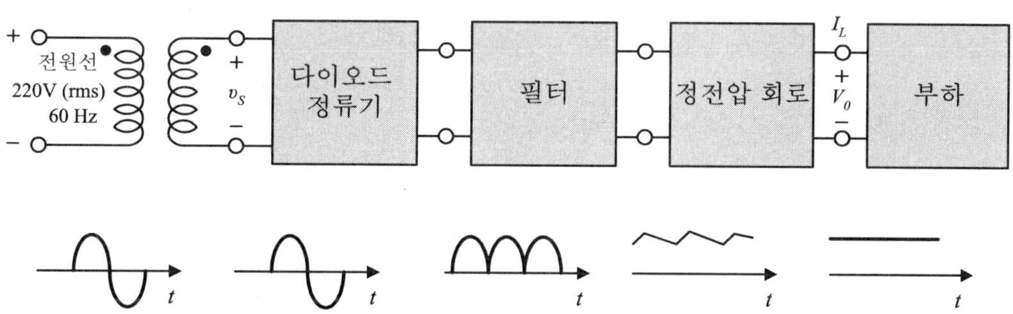


〈그림 4.1〉 직류 전원공급기의 구성도

그림 4.1에 보인 것처럼 전원공급기는 교류전원으로부터 220V(RMS) 60Hz의 교류전압을 공급받아 부하로 표시된 전자회로에 직류전압(일반적으로 5V에서 20V까지의 범위)를 공급한다. 이 직류전압은 교류전압과 부하전류의 변동해도 일정해야 한다. 여기에서 다이오드 정류기는 입력 정현파($v_s$)를 단극성 출력으로 변환시키는데 이 출력은 그림 4.1에 보인 것처럼 맥동하는 파형을 보인 것이다. 비록 이 파형이 0이 아닌 평균성분 또는 직류성분을 가질지라도 이 파형은 맥동하는 성질 때문에 전자회로의 직류전원으로서는 부적합하다. 따라서 필터가 필요하다. 정류기 출력의 크기변동은 필터를 통과함으로써 상당히 줄어든다.

필터의 출력은 리플(ripple)이라고 알려진 시간 의존성분을 여전히 포함하고 있다. 리플을 줄임과 동시에 부하전류의 변화에 의해 야기되는 공급기의 직류출력 전압의 동작을 작게 하려면(직류 출력전압을 안정시키려면) 전압조정기를 사용해야 한다. 이와 같은 조정기는 제너 병렬 조정기 구성을 사용하여 실현할 수 있으며 집적회로 조정기를 사용할 수도 있다.

## 1. 반파정류기

반파정류기는 입력 정현파의 반주기만을 선택하여 활용한다.

### (1) 반파정류기의 특성

그림 4.2(a)에 반파정류기회로를 나타냈다. 이 회로를 실제적인 선형다이오드 모델을 이용하면 그림 4.2(b)와 같은 등가회로를 얻을 수 있다.

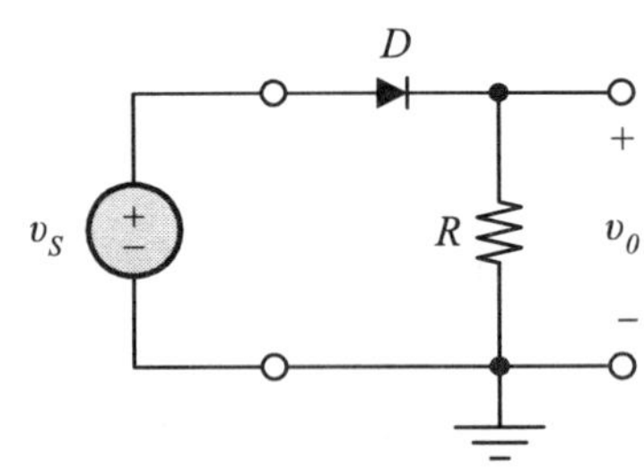


(a) 반파 정류기

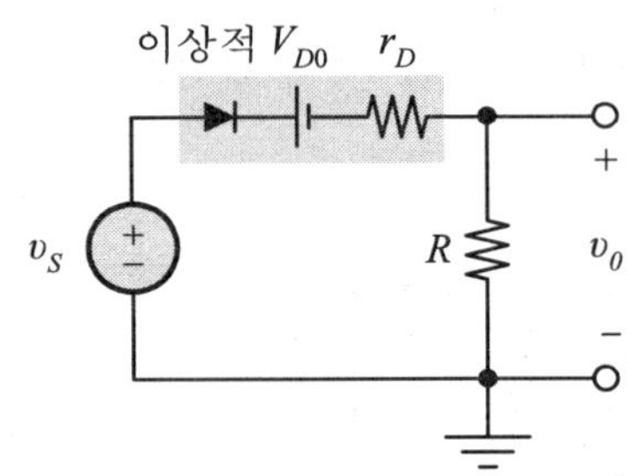


(b) 반파정류기의 선형모델 등가회로

〈그림 4.2〉 반파 정류기

그림 4.2(b)로부터 다음 식들을 쓸 수 있다.

$$v_0 = 0, \quad v_s < V_{D0}$$
$$v_0 = \frac{R}{R+r_D}v_s - \frac{R}{R+r_D}V_{D0}, \quad v_s \geq V_{D0} \tag{4.1}$$

위의 식에 의해서 표현되는 전달특성은 그림 4.3(a)에 도시했다. 일반적으로 응용회로에서는 $r_D \ll R$ 이므로 식 (4.1)은 다음과 같이 간단하게 나타낼 수 있다.

$$v_0 = v_s - V_{D0}$$

그림 4.3(b)은 입력 $v_s$가 정현파일 때 얻어지는 출력전압을 나타낸 것이다.

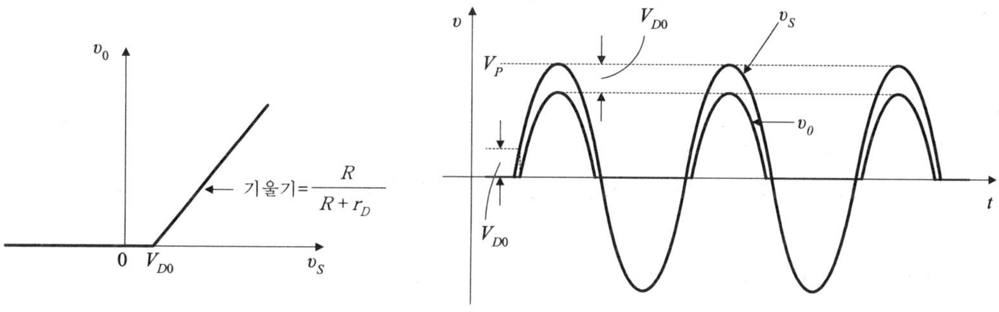


(a) 정류회로의 전달특성 (b) 입력파형과 출력파형($r_D \ll R$)

〈그림 4.3〉 반파 정류기의 특성

**예제 4-1**

그림 4.4와 같이 반파정류회로에서 변압기 1차측 전압 120V(rms)이고 2차측 전압이 30V(rms)일 때 다이오드는 입력에 가해진 정현파의 + 반주기에만 동작하여 출력전압이 나타난다. 오실로스코프가 사용된다면 peak-to-peak($V_{p-p}$)전압을 측정할 수 있으며 이때 $V_p = \sqrt{2}\,V$(rms)이고 $V_{p-p} = 2\,V_p$의 관계가 성립한다. 다음을 구하라.

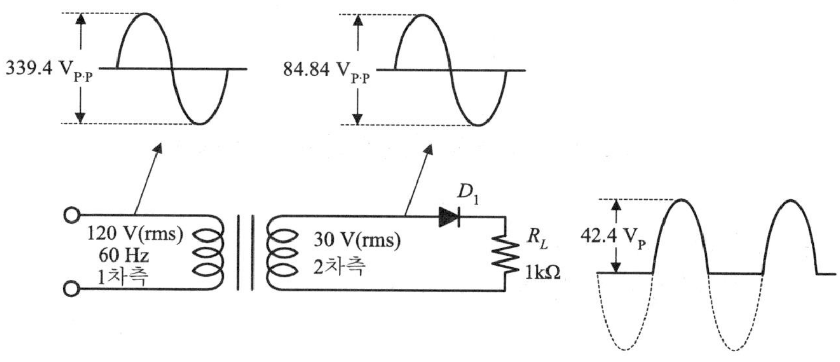


〈그림 4.4〉 반파 정류회로의 예

(1) 1차측의 $V_{p-p}$(peak-to-peak) 전압을 구하라.

(풀이) $V_{p-p} = 2\sqrt{2} \times V(\text{rms}) = 2\sqrt{2} \times 120 = 339.4$ $V_{p\text{-}p}$

(2) 2차측의 $V_{p-p}$(peak-to-peak) 전압을 구하라.

(풀이) $V_{p-p} = 2\sqrt{2} \times V(\text{rms}) = 2\sqrt{2} \times 30 = 84.84\ \text{V}_{\text{p-p}}$

(3) 부하측의 피크값($V_p$)을 구하라.

(풀이) $V_p = V_{p-p}/2 = 42.42\ \text{V}_\text{p}$

여기서 다이오드의 순방향 전압강하(0.6V~0.7V)는 무시되었다.

(4) 1kΩ의 부하저항에 흐르는 전류의 최대값 $I_p$를 구하라.

(풀이) $I_p = V_p / R_L = 42.42/1\text{k} = 42.42\text{mA}$

(5) 한 주기 동안의 부하전압의 평균값(DC)를 구하라.

(풀이) $V_{DC} = V_p/\pi = 42.42/3.1415 = 13.5\,\text{V}_{\text{DC}}$

평균값에 대해 파형으로 나타내면 그림 4.5와 같다.

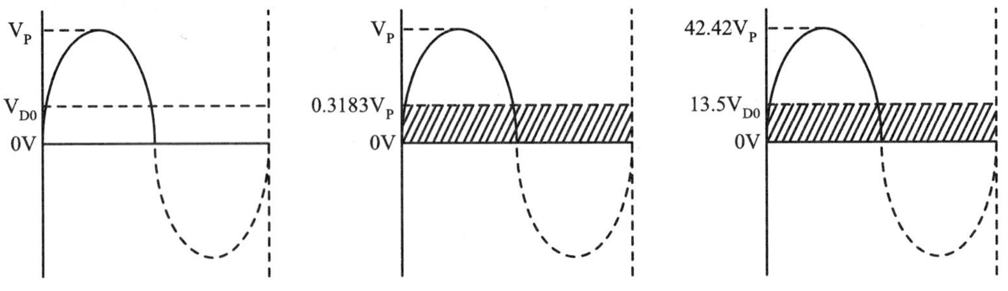


〈그림 4.5〉 반파 정현파의 평균값(DC)

(6) 부하전류의 평균값(DC)를 구하라.

(풀이) $I_{DC} = V_{DC}/R_L = 13.5/1\text{k} = 13.5\text{mA}$

(7) 부하저항 $R_L$에서 출력전압의 실효값(rms)를 구하라.

(풀이) $V(\text{rms}) = V_p/2 = 42.42/2 = 21.21\,\text{V(rms)}$

(8) Peak-to-peak 리플전압의 실효값 $V_{AC}$를 구하라.

(풀이) $V_{AC} = \sqrt{V(\text{rms})^2 - V_{DC}^2} = \sqrt{(V_p/2)^2 - (V_p/\pi)^2}$

$$= V_p \sqrt{0.5^2 - (0.3183)^2} = 0.3856(V_p)$$

(참고) $V(\mathrm{rms}) = \sqrt{V_{DC}^2 + V_{AC}^2} = \sqrt{13.5^2 + 16.36^2} = 21.21\,\mathrm{V(rms)}$

(9) 피크 역전압(PIV)을 구하라.

(풀이) PIV는 항복현상이 발생하기 전 다이오드 양단에 부가될 수 있는 최대 역전압을 의미한다. 1N4001의 PIV는 50V이며 실제 항복현상은 200V 이상에서 일어난다. 그림 4.6에서 다이오드의 PIV는 -42.42의 전압이 다이오드의 양(+)극에 가해질 때 다이오드는 역바이어스 전압상태로 된다.

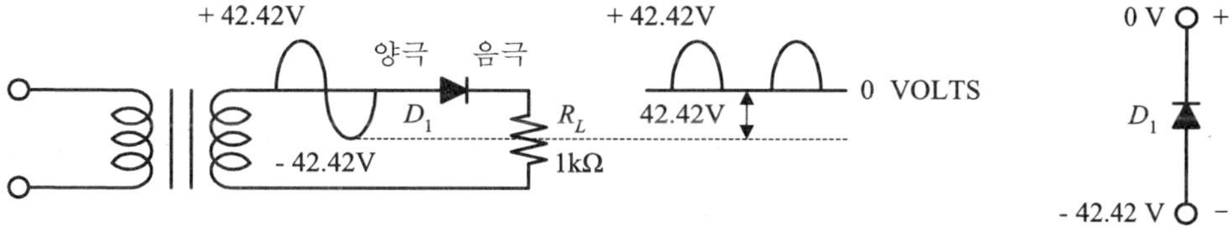


〈그림 4.6〉 역바이어스 전압

(10) 리플 함유율을 구하라.

(풀이) 리플함유율(%) = $(V_{AC} / V_{DC}) \times 100 = (16.36/13.5) \times 100 = 121\%$

(참고) 리플함유율은 작을수록 좋다.

### (2) 반파정류기 설계시 파라미터

정류기 설계를 위해 다이오드를 선택할 때 두 가지 중요한 파라미터를 지정해야 한다. 하나는 다이오드에 요구되는 전류처리용량이고 다른 하나는 피크 역전압(PIV : peak inverse voltage)이다. 전류처리용량은 다이오드가 전도할 가장 큰 전류에 의해서 결정된다. PIV는 다이오드가 항복을 일으키지 않고 반드시 견뎌야 할 피크 역전압(PIV : peak inverse voltage)이다. 그림 4.7의 정류기 회로에서 $v_s$가 마이너스일 때 다이오드는 차단될 것이고 $v_0$는 0이 될 것이다. 따라서 PIV는 $v_s$의 피크값과 같다.

$$\mathrm{PIV} = V_p$$

그러나 예상되는 PIV보다 적어도 50%가 큰 역방향 항복전압을 갖는 다이오드를 선택하는 것이 좋다.

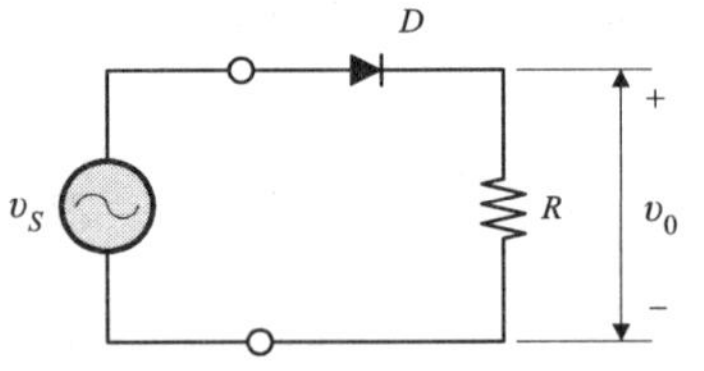


<그림 4.7> 반파정류기

반파정류기의 정확한 전달특성을 구하기 위해 다이오드의 지수특성을 이용할 수도 있다. 하지만 시간이 많이 걸리므로 PSPICE와 같은 컴퓨터 회로 해석 프로그램을 사용하여 쉽게 수행할 수도 있다. 그리고 입력신호가 적을 때에는 이 회로가 원활하게 동작하지 않는다는 것을 유의하기 바란다.

**(문제 4-1) 그림 4.7을 보고 다음을 구하라. 입력신호는 12V(rms) 정현파이고 $V_{D0} \simeq 0.7$V, $R$=100Ω 이다.**

(1) 총 도통각을 구하라.
<설명> 다이오드가 도통되는 반주기 동안에 다이오드의 도통은 $\theta = \sin^{-1}(V_{D0}/V_p)$의 각에서 시작되고 $(\pi - \theta)$의 각에서 종결된다. 따라서 총 도통각은 $(\pi - 2\theta)$이다.

① $V_p$ =
② $\theta$ =
③ 도통각 =

(2) $v_0$의 평균값을 구하라.
<설명> 평균값(직류성분)은 $V_0 \simeq (1/\pi)V_p - V_{D0}/2$이다.

① 평균값 =

(3) 다이오드의 피크전류를 구하라.
<설명> 다이오드의 피크전류는 $(V_p - V_{D0})/R$이다.

① 다이오드의 피크전류 =

# 실험 3. 반파정류기

**1. 그림 4.8의 회로를 구성하고 다음을 측정하라.**

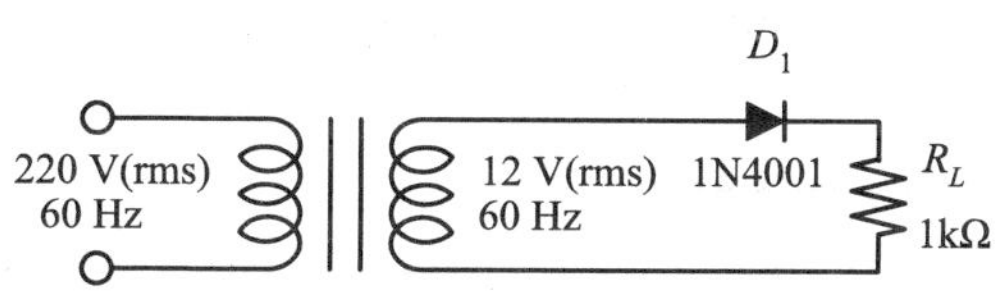


〈그림 4.8〉 반파정류기

(1) 트랜스 2차측에서 다음을 측정하라.

1) $V$(rms)를 전압계로 측정하고 표 4.1에 기록하라.

2) $V_{p-p}$를 오실로스코프로 측정하고 표 4.1에 기록하라.

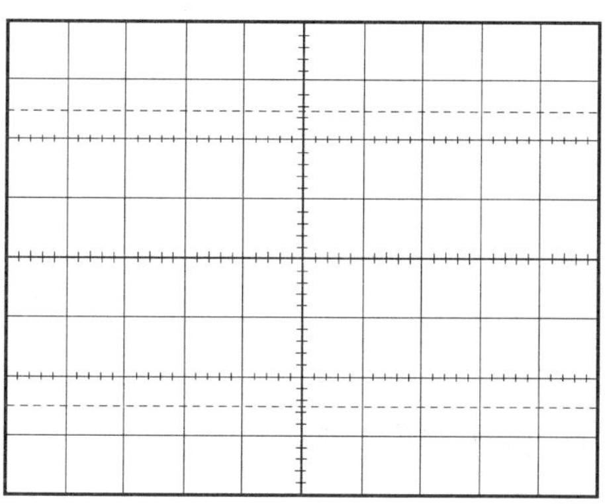

| 구분 | [VOLTS/DIV] | [TIME/DIV] |
|---|---|---|
| | 계산과정 | 계산과정 |
| | 전압($V_{p-p}$) | 주파수(Hz) |
| CH1 | | |
| | | |
| | | |

3) 오실로스코프로 측정한 $V_{p-p}$값을 $V$(rms)값으로 변환하여 표 4.1에 기록하라.

$$V(\text{rms}) = \frac{V_{p-p}}{2\sqrt{2}} = \frac{V_{p-p}}{2.828} =$$

(2) 다음을 계산하고 측정하라.

1) 부하저항($R_L$) 양단 전압의 최대값 $V_p$를 계산하고 표 4.1에 기록하라.

$$V_p = \frac{V_{p-p}}{2} =$$

2) 부하전압에서 최대값 $V_p$를 측정하고 표 4.1에 기록하라.

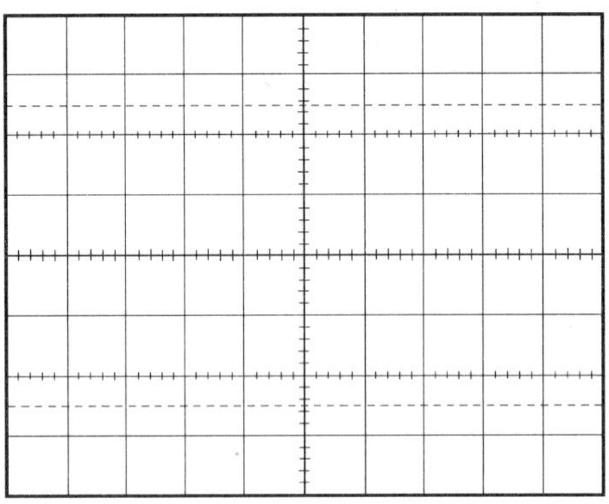

| 구분 | [VOLTS/DIV] | [TIME/DIV] |
|---|---|---|
| | 계산과정 | 계산과정 |
| | 전압($V_{p-p}$) | 주파수(Hz) |
| CH1 | | |
| | | |
| | | |

3) 최대전류 $I_p$를 계산하고 표 4.1에 기록하라.

$$I_p = \frac{V_p}{R_L} =$$

(3) 다음을 계산하고 측정하라.

1) 부하양단 전압의 평균값($V_{DC}$)을 계산하고 표 4.1에 기록하라.

$$V_{DC} = V_p / \pi =$$

2) 오실로스코프로 부하양단 전압의 평균값( $V_{DC}$)을 측정하라.

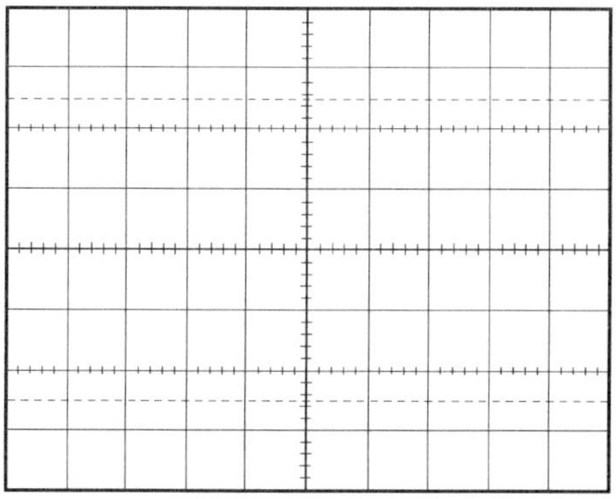

| 구분 | [VOLTS/DIV] | [TIME/DIV] |
|---|---|---|
| | 계산과정 | 계산과정 |
| | 전압($V_{p-p}$) | 주파수(Hz) |
| $CH_1$ | | |
| | | |
| | | |

3) 부하진류의 평균값을 계산하라.

$$I_{DC} = V_{DC}/R_L =$$

(4) 다음을 계산하고 측정하라.

1) 부하에서 교류 리플전압의 실효값( $V_{AC}$)을 계산하고 표 4.1에 기록하라.

$$V_{AC}(\text{rms}) = 0.3856\,V_p \text{ 또는 } V_p/2.6$$
$$=$$

2) 부하에서 교류 리플전압의 실효값( $V_{AC}$)을 전압계로 측정하고 표 4.1에 기록하라.

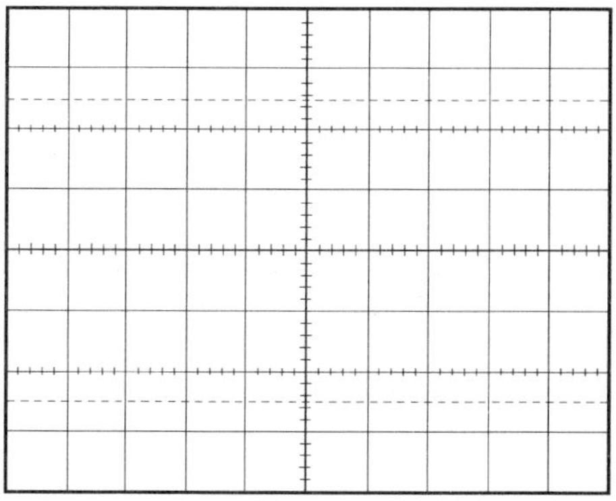

| 구분 | [VOLTS/DIV] | [TIME/DIV] |
|---|---|---|
| | 계산과정 | 계산과정 |
| | 전압($V_{p-p}$) | 주파수(Hz) |
| CH1 | | |
| | | |
| | | |

3) 부하에서 rms 전압(DC+AC)을 계산하고 표 4.1에 기록하라.

$$V(\text{rms}) = V_p/2 \text{ 또는 } V(\text{rms}) = \sqrt{V_{DC}^2 + V_{AC}^2}$$
$$=$$

(5) 다음을 계산하고 측정하라.

1) PIV를 계산하고 표 4.1에 기록하라.

$$PIV = V_p =$$

2) 오실로스코프로 다이오드의 PIV를 측정하고 표 4.1에 기록하라. 한 오실로스코프의 프로브로 출력부하를 관찰하면서 다른 오실로스코프의 프로브로 다이오드의 양(+)극을 관찰 하여라.

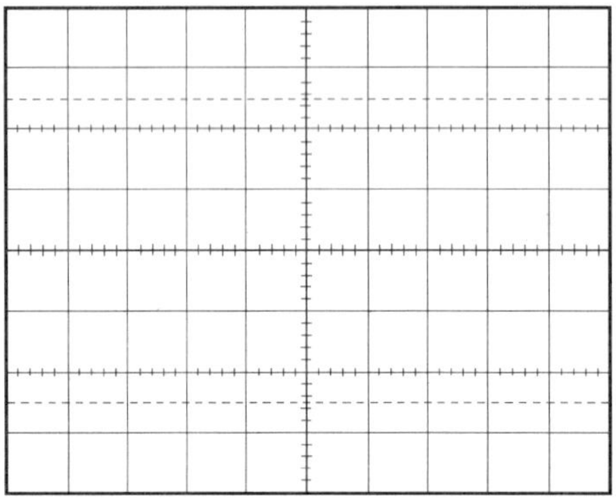

| 구분 | [VOLTS/DIV]<br>계산과정<br>전압($V_{p-p}$) | [TIME/DIV]<br>계산과정<br>주파수(Hz) |
|---|---|---|
| CH1 | | |
| | | |
| | | |
| CH2 | | |
| | | |
| | | |

3) 부하에서 리플전압을 계산하여 표 4.1에 기록하라.

$$\text{리플}(\%) = \frac{V_{AC}}{V_{DC}} \times 100 =$$

〈표 4.1〉 반파정류기의 측정결과

| | $V_{p-p}$ (2차측) | $V$(rms) (2차측) | $V_p$ (부하측) | $I_p$ (부하측) | $V_{DC}$ (부하측) | $I_{DC}$ (부하측) | $V_{AC}$(rms) (부하측) | PIV (부하측) | $V$(rms) (부하측) | % 리플 |
|---|---|---|---|---|---|---|---|---|---|---|
| 계산값 | | | | | | | | | | |
| 측정값 | | | | | | | | | | |

## [실험결과 및 고찰]

<table>
<tr><td>실험제목</td><td colspan="5">실험 3. 반파정류기</td><td rowspan="2">평가</td><td>A+</td><td>A</td><td>B+</td><td>B</td><td>C+</td><td>C</td><td>D+</td><td>D</td><td>기타</td></tr>
<tr><td>소 속</td><td colspan="5">학과 학년 (주,야) 반</td><td></td><td></td><td></td><td></td><td></td><td></td><td></td><td></td><td></td></tr>
<tr><td>실험 조</td><td>조</td><td></td><td>인원</td><td></td><td>실험일자</td><td colspan="6">년 월 일 요일</td><td colspan="3">담당교수</td><td>확인(인)</td></tr>
<tr><td>학 번</td><td colspan="4"></td><td rowspan="2">조원</td><td>학번</td><td colspan="3">①</td><td colspan="3">②</td><td colspan="3" rowspan="2"></td><td rowspan="2"></td></tr>
<tr><td>성 명</td><td colspan="4"></td><td>성명</td><td colspan="3">①</td><td colspan="3">②</td></tr>
</table>

3-1. 정류회로에 트랜스를 사용하는 2가지 이유를 들어보라.

①

②

3-2. 리플전압을 계산함에 있어서 측정된 리플전압은 $V_{AC}$로 변환하고 $V_{DC}$와 비교하였다. $V_{AC}$와 $V_{DC}$의 차이점을 설명하라.

① $V_{AC}$ :

② $V_{DC}$ :

3-3. 그림 4.9의 회로를 보고 다음을 계산하라.

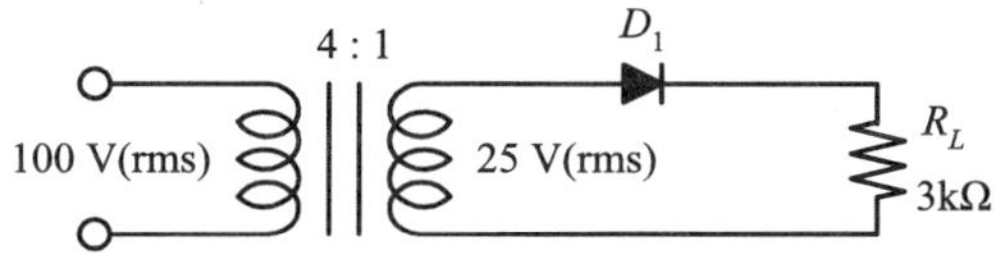


〈그림 4.9〉 실험고찰 4-3

(1) $V_p$를 계산하라.

(2) $V_{DC}$를 계산하라.

③ $I_{DC}$ 를 계산하라.

④ PIV를 계산하라.

⑤ $V_{AC}$를 계산하라.

⑥ %리플을 계산하라.

3-4. 실험을 한 후 배운점과 느낀점을 써라.

(1) 배운점

(2) 느낀점

## 2. 전파정류기

전파정류기는 입력 정현파의 2 반파를 모두 이용한다. 단극성 출력을 제공하기 위해 전파 정류기는 정현파의 "−" 쪽의 반파들을 반전시킨다. 이를 실현하기 위한 한 방안을 그림 4.10(a)에 나타냈다. 여기서 변압기의 2차측 권선의 두 절반에 동일한 두 전압 $v_s$를 그림과 같이 극성으로 나타나게 하기 위해 변압기 2차측 권선에 중간 탭(center tap)이 설정되어 있는 점에 주목하기 바란다.

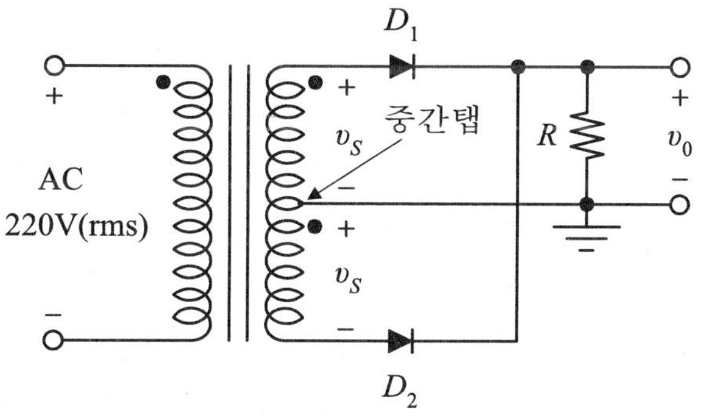


〈그림 4.10〉 중간 탭을 가진 전파정류기 회로도

따라서 입력선 전압(1차측을 구동하고 있는)이 "+"일 때 $v_s$로 표시된 두 신호들 역시 "+"일 것이다. 이 경우 $D_1$은 도통될 것이고 $D_2$는 역바이어스 될 것이다. 따라서 $D_1$을 통과한 전류는 $R$을 거쳐 2차측 중간 탭으로 되돌아올 것이다. 이제 이 회로가 반파 정류기처럼 동작하며 $D_1$이 도통될 때인 "+" 반주기 동안의 출력이 반파 정류기에 의한 출력과 동일하다는 것을 알 수 있다.

한편 교류선 전압의 "−" 반주기동안에는 $v_s$로 표시된 두 전압 모두가 "−"일 것이다. 따라서 $D_1$은 차단될 것이고 $D_2$는 도통될 것이다. $D_2$에 의해 전도된 전류는 $R$을 거쳐 중간 탭으로 되돌아 올 것이다. 따라서 "−" 반주기 동안에도 회로는 다이오드 $D_2$가 전류를 전도하는 것을 제외하고는 반파정류기처럼 동작할 것이다.

그러나 여기서 중요한 점은 $R$을 통해 흐르는 전류가 항상 같은 방향으로 흐른다는 것이다. 따라서 $v_0$는 그림 4.11(a)처럼 단극성이 될 것이다. 그림 4.11(a)의 출력파형은 도통된 다이오드가 일정한 전압강하 $V_D$를 가진다는 가정에서 구한 것이다. 따라서 전파정류기 전달특성은 그림 4.11(b)에 나타낸 형태를 취할 것이다.

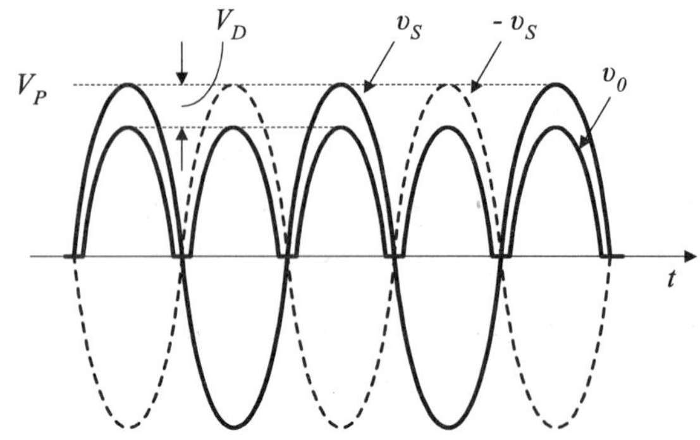


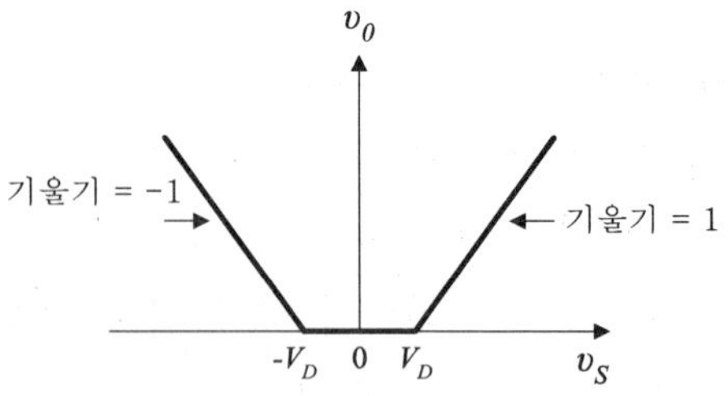


〈그림 4.11〉 중간 탭을 가진 전파정류기의 특성

이상의 설명으로부터 전파정류기가 반파정류기보다 더 큰 에너지를 갖는다. 그리고 이것이 거의 모든 정류기의 응용에서 전파정류기가 선택되는 이유이다.

전파정류기 회로에서 다이오드의 PIV를 구하기 위해 "+" 반주기 동안의 동작은 다이오드 $D_1$은 도통되고 $D_2$는 차단되므로 $D_2$의 캐소드 전압은 $v_0$이고 애노드 전압은 $-v_s$이다. 따라서 $D_2$의 역바이어스는 $v_0$가 피크값 $V_p - V_D$에 있고 $v_s$가 피크값 $V_p$에 있을 때 최대가 될 것이다. 따라서 PIV는 다음과 같이 구할 수 있다.

$$PIV = 2V_p - V_D$$

반파정류기의 2배에 해당한다.

**(문제 4-2) 그림 4.10에 나타낸 전파정류기 회로를 보고 다음을 구하라.**

(1) $v_s$가 12V(rms)의 정현파이고 $V_D \approx 0.7\mathrm{V}$, 그리고 $R = 100\Omega$ 일 때 각각의 주기에서 $v_0 > 0$안 기간의 (퍼센트) 비를 구하라.

(설명) 정현파 입력의 0교차점 근방에 그 중심을 둔 $2\sin^{-1}(V_D/V_p)$의 각각에 대해 출력은 0이다.

퍼센트 비 =

(2) $v_0$의 평균값($V_0$)을 구하라.

(설명) $v_0$의 평균값(직류성분)은 $V_0 \approx (2/\pi)V_p - V_D$이다.

$V_0$ =

(3) 다이오드의 피크전류($I_p$)를 구하라.

(설명) 각 다이오드의 피크전류($I_p$) $(V_p - V_D)/R$이다.

$I_p$ =

(4) PIV를 구하라.

(설명) $PIV = 2V_p - V_D$

PIV =

**예제 4-2** 그림 4.12를 보고 다음을 계산하라

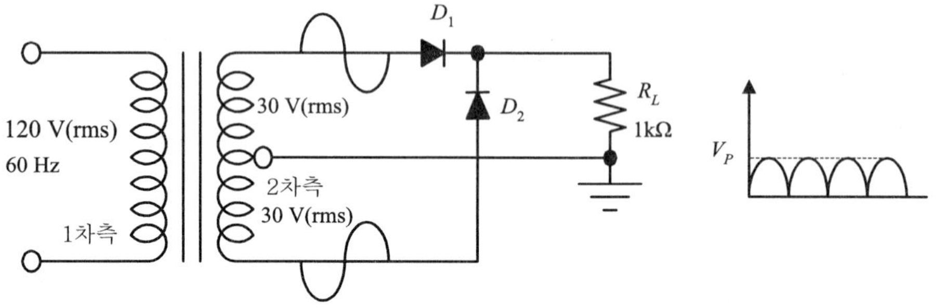


〈그림 4.12〉 예제 4-2

(1) 트랜스 2차측 전압의 peak-to-peak 값(중간탭에 대한 $D_1$, $D_2$의 양극에서 전압)

$$V_{p-p} = 2\sqrt{2}\,V(\mathrm{rms}) = 2.828 \times 30\,V(\mathrm{rms}) = 84.84\mathrm{V_{p\text{-}p}}$$

(2) 부하전압의 최대값($V_p$)

$$V_p = V_{p-p}/2 = 84.84/2 = 42.42\ \mathrm{V_p}$$

(3) 부하 및 각 다이오드에 흐르는 전류의 최대값($I_p$)

$$I_p = V_p/R_L = 42.42/1\mathrm{k} = 42.42\mathrm{mA}$$

(4) 부하전압의 평균값($V_{DC}$)

$$V_{DC} = 2V_p/\pi = 2 \times 42.42/\pi = 27\mathrm{V_{DC}}$$

(5) 부하전류의 평균값($I_{DC}$)

$$I_{DC} = V_{DC}/R_L = 27/1\mathrm{k} = 27\mathrm{mA}$$

(6) 각 다이오드의 직류전류

한 다이오드가 OFF 되었을 때 회로는 반파정류회로와 같게 되고 $V_{DC}$는 27V에서 13.5V가 되므로 $I_{DC}$는 27mA에서 13.5mA가 된다.

$$I_{DC(D_1)} = I_{DC(D_2)} = I_{DC}/2 = 13.5\mathrm{mA}$$

(7) 부하의 리플전압의 실효값( $V_{AC}$)

$$V_{AC} = 0.3077\,V_p = 0.3077 \times 42.42 = 13.05\,\text{V(rms)}$$

(8) 부하에서 총 출력전압의 실효값( $V$(rms))

$$V\text{(rms)} = V_p/\sqrt{2} = 42.42/1.414 = 29.995 \approx 30\,\text{V(rms)}$$

(9) PIV($D_1$, $D_2$)

$$\text{PIV}(D_1) = \text{PIV}(D_2) = 2\,V_p = 2 \times 42.42 = 84.84\,\text{V(rms)}$$

그림 4.13과 같이 $D_2$의 역바이어스 상태기 되었을 때 $D_2$의 "-" 측은 +42.42V이고 "+"측은 -42.42V가 되므로 PIV는 84.84V가 된다.

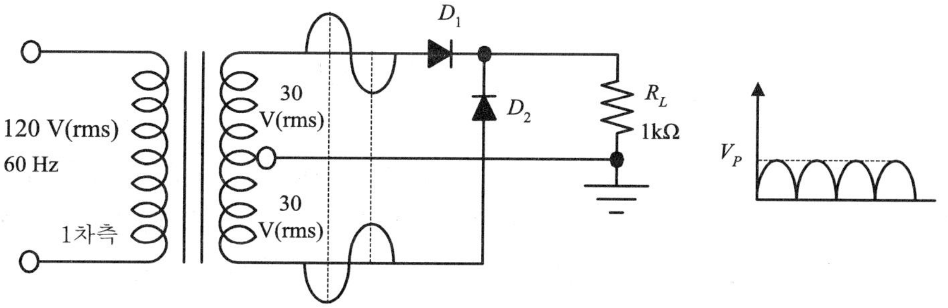


〈그림 4.13〉 PIV

(10) %리플

$$\%\text{리플} = V_{AC}/V_{DC} \times 100 = 13.5/27 \times 100 = 48.3\%$$

## 3. 브리지 정류기

전파정류기의 또 다른 형태는 그림 4.14에 나타내었다. 이 회로는 휘트스톤브리지(wheatstone bridge)의 회로구성과 비슷하기 때문에 브리지 정류기(bridge rectifier)라고 부르며 전파정류기에 비해 중간 탭 변압기를 필요로 하지 않는 장점을 가진다.

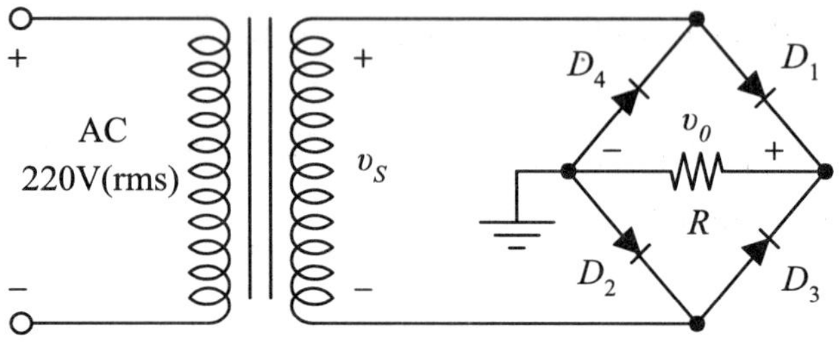


〈그림 4.14〉 브리지 정류기

그러나 전파정류기에서는 다이오드가 두 개가 필요한데 비해 브리지 정류기는 네 개의 다이오드를 필요로 한다. 다이오드의 값이 싸고 또 한 패키지로 된 다이오드 브리지를 살 수 있으므로 브리지 정류기가 네 개의 다이오드를 필요로 한다는 것은 그다지 큰 단점은 아니다.

브리지 정류기 회로는 다음과 같이 동작한다.

▶ 입력전압의 "+" 반주기 동안에 $v_s$가 "+"이므로 전류는 다이오드 $D_1$, 저항 $R$, 그리고 다이오드 $D_2$를 통해 전도될 것이다. 그 동안 다이오드 $D_3$와 $D_4$는 역바이어스 될 것이다. 전류가 흐르는 경로에 두 개의 다이오드가 직렬로 있기 때문에 $v_0$가 두 다이오드의 전압강하만큼 $v_s$보다 작다는 점을 주목하기 바란다. 이것이 브리지 정류기의 단점이다.

▶ 입력전압의 "−" 반주기 동안에 $v_s$가 "−" 이므로 $-v_s$는 "+"일 것이다. 따라서 전류는 $D_3$, $R$, $D_4$를 통해 흐를 것이다. 그동안 $D_1$과 $D_2$는 역바이어스 될 것이다. 여기서 주목해야할 점은 두 반주기 동안 전류가 동일한 방향(오른쪽에서 왼쪽으로)으로 $R$을 통해 흐른다는 것이다. 따라서 $v_0$는 그림 4.15와 같이 항상 "+"가 될 것이다.

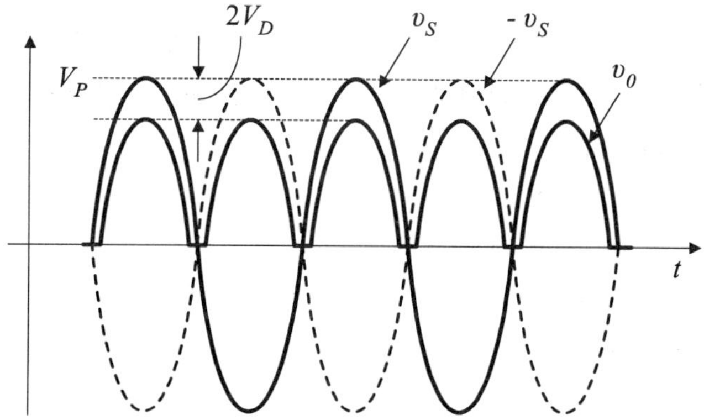


〈그림 4.15〉 브리지 정류기의 입력과 출력

각 다이오드의 피크역전압(PIV)을 구하기 위해 "+" 반주기 동안의 회로상태를 보면 $D_3$에 걸리는 역전압은 $D_3$, $R$, $D_2$로 형성되는 루프로부터 다음과 같이 구할 수 있다.

$$v_{D_3}(\text{역방향}) = v_0 + v_{D_2}(\text{순방향})$$

따라서 $v_{D_3}$의 최대값은 $v_0$의 피크에서 일어나고 다음과 같이 주어진다.

$$\text{PIV} = V_p - 2V_D + V_D = V_p - V_D$$

여기서 브리지 정류기의 PIV가 중간 탭 변압기를 이용한 전파정류기 PIV의 절반밖에 안 되다는 점에 주목하기 바란다. 이것이 브리지 정류기의 또 다른 이점이다.

마지막으로 브리지 정류기가 중간 탭 변압기를 이용한 정류기보다 우월한 점이 또 하나 있는데 이는 변압기의 2차측 권선이 절반만 요구된다는 것이다. 이점은 중간 탭 변압기를 이용한 정류기에서 2차측 권선의 절반이 각각 반주기 동안만 사용된다는 사실에 주목함으로써 쉽게 이해될 수 있을 것이다. 결론적으로 브리지정류기는 가장 많이 쓰이는 정류기 회로구성이다.

**(문제 4-3) 그림 4.14의 브리지 정류기에 대해 정전압강하모델을 사용한 경우 다음을 구하라. 여기서 $v_s$가 12V(rms) 정현파이고 $V_D \simeq 0.7$V, $R = 100\Omega$이다.**

(1) 출력 전압 평균(직류전압)을 구하라.

$$V_0 \simeq (2/\pi) V_p - 2V_D$$

(2) 다이오드의 피크전류를 구하라.

$$I_p = (V_p - 2V_D)/R$$

(3) PIV를 구하라.

$$\text{PIV} = V_p - V_D$$

**예제 4-3**

그림 4.16을 보고 다음을 계산하라.

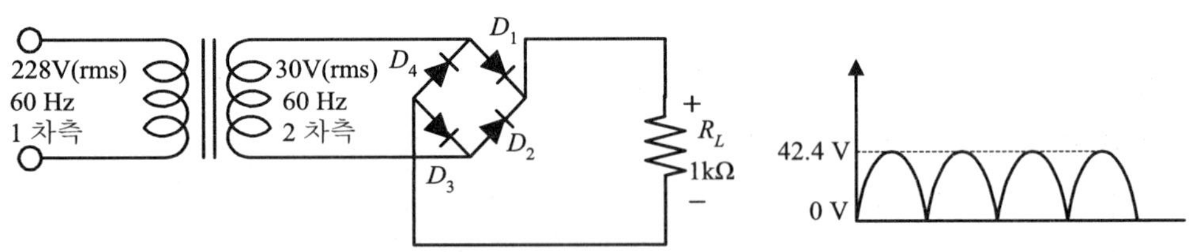


〈그림 4.16〉 (예제 4-3) 회로

<설명> 2차측 전압이 "+"일 때 $D_1$, $D_3$ 다이오드는 도통(ON)되고, $D_2$,$D_4$의 다이오드는 차단(OFF)되어 결과적으로 그림 4.17(b)와 같은 전압이 $R_L$ 양단에 나타난다.

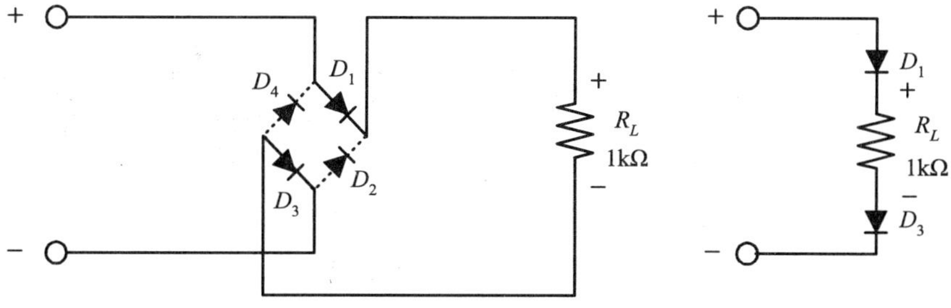


(a) 다이오드의 동작 (b) $R_L$양단 전압

〈그림 4.17〉 "+" 반주기 동안의 동작원리

2차측 전압이 "-" 전위일 때에는 그림 4.18과 같이 동작되며 이 경우 회로내의 전압 및 전류는 중간 탭이 있는 전파정류회로의 경우와 같아지며 단지 다이오드 $D_1$, $D_3$와 $D_2$,$D_4$의 PIV 차이가 나타난다.

$$\Pi V = V_P = 42.42\mathrm{V_P}$$

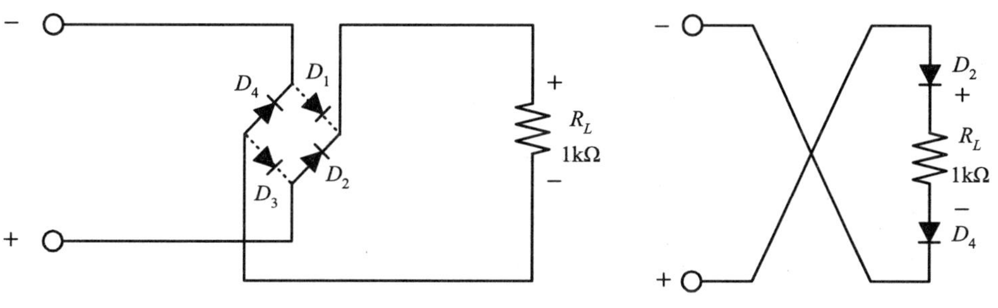


(a) 다이오드의 동작 (b) $R_L$양단 전압

〈그림 4.18〉 "+" 반주기 동안의 동작원리

그림 4.19와 같이 각각 2개의 다이오드 사이에 $2V_p$의 역전압이 가해지게 되므로 PIV는 각 다이오드마다 $V_p$의 전압이 되는 것이다.

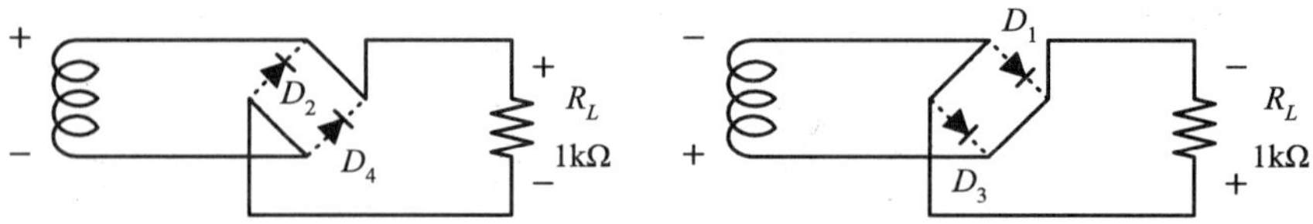


(a) 2차전원이 "+" 전압인 경우　　(b) 2차전원이 "-" 전압인 경우

〈그림 4.19〉 PIV 계산원리

(1) 트랜스 2차측의 peak-to-peak 전압 $V_{p-p}$

$$V_{p-p} = V(\mathrm{rms}) \times 2\sqrt{2} = 30 \times 2.828 = 84.84\mathrm{Vp\text{-}p}$$

(2) 부하 저항 양단

1) 부하저항 양단의 최대값( $V_p$)

$$V_p = V_{p-p}/2 = 84.84/2 = 42.42\mathrm{Vp}$$

2) 부하전류의 최대값($I_p$)

$$I_p = V_p/R_L = 42.42/1\mathrm{k} = 42.42\mathrm{mA} = I_p(D_1, D_3) = I_p(D_2, D_4)$$

3) 부하전압의 평균값( $V_{DC}$)

$$V_{DC} = V_p/\pi \times 2 = 42.42/3.14 \times 2 = 27\mathrm{VDC}$$

4) 부하전류의 평균값($I_{DC}$)

$$I_{DC} = V_{DC}/R_L = 27/1\mathrm{k} = 27\mathrm{mA}$$

(3) 각 다이오드에 흐르는 전류의 평균값($I_{DC}(D_1, D_3)$, $I_{DC}(D_2, D_4)$)

$$I_{DC}(D_1, D_3) = I_{DC}(D_2, D_4) = I_{DC}/2 = 27\mathrm{m}/2 = 13.5\mathrm{mA}$$

(4) 부하에서 리플전압의 실효값( $V_{AC}(\mathrm{rms})$)

$$V_{AC}(\mathrm{rms}) = V_p/3.25 = 42.42/3.25 = 13.05\mathrm{V(rms)}$$

(5) 부하에서 총 출력전압의 실효값( $V(\mathrm{rms})$)

$$V(\mathrm{rms}) = V_p/\sqrt{2} = 42.42/1.414 \approx 30\mathrm{V(rms)}$$

(6) % 리플

$$\%\text{리플} = V_{AC}/V_{DC} \times 100 = 13.05/27 \times 100 = 48.3\%$$

<참고> 각 파형에 따른 peak-to-peak 전압값의 실효값은 다음과 같다.

① 정현파 : $V_{AC} = V_{p-p}/2\sqrt{2} \approx 0.3526\,V_{p-p}$

② 톱니파 : $V_{AC} = V_{p-p}/2\sqrt{3} \approx 0.2287\,V_{p-p}$

③ 반파정류파 : $V_{AC} = 0.3856\,V_{p-p}$

④ 전파정류파 : $V_{AC} = 0.3077\,V_{p-p}$

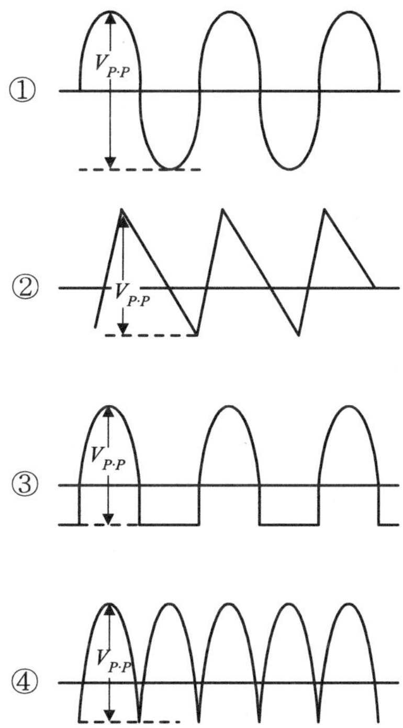

# 실험 4.

# 브리지 정류기

**1. 그림 4.20의 회로를 구성하고 다음을 측정하라.**

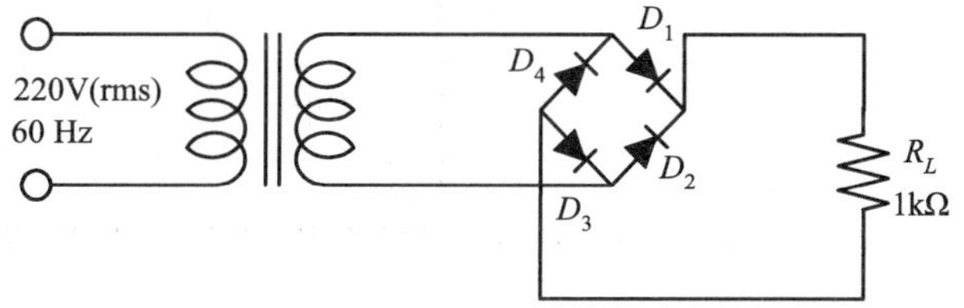


〈그림 4.20〉 브리지 정류기

(1) 트랜스 2차측에서 다음을 측정하라.

1) 트랜스 2차측에서 $V_{p-p}$를 측정하고 표 4.3에 기록하라.

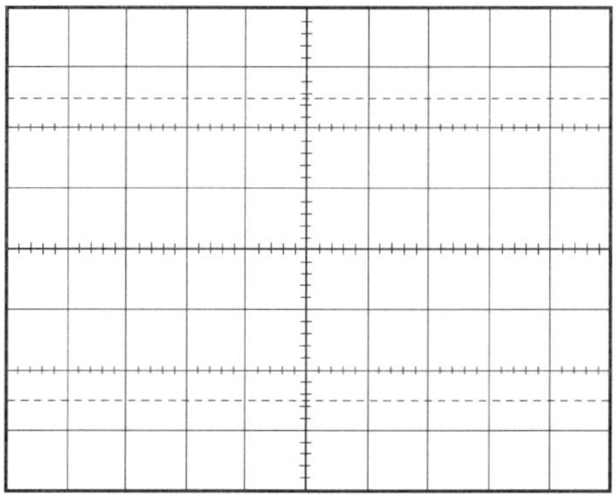

| 구분 | [VOLTS/DIV]<br>계산과정<br>전압($V_{p-p}$) | [TIME/DIV]<br>계산과정<br>주파수(Hz) |
|---|---|---|
| CH1 | | |
| | | |
| | | |

2) 트랜스 2차측에서 $V$(rms)를 측정하고 표 4.3에 기록하라.

(2) 부하저항 양단에서 다음을 계산하고 측정하라.

1) 부하에서 $V_p$를 계산하고 표 4.3에 기록하라.

$$V_p = V_{p-p}/2 =$$

2) 부하에서 $V_p$를 측정하고 표 4.3에 기록하라.

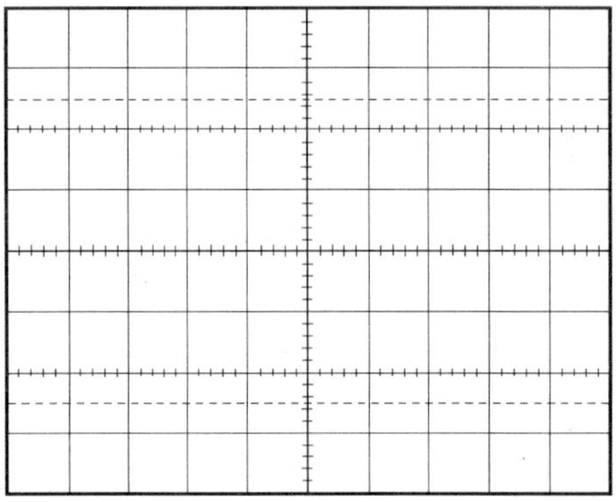

| 구분 | [VOLTS/DIV] | [TIME/DIV] |
|---|---|---|
| | 계산과정 | 계산과정 |
| | 전압($V_{p-p}$) | 주파수(Hz) |
| CH1 | | |
| | | |
| | | |

3) $I_p$를 계산하고 표 4.3에 기록하라.

$$I_p = V_p/R_L$$

4) 부하에서 $V_{DC}$를 계산하고 표 4.3에 기록하라.

$$V_{DC} = 2 \times V_p/\pi$$

5) 부하에서 $V_{DC}$를 측정하고 표 4.3에 기록하라.

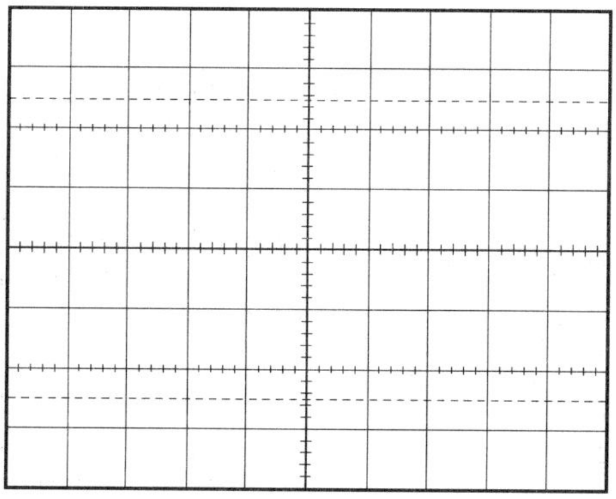

| 구분 | [VOLTS/DIV] | [TIME/DIV] |
|---|---|---|
| | 계산과정 | 계산과정 |
| | 전압($V_{p-p}$) | 주파수(Hz) |
| CH1 | | |
| | | |
| | | |

(3) 다이오드에 흐르는 전류

1) $D_1, D_3$ 및 $D_2, D_4$를 통하여 흐르는 직류전류를 계산하고 표 4.3에 기록하라.

$$I(D_1, D_3) = I(D_2, D_4) = I_{RL}/2 =$$

2) 그림 4.21과 같이 전류계를 이용하여 다이오드에 흐르는 전류를 측정하여라.

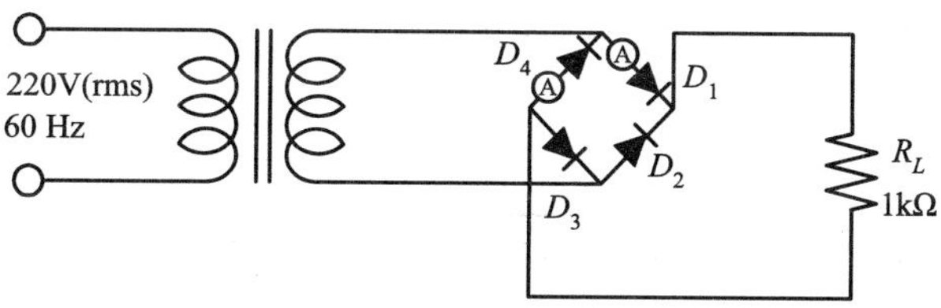


〈그림 4.21〉 다이오드에 흐르는 전류 측정

(4) 부하에서 리플저압

1) 부하에서 리플전압 $V_{AC}$를 계산하고 표 4.3에 기록하라.

$$V_{AC} = 0.3077 \times V_p =$$

2) 부하에서 리플전압 $V_{AC}$를 측정하고 표 4.3에 기록하라.

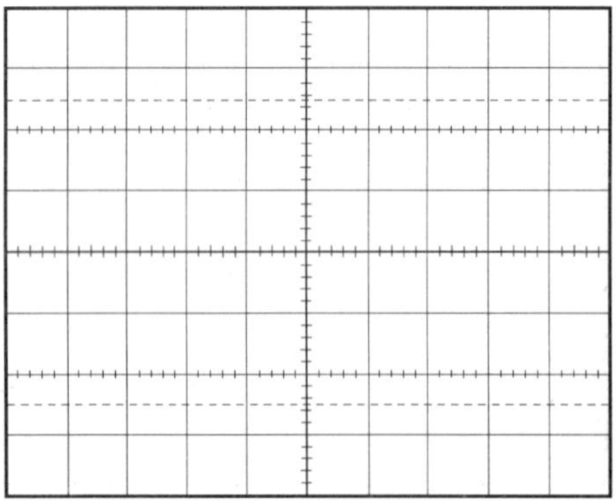

| 구분 | [VOLTS/DIV] | [TIME/DIV] |
|---|---|---|
| | 계산과정 | 계산과정 |
| | 전압($V_{p-p}$) | 주파수(Hz) |
| CH1 | | |
| | | |
| | | |

(5) 부하에서 총 실효전압값을 계산하고 표 4.3에 기록하라.

$$V(\text{rms}) = V_p / \sqrt{2} \text{ 또는 } V(\text{rms}) = \sqrt{V_{DC}^2 + V_{AC}^2}$$
$$=$$

(6) 다이오드의 PIV를 계산하고 표 4.3에 기록하라.

(7) % 리플을 계산하고 표 4.3에 기록하라.

〈표 4.3〉 계산 및 측정결과

| | $V_{p-p}$ (트랜스 2차측) | $V$(rms) (트랜스 2차측) | $V_p$ (부하측) | $I_p$ (부하측) | $V_{DC}$ (부하측) |
|---|---|---|---|---|---|
| 계산값 | | | | | |
| 측정값 | | | | | |

| | $I_{DC}$ 부하측 | $I_{DC}$ $D_1$, $D_3$ | $I_{DC}$ $D_2$, $D_4$ | $V_{AC}$ | $V$ (rms) | PIV $D_1$ | PIV $D_2$ | PIV $D_3$ | PIV $D_4$ | %리플 |
|---|---|---|---|---|---|---|---|---|---|---|
| 계산값 | | | | | | | | | | |
| 측정값 | | | | | | | | | | |

## [실험결과 및 고찰]

<table>
<tr><td>실험제목</td><td colspan="5">실험 4. 브리지 정류기</td><td rowspan="2">평가</td><td>A+</td><td>A</td><td>B+</td><td>B</td><td>C+</td><td>C</td><td>D+</td><td>D</td><td>기타</td></tr>
<tr><td>소 속</td><td colspan="5">학과 학년 (주,야) 반</td><td></td><td></td><td></td><td></td><td></td><td></td><td></td><td></td><td></td></tr>
<tr><td>실험 조</td><td>조</td><td></td><td>인원</td><td></td><td>실험일자</td><td colspan="5">년 월 일 요일</td><td colspan="4">담당교수</td><td>확인<br>(인)</td></tr>
<tr><td>학 번</td><td colspan="3"></td><td rowspan="2">조<br>원</td><td>학번</td><td colspan="3">①</td><td colspan="2">②</td><td colspan="4" rowspan="2"></td><td rowspan="2"></td></tr>
<tr><td>성 명</td><td colspan="3"></td><td>성명</td><td colspan="3">①</td><td colspan="2">②</td></tr>
</table>

4-1. 반파정류회로와 비교하여 전파정류회로의 $V_{DC}$값이 2배가 되는 이유는?

4-2. 반파정류회로에 비하여 전파브리지 정류회로를 사용하는 것은 무슨 이점이 있는가?

4-3. 전파정류회로와 비교하여 브리지 정류회로의 장점과 단점을 무엇인가?

① 장점 :

② 단점 :

4-4. 그림 4.22를 보고 다음을 계산하라.

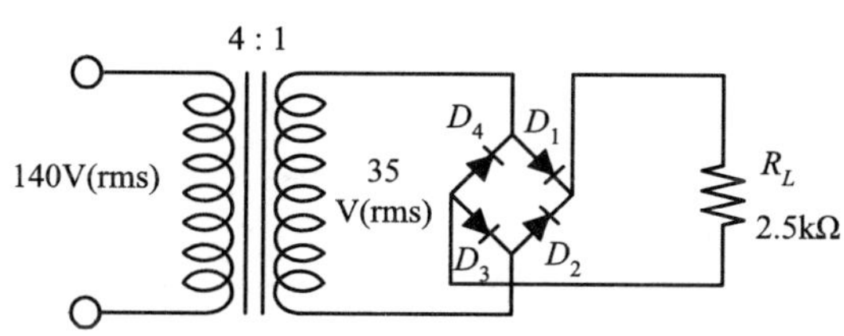


〈그림 4.22〉 실험결과 및 고찰 6-4

(1) $V_p$를 계산하라.

(2) $V_{DC}$를 계산하라.

(3) $I_{DC}$를 계산하라.

(4) PIV를 계산하라.

(5) $V_{AC}$를 계산하라.

(6) %리플을 계산하라.

4-5. 실험을 한 후 배운점과 느낀점을 써라.

(1) 배운점

(2) 느낀점

# 5장 리미팅회로와 클램프 회로

## 1. 클리핑 회로

클리퍼(clipper) 또는 리미터(limiter) 회로의 전형적인 전달특성은 그림 5.1에 나타냈다. 그림 5.1로부터 알 수 있듯이 클리퍼는 임의 범위의 입력 $L_-/K \le v_I \le L_+/K$에 대해 입력에 비례하는 출력인 $v_O = Kv_I$를 제공하는 선형회로처럼 동작한다.

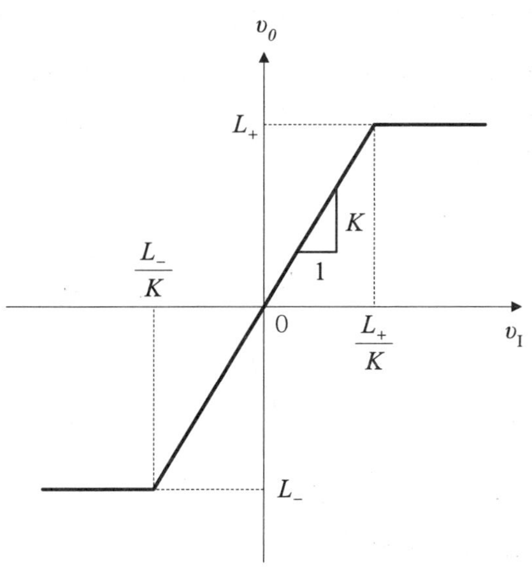


〈그림 5.1〉 클리퍼회로의 전달특성

일반적으로 $K$가 1보다 클 수 있지만 이 장에서는 1보다 작은 $K$값을 가지며 이로 인해 수동 클리퍼(passive clipper)라고 부른다. $K$가 1보다 큰 경우는 능동(active) 클리퍼라 한다. 그림 5.1에서 $v_I$가 높은 쪽의 문턱(threshold)전압 $L_+/K$보다 커지면 출력전압은 높은 쪽의 클리핑 레벨인 $L_+$로 제한되고 이와 반대로 $v_I$가 낮은 쪽의 문턱전압 $L_-/K$이하로 떨어지면 출력전압 $v_O$는 낮은 쪽의 클리핑 레벨인 $L_-$로 제한된다는 점에 주목하기 바란다.

그림 5.1과 같은 전달특성을 갖는 클리퍼를 이중클리퍼(double limiter)라고 부른다. 이중 클리퍼는 입력파형의 "+"피크와 "-"피크 모두에 대해 동작한다. 그림 5.2에 나타낸 것과 같은 입력파형이 이중 클리퍼에 인가된다면 파형의 두 피크가 잘려나갈(clipped off)것이라는 점에 주목하기 바란다.

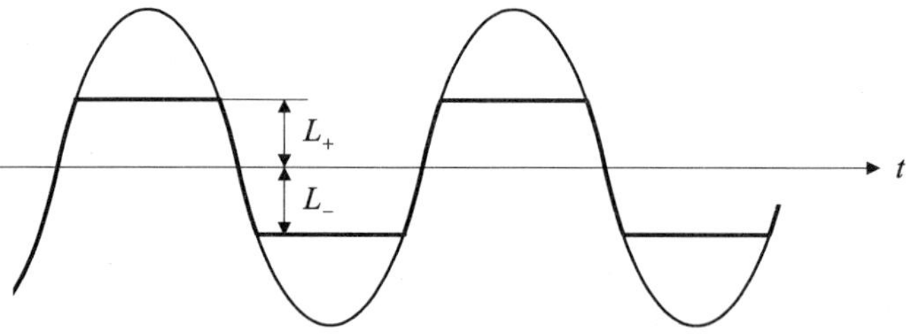


〈그림 5.2〉 정현파에 적용된 클리퍼 출력특성

이런 이유 때문에 클리퍼(clipper)라고 부르기도 한다. 그림 5.2와 같은 전달특성을 갖는 클리퍼를 하드 클리퍼(hard clipper)라고 한다. 소프트 클리핑(soft clipping)은 그림 5.3에 나타낸 것과 같이 선형영역과 포화영역사이의 변화가 하드 클리퍼보다 부드러우며 포화영역에서의 기울기도 0보다 크다.

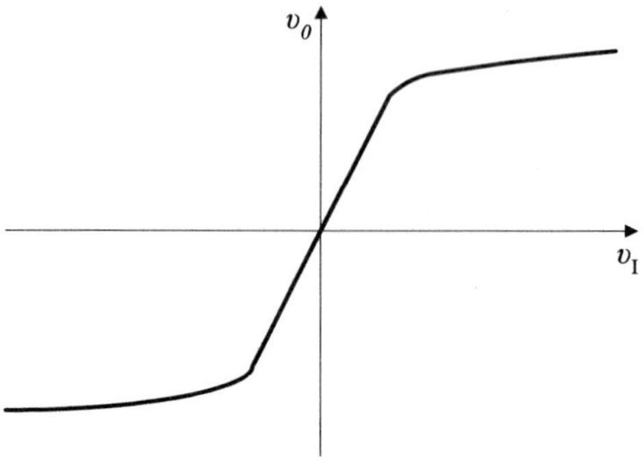


〈그림 5.3〉 소프트 클리핑

클리퍼들은 다양한 신호 처리시스템에 응용된다. 이들의 가장 간단한 응용중의 하나는 연산증폭기의 두 입력단자사이의 전압을 연산증폭기 회로의 입력단을 구성하는 트랜지스터의 항복전압보다 낮은 값으로 제한하는데 있다. 다이오드와 저항기를 결합하면 클리퍼 회로들이 간단히 실현된다. 클리퍼 회로의 예를 나타내면 그림 5.4와 같다. 그림 5.4에 나타낸 전달특성은 정전압강하 다이오드 모델을 사용하여 구한 것이다. 이 전달특성에서 선형영역과 포화영역사이의 천이를 부드럽게 나타냈다는 점에 유의하기 바란다.

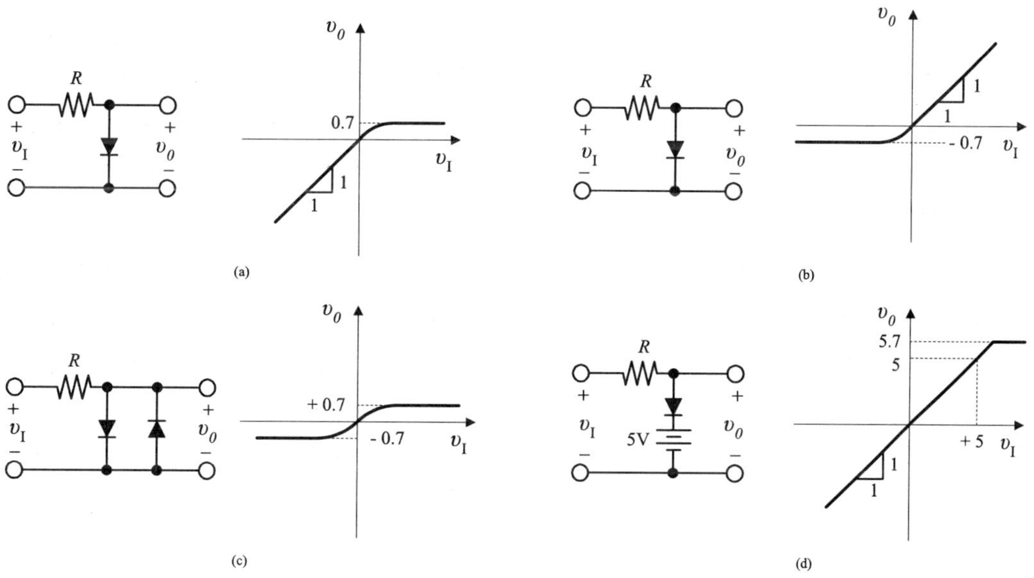


〈그림 5.4〉 여러 가지 클리퍼 회로

그림 5.5는 두 개의 제너다이오드를 직렬로 연결하여 사용할 수 있다는 것을 보여주고 있다. 이 회로에서 "+"방향의 클리핑은 $V_{Z_2}+0.7$의 전압에서 일어난다. 여기서 0.7V는 제너다이오드 $Z_1$이 순방향으로 도통될 때 다이오드는 양단에 걸리는 전압강하를 나타낸다.

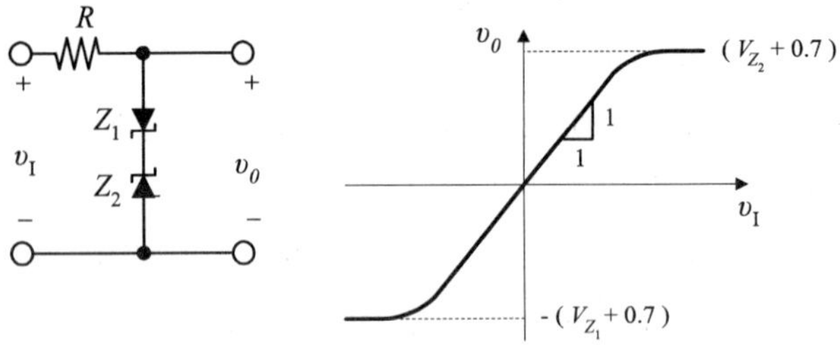


〈그림 5.5〉 이중 제너다이오드의 적용 예

입력이 "-"일 경우에는 $Z_2$는 순방향으로 도통되는 반면에 $Z_1$은 제너다이오드로서 동작한다. 직렬로 연결된 제너다이오드의 쌍들은 이런 형태의 응용을 위해 IC 칩으로 판매되고 있는데, 이들을 이중 애노드 제너(double-anode zener)라고 부른다.

클리핑 회로는 적어도 두 개의 기본적인 요소, 즉 다이오드와 저항을 필요로 하고 있다. 또한 배터리도 자주 사용되고 있다. 출력파형은 각종 요소들의 위치를 상호교환하거나 배터리의 전압을 변화시킴으로써 다른 레벨에 클리핑할 수 있다. 따라서 다이오드가 신호전송회로와 직렬로 연결되어 있으면 직렬클리퍼(series clipper)라 부르고, 다이오드가 신호전송회로와 병렬로 연결되어 있으면 병렬클리퍼(parallel clipper)라 부른다. 또한 입력신호에서 두 개의 기준전압사이의 부분만을 전송하기 위해서는 다이오드 쌍으로 만들어진 클리핑회로를 사용하는데 이 회로는 직렬, 병렬 또는 직-병렬 접속으로 구성할 수 있다. 이러한 회로를 슬라이서라 부른다. 일반적으로 흔히 사용되고 있는 다이오드 클리핑회로를 그림 5.6에 보였다. 이 회로의 동작을 쉽게 파악하려면 우선 다이오드가 이상적인 것으로 가정한다.

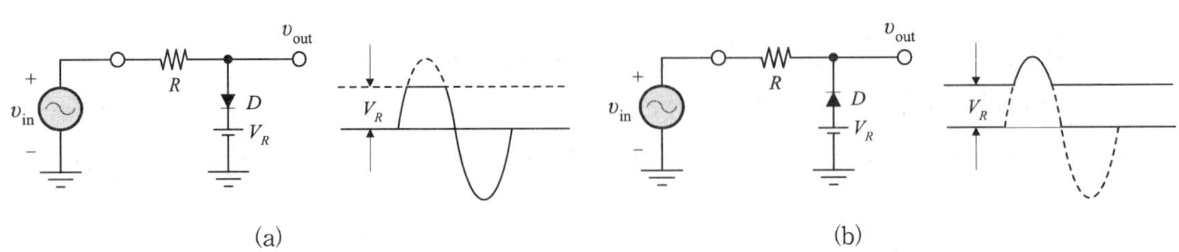


〈그림 5.6〉 기본적인 클리핑 회로와 출력특성

그림 5.6(a)의 회로에 있어서 입력전압 $v_{in}$가 기준전압 $V_R$보다 작을 때, 다이오드는 차단상태에 있으며, 개방회로와 같다. 한편 입력이 $v_{in}$거 $V_R$보다 클 때 다이오드는 도통 상태에 있으며 실질적으로 단락회로로서 동작하게 된다. 그러므로 출력 $v_{out}$는 다음과 같이 된다.

$$v_{out} = v_{in}(v_{in} < V_R)$$
$$= V_R(v_{in} > V_R)$$

입력신호로서 정현파를 가한 경우를 그림 5.6(a)에 표시하였다. 입력파형에서 기준레벨 $V_R$이상의 부분을 베어낸 파형이 출력 쪽에 나타난다. 그림 5.6(b)는 다이오드의 극성을 반대로 한 회로이다. 이 회로에서는 $v_{in} > V_R$일 때 OFF상태로 된다. 따라서 이 경우의 출력 $v_{out}$는 다음과 같다.

$$v_{out} = V_R(v_{in} < V_R)$$
$$= v_{in}(v_{in} > V_R)$$

출력파형은 입력파형의 기준레벨 $V_R$이하의 부분을 베어낸 모양으로 나타난다. 실제로 실험을 통하여 오실로스코프상에서 그림 5.6의 출력파형을 관찰한다면 그림 5.6에 나타낸 이상적인 출력파형과 비교하여 다음 3가지 차이점을 발견할 수 있다.

① 클리핑 레벨이 기준레벨 $V_R$과 약간 다르다. 그림 5.6(a)에서는 $V_R$보다 약간 높고 그림 5.6(b)에서는 약간 낮다.
② 클리핑 된 부분이 완전히 직선적으로 되어있지 않다.
③ 파형의 클리핑이 시작되는 굴곡점(break point)이 뚜렷하지 않다.

이러한 차이점은 물론 실제의 다이오드의 특성이 이상적인 것이 아니라는 데서 오는 결과이다. 실제 다이오드의 특성을 되도록 정확하게 반영하는 간단한 방법은 그림 5.7(a)와 같은 직선화한 특성으로 근사화 하는 방법이다. 이 특성은 cutin 전압 $V_r$과 순방향 저항 $R_t$로써 특정 지워 진다. Si 다이오드에서는 $V_r \approx 0.6\text{V}$이고 Ge 다이오드에서는 $V_r \approx 0.2$ V이다. 이와 같은 다이오드 모델을 그림 5.7(b)의 회로에 적용하여 보면 다이오드는 $v_{in} < V_R + V_r$ 일 때 OFF 상태에 있고 $v_{in} > V_R + V_r$일 때 ON 상태에 있다. 따라서 출력 $v_{out}$는 다음과 같이 주어진다.

$$v_{out} = v_{in} \qquad (v_{in} < V_R + V_r)$$
$$= (V_R + V_r) + \frac{R_f}{R + R_f}[v_{in} - (V_R + V_r)] \quad (v_{in} > V_R + V_r)$$

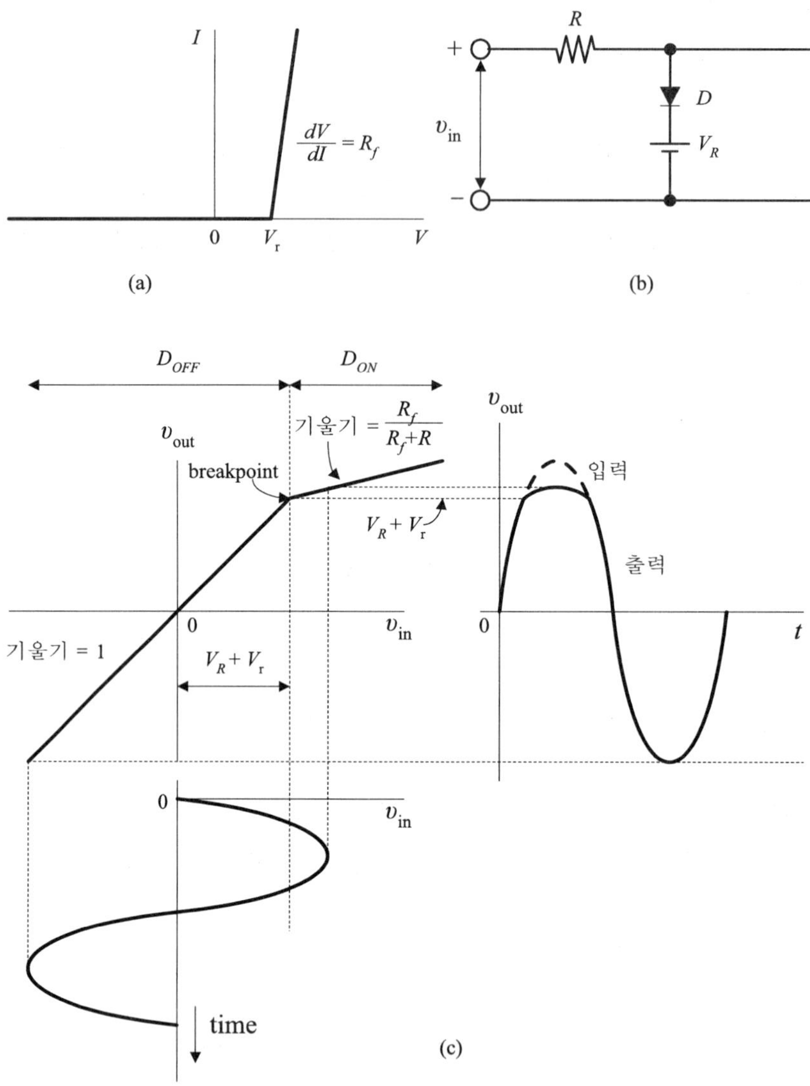


〈그림 5.7〉 전달특성(1)

위의 식으로부터 5.7(c)의 전달특성이 얻어진다. 이 전달특성의 기울기 $dv_{out}/dv_{in}$는 $v_{in} < V_R + V_r$에서 1이며 $v_{in} > V_R + V_r$에서 $R_f/(R + R_f)$이다. 다이오드가 이상적인 경우와 비교하여 클리핑 레벨이 $V_r$만큼 높아진다.

클리핑 파형을 좋게 하려면 $R \gg R_f$의 조건이 만족되도록 저항을 택해야 한다. 그림 5.8(a)의 회로의 전달특성은 그림 5.8(b)에 나타내었다. 출력 $v_{out}$는 다음과 같이 주어진다.

$$v_{out} = (V_R + V_r) + \frac{R_f}{R + R_f}[v_{in} - (V_R + V_r)] \quad (v_{in} < V_R - V_r)$$

$$= v_{in} \quad (v_{in} > V_R - V_r)$$

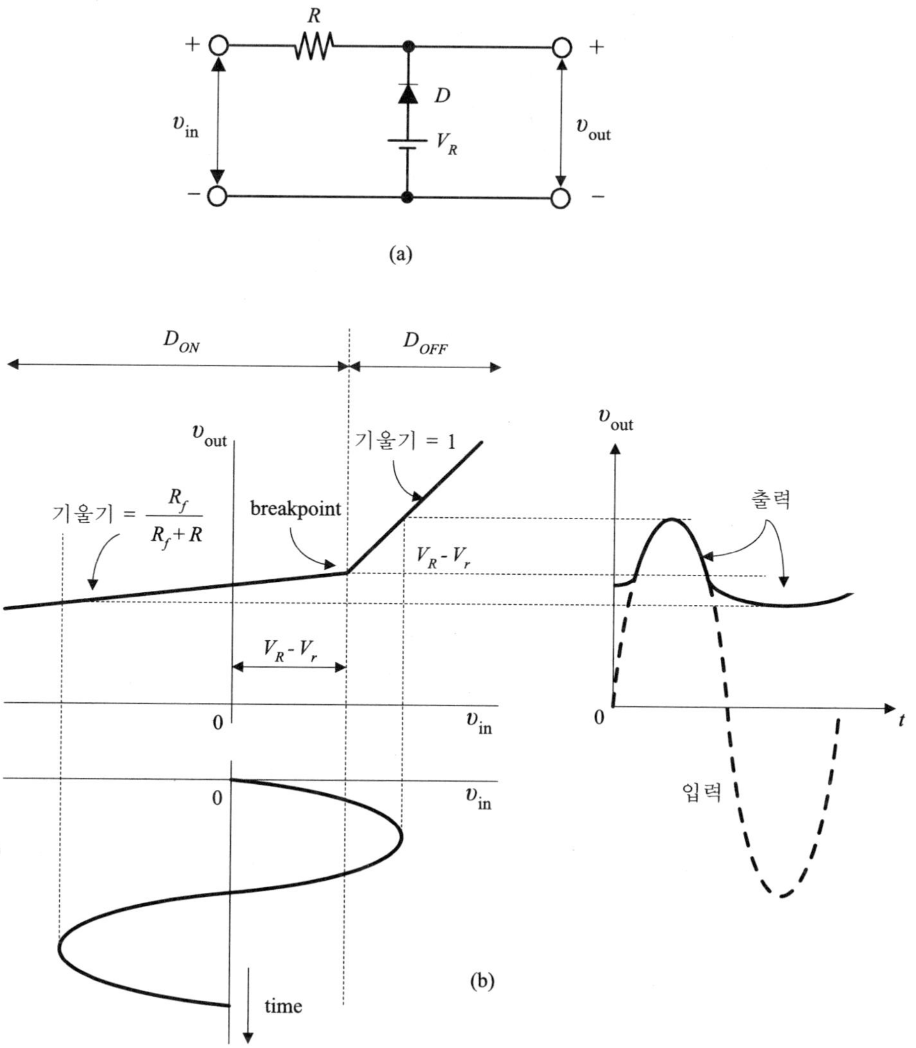


<그림 5.8> 전달특성(2)

다이오드가 이상적인 경우와 비교하여 클리핑 레벨이 $V_r$ 만큼 낮아지는 것에 주목하라.

## 2. 슬라이서

슬라이서의 한 예를 그림 5.9(a)에 나타내었다. 그림 5.9(b)는 그림 5.9(a)의 회로에 대한 입출력 전달특성곡선인데 두 개의 굴곡점을 가지고 있다. 하나는 $v_{out} = v_{in} = V_{R_1}$이고 다른 하나는 $v_{out} = v_{in} = V_{R_2}$인데 이 곡선은 표 5.1과 같은 특성을 가지고 있다. 여기서 $V_{R_2} > V_{R_1} \gg V_r$이고 $R_f \ll R$이라고 가정한다.

〈표 5.1〉 슬라이서 특성

| 입력신호 | 출력신호 | 상태 |
|---|---|---|
| $v_{in} \le V_{R_1}$ | $v_{out} = V_{R_1}$ | $D_1$은 ON, $D_2$는 OFF |
| $V_{R_1} < v_{in} < V_{R_2}$ | $v_{out} = v_{in}$ | $D_1$은 OFF, $D_2$는 OFF |
| $V_{R_2} \ge v_{in}$ | $v_{out} = V_{R_2}$ | $D_1$은 OFF, $D_2$는 ON |

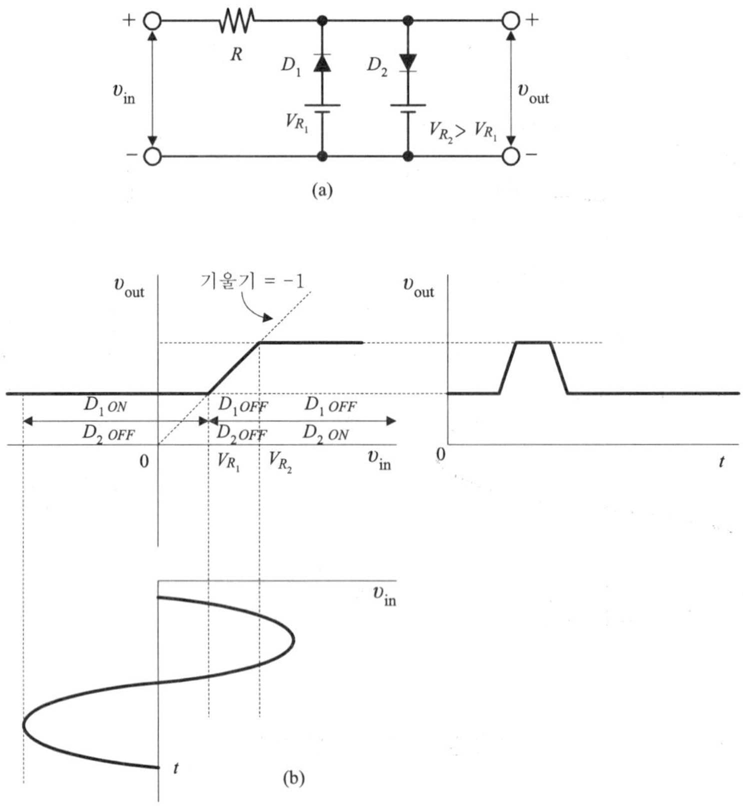


〈그림 5.9〉 슬라이서 특성

<참고>

클리핑(clipping) 회로 : 파형(waveform)의 절단회로

클리퍼(clipper) : 파형(waveform)의 절단 장치(회로 또는 시스템)

입력단에 정현파가 입력되었을 때 클리핑 회로의 여러 가지 예를 표 5.2에 보였다.

〈표 5.2〉 여러 가지 클리핑 회로의 예

| 클리퍼의 형태 | "+" 클리퍼 | "–" 클리퍼 |
|---|---|---|
| 간단한 직렬 클리퍼 | 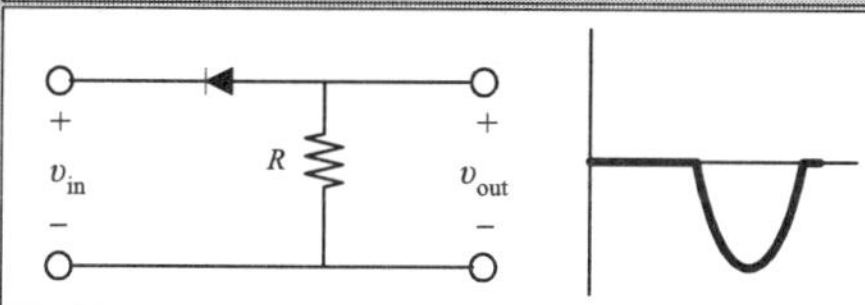 | 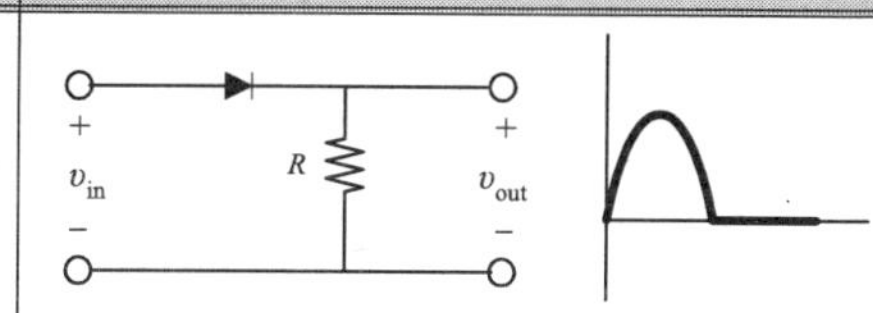 |
| 바이어스된 직렬 클리퍼 | 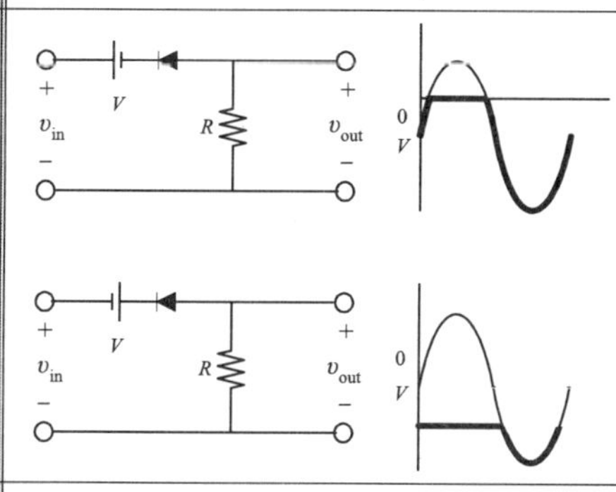 | 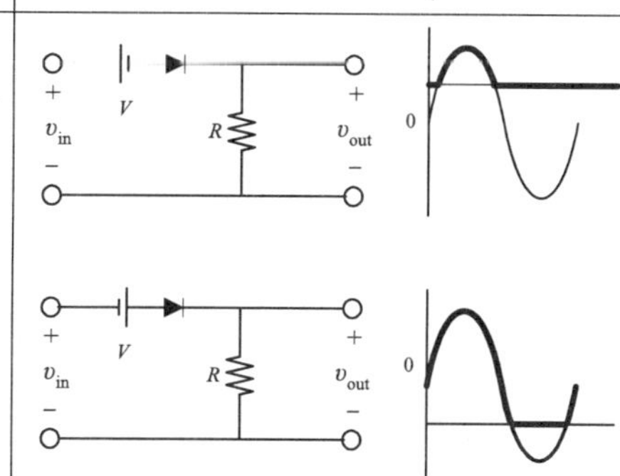 |
| 간단한 병렬 클리퍼 | 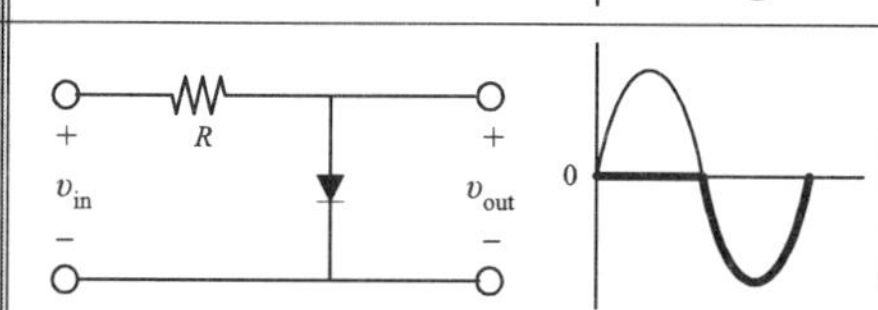 | 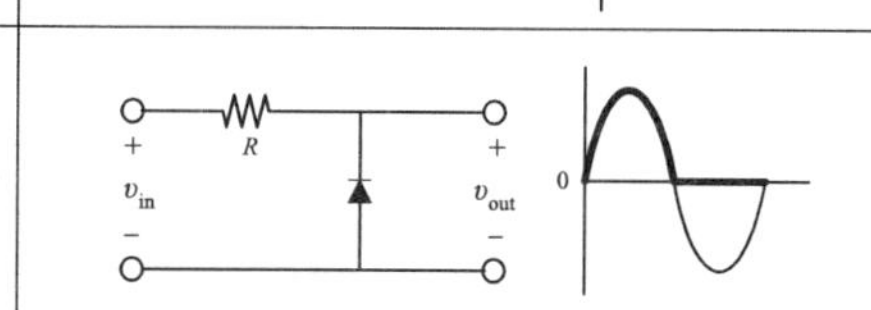 |
| 바이어스된 병렬 클리퍼 | 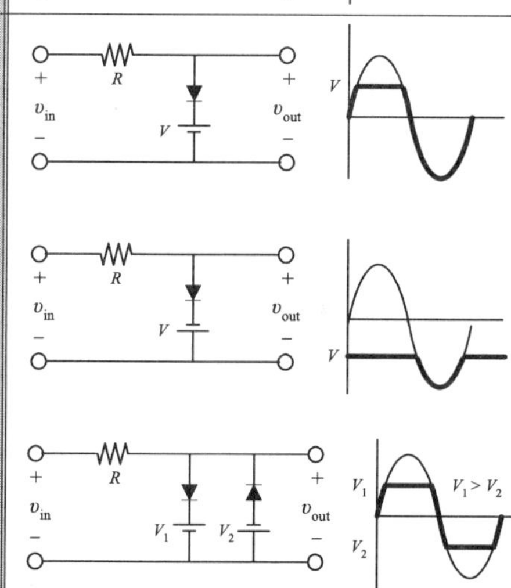 | 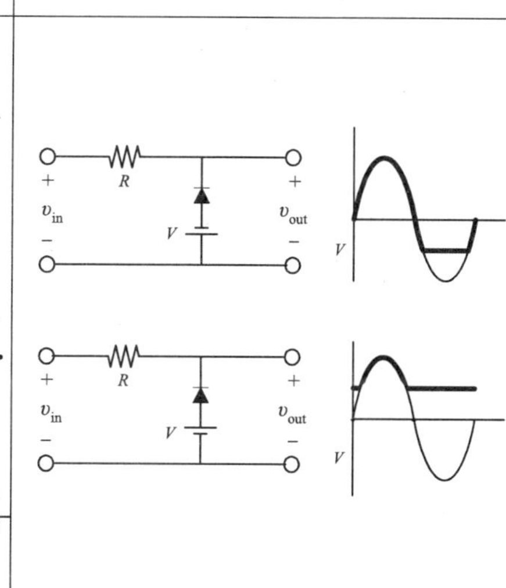 |

# 실험 5. 클리핑 회로

## 1. 직렬 클리핑회로

(1) 그림 5.10의 회로를 구성하고 다음을 오실로스코프(DC 모드)로 측정하시오.

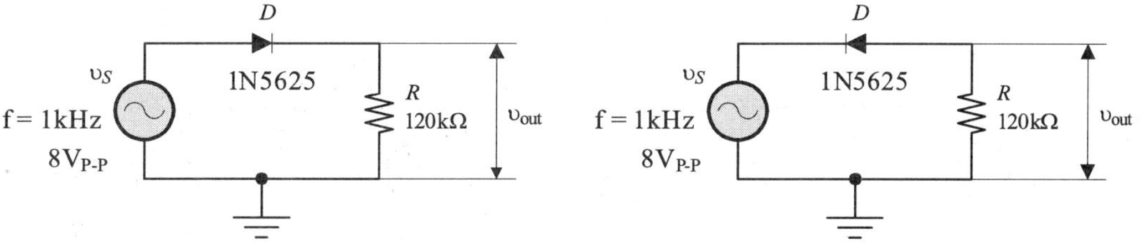


(a) Positive (b) Negative

〈그림 5.10〉 간단한 직렬 클리핑 회로

1) 그림 5.10(a)의 회로를 구성하고 입력과 출력을 측정하여 기록하라(2주기).

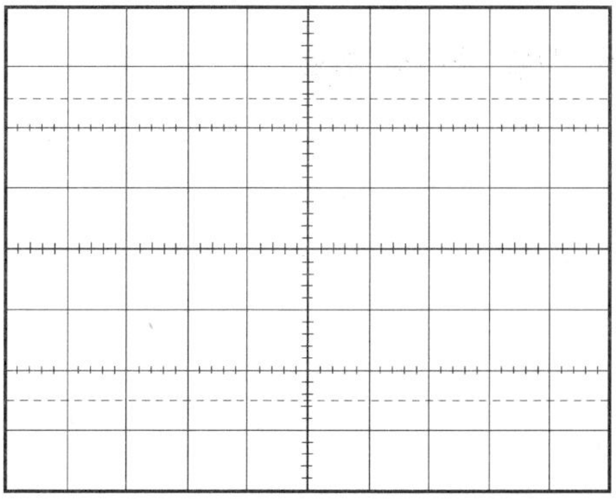

| 구분 | [VOLTS/DIV]<br>계산과정<br>전압($V_{p\text{-}p}$) | [TIME/DIV]<br>계산과정<br>주파수(Hz) |
|---|---|---|
| CH1 | | |
| | | |
| | | |
| CH2 | | |
| | | |
| | | |

2) 그림 5.10(b)의 회로를 구성하고 입력과 출력을 측정하여 기록하라(2주기).

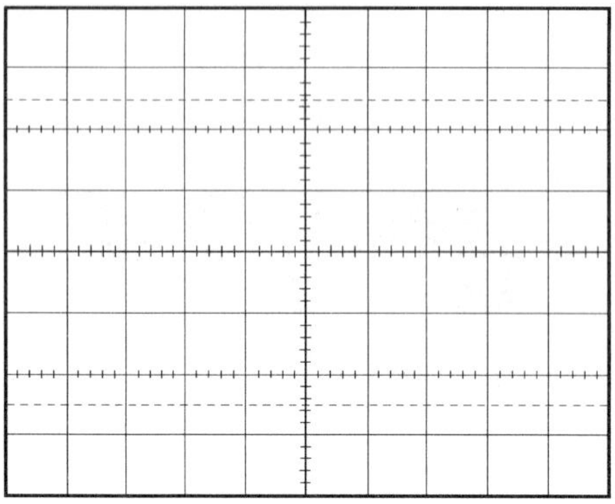

| 구분 | [VOLTS/DIV] | [TIME/DIV] |
|---|---|---|
| | 계산과정 | 계산과정 |
| | 전압(Vp-p) | 주파수(Hz) |
| CH1 | | |
| | | |
| | | |
| CH2 | | |
| | | |
| | | |

(2) 그림 5.11의 회로를 구성하고 다음을 오실로스코프(DC 모드)로 측정하라.

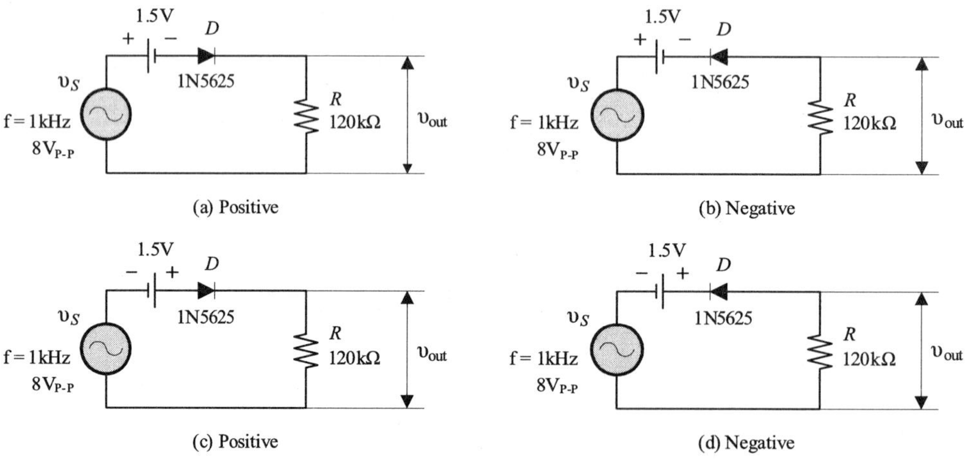


〈그림 5.11〉 바이어스 된 직렬 클리핑 회로

1) 그림 5.11(a)의 회로를 구성하고 입력과 출력을 측정하여 기록하라(2주기).

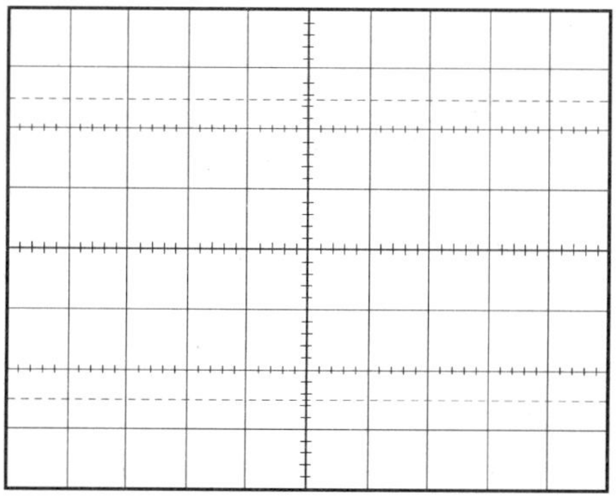

| 구분 | [VOLTS/DIV] | [TIME/DIV] |
|---|---|---|
| | 계산과정 | 계산과정 |
| | 전압($V_{p-p}$) | 주파수(Hz) |
| CH1 | | |
| | | |
| | | |
| CH2 | | |
| | | |
| | | |

2) 그림 5.11(b)의 회로를 구성하고 입력과 출력을 측정하여 기록하라(2주기).

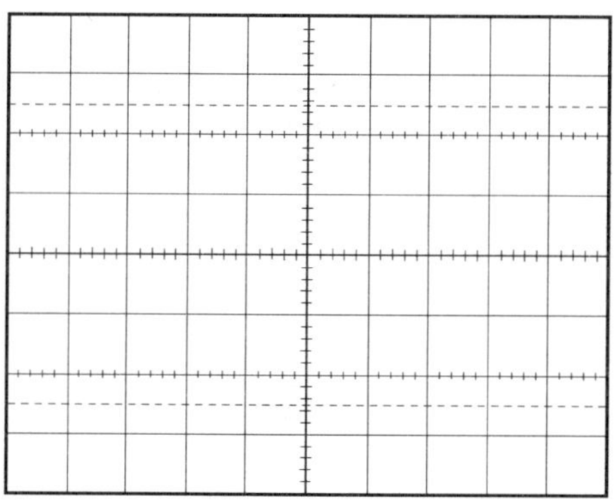

| 구분 | [VOLTS/DIV] | [TIME/DIV] |
|---|---|---|
| | 계산과정 | 계산과정 |
| | 전압($V_{p-p}$) | 주파수(Hz) |
| CH1 | | |
| | | |
| | | |
| CH2 | | |
| | | |
| | | |

3) 그림 5.11(c)의 회로를 구성하고 입력과 출력을 측정하여 기록하라(2주기).

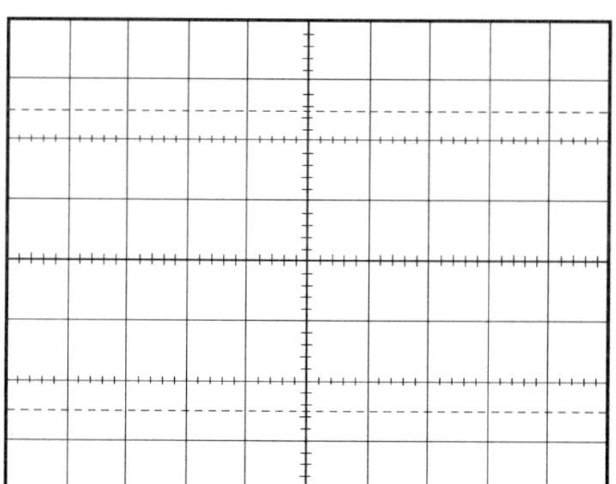

| 구분 | [VOLTS/DIV] | [TIME/DIV] |
|---|---|---|
| | 계산과정 | 계산과정 |
| | 전압($V_{p-p}$) | 주파수(Hz) |
| CH1 | | |
| | | |
| | | |
| CH2 | | |
| | | |
| | | |

4) 그림 5.11(d)의 회로를 구성하고 입력과 출력을 측정하여 기록하라(2주기).

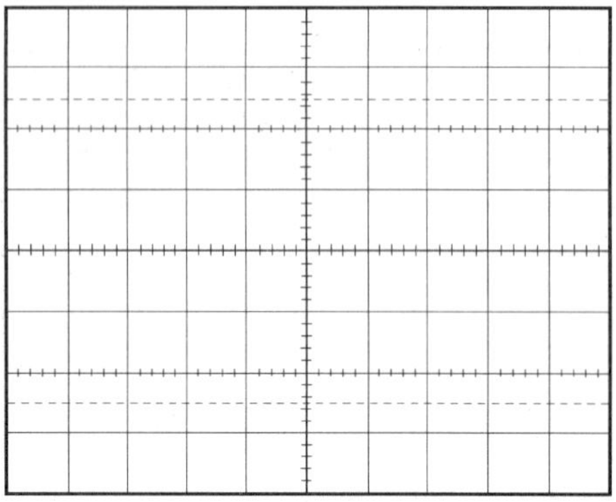

| 구분 | [VOLTS/DIV]<br>계산과정<br>전압($V_{p-p}$) | [TIME/DIV]<br>계산과정<br>주파수(Hz) |
|---|---|---|
| CH1 | | |
| | | |
| | | |
| CH2 | | |
| | | |
| | | |

## 2. 병렬 클리핑회로

(1) 그림 5.12의 회로를 구성하고 다음을 오실로스코프(DC 모드)로 측정하라.

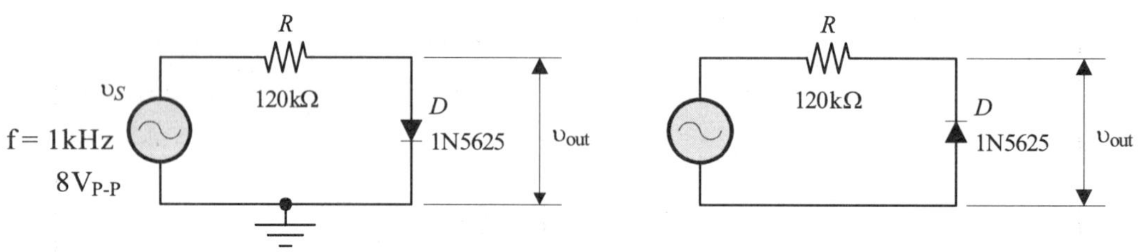


a) Positive (b) Negative

<그림 5.12> 간단한 직렬 클리핑 회로

1) 그림 5.12(a)의 회로를 구성하고 입력과 출력을 측정하여 기록하라(2주기).

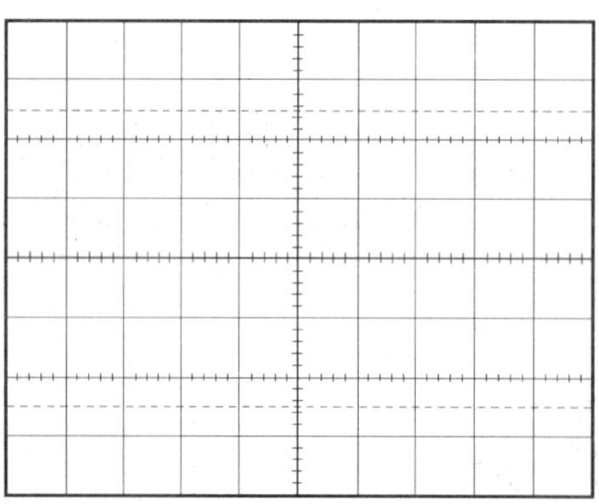

| 구분 | [VOLTS/DIV]<br>계산과정<br>전압($V_{p-p}$) | [TIME/DIV]<br>계산과정<br>주파수(Hz) |
|---|---|---|
| CH1 | | |
| | | |
| | | |
| CH2 | | |
| | | |
| | | |

2) 그림 5.12(b)의 회로를 구성하고 입력과 출력을 측정하여 기록하라(2주기).

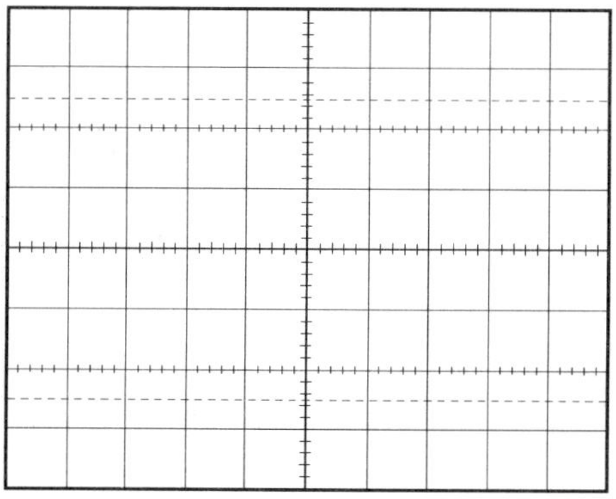

| 구분 | [VOLTS/DIV] | [TIME/DIV] |
|---|---|---|
| | 계산과정 | 계산과정 |
| | 전압($V_{p-p}$) | 주파수(Hz) |
| CH1 | | |
| | | |
| | | |
| CH2 | | |
| | | |
| | | |

(2) 그림 5.13의 회로를 구성하고 다음을 오실로스코프(DC 모드)로 측정하라.

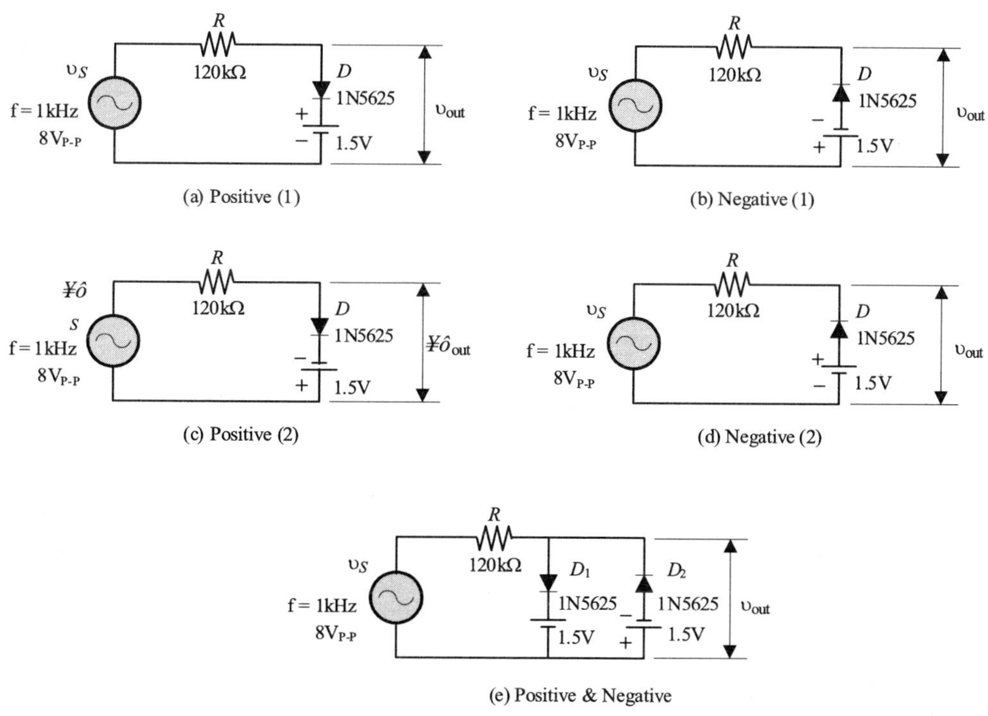


〈그림 5.13〉 바이어스 된 병렬 클리핑 회로

1) 그림 5.13(a)의 회로를 구성하고 입력과 출력을 측정하여 기록하라(2주기).

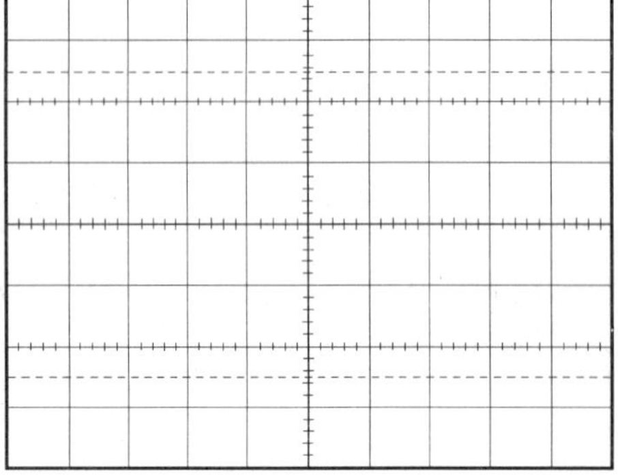

| 구분 | [VOLTS/DIV] | [TIME/DIV] |
|---|---|---|
| | 계산과정 | 계산과정 |
| | 전압($V_{p-p}$) | 주파수(Hz) |
| CH1 | | |
| | | |
| | | |
| CH2 | | |
| | | |
| | | |

2) 그림 5.13(b)의 회로를 구성하고 입력과 출력을 측정하여 기록하라(2주기).

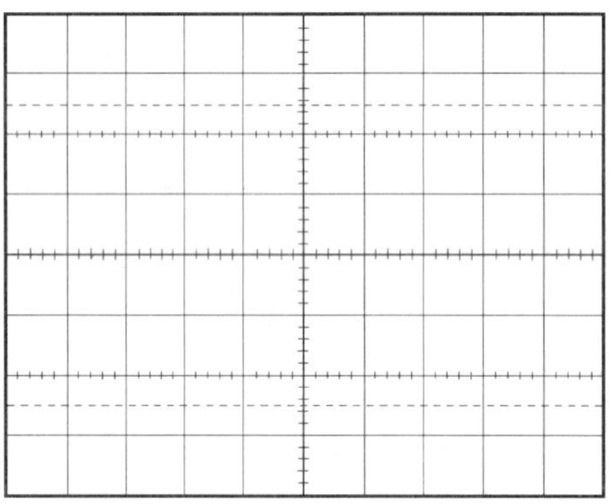

| 구분 | [VOLTS/DIV] | [TIME/DIV] |
|---|---|---|
| | 계산과정 | 계산과정 |
| | 전압($V_{p-p}$) | 주파수(Hz) |
| CH1 | | |
| | | |
| | | |
| CH2 | | |
| | | |
| | | |

3) 그림 5.13(c)의 회로를 구성하고 입력과 출력을 측정하여 기록하라(2주기).

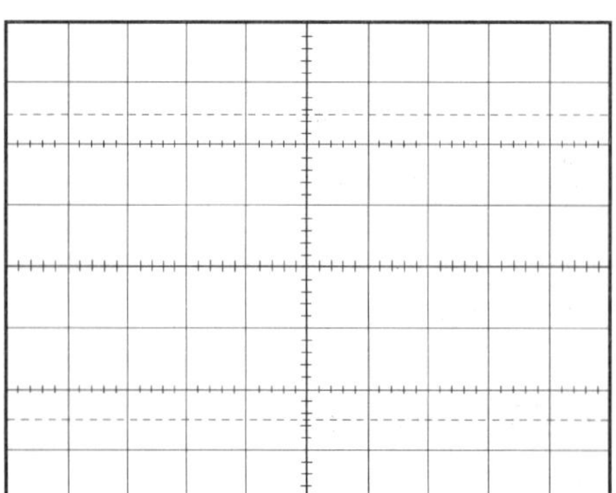

| 구분 | [VOLTS/DIV] | [TIME/DIV] |
|---|---|---|
| | 계산과정 | 계산과정 |
| | 전압($V_{p-p}$) | 주파수(Hz) |
| CH1 | | |
| | | |
| | | |
| CH2 | | |
| | | |
| | | |

4) 그림 5.13(d)의 회로를 구성하고 입력과 출력을 측정하여 기록하라(2주기).

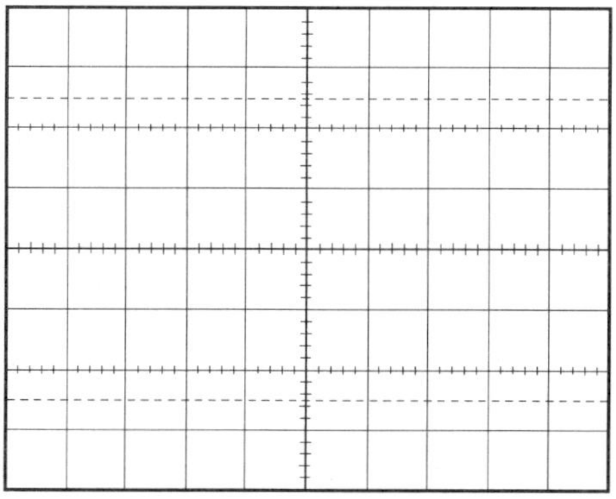

| 구분 | [VOLTS/DIV] | [TIME/DIV] |
|---|---|---|
| | 계산과정 | 계산과정 |
| | 전압($V_{p-p}$) | 주파수(Hz) |
| CH1 | | |
| | | |
| | | |
| CH2 | | |
| | | |
| | | |

5) 그림 5.13(e)의 회로를 구성하고 입력과 출력을 측정하여 기록하라(2주기).

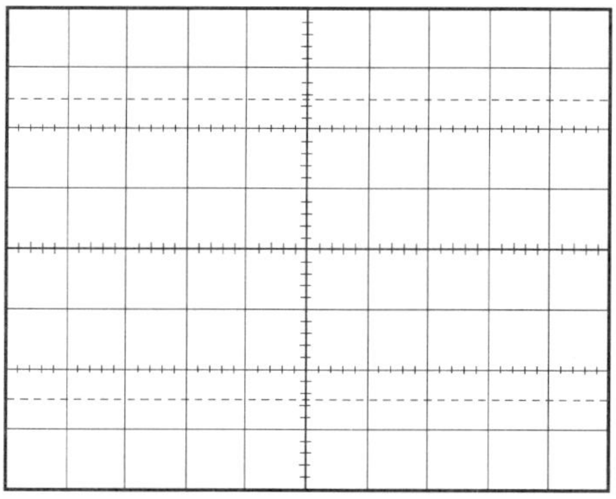

| 구분 | [VOLTS/DIV] | [TIME/DIV] |
|---|---|---|
| | 계산과정 | 계산과정 |
| | 전압($V_{p-p}$) | 주파수(Hz) |
| CH1 | | |
| | | |
| | | |
| CH2 | | |
| | | |
| | | |

## [실험결과 및 고찰]

<table>
<tr><td>실험제목</td><td colspan="5">실험 5. 클리핑 회로</td><td rowspan="2">평가</td><td>A+</td><td>A</td><td>B+</td><td>B</td><td>C+</td><td>C</td><td>D+</td><td>D</td><td>기타</td></tr>
<tr><td>소 속</td><td colspan="5">학과 학년 (주,야) 반</td><td></td><td></td><td></td><td></td><td></td><td></td><td></td><td></td><td></td></tr>
<tr><td>실험 조</td><td>조</td><td></td><td>인원</td><td></td><td>실험일자</td><td colspan="5">년 월 일 요일</td><td colspan="4">담당교수</td><td>확인<br>(인)</td></tr>
<tr><td>학 번</td><td colspan="3"></td><td rowspan="2">조원</td><td>학번</td><td colspan="3">①</td><td colspan="2">②</td><td colspan="4" rowspan="2"></td><td rowspan="2"></td></tr>
<tr><td>성 명</td><td colspan="3"></td><td>성명</td><td colspan="3">①</td><td colspan="2">②</td></tr>
</table>

5-1. 클리핑이란 무엇인가?

5-2. Positive 클리핑과 Negative 클리핑의 차이점은 무엇인가?

5-3. 직렬클리핑과 병렬 클리핑의 차이점은 무엇인가?

5-4. 바이어스 된 클리핑회로에서 출력파형의 진폭과 바이어스 전압과의 관계가 있는가?

5-5. 그림 5.10(a)의 입력과 출력에 대한 전달특성 곡선을 그려라.

5-6. 그림 5.12(a) 입력과 출력에 대한 전달특성 곡선을 그려라.

5-7. 실험을 한 후 배운점과 느낀점을 써라.

(1) 배운점

(2) 느낀점

# 실험 6.

# 슬라이서 회로

**1. 그림 5.14 회로를 구성하고 오실로스코프(DC모드)로 측정하라.**

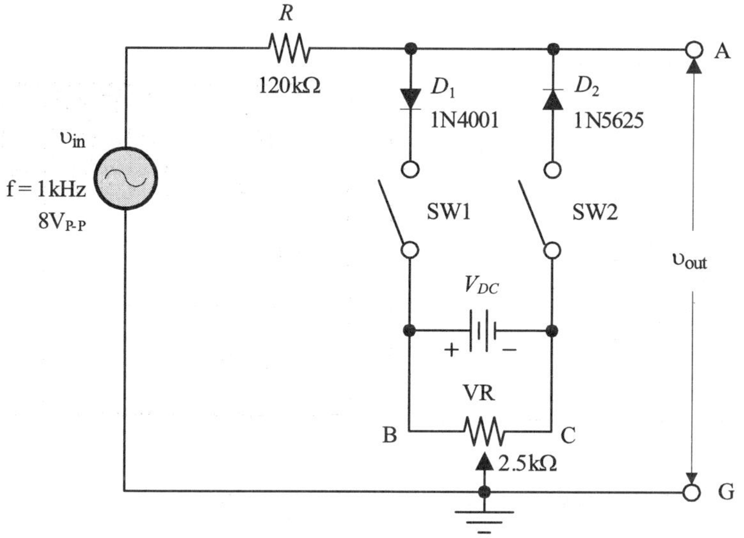


〈그림 5.14〉 슬라이서 회로

(1) 그림 5.14를 구성하여 가변저항(VR)이 점 G가 B와 C의 중앙에 오도록 조정($V_{BG} = V_{GC} = 1.5$V)한 후 다음을 측정하라.

1) SW1을 ON, SW2를 OFF 시켜 입력과 출력을 측정하라.

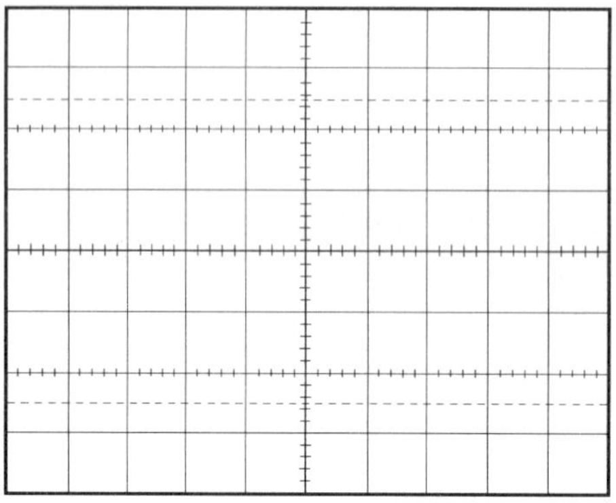

| 구분 | [VOLTS/DIV] | [TIME/DIV] |
|---|---|---|
| | 계산과정 | 계산과정 |
| | 전압($V_{p-p}$) | 주파수(Hz) |
| CH1 | | |
| | | |
| | | |
| CH2 | | |
| | | |
| | | |

2) SW1을 OFF, SW2를 ON 시킨 후 입력과 출력을 측정하라.

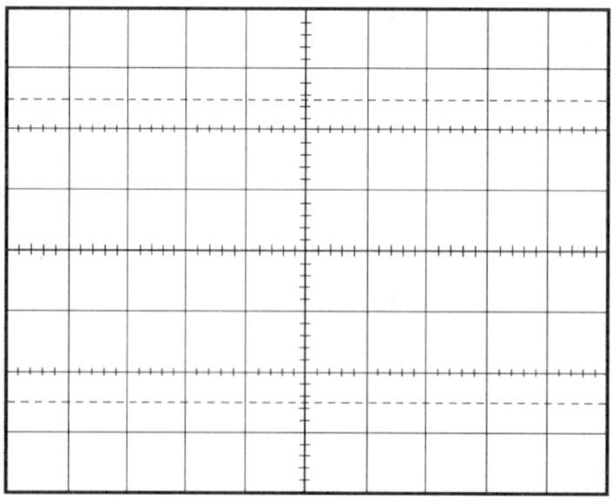

| 구분 | [VOLTS/DIV] | [TIME/DIV] |
|---|---|---|
| | 계산과정 | 계산과정 |
| | 전압($V_{p-p}$) | 주파수(Hz) |
| CH1 | | |
| | | |
| | | |
| CH2 | | |
| | | |
| | | |

3) SW1을 ON, SW2를 ON 시킨 후 입력과 출력을 측정하라.

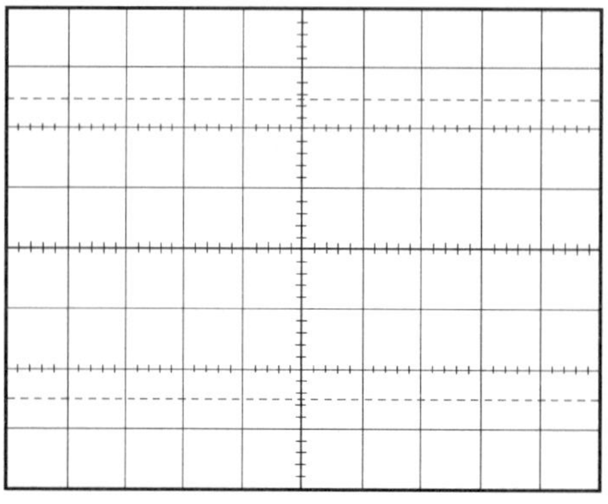

| 구분 | [VOLTS/DIV] | [TIME/DIV] |
|---|---|---|
| | 계산과정 | 계산과정 |
| | 전압($V_{p-p}$) | 주파수(Hz) |
| CH1 | | |
| | | |
| | | |
| CH2 | | |
| | | |
| | | |

(2) 그림 5.14에서 $V_{AA} = 6\text{V}$로 하고 다음을 측정하라.

1) SW1을 ON, SW2를 OFF 시켜 입력과 출력을 측정하라.

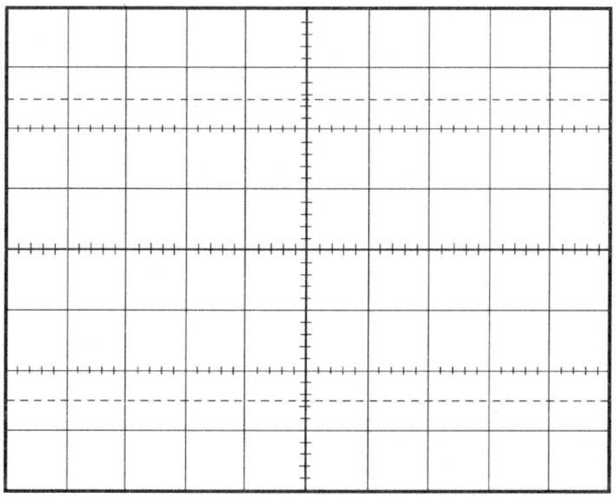

| 구분 | [VOLTS/DIV]<br>계산과정<br>전압($V_{p-p}$) | [TIME/DIV]<br>계산과정<br>주파수(Hz) |
|---|---|---|
| CH1 | | |
| | | |
| | | |
| CH2 | | |
| | | |
| | | |

2) SW1을 OFF, SW2를 ON 시킨 후 입력과 출력을 측정하라.

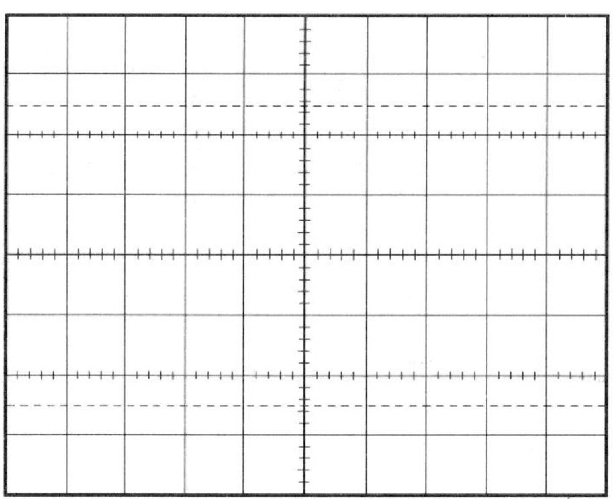

| 구분 | [VOLTS/DIV]<br>계산과정<br>전압($V_{p-p}$) | [TIME/DIV]<br>계산과정<br>주파수(Hz) |
|---|---|---|
| CH1 | | |
| | | |
| | | |
| CH2 | | |
| | | |
| | | |

3) SW1을 ON, SW2를 ON 시킨 후 입력과 출력을 측정하라.

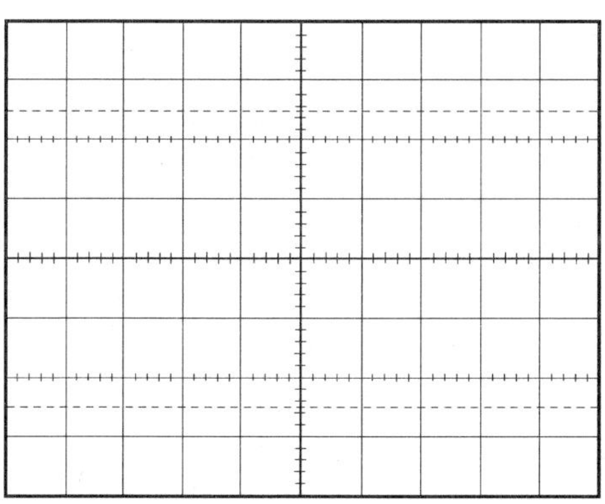

| 구분 | [VOLTS/DIV]<br>계산과정<br>전압($V_{p-p}$) | [TIME/DIV]<br>계산과정<br>주파수(Hz) |
|---|---|---|
| CH1 | | |
| | | |
| | | |
| CH2 | | |
| | | |
| | | |

(3) $V_{AA} = 3\text{V}$로 하고 가변저항을 조정하여 $V_{BG} = 1\text{V}$가 되게 하고 다음을 측정하라.

1) SW1을 ON, SW2를 OFF 시켜 입력과 출력을 측정하라.

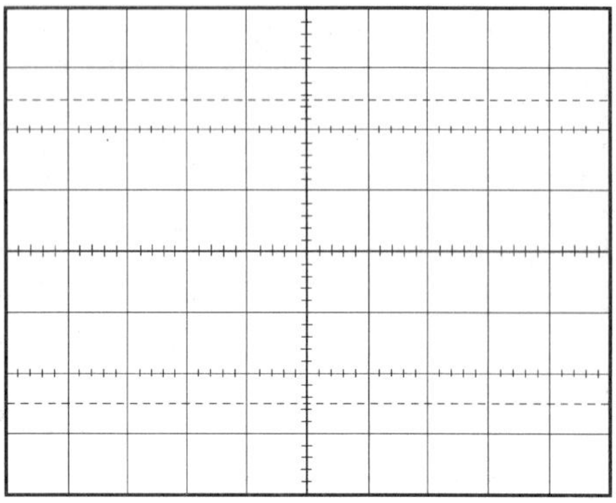

| 구분 | [VOLTS/DIV]<br>계산과정<br>전압($V_{p-p}$) | [TIME/DIV]<br>계산과정<br>주파수(Hz) |
|---|---|---|
| CH1 | | |
| | | |
| | | |
| CH2 | | |
| | | |
| | | |

2) SW1을 OFF, SW2를 ON 시킨 후 입력과 출력을 측정하라.

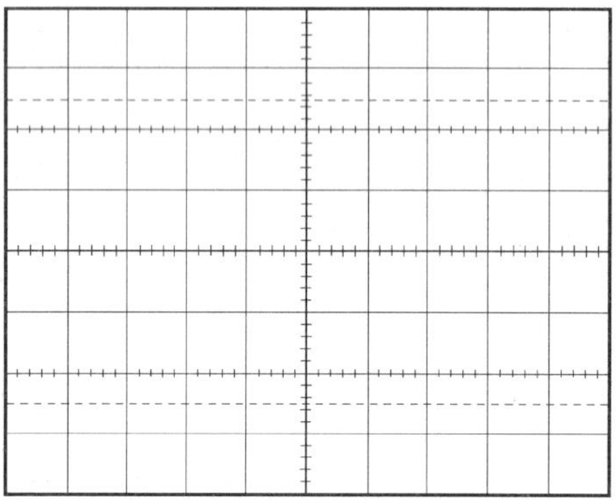

| 구분 | [VOLTS/DIV]<br>계산과정<br>전압($V_{p-p}$) | [TIME/DIV]<br>계산과정<br>주파수(Hz) |
|---|---|---|
| CH1 | | |
| | | |
| | | |
| CH2 | | |
| | | |
| | | |

3) SW1을 ON, SW2를 ON 시킨 후 입력과 출력을 측정하라.

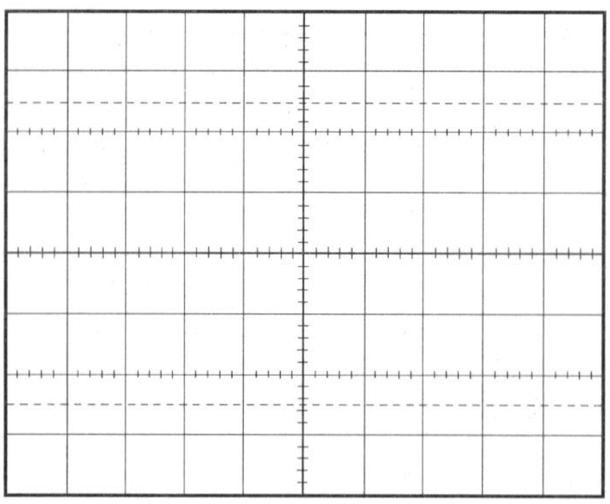

| 구분 | [VOLTS/DIV]<br>계산과정<br>전압($V_{p-p}$) | [TIME/DIV]<br>계산과정<br>주파수(Hz) |
|---|---|---|
| CH1 | | |
| | | |
| | | |
| CH2 | | |
| | | |
| | | |

(3) $V_{AA}=3$V로 하고 가변저항을 조정하여 $V_{BG}=2$V가 되게 하고 다음을 측정하라.

1) SW1을 ON, SW2를 OFF 시켜 입력과 출력을 측정하라.

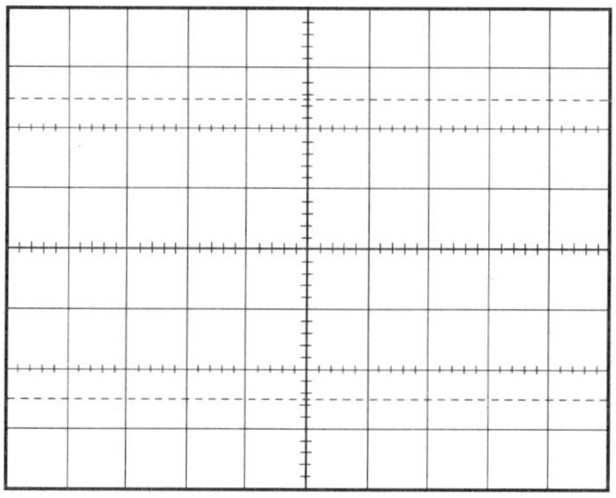

| 구분 | [VOLTS/DIV]<br>계산과정<br>전압($V_{p-p}$) | [TIME/DIV]<br>계산과정<br>주파수(Hz) |
|---|---|---|
| CH1 | | |
| | | |
| | | |
| CH2 | | |
| | | |
| | | |

2) SW1을 OFF, SW2를 ON 시킨 후 입력과 출력을 측정하라.

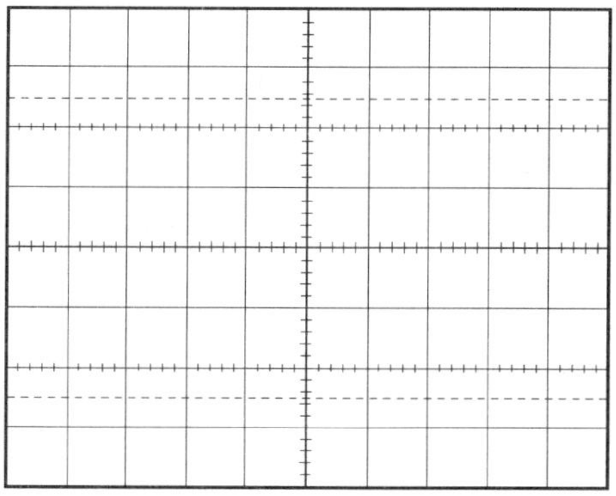

| 구분 | [VOLTS/DIV]<br>계산과정<br>전압($V_{p-p}$) | [TIME/DIV]<br>계산과정<br>주파수(Hz) |
|---|---|---|
| CH1 | | |
| | | |
| | | |
| CH2 | | |
| | | |
| | | |

3) SW1을 ON, SW2를 ON 시킨 후 입력과 출력을 측정하라.

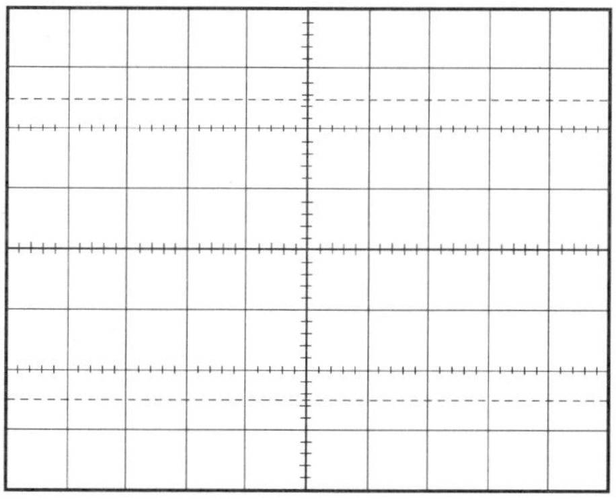

| 구분 | [VOLTS/DIV]<br>계산과정<br>전압($V_{p-p}$) | [TIME/DIV]<br>계산과정<br>주파수(Hz) |
|---|---|---|
| CH1 | | |
| | | |
| | | |
| CH2 | | |
| | | |
| | | |

**[실험결과 및 고찰]**

| 설계제목 | 설계 1. 슬라이서 | | | | 평가 | A+ | A | B+ | B | C+ | C | D+ | D | 기타 |
|---|---|---|---|---|---|---|---|---|---|---|---|---|---|---|
| 소 속 | 학과 학년 (주,야) 반 | | | | | | | | | | | | | |
| 실험 조 | 조 | | 인원 | | 실험일자 | 년 월 일 요일 | | | | | 담당교수 | | | 확인 (인) |
| 학 번 | | | | 조원 | 학번 | ① | | ② | | | | | | |
| 성 명 | | | | | 성명 | ① | | ② | | | | | | |

1. 클리핑이 무엇인지 설명하시오.

2. 입력에 정현파 인가 시 출력에 3V이상만 출력되게 회로를 설계하고 입력과 출력을 그려라.

(1) 설계회로

(2) 입력과 출력파형

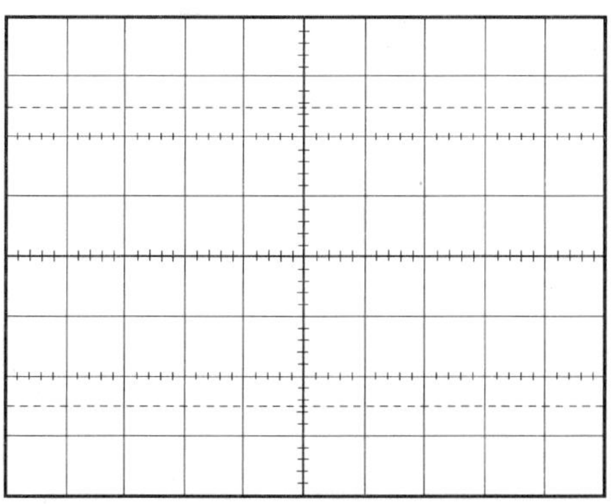

| 구분 | [VOLTS/DIV] | [TIME/DIV] |
|---|---|---|
| | 계산과정 | 계산과정 |
| | 전압($V_{p-p}$) | 주파수(Hz) |
| CH1 | | |
| | | |
| | | |
| CH2 | | |
| | | |
| | | |

3. 입력에 정현파 인가 시 출력에 -3V이상만 출력되게 회로를 설계하고 입력과 출력를 그려라.

(1) 설계회로

(2) 입력과 출력파형

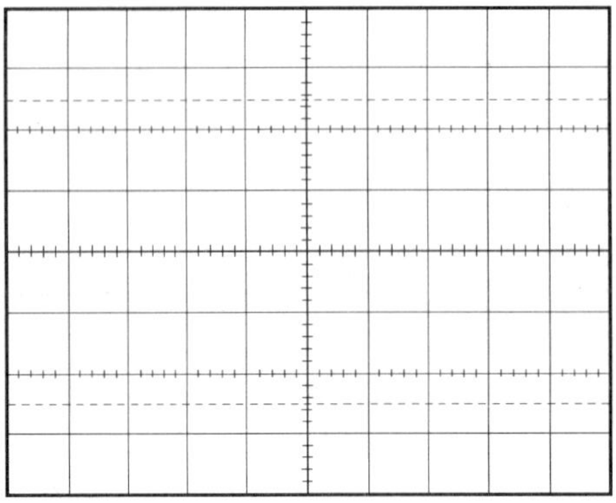

| 구분 | [VOLTS/DIV] | [TIME/DIV] |
|---|---|---|
| | 계산과정 | 계산과정 |
| | 전압($V_{p-p}$) | 주파수(Hz) |
| CH1 | | |
| | | |
| | | |
| CH2 | | |
| | | |
| | | |

4. 정현파 인가 시 -3V에서 3V까지만 출력되게 회로를 설계하고 입력과 출력을 그려라.

(1) 설계회로

(2) 입력과 출력파형

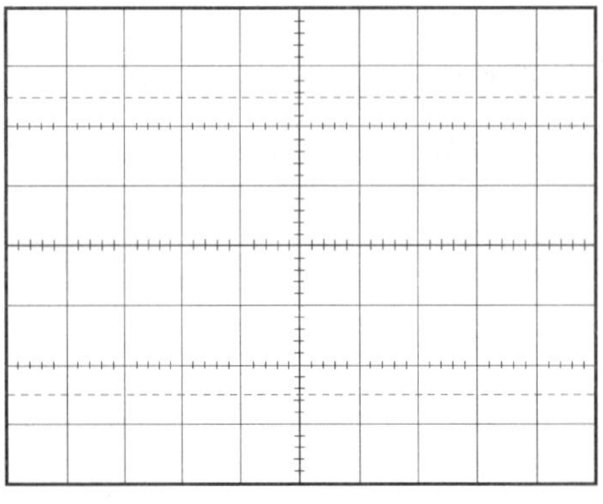

| 구분 | [VOLTS/DIV] | [TIME/DIV] |
|---|---|---|
| | 계산과정 | 계산과정 |
| | 전압($V_{p-p}$) | 주파수(Hz) |
| CH1 | | |
| | | |
| | | |
| CH2 | | |
| | | |
| | | |

# 3. 클램핑 회로

피크정류기의 기본회로에서 출력을 커패시터 양단에서가 아니라 다이오드 양단에서 취하면 직류 복원기(DC restorer)라 불리는 회로가 된다. 이 회로에 구형파가 인가된 것을 그림 5.15에 나타냈다.

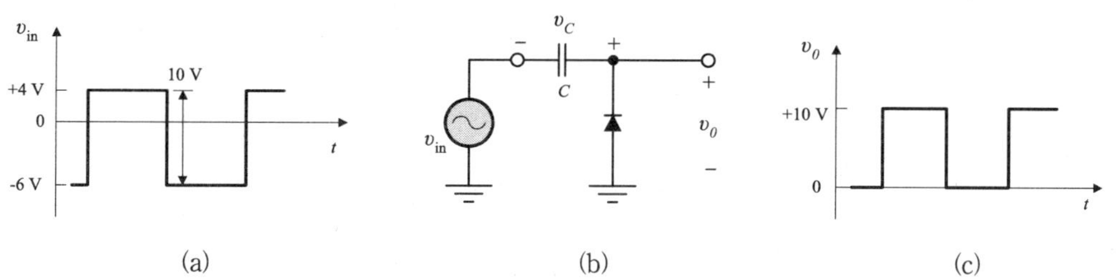


〈그림 5.15〉 부하가 없는 클램프회로

다이오드의 극성 때문에 커패시터는 입력신호의 "-" 최대 피크값과 같은 $v_c$ 전압으로 충전된다. 그 다음에 다이오드는 차단되고 커패시터는 그 값을 유지한다. 예를 들어 입력 구형파가 -6V와 +4V의 레벨을 갖는다면 $v_c$는 6V가 된다. 출력전압은 다음과 같다.

$$v_o = v_{in} + v_c$$

출력파형은 $v_c$만큼 위로 이동된 것을 제외하고는 입력파형과 동일한 것이다. 따라서 출력은 0V와 +10V의 레벨을 갖는 구형파가 된다.

그림 5.15 회로의 동작을 설명하는 또 다른 방법은 다이오드가 그림과 같은 극성으로 출력단 사이에 접속되어 있기 때문에 출력전압이 0V이하로 내려가는 것을 방지한다. 그 이유는 다이오드가 도통되면 커패시터가 충전되어 출력을 0V로 상승시키기 때문이다. 그러나 이 회로는 $v_o$의 "+"진폭은 제한하지 않는다. 따라서 출력파형은 0V에 클램프 되는 최저 피크값을 가진다. 이 때문에 이 회로를 클램프 된 커패시터(clamped capacitor)라고 부른다. 다이오드의 극성을 바꾸면 최고 피크값이 0V에 클램프 되는 출력파형을 얻게 될 것이다. 어느 경우이든 출력파형은 0이 아닌 유한한 평균값 또는 직류성분을 가진다. 이 직류성분은 입력파형의 평균값과는 전혀 무관하다는 점에 유의하라.

그림 5.16에 클램프회로의 다이오드 양단에 부하저항($R$)이 연결되면 출력전압이 접지보

다 높은 동안에는 직류전류가 주로 $R$을 통해 흐른다. 이 때 다이오드는 차단상태이므로 이 전류는 분명히 커패시터로부터 올 것이다. 따라서 이 전류는 커패시터를 방전시키고 출력 전압을 떨어뜨릴 것이다. 입력에 구형파가 인가된 경우의 예는 그림 5.16에 나타내었다.

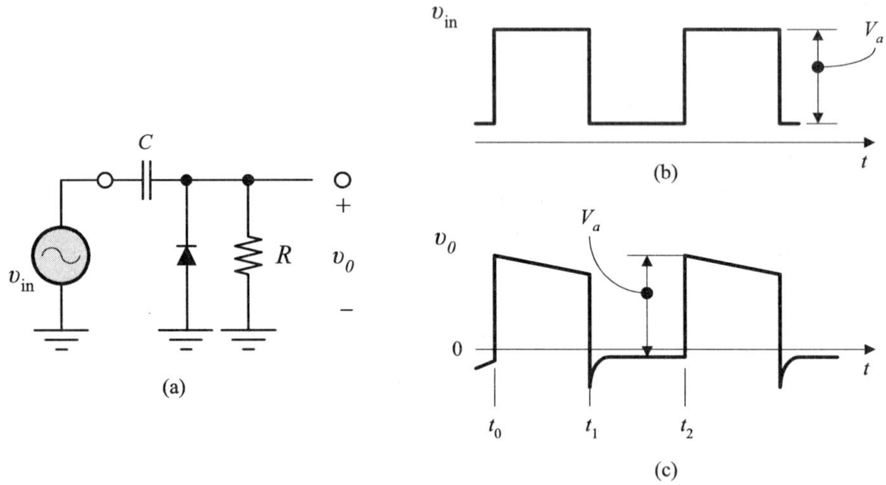


〈그림 5.16〉 부하저항이 있는 클램프 회로

그림 5.16으로부터 다음 사항을 알 수 있다.

① $t_0 \sim t_1$ 까지의 기간 동안 출력전압은 $RC$의 시정수로 지속적으로 감소한다.
② $t_1$에서 입력이 $V_a$ 볼트만큼 감소하면 출력도 따라서 그만큼 감소한다. 그 결과 다이오드는 강하게 도통하게 되고 커패시터는 빠르게 충전하게 된다.
③ $t_1 \sim t_2$ 까지의 기간 끝에는 출력전압이 "−" 10분의 몇 볼트(예, -0.5V)가 될 것이다.
④ 그 다음에 $t_2$에서 입력이 $V_a$볼트만큼 올라가면 출력도 따라 올라간다. 그리고 주기가 반복된다.
⑤ 정상상태에서는 $t_0 \sim t_1$ 까지의 기간 동안에 커패시터에서 방전한 전하가 $t_1 \sim t_2$ 까지의 기간 동안 회복된다.

입력신호에 의해서 정해지는 한주기 동안에 콘덴서 양단의 전압이 피크치로 일정하게 유지될 수 있도록 시정수 $\tau = RC$가 충분히 커야 한다. 즉 $R$과 $C$값은 출력파형에 영향을 주므로 입력신호의 주기보다 훨씬 더 크게 택해야 한다. 예를 들어 그림 5.17의 클램핑 회로의 동작을 살펴보면 다음과 같다.

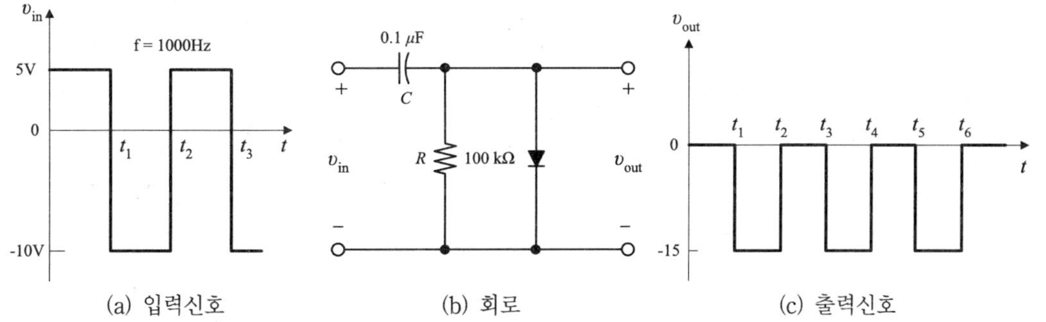


〈그림 5.17〉 클램핑 회로의 예

입력이 +5V 상태로 전환되는 순간에 회로는 그림 5.18(a)와 같이 표현된다.

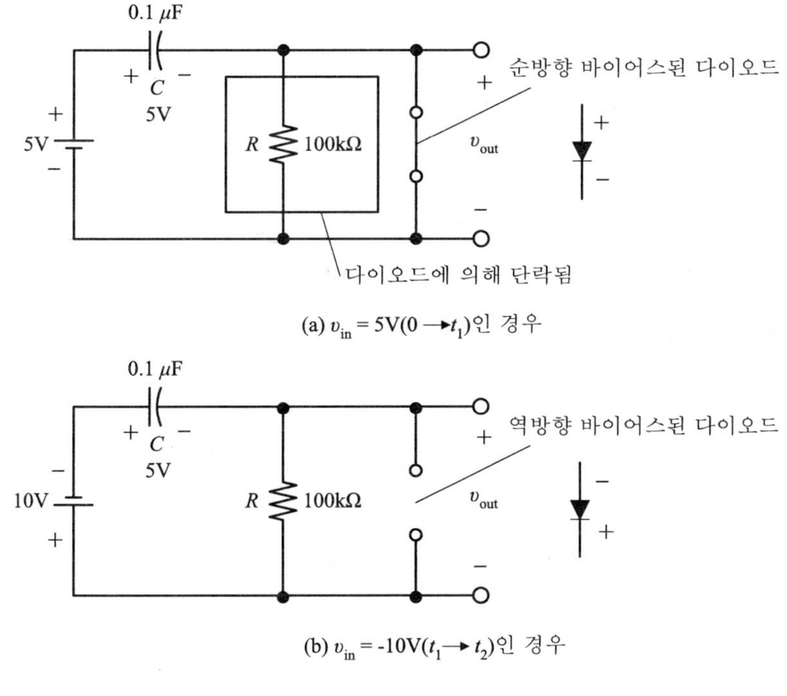


〈그림 5.18〉 클램핑 회로의 동작

입력파형의 반주기 동안 즉, 0~$t_1$시간동안 입력은 =5V로 유지하고 있다. 입력 $v_{in}$의 주기는 $T = 1/f = 1/1000 = 1\text{ms}$ 이고 +5V 상태의 시간은 $T/2$=0.5ms이다. 출력다이오드 양단에서 직접적으로 얻어지므로 0~$t_1$시간동안에 0V가 된다. 그림 5.18(a) 회로의 시정수는 $\tau = RC \approx 0 \cdot C = 0$이므로 콘덴서는 급속히 5V로 충전한다. 입력이 -10V로 전환되면 클램핑 회로는 그림 5.17(b)와 같이 표현된다.

그림 5.18(b) 회로의 시정수는 $\tau = (100 \times 10^3) \cdot (0.1 \times 10^{-6}) = 10\text{ms}$ 가 된다. 콘덴서 $C$가 방전하는 데는 약 $5\tau = 50\text{ms}$가 걸리므로 $t_1 \sim t_2$시간동안에 콘덴서 양단의 전압은 별로 감소되지 않는다. 따라서 출력전압은 $v_{out} = -10 - 5 = -15\text{V}$가 되고 결과적인 출력파형 $v_{out}$는 그림 5.17(c)와 같이 된다. 그림 5.17(c)에서 출력은 0V에 클램핑 되고 입력신호와 같은 주파수로 반복된다. 모든 클램핑 회로에서 입력과 출력파형의 스윙(swing)전압은 똑 같음을 주목하라.

만약 저항 $R$의 100kΩ을 1kΩ으로 대치한다면 시정수 $\tau = RC = (10^3)(0.1 \times 10^{-4}) = 0.1$ ms이고 콘덴서 방전시간은 $5\tau = 0.5\text{ms}$가 되어 입력신호의 반주기 시간인 0.5ms와 같아지므로 출력파형은 그림 5.19와 같이 크게 찌그러지게 된다.

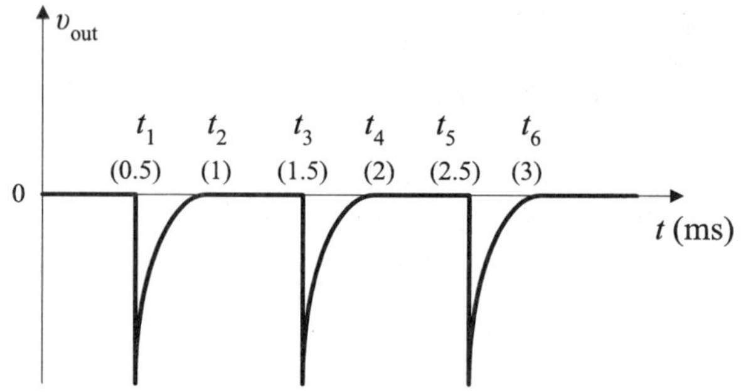


〈그림 5.19〉 시정수가 작을 때의 출력파형

클램핑 회로의 여러 가지의 예를 그림 5.20에 나타내었다. 여기서 $5\tau = 5RC \gg T/2$인 경우로 가정한 경우이다.

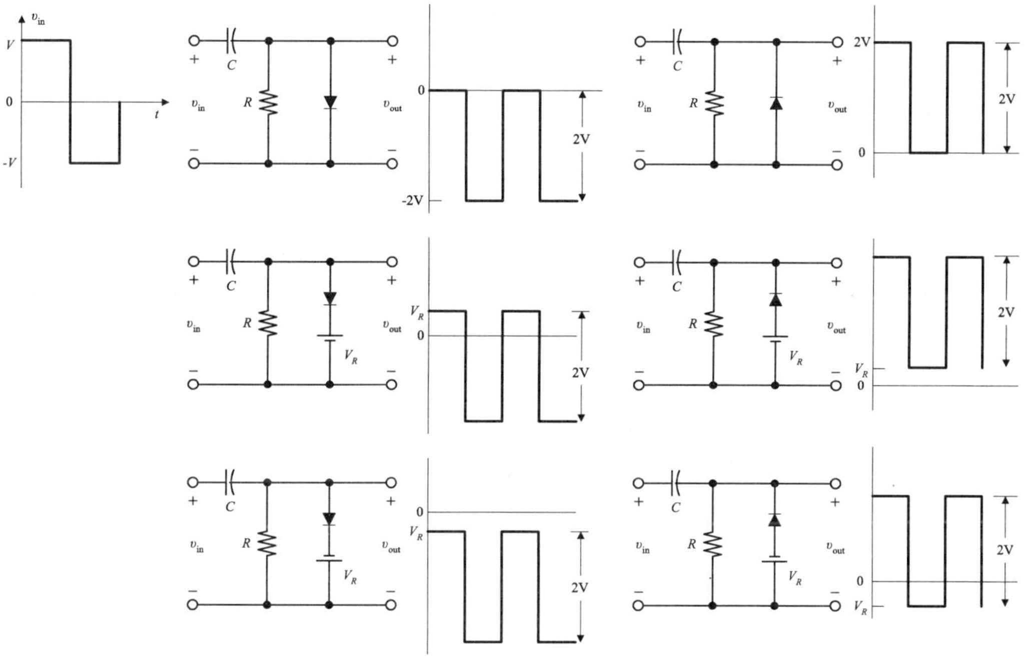


〈그림 5.20〉 클램핑 회로($5\tau = 5RC \gg T/2$)

# 실험 7.

# 클램핑 회로

**1. 그림 5.21의 회로를 구성하고 다음을 측정하시오.**

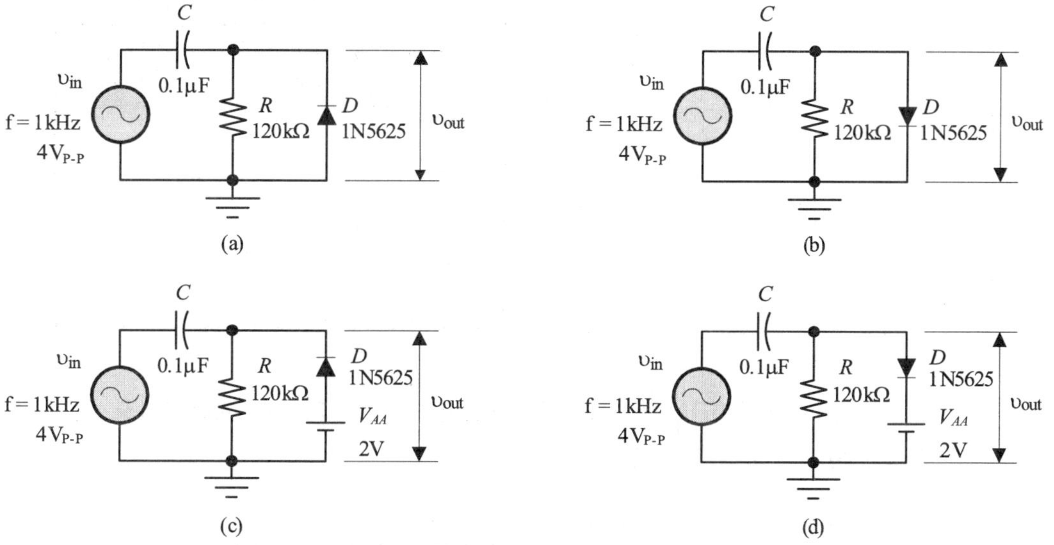


〈그림 5.21〉 클램핑 회로

(1) 그림 5.21(a)의 회로를 구성하고 입력과 출력을 측정(2주기)하여 기록하라.

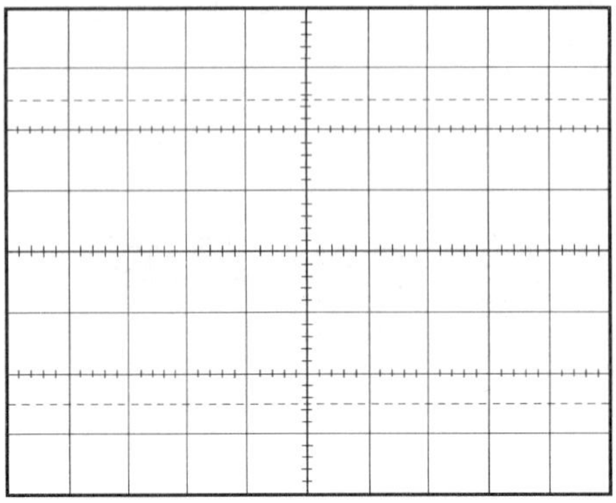

| 구분 | [VOLTS/DIV]<br>계산과정<br>전압($V_{p-p}$) | [TIME/DIV]<br>계산과정<br>주파수(Hz) |
|---|---|---|
| CH1 | | |
| | | |
| | | |
| CH2 | | |
| | | |
| | | |

(2) 그림 5.21(b)의 회로를 구성하고 입력과 출력을 측정(2주기)하여 기록하라.

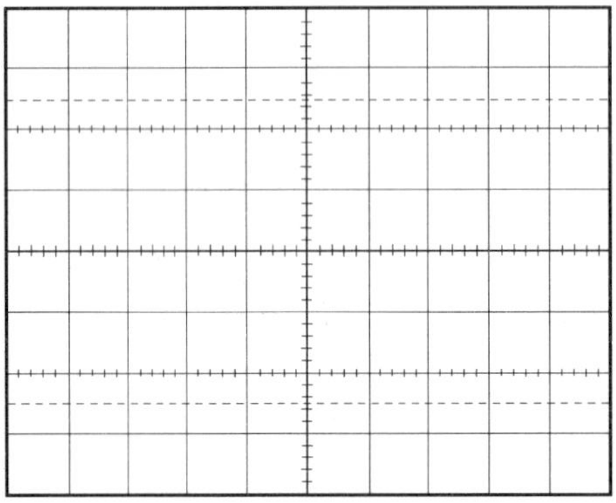

| 구분 | [VOLTS/DIV]<br>계산과정<br>전압($V_{p-p}$) | [TIME/DIV]<br>계산과정<br>주파수(Hz) |
|---|---|---|
| CH1 | | |
| | | |
| | | |
| CH2 | | |
| | | |
| | | |

(3) 그림 5.21(c)의 회로를 구성하고 다음을 오실로스코프(2주기)로 측정하시오.

1) 입력과 출력을 측정하여 기록하라.

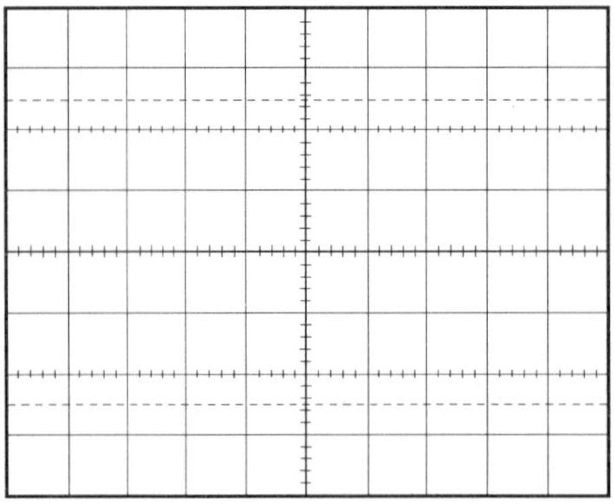

| 구분 | [VOLTS/DIV]<br>계산과정<br>전압($V_{p-p}$) | [TIME/DIV]<br>계산과정<br>주파수(Hz) |
|---|---|---|
| CH1 | | |
| | | |
| | | |
| CH2 | | |
| | | |
| | | |

2) $V_{AA}$ 값을 0V에서 4V까지 서서히 변화시키면서 출력파형의 DC 레벨의 변화를 설명하라.

(4) 그림 5.21(d)의 회로를 구성하고 다음을 오실로스코프(2주기)로 측정하라.

1) 입력과 출력을 측정하여 기록하라.

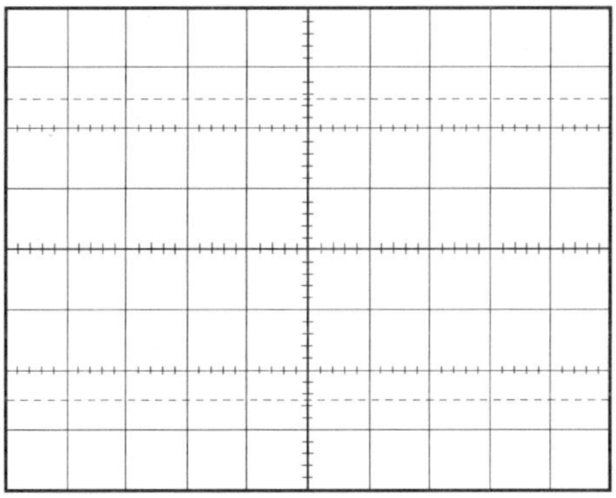

| 구분 | [VOLTS/DIV] | [TIME/DIV] |
|---|---|---|
| | 계산과정 | 계산과정 |
| | 전압($V_{p-p}$) | 주파수(Hz) |
| CH1 | | |
| | | |
| | | |
| CH2 | | |
| | | |
| | | |

2) $V_{AA}$ 값을 0V에서 4V까지 서서히 변화시키면서 출력파형의 DC 레벨의 변화를 설명하라.

**2. 그림 5.21의 회로에서 입력신호의 주파수를 1kHz에서 100kHz로 변화시킨 후 다음을 측정하시오.**

(1) 그림 5.21(a)의 회로를 구성하고 입력과 출력을 측정(2주기)하여 기록하라.

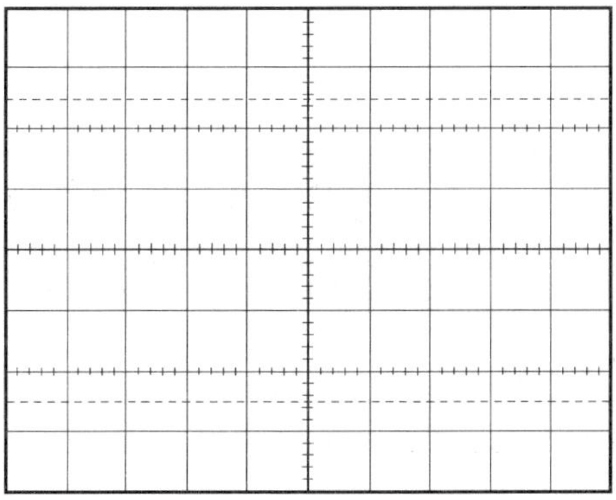

| 구분 | [VOLTS/DIV] | [TIME/DIV] |
|---|---|---|
| | 계산과정 | 계산과정 |
| | 전압($V_{p-p}$) | 주파수(Hz) |
| CH1 | | |
| | | |
| | | |
| CH2 | | |
| | | |
| | | |

(2) 그림 5.21(b)의 회로를 구성하고 입력과 출력을 측정(2주기)하여 기록하라.

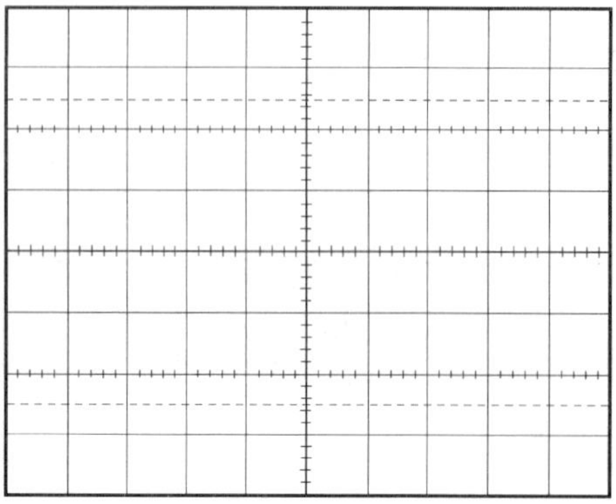

| 구분 | [VOLTS/DIV] | [TIME/DIV] |
|---|---|---|
| | 계산과정 | 계산과정 |
| | 전압($V_{p-p}$) | 주파수(Hz) |
| CH1 | | |
| | | |
| | | |
| CH2 | | |
| | | |
| | | |

(3) 그림 5.21(c)의 회로를 구성하고 다음을 오실로스코프(2주기)로 측정하시오.

1) 입력과 출력을 측정하여 기록하라.

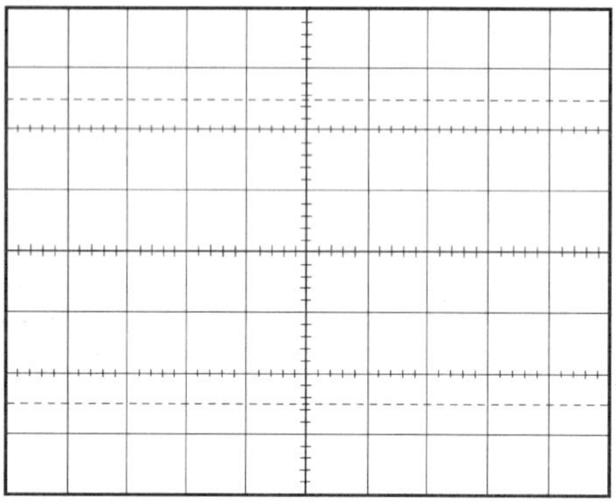

| 구분 | [VOLTS/DIV] | [TIME/DIV] |
|---|---|---|
| | 계산과정 | 계산과정 |
| | 전압($V_{p-p}$) | 주파수(Hz) |
| CH1 | | |
| | | |
| | | |
| CH2 | | |
| | | |
| | | |

(4) 그림 5.21(d)의 회로를 구성하고 다음을 오실로스코프(2주기)로 측정하라.

1) 입력과 출력을 측정하여 기록하라.

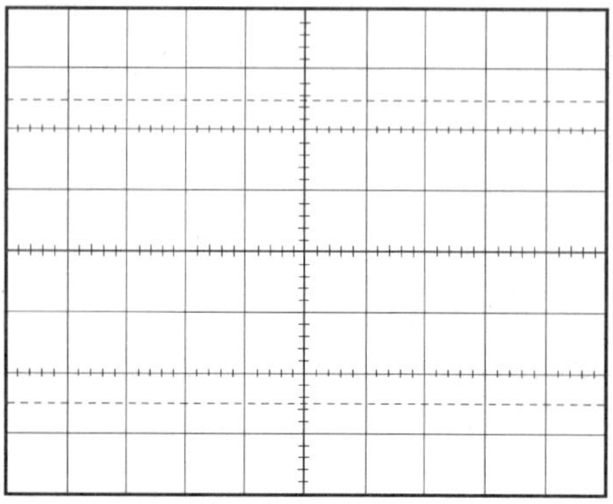

| 구분 | [VOLTS/DIV] | [TIME/DIV] |
|---|---|---|
| | 계산과정 | 계산과정 |
| | 전압($V_{p-p}$) | 주파수(Hz) |
| CH1 | | |
| | | |
| | | |
| CH2 | | |
| | | |
| | | |

## [실험결과 및 고찰]

<table>
<tr><td>실험제목</td><td colspan="5">실험 7. 클램핑 회로</td><td rowspan="2">평가</td><td>A+</td><td>A</td><td>B+</td><td>B</td><td>C+</td><td>C</td><td>D+</td><td>D</td><td>기타</td></tr>
<tr><td>소 속</td><td colspan="5">학과 학년 (주,야) 반</td><td></td><td></td><td></td><td></td><td></td><td></td><td></td><td></td><td></td></tr>
<tr><td>실험 조</td><td>조</td><td></td><td>인원</td><td></td><td>실험일자</td><td colspan="7">년 월 일 요일</td><td colspan="2">담당교수</td><td>확인(인)</td></tr>
<tr><td>학 번</td><td colspan="3"></td><td rowspan="2">조원</td><td>학번</td><td colspan="4">①</td><td colspan="3">②</td><td colspan="2" rowspan="2"></td><td rowspan="2"></td></tr>
<tr><td>성 명</td><td colspan="3"></td><td>성명</td><td colspan="4">①</td><td colspan="3">②</td></tr>
</table>

7-1. 클램핑 회로란 무엇인가?

7-2. 클리핑 회로와 클램핑 회로의 차이점을 설명하라.

7-3. 그림 5.21에서 다이오드가 ON상태에서 충전시정수는 얼마인가? 단 다이오드의 순방향 저항은 100Ω으로 가정한다.

7-4. 그림 5.21에서 다이오드가 OFF 상태에서 방전시정수는 얼마인가?

7-5. 주파수가 $f = 1\text{kHz}$, $f = 100\text{kHz}$의 입력신호의 주기 $T$를 각각 계산하고 앞에서 구한 방전 시정수와 비교하라.

7-6. 클램핑 회로 실험에서 입력신호의 주파수가 1kHz일 때와 100kHz일 때와의 출력파형은 어떤 차이점이 있는지 설명하라.

7-7. 실험을 한 후 배운점과 느낀점을 써라.

(1) 배운점

(2) 느낀점

# 6장 배전압회로와 필터

## 1. 배전압회로

배전압 정류회로는 변압기 2차측 피크전압의 2배를 부하에 공급할 수 있는 정류회로를 말한다. 또한 피크 출력전압을 피크 정류전압의 2배, 3배, 4배 그 이상으로 상승시킬 수 있는 전압체배회로가 있으며 입력전력에 대해 비교적 높은 전압을 얻고자 할 경우나 변압기를 사용하지 않고 사용전원에서 그 이상의 전압을 얻고자 할 경우에 이용된다. 그림 6.1은 배전압 회로 반파 배전압 회로를 나타낸 것이다.

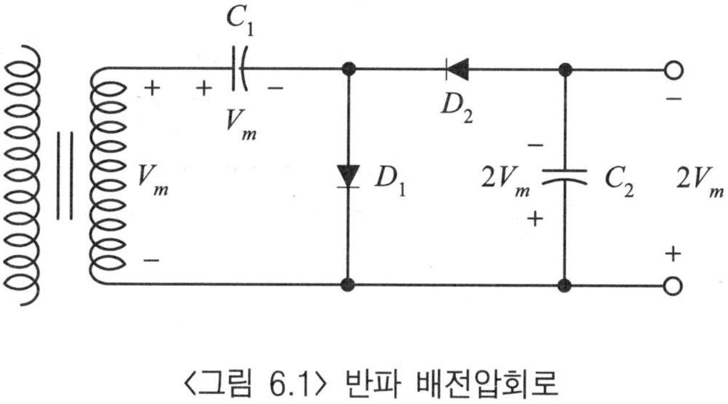


〈그림 6.1〉 반파 배전압회로

변압기의 2차측 전압의 "+" 반주기 동안에는 다이오드 $D_1$은 도통되고 다이오드 $D_2$는 차단되어 콘덴서 $C_1$은 피크 정류전압($V_m$)치 까지 충전된다. "-" 반주기 동안에는 다이오드 $D_1$은 차단되고 다이오드 $D_2$는 도통되어 콘덴서 $C_2$를 충전한다. "-" 반주기 동안에는 다이오드가 단락회로로 동작하므로 그림 6.2(b)에서와 같이 바깥쪽 루프에 대한 전압의 합은 다음과 같은 식으로 쓸 수 있다.

$$-V_{C_2}+V_{C_1}+V_m=0$$
$$V_{C_2}-V_m-V_m=0$$
$$V_{C_2}=2V_m$$

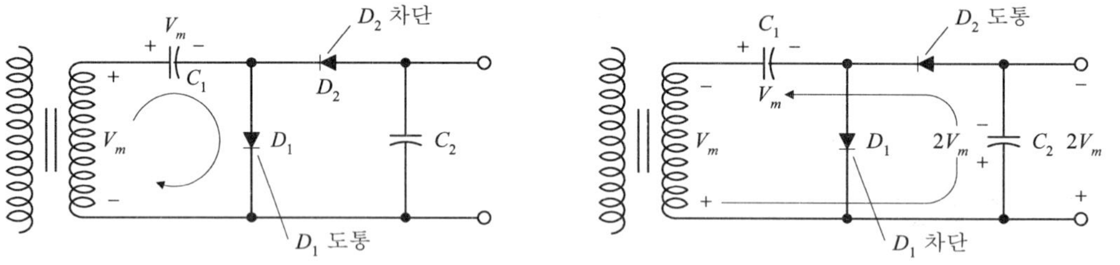


(a) "+" 반주기 (b) "–" 반주기

〈그림 6.2〉 배전압회로 동작

다음에 오는 "+" 반주기 동안에 다이오드 $D_2$는 차단되고 콘덴서 $C_2$는 부하를 통하여 방전하게 된다. 만약 $C_2$양단에 부하가 연결되어 있지 않다면 두 콘덴서는 각각 $C_1$은 $V_m$으로 $C_2$는 $2V_m$으로 충전된 채로 남아있게 된다. 예상되는 바와 같이 배전압회로의 출력에 부하가 연결되어 있다면 콘덴서 $C_2$양단간의 전압은 입력의 "+" 반주기 동안에는 떨어지고 "–" 반주기 동안에는 콘덴서는 다시 충전된다. 콘덴서 $C_2$양단간의 출력파형을 커패시터 필터에 의해서 필터 되는 반파신호의 파형이다. 각 다이오드의 PIV는 $2V_m$이다.

그림 6.3(a)는 전파 배전압회로 이다. 그림 6.3(b)에서와 같이 변압기 2차측 전압의 "+"반주기 동안 다이오드 $D_1$은 도통되어 콘덴서 $C_1$을 피크전압 $V_m$으로 충전한다. 이때에 다이오드 $D_2$는 차단되어 있다.

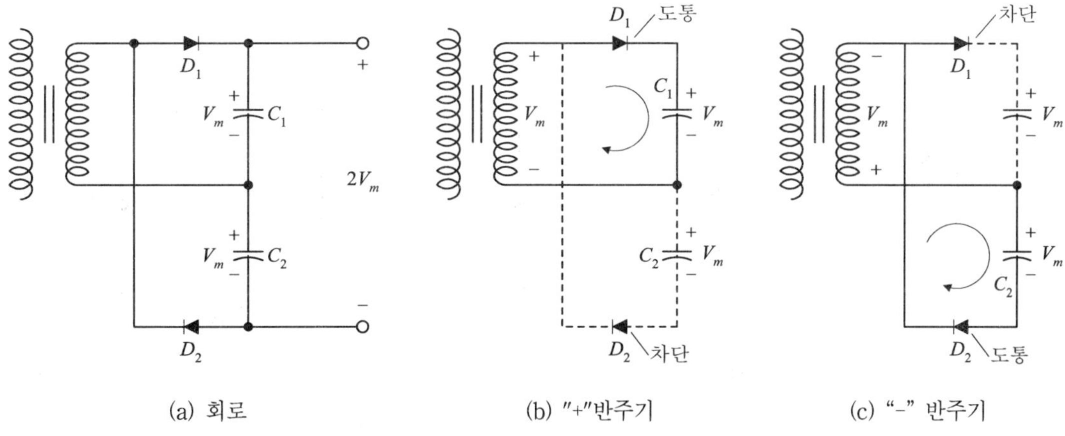


〈그림 6.3〉 전파 배전압회로와 동작원리

"−" 반주기 동안에는 그림 6.3(c)에서와 같이 다이오드 $D_1$은 차단되는 반면에 다이오드 $D_2$는 도통되어 콘덴서 $C_2$를 충전시킨다. 만약 이 회로에 부하전류가 흐르지 않는다면 콘덴서 $C_1$과 $C_2$양단의 전압은 $2V_m$이 된다. 만약, 이 회로에 부하전류가 흐른다면 콘덴서 $C_1$과 $C_2$양단의 전압은 전파정류회로에 의해서 공급되는 필터 콘덴서 양단의 전압과 같다. 직렬로 연결되어 있는 콘덴서 $C_1$과 $C_2$의 실효용량치는 콘덴서 $C_1$이나 $C_2$의 개개의 용량치보다 더 작아진다. 이 낮아진 콘덴서는 단일 커패시터 필터회로보다 더 나쁜 필터작용을 나타낸다. 각 다이오드 양단의 PIV는 $2V_m$이다. 따라서 반파 및 전파 배전압회로는 중간 탭이 있는 트랜스포머를 필요로 하지 않고서 변압기 2차측의 피크전압의 2배를 제공하며 각 다이오드의 PIV 정격은 $2V_m$이다.

또한 피크 입력전압의 3배, 4배를 발생시키는 반파 배전압회로의 확장된 회로를 그림 6.4에 나타내었다.

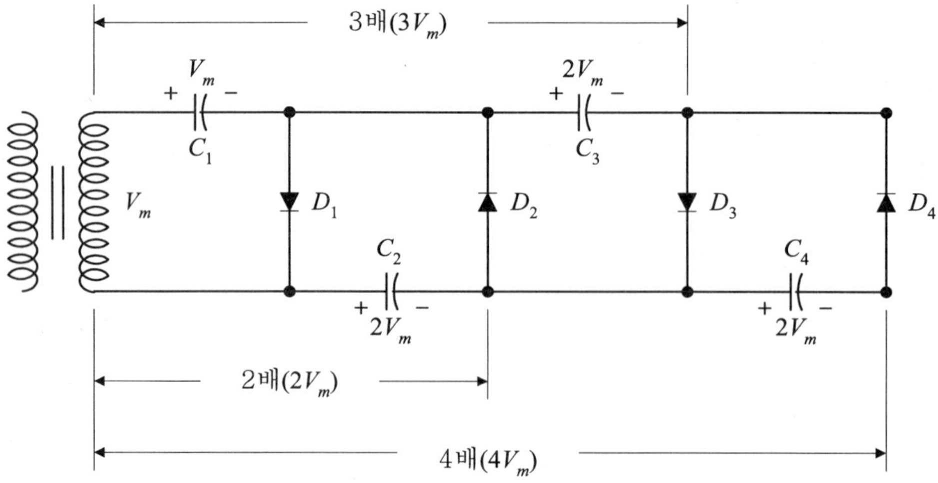


〈그림 6.4〉 반파 3배, 4배 전압회로

회로동작을 보면 변압기의 2차측 전압의 "+" 반주기 동안에 다이오드 $D_1$이 도통되어 콘덴서 $C_1$은 피크 전압 $V_m$으로 충전한다. "-" 반주기 동안은 다이오드 $D_2$가 도통되어 콘덴서 $C_2$는 콘덴서 $C_1$ 양단의 전압과의 합인 $2V_m$으로 충전된다. 다음에 오는 "-" 반주기 동안에는 다이오드가 도통되고 콘덴서 $C_2$의 양단전압은 콘덴서 $C_3$를 같은 $2V_m$ 피크전압으로 충전시킨다. "-" 반주기 동안에 다이오드 $D_2$와 $D_4$는 콘덴서 $C_3$와 함께 도통되어 콘덴서 $C_4$를 $2V_m$이 되고 콘덴서 $C_1$과 $C_3$ 양단의 전압은 $3V_m$이 되며, 콘덴서 $C_2$와 $C_4$의 양단의 전압은 $4V_m$이 된다. 이 회로에서 콘덴서 $C_1$을 제외한 다른 콘덴서는 $2V_m$으로 충전되어 있음을 알 수 있다.

또한 이 회로의 각 다이오드의 PIV는 $2V_m$이 된다. 만일 부하가 작고 콘덴서의 누설전류가 적다면 이런 형의 회로를 이용하여 매우 높은 전압을 발생시킬 수 있다.

## 2. 필터회로

반파 또는 전파정류기로부터 정류출력은 맥류이기 때문에 적당한 방법으로 평활화하지 않으면 전원으로 쓸 수 없다. 이 목적으로 사용하는 회로를 평활회로(smoothing circuit) 또는 필터(filter)라고 한다.

맥류(pulsating DC)는 DC 성분과 기본파 그리고 많은 고조파 성분으로 구성되어 있다.

그중에서 AC성분을 제거하고 DC 성분만을 선택하는 것이 곧 평활회로의 역할이다. 필터에는 커패시터필터, RC필터, choke 필터, LC 필터, $\pi$필터 등이 있다. 각 필터의 전력은 DC 값과 소량의 AC 변동 또는 리플(ripple)를 포함하고 있다.

그러므로 필터회로의 출력전압에서 리플계수(ripple factor ; $\gamma$)를 정의하면 다음과 같다.

$$\gamma = \frac{\text{리플전압}(\mathrm{rms})}{DC\text{전압}} = \frac{V_r(\mathrm{rms})}{V_{DC}}$$

또한 리플의 백분율은 다음과 같이 정의한다.

$$\%\ \gamma = \frac{V_r(\mathrm{rms})}{V_{DC}} \times 100$$

전압원에서 또 하나의 중요한 계수는 회로동작 범위 내에서 출력 DC 전압의 변화량이다. 이 전압의 변화는 전압 변동률(voltage regulation : V.R)이라고 부르는 계수에 의해서 기술되는데 다음과 같이 정의된다.

$$\text{전압변동률} = \frac{\text{무부하에서의 전압} - \text{전부하에서의 전압}}{\text{전부하에서의 전압}}$$

$$V.R = \frac{V_{NL} - V_{FL}}{V_{FL}}$$

또한 전압변동률의 백분율은 다음과 같다.

$$\%\ V.R = \frac{V_{NL} - V_{FL}}{V_{FL}} \times 100$$

### (1) 커패시터 필터

일반적인 필터회로는 그림 6-5(a)에서와 같은 간단한 커패시터 필터회로이다. 콘덴서는 정류기 출력 양단에 접속되어 있고, DC 출력전압은 콘덴서 양단에서 나타난다.

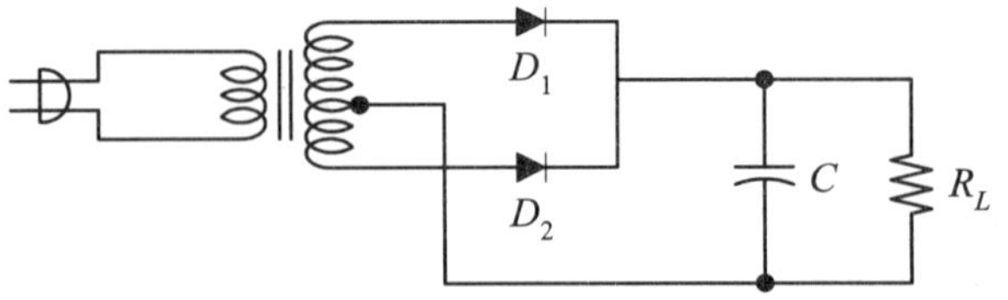


(a) 커패시터 필터회로

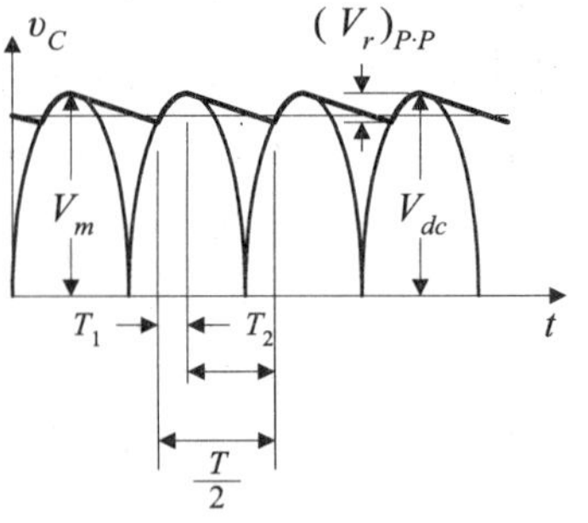


(b) 출력전압 파형

〈그림 6.5〉 커패시터 필터

그림 6.5(a)는 전파정류기의 커패시터 필터회로이며 그림 6.5(b)는 필터 된 전압이 DC레벨위의 작은 리플전압을 가지고 있음을 볼 수 있다. 만약 부하저항 $R_L$이 필터에 접속되지 않으면 출력파형은 정류기의 출력 피크전압 $V_m$과 같은 일정한 DC레벨이 된다. 그러나 DC 전압을 얻는 목적은 다른 전자회로에 전원으로 사용하기 위한 것이므로 필터에는 항상 부하가 있게 된다. 전파정류신호에 대해서 그림 6.5(b)에서와 같은 2개의 시간구간을 표시하였다. $T_1$은 전파정류기의 다이오드가 도통되어, 콘덴서가 피크정류기 출력전압($V_m$)에 충전되는 시간이고 $T_2$는 정류기 전압이 피크전압 이하로 떨어지면서 콘덴서가 부하를 통하여 방전하는 시간이다. 만약, 콘덴서가 단지 조금만 방전된다면 이 때 평균전압은 최적치 $V_m$에 매우 가깝게 될 것이다. 리플전압의 양은 작은 부하에 대해서는 또한 적어질 것이다. 커패시터 필터회로는 작은 부하에 대해서는 더 큰 DC 전압과 작은 리플전압을 나타내고 큰 부하에 대해서는 작은 DC 전압과 더 큰 리플전압을 가지고 있다.

그림 6.5(b)에서 리플전압파형의 충전 및 방전곡선을 직선으로 근사화하면 다음과 같은 관계식이 얻어진다.

$$V_{DC} = V_m - \frac{V_{r(p-p)}}{2}$$

$$V_r(\mathrm{rms}) = \frac{V_{r(p-p)}}{2\sqrt{3}}$$

이 두식은 반파와 전파에 대해서 다 같이 성립한다. 전파정류에 대한 커패시터 필터의 출력전압 중 리플전압은 다음과 같이 쓸 수 있다.

$$V_r(\text{rms}) = \frac{I_{DC}}{4\sqrt{3}fC}\frac{V_{DC}}{V_m}$$

여기서 $f$는 AC 전원주파수 60Hz이다.

콘덴서의 용량이 더 크면 클수록 리플은 더 작아지고 평균전압이 더 높아짐이 분명하다. 이것으로부터 커패시터 필터의 성능을 증진시키기 위해서 필터 콘덴서의 용량치를 증가시킬 필요가 있다. 그러나 콘덴서는 또한 정류 다이오드를 통하여 흐르는 피크전류에 영향을 미치고 있다. 사용되는 콘덴서의 용량치가 더 크면 클수록 정류다이오드를 통하여 흐르는 피크전류를 더 크게 한다.

반파정류기 동작에 대한 다이오드 전류파형을 그림 6.6에 나타내었다. 콘덴서가 피크정류전압에 충전된 후에 출력전압이 부하를 통하여 방전하는 동안은 다이오드는 차단주기($T_2$)가 된다. $T_2$후에 입력 정류전압은 콘덴서 전압보다 더 커지고 $T_1$시간동안 피크 정류전압까지 다시 충전된다. 이 충전주기 동안에 콘덴서와 부하에 공급되는 평균전류는 방전주기 동안에 콘덴서에서 유출되는 평균전류와 같아야 한다.

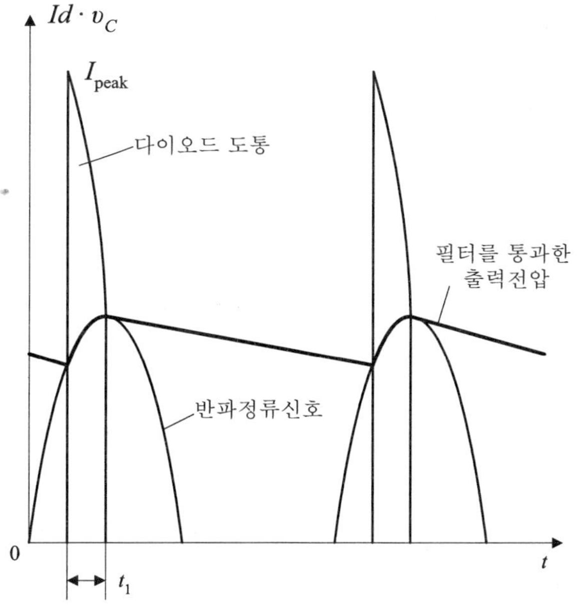


〈그림 6.6〉 충전기간 동안 다이오드가 도통

그림 6.6에서 다이오드는 단지 짧은 주기 동안만 도통한다. 평균전류와 피크전류의 관계식은 근사적으로 다음과 같이 주어진다.

$$I_{DC} \approx \frac{T_1}{T} \times I_p$$

$$I_p \approx \frac{T}{T_1} \times I_{DC}$$

여기서 $T_1$은 다이오드 도통시간, $T = T_1 + T_2$는 다이오드의 피크 전류파형의 반복주기, $I_{DC}$는 필터회로에서 유출되는 평균전류, $I_p$는 도통된 다이오드를 통하여 흐르는 피크전류이다.

### (2) RC 필터회로

그림 6.7에서와 같이 커패시터 필터에 $RC$필터부분을 부가하여 사용함으로써 DC전압이 감소되는 반면에 필터 콘덴서 양단의 리플량을 더욱 감소시킬 수 있다. 이 부가된 회로망의 목적은 첫 단의 필터 콘덴서 $C_1$ 양단에 나타나는 전압의 DC 성분을 많이 통과시키고 AC 성분(리플)은 가능한 한 많이 감쇠시키는데 있다.

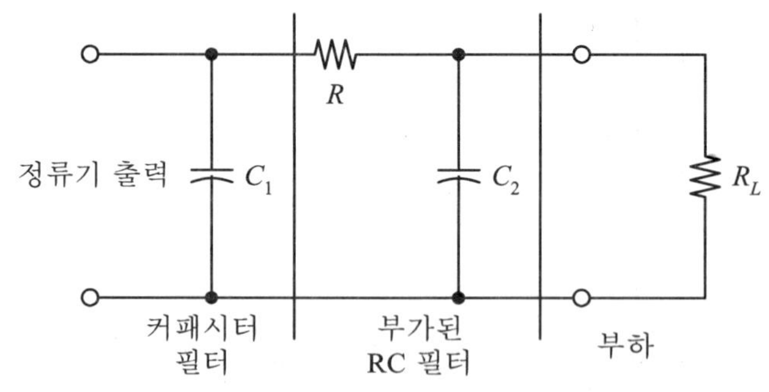


〈그림 6.7〉 RC 필터를 부가한 커패시터 필터

그림 6.7 회로의 작용은 DC레벨과 관련하여 리플의 양을 감소시키며 단순 커패시터 필터보다 더 나은 필터작용을 나타내고 있다.

그림 6.8은 전파정류기 필터를 나타내고 있다. 콘덴서 $C_1$ 양단의 전압은 저항-커패시터 $(R, C_2)$ 부분에 의해서 더욱 더 필터링 되며 $C_1$ 양단에서 보다 더 적은 양의 리플을 가지는 출력전압을 나타나게 된다.

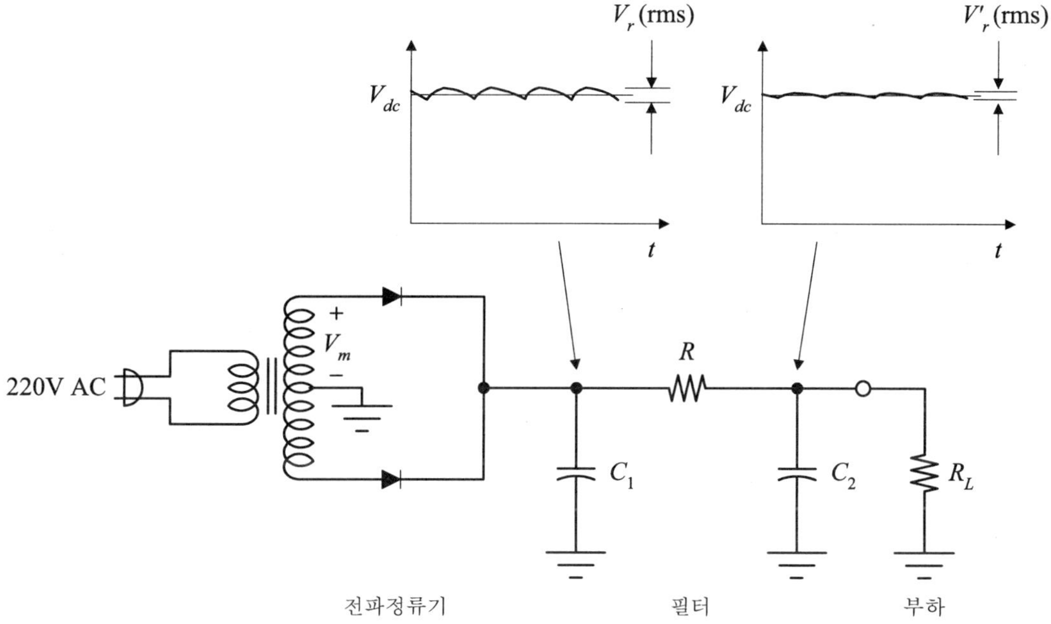


〈그림 6.8〉 전파정류기와 RC 필터회로

저항 $R_L$로 표시되는 부하는 저항 $R$을 통하여 DC 전류를 유출하므로 $R$양단의 전압강하로 인하여 부하양단의 출력 DC전압보다 다소 낮아진다. 콘덴서 $C_1$양단에서 얻은 전압으로부터 이 필터의 출력에서 AC및 DC전압해석을 중첩의 원리를 이용할 수 있다.

그림 6.9(a)는 필터와 부하에서의 DC전압 및 전류를 고찰할 때 사용되는 DC 동작회로이고 그림 6.9(b)는 필터회로의 AC 동작을 해석하기 위한 AC 등가회로이다.

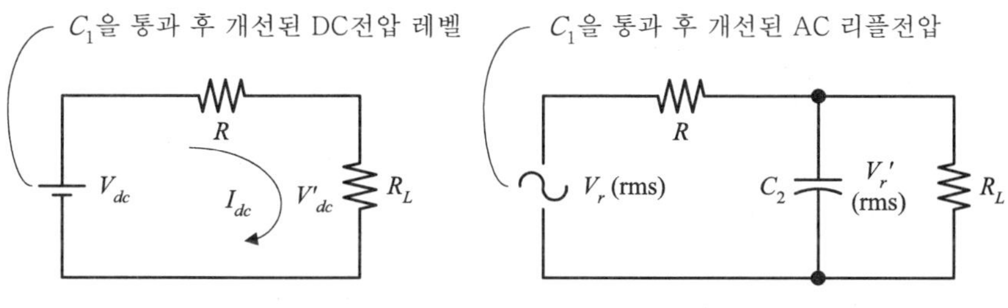


〈그림 6.9〉 필터와 부하

2개의 필터콘덴서는 DC에 대해서는 개방회로가 되어 고려되지 않았다. 따라서 부하양단의 DC전압 $V_{DC}'$는 다음 식으로 계산할 수 있다.

$$V_{DC}' = \frac{R_L}{R + R_L} \times V_{DC}$$

콘덴서 $C_1$양단의 신호전압 또는 리플을 정현파 신호로 근사화하면 콘덴서 $C_2$의 AC 임피던스는 다음과 같다.

$$X_{C_2} = \frac{1}{\omega C_2} = \frac{1}{2\pi f C_2}$$

콘덴서 $C_2$와 부하저항 $R_L$과의 병렬임피던스의 크기는 다음과 같다.

$$Z = \frac{R_L \cdot X_{C_2}}{\sqrt{R_L^2 + X_{C_2}^2}}$$

일반적으로 $X_{C_2} \ll R_L$이므로 $Z$는 다음과 같이 표시할 수 있다.

$$Z \approx X_{C_2}$$

따라서 필터의 출력에서 리플전압 $V_r'$(rms) 는 다음 식으로 계산할 수 있다.

$$\begin{aligned} V_r' &= \frac{R \cdot X_{C_2}}{\sqrt{R^2 + X_{C_2}^2}} \times V_r(\text{rms}) \\ &\approx \frac{X_{C_2}}{R} \times V_r(\text{rms}) \end{aligned}$$

또한 리플계수($\gamma'$)와 % 전압변동률(% V.R)은 각각 다음과 같다.

$$\gamma' = \frac{V_r'(\text{rms})}{V_{DC}'}$$

$$\%\ \text{V.R} = \frac{V_m - V_{DC}'}{V_{DC}'} \times 100$$

여기서 $V_{NL} = V_m$, $V_{FL} = V_{DC}$이다.

### (3) $\pi$형 필터

이상과 같이 RC필터 부분을 부가함으로써 DC 전압이 감소된 양보다 더 크게 AC 리플을 감소시킴으로써 리플계수가 개선되었다. DC 출력을 가능한 작게 감소시키기 위해서는 직렬저항이 가능한 한 작아야 한다. 반면에 리플전압의 감쇠는 $RC$부분 콘덴서의 임피던스가 직렬저항보다 훨씬 더 작아야만 일어난다. 그러나 직렬저항대신에 인덕터를 사용하면 직렬 DC 저항을 매우 낮게 할 수 있고 또한 동시에 임피던스도 크게 할 수 있다.

그림 6.10(a)는 이와 같은 구성을 보여주며, 콘덴서 $C_1$, 인덕터 $L$, 콘덴서 $C_2$가 $\pi$형 필터회로를 구성하고 있다. 인덕터는 실제적으로 그림 6.10(b)와 같이 도선저항으로 인한 DC 저항과 인덕턴스 $L$을 가지고 있다.

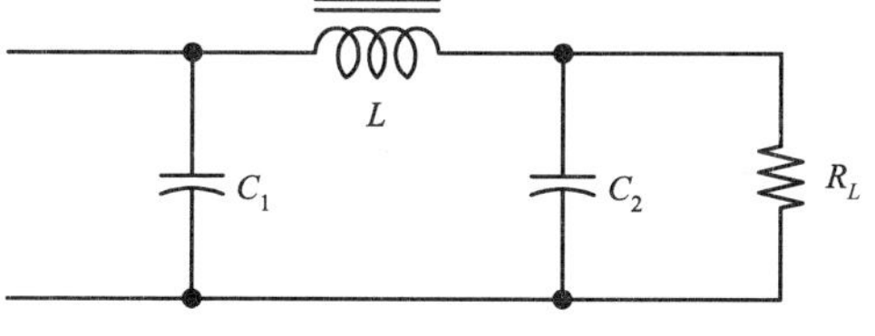


(a) 회로요소 구성

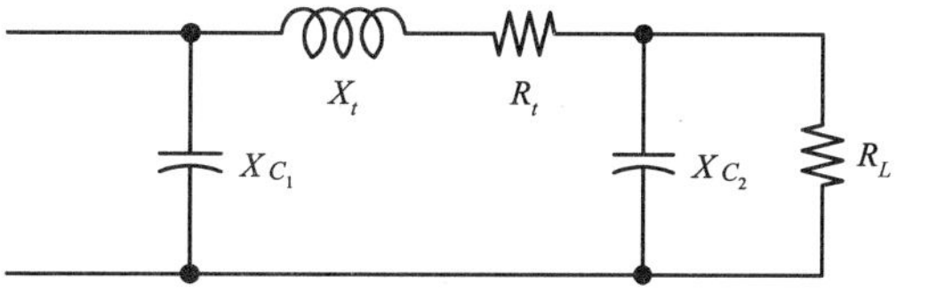


(b) 임피던스

〈그림 6.10〉 $\pi$형 필터회로

그리고 $\pi$형 필터에 대한 등가회로를 그리면 그림 6.11과 같다.

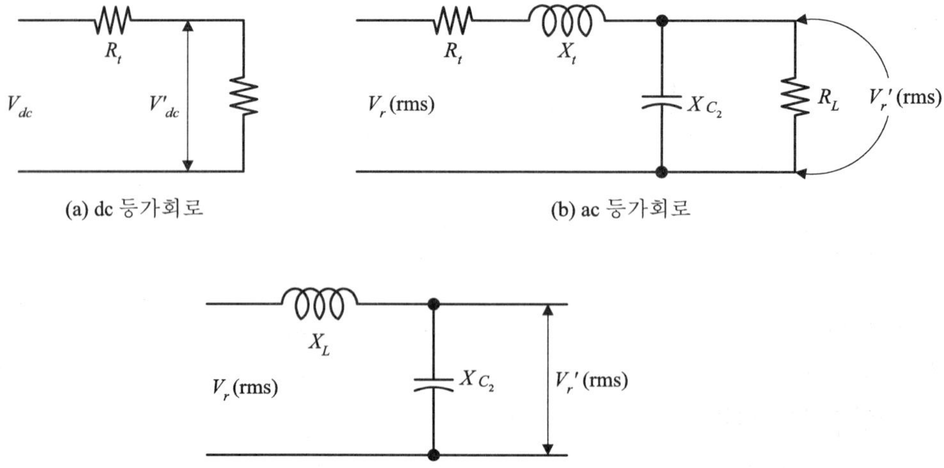


〈그림 6.11〉 $\pi$형 필터에 대한 등가회로

그림 6.11(a)의 DC 등가회로로부터 출력 DC 전압을 계산할 수 있다.

$$V_{DC}' = V_{DC} - I_{DC} \cdot R_l$$

여기서 $R_l$은 인덕터의 DC 저항이다.

$$V_{DC}' = \frac{R_L}{R_L + R_l} \cdot V_{DC}$$

그림 6.11(b)의 AC등가회로에서 출력 리플전압은 정현파 신호로 근사화 하고 계산을 간단하게 하기 위해서 $X_l \gg R_l$이고, $X_{C_2} \ll R_L$이라 하면 AC 등가회로는 그림 6.11(c)와 같은 근사적 AC 등가회로로 변경할 수 있다. 따라서 출력 리플전압은 다음 식으로 계산할 수 있다.

$$V_r'(\mathrm{rms}) = \frac{X_{C_2}}{|X_l - X_{C_2}|} \cdot V_r(\mathrm{rms})$$

$$\approx \frac{X_{C_2}}{X_l} \cdot V_r(\mathrm{rms})$$

# 실험 8. 배전압회로

## 1. 전파 배전압회로

(1) 그림 6.12의 회로를 구성하고 다음을 측정하라.

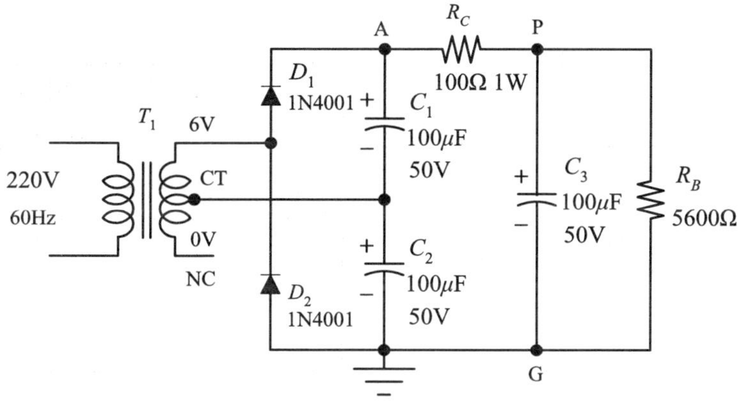


<그림 6.12> 전파 배전압회로

1) A-G사이와 P-G 사이의 무부하 DC 전압을 측정하여 기록하라.

① A-G :

② P-G :

2) A-G사이의 무부하 AC 전압을 측정하여 기록하라.

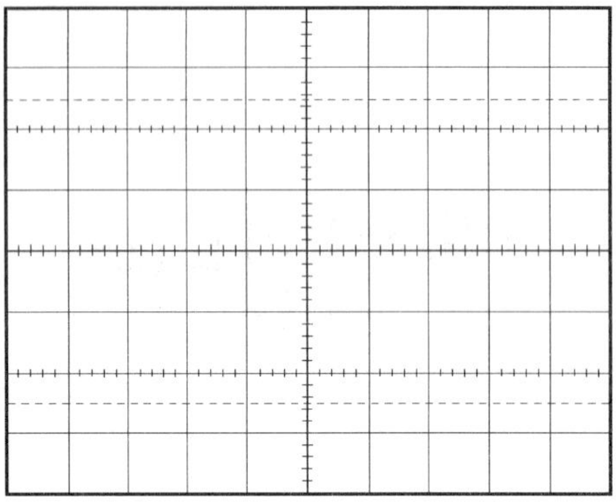

| 구분 | [VOLTS/DIV] | [TIME/DIV] |
|---|---|---|
| | 계산과정 | 계산과정 |
| | 전압($V_{p-p}$) | 주파수(Hz) |
| CH1 | | |
| | | |
| | | |

3) P-G사이의 무부하 AC 전압을 측정하여 기록하라.

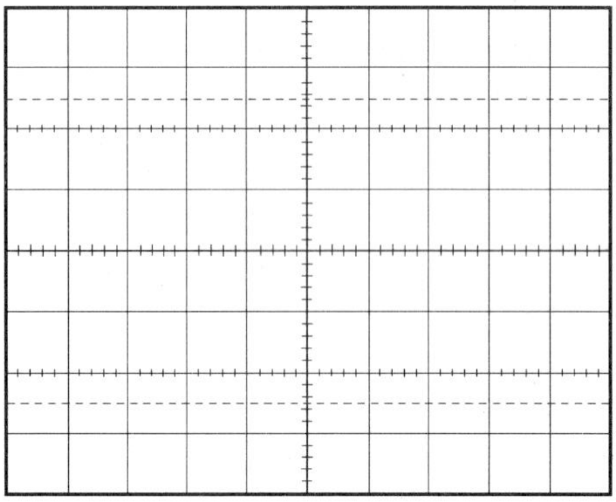

| 구분 | [VOLTS/DIV] | [TIME/DIV] |
|---|---|---|
| | 계산과정 | 계산과정 |
| | 전압($V_{p-p}$) | 주파수(Hz) |
| CH1 | | |
| | | |
| | | |

(2) 전원을 끄고 500$\Omega$의 부하저항을 $R_B$와 병렬로 연결하라.

1) A-G사이와 P-G 사이의 무부하 DC 전압을 측정하여 기록하라.

① A-G :

② P-G :

2) A-G사이의 무부하 AC 전압을 측정하여 기록하라.

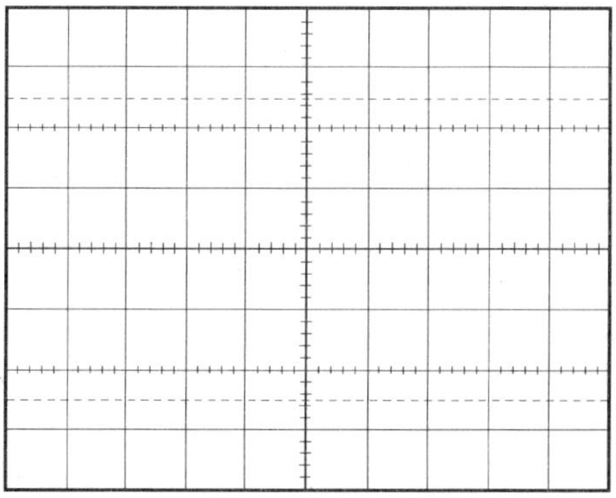

| 구분 | [VOLTS/DIV] | [TIME/DIV] |
|---|---|---|
| | 계산과정 | 계산과정 |
| | 전압($V_{p-p}$) | 주파수(Hz) |
| CH1 | | |
| | | |
| | | |

3) P-G사이의 무부하 AC 전압을 측정하여 기록하라.

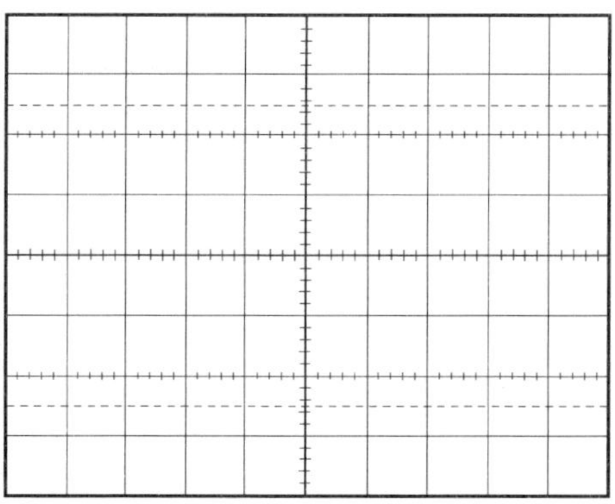

| 구분 | [VOLTS/DIV] | [TIME/DIV] |
|---|---|---|
| | 계산과정 | 계산과정 |
| | 전압($V_{p-p}$) | 주파수(Hz) |
| CH1 | | |
| | | |
| | | |

(3) 전원을 끄고 모든 콘덴서를 방전시킨 후에 콘덴서 $C_1$을 떼어내어라.

1) A-G사이와 P-G 사이의 무부하 DC 전압을 측정하여 기록하라.

① A-G :

② P-G

2) A-G사이의 무부하 AC 전압을 측정하여 기록하라.

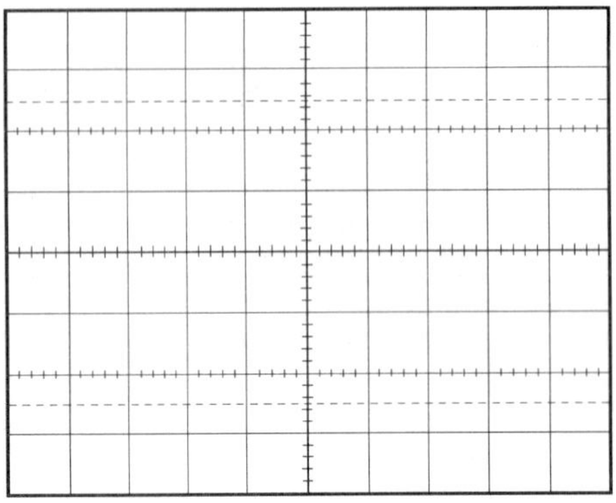

| 구분 | [VOLTS/DIV] | [TIME/DIV] |
|---|---|---|
| | 계산과정 | 계산과정 |
| | 전압($V_{p-p}$) | 주파수(Hz) |
| CH1 | | |
| | | |
| | | |

3) P-G사이의 무부하 AC 전압을 측정하여 기록하라.

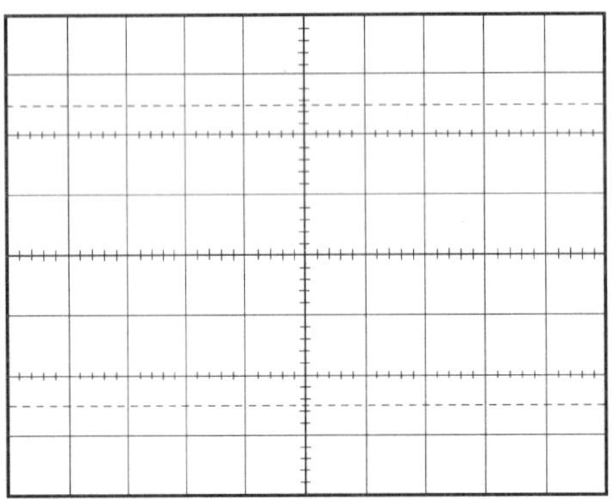

| 구분 | [VOLTS/DIV] | [TIME/DIV] |
|---|---|---|
| | 계산과정 | 계산과정 |
| | 전압($V_{p-p}$) | 주파수(Hz) |
| CH1 | | |
| | | |
| | | |

(4) 전원을 끄고 모든 콘덴서를 방전시킨 후에 콘덴서 $C_2$을 떼어내어라.

1) A-G사이와 P-G 사이의 무부하 DC 전압을 측정하여 기록하라.

① A-G :

② P-G

2) A-G사이의 무부하 AC 전압을 측정하여 기록하라.

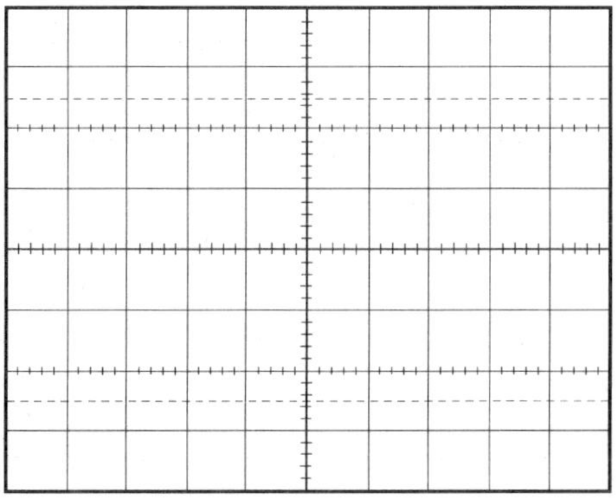

| 구분 | [VOLTS/DIV] | [TIME/DIV] |
|---|---|---|
| | 계산과정 | 계산과정 |
| | 전압($V_{p-p}$) | 주파수(Hz) |
| CH1 | | |
| | | |
| | | |

3) P-G사이의 무부하 AC 전압을 측정하여 기록하라.

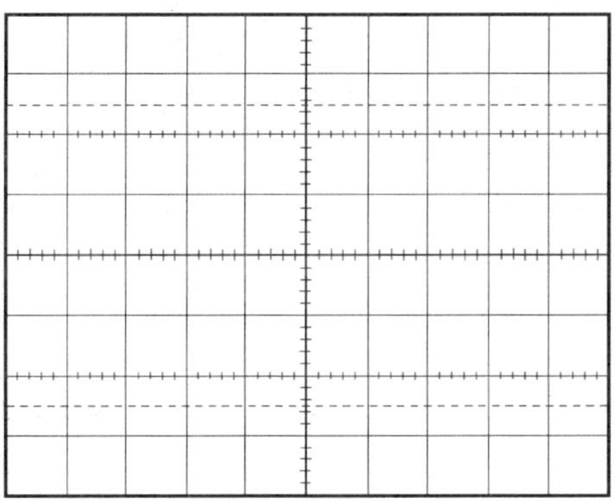

| 구분 | [VOLTS/DIV] | [TIME/DIV] |
|---|---|---|
| | 계산과정 | 계산과정 |
| | 전압($V_{p-p}$) | 주파수(Hz) |
| CH1 | | |
| | | |
| | | |

(5) 전원을 끄고 모든 콘덴서를 방전시킨 후에 콘덴서 $C_3$을 떼어내어라.

1) A-G사이와 P-G 사이의 무부하 DC 전압을 측정하여 기록하라.

① A-G :

② P-G

2) A-G사이의 무부하 AC 전압을 측정하여 기록하라.

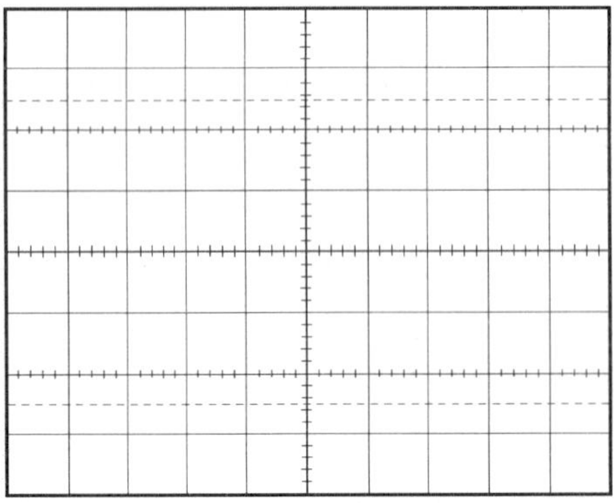

| 구분 | [VOLTS/DIV] | [TIME/DIV] |
|---|---|---|
| | 계산과정 | 계산과정 |
| | 전압($V_{p-p}$) | 주파수(Hz) |
| CH1 | | |
| | | |
| | | |

3) P-G사이의 무부하 AC 전압을 측정하여 기록하라.

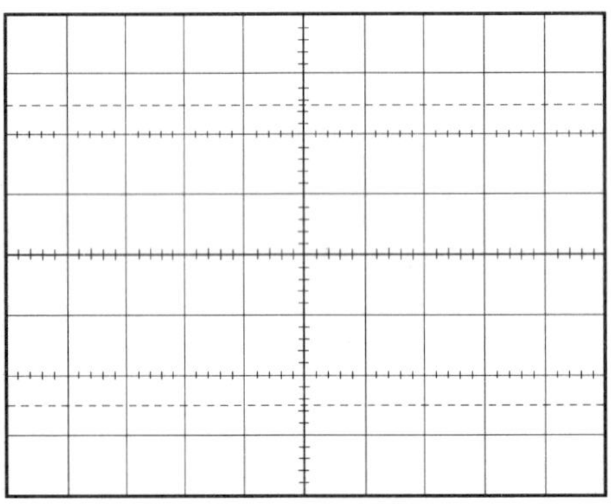

| 구분 | [VOLTS/DIV] | [TIME/DIV] |
|---|---|---|
| | 계산과정 | 계산과정 |
| | 전압($V_{p-p}$) | 주파수(Hz) |
| CH1 | | |
| | | |
| | | |

## 2. 반파 배전압회로

(1) 그림 6.13 회로를 구성한 후 다음을 측정하라.

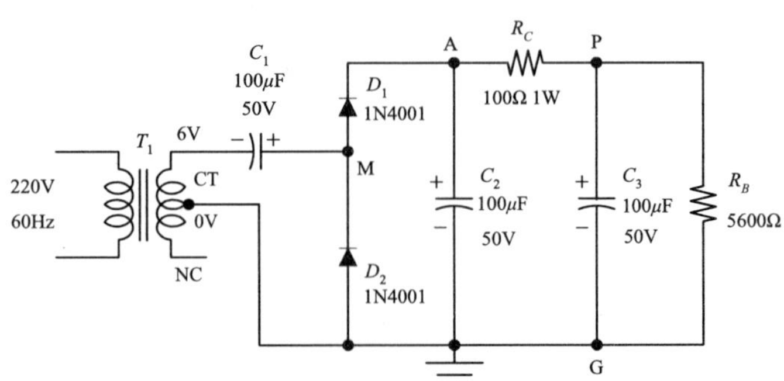


〈그림 6.13〉 반파 배전압회로

1) A-G사이와 P-G 사이의 무부하 DC 전압을 측정하여 기록하라.

① A-G :

② P-G

2) A-G사이의 무부하 AC 전압을 측정하여 기록하라.

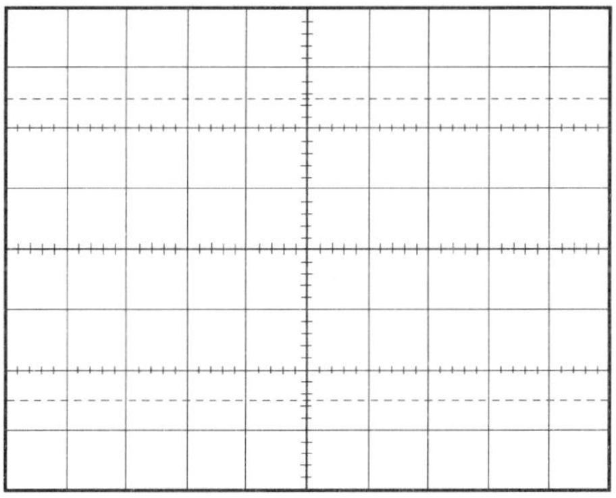

| 구분 | [VOLTS/DIV] | [TIME/DIV] |
|---|---|---|
| | 계산과정 | 계산과정 |
| | 전압($V_{p-p}$) | 주파수(Hz) |
| CH1 | | |
| | | |
| | | |

3) P-G사이의 무부하 AC 전압을 측정하여 기록하라.

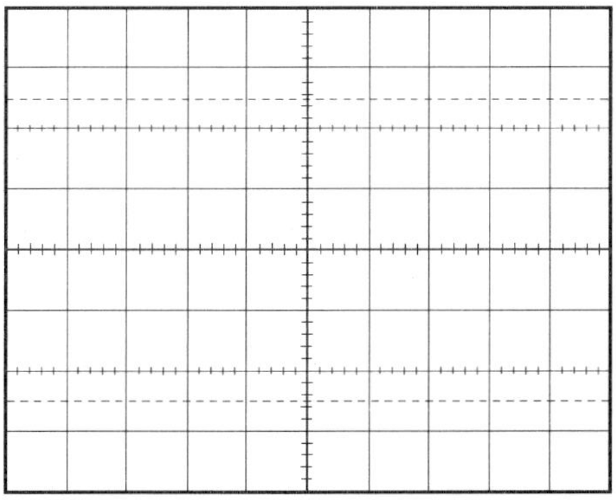

| 구분 | [VOLTS/DIV] | [TIME/DIV] |
|---|---|---|
| | 계산과정 | 계산과정 |
| | 전압($V_{p-p}$) | 주파수(Hz) |
| CH1 | | |
| | | |
| | | |

(2) 전원을 끄고 500Ω의 부하저항을 $R_B$와 병렬로 연결하라.

1) A-G사이와 P-G 사이의 무부하 DC 전압을 측정하여 기록하라.

① A-G :

② P-G

2) A-G사이의 무부하 AC 전압을 측정하여 기록하라.

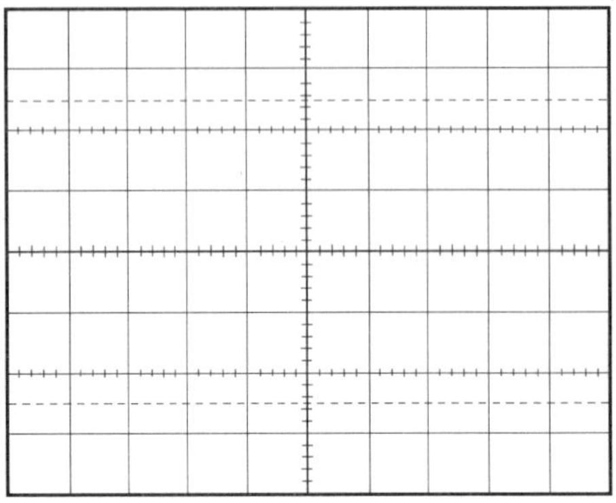

| 구분 | [VOLTS/DIV] | [TIME/DIV] |
|---|---|---|
| | 계산과정 | 계산과정 |
| | 전압($V_{p\text{-}p}$) | 주파수(Hz) |
| CH1 | | |
| | | |
| | | |

3) P-G사이의 무부하 AC 전압을 측정하여 기록하라.

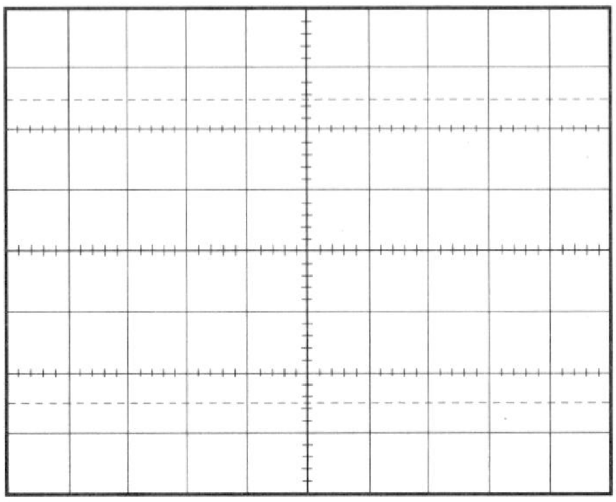

| 구분 | [VOLTS/DIV] | [TIME/DIV] |
|---|---|---|
| | 계산과정 | 계산과정 |
| | 전압($V_{p\text{-}p}$) | 주파수(Hz) |
| CH1 | | |
| | | |
| | | |

(3) 전원을 끄고 모든 콘덴서를 방전시킨 후에 콘덴서 $C_2$을 떼어내어라.

1) A-G사이와 P-G 사이의 무부하 DC 전압을 측정하여 기록하라.

① A-G :

② P-G

2) A-G사이의 무부하 AC 전압을 측정하여 기록하라.

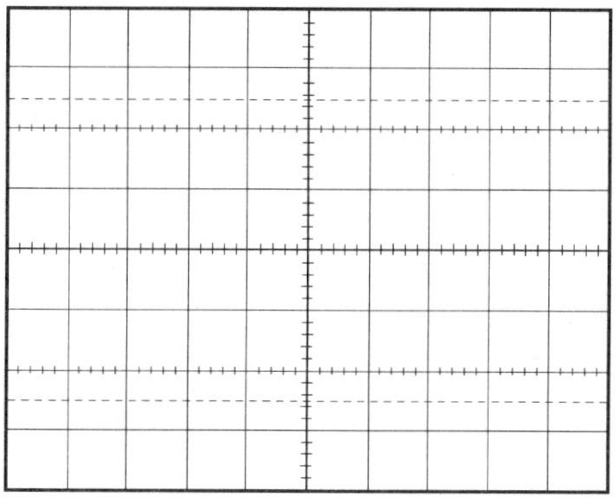

| 구분 | [VOLTS/DIV] | [TIME/DIV] |
|---|---|---|
| | 계산과정 | 계산과정 |
| | 전압($V_{p-p}$) | 주파수(Hz) |
| CH1 | | |
| | | |
| | | |

3) P-G사이의 무부하 AC 전압을 측정하여 기록하라.

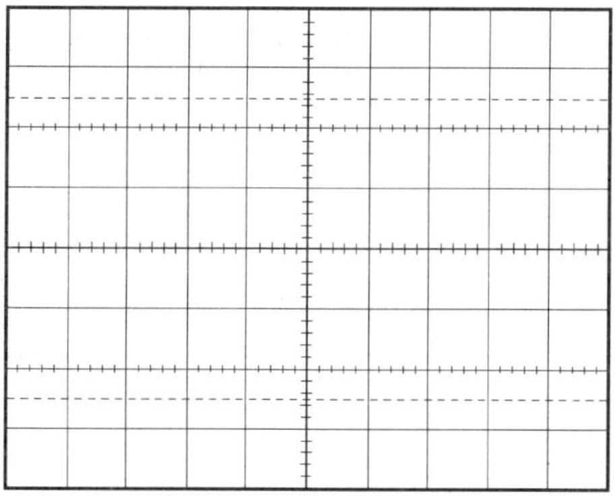

| 구분 | [VOLTS/DIV] | [TIME/DIV] |
|---|---|---|
| | 계산과정 | 계산과정 |
| | 전압($V_{p-p}$) | 주파수(Hz) |
| CH1 | | |
| | | |
| | | |

(4) 전원을 끄고 모든 콘덴서를 방전시킨 후에 콘덴서 $C_3$을 떼어내어라.

1) A-G사이와 P-G 사이의 무부하 DC 전압을 측정하여 기록하라.

① A-G :

② P-G

2) A-G사이의 무부하 AC 전압을 측정하여 기록하라.

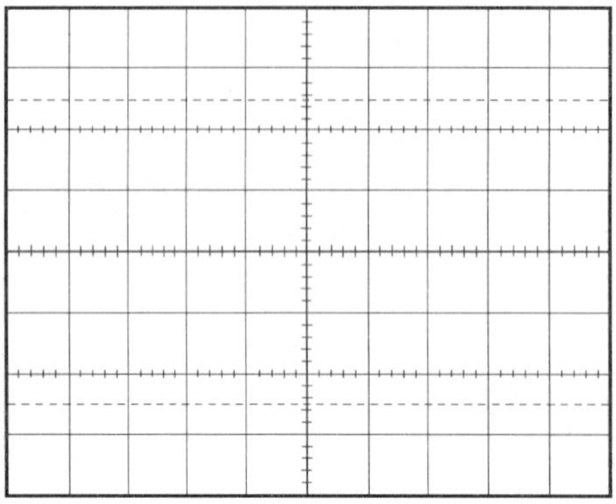

| 구분 | [VOLTS/DIV] | [TIME/DIV] |
|---|---|---|
| | 계산과정 | 계산과정 |
| | 전압($V_{p-p}$) | 주파수(Hz) |
| CH1 | | |
| | | |
| | | |

3) P-G사이의 무부하 AC 전압을 측정하여 기록하라.

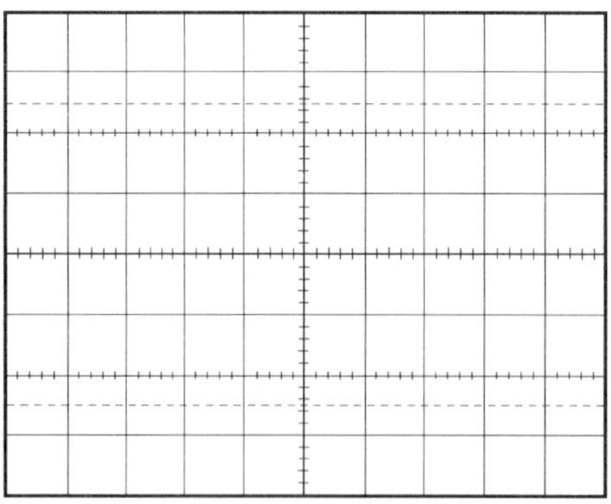

| 구분 | [VOLTS/DIV] | [TIME/DIV] |
|---|---|---|
| | 계산과정 | 계산과정 |
| | 전압($V_{p-p}$) | 주파수(Hz) |
| CH1 | | |
| | | |
| | | |

## [실험결과 및 고찰]

| 실험제목 | 실험 8. 배전압회로 | | | | | 평가 | A+ | A | B+ | B | C+ | C | D+ | D | 기타 |
|---|---|---|---|---|---|---|---|---|---|---|---|---|---|---|---|
| 소 속 | 학과 학년 (주, 야) 반 | | | | | | | | | | | | | | |
| 실험 조 | 조 | | 인원 | | 실험일자 | 년 월 일 요일 | | | | | 담 당 교 수 | | | | 확인 (인) |
| 학 번 | | | | | 조원 | 학번 | ① | | ② | | | | | | |
| 성 명 | | | | | | 성명 | ① | | ② | | | | | | |

8-1. 부하기 있을 때 출력에 리플이 가장 적게 나타나는 회로는 어느 것인가? 그 이유는 무엇인가?

8-2. 또한 DC 출력전압이 가장 높게 나타나는 실험회로는 어느 것인가?

8-3. 그림 6-12의 회로에서 DC 출력레벨에 가장 큰 영향을 미치는 콘덴서는 어느 것인가?

8-4. 또한 출력 리플에 가장 크게 영향을 미치는 것은 어느 것인가?

8-5. 그림 6.13의 회로에서 콘덴서 $C_1$이 개방되었을 때 DC 출력에 나타나는 영향은 무엇인가?

8-6. 그림 6.12의 회로에서 부하를 전원장치에 연결했을 때 DC출력전압 $V_{PG}$가 떨어지는 이유는 무엇인가?

8-7. $R_B$와 부하저항에 의해서 직류전류 $R_C$를 통해 흐른다. 500Ω 부하저항을 그림 6.12와 그림 6.13의 $R_B$양단에 연결했을 때 이 전류를 계산하라.

① 그림 6.12의 직류전류 :

② 그림 6.13의 직류전류 :

8-8. 그림 6.13의 회로에서 콘덴서 $C_1$이 단락되었을 때 DC 출력에 미치는 영향을 설명하라.

8-9. 전파정류 배전압회로의 DC 출력전압과 전파정류 비배전압회로의 출력전압을 비교하여라.

8-10. 실험을 한 후 배운점과 느낀점을 써라.

(1) 배운점

(2) 느낀점

# 실험 9. 필터회로

**1. 그림 6.14의 회로를 구성하고 다음을 측정하라.**

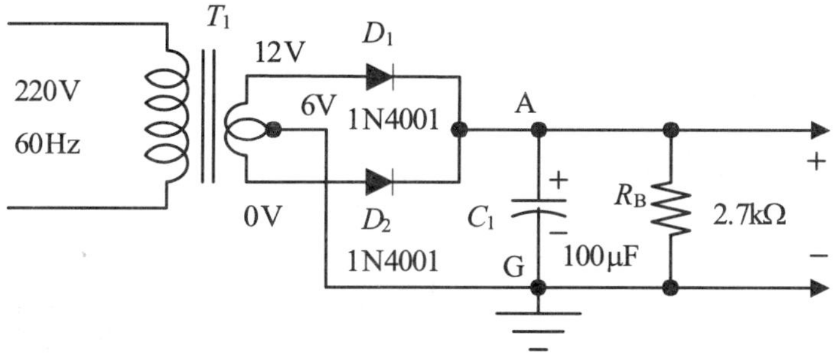


〈그림 6.14〉 커패시터 필터

(1) 전원을 인가하고 다음을 측정하라.

1) 전압계로 $R_B$양단의 DC 출력전압($V_{out}$)을 측정하라.

DC 출력전압($V_{out}$) :

2) $R_B$양단의 리플전압을 오실로스코프로 측정하라.

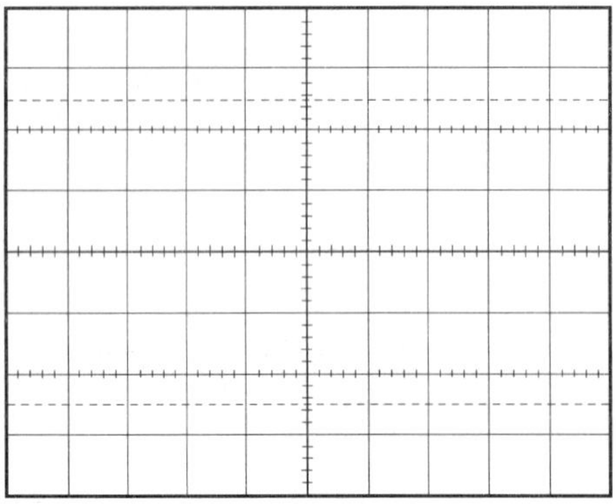

| 구분 | [VOLTS/DIV] | [TIME/DIV] |
|---|---|---|
| | 계산과정 | 계산과정 |
| | 전압($V_{p-p}$) | 주파수(Hz) |
| CH1 | | |
| | | |
| | | |

(2) $C_1$을 방전시킨 후 $R_B$저항과 병렬로 250Ω의 부하를 연결하라.

1) 전압계로 $R_B$양단의 DC 출력전압($V_{out}$)을 측정하라.

DC 출력전압($V_{out}$) :

2) $R_B$양단의 리플전압을 오실로스코프로 측정하라.

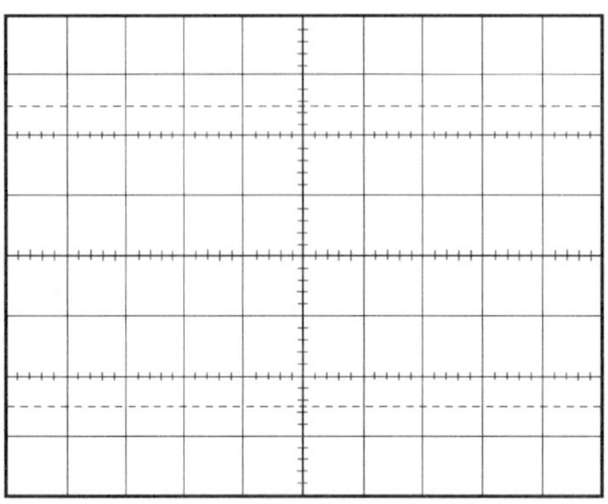

| 구분 | [VOLTS/DIV] | [TIME/DIV] |
|---|---|---|
| | 계산과정 | 계산과정 |
| | 전압($V_{p-p}$) | 주파수(Hz) |
| CH1 | | |
| | | |
| | | |

3) 리플전압을 측정하여 250Ω에 흐르는 부하전류를 계산하고 측정하라.

① 부하전류 계산값 :

② 부하전류 측정값 :

## 2. $\pi$형 필터

(1) 그림 6.15의 회로를 구성한 후 다음을 측정하라.

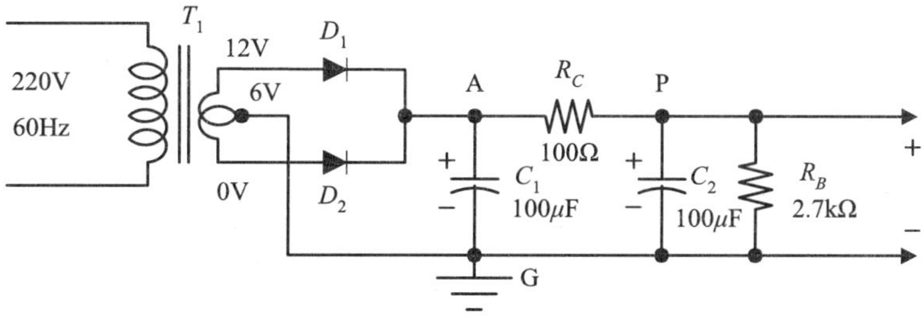


〈그림 6.15〉 $\pi$형 필터회로

1) 전원을 인가하고 $C_1$ 양단 및 $V_{out}$의 무부하 DC 전압을 측정하라.

① $C_1$ 양단의 전압 :

② $V_{out}$의 무부하 DC 전압 :

2) A-G사이의 리플전압을 측정하라.

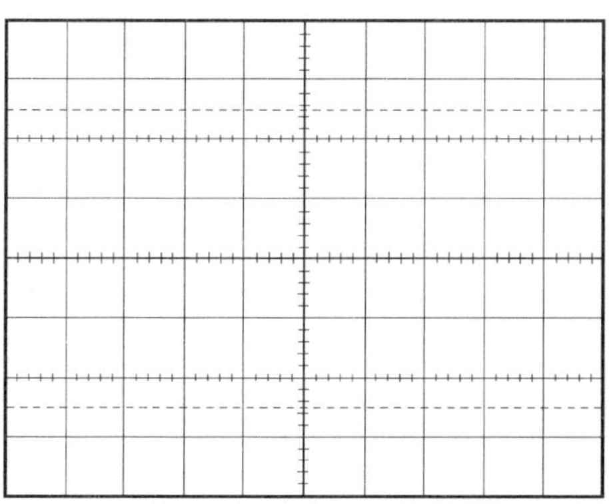

| 구분 | [VOLTS/DIV] | [TIME/DIV] |
|---|---|---|
| | 계산과정 | 계산과정 |
| | 전압($V_{p-p}$) | 주파수(Hz) |
| CH1 | | |
| | | |
| | | |

3) P-G 사이의 리플전압을 측정하라.

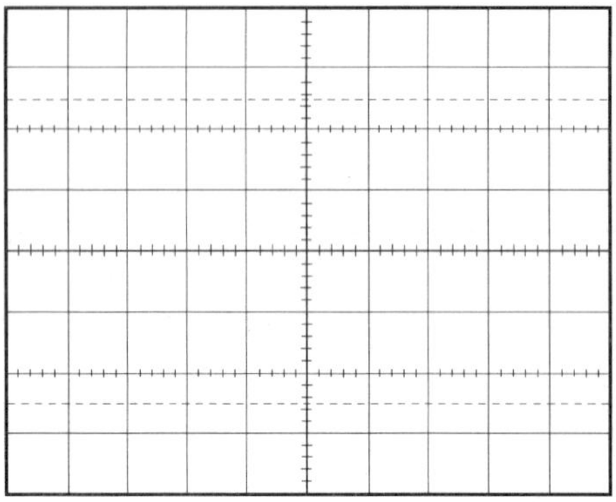

| 구분 | [VOLTS/DIV] | [TIME/DIV] |
|---|---|---|
| | 계산과정 | 계산과정 |
| | 전압($V_{p-p}$) | 주파수(Hz) |
| CH1 | | |
| | | |
| | | |

(2) $R_B$저항에 병렬로 250Ω의 부하저항을 연결하라.

1) 전원을 인가하고 $C_1$ 양단 및 $V_{out}$의 무부하 DC 전압을 측정하라.

① $C_1$ 양단의 전압 :

② $V_{out}$의 무부하 DC 전압 :

2) A-G사이의 리플전압을 측정하라.

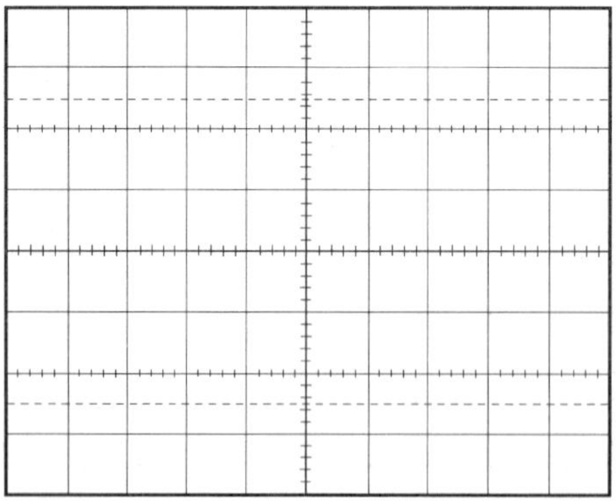

| 구분 | [VOLTS/DIV] | [TIME/DIV] |
|---|---|---|
| | 계산과정 | 계산과정 |
| | 전압($V_{p-p}$) | 주파수(Hz) |
| CH1 | | |
| | | |
| | | |

3) P-G 사이의 리플전압을 측정하라.

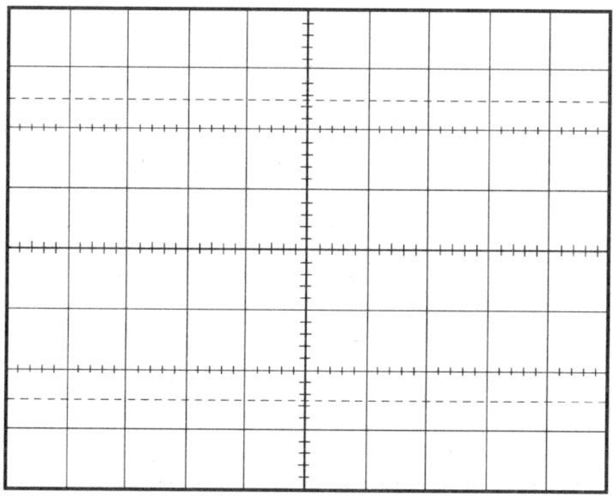

| 구분 | [VOLTS/DIV] | [TIME/DIV] |
|---|---|---|
| | 계산과정 | 계산과정 |
| | 전압($V_{p-p}$) | 주파수(Hz) |
| CH1 | | |
| | | |
| | | |

(3) $C_1$을 제거하고 다음을 측정하라.

1) 250Ω의 부하를 제거하고 전원을 연결한 상태에서 $V_{out}$의 무부하 DC 전압을 측정하라.

① $V_{out}$의 무부하 DC 전압 :

2) A-G사이의 리플전압을 측정하라.

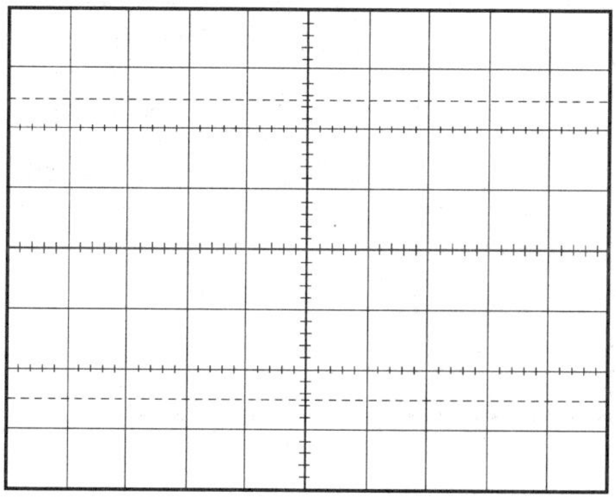

| 구분 | [VOLTS/DIV] | [TIME/DIV] |
|---|---|---|
| | 계산과정 | 계산과정 |
| | 전압($V_{p-p}$) | 주파수(Hz) |
| CH1 | | |
| | | |
| | | |

3) P-G 사이의 리플전압을 측정하라.

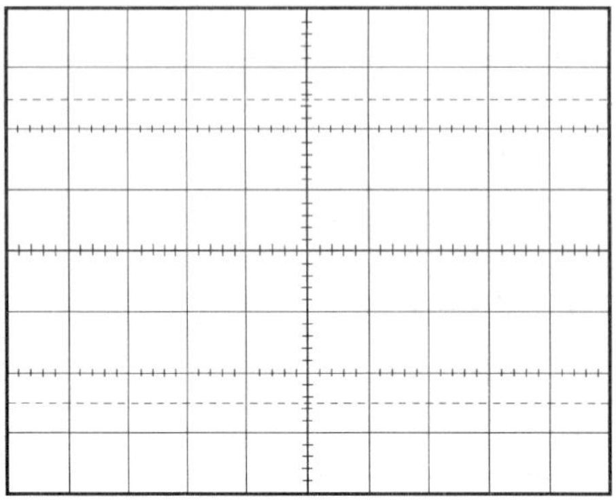

| 구분 | [VOLTS/DIV] | [TIME/DIV] |
|---|---|---|
| | 계산과정 | 계산과정 |
| | 전압($V_{p-p}$) | 주파수(Hz) |
| CH1 | | |
| | | |
| | | |

4) $R_B$저항에 병렬로 250Ω의 부하저항을 연결하고 $V_{out}$의 무부하 DC 전압을 측정하라.

① $V_{out}$의 무부하 DC 전압 :

5) A-G사이의 리플전압을 측정하라.

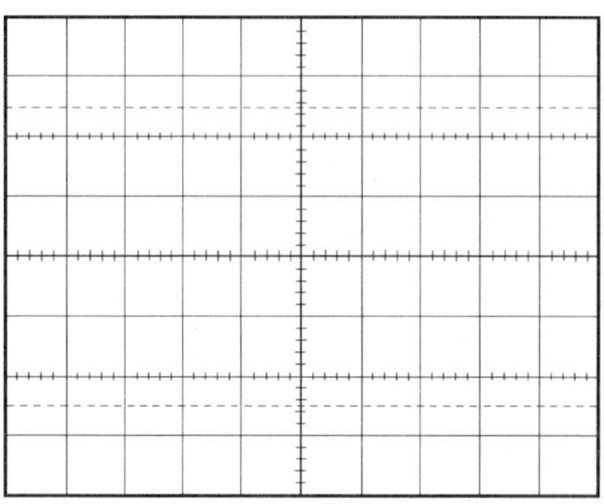

| 구분 | [VOLTS/DIV] | [TIME/DIV] |
|---|---|---|
| | 계산과정 | 계산과정 |
| | 전압($V_{p-p}$) | 주파수(Hz) |
| CH1 | | |
| | | |
| | | |

6) P-G 사이의 리플전압을 측정하라.

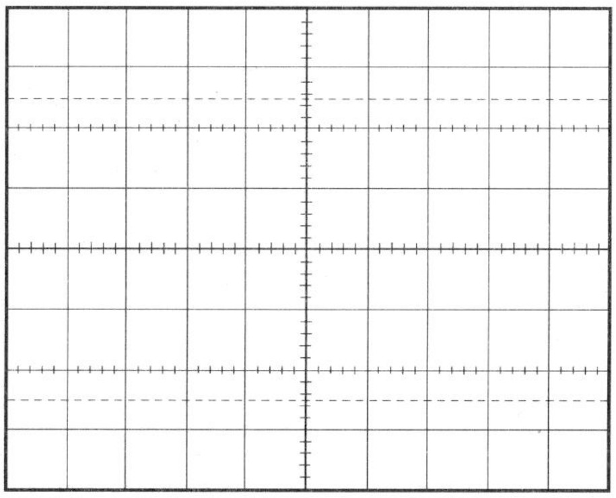

| 구분 | [VOLTS/DIV] | [TIME/DIV] |
|---|---|---|
| | 계산과정 | 계산과정 |
| | 전압($V_{p-p}$) | 주파수(Hz) |
| CH1 | | |
| | | |
| | | |

(4) $C_1$을 다시 연결하고 $C_2$와 250Ω의 제거하라.

1) 250Ω의 부하를 제거하고 전원을 연결한 상태에서 $V_{out}$의 무부하 DC 전압을 측정하라.

① $V_{out}$의 무부하 DC 전압 :

2) A-G사이의 리플전압을 측정하라.

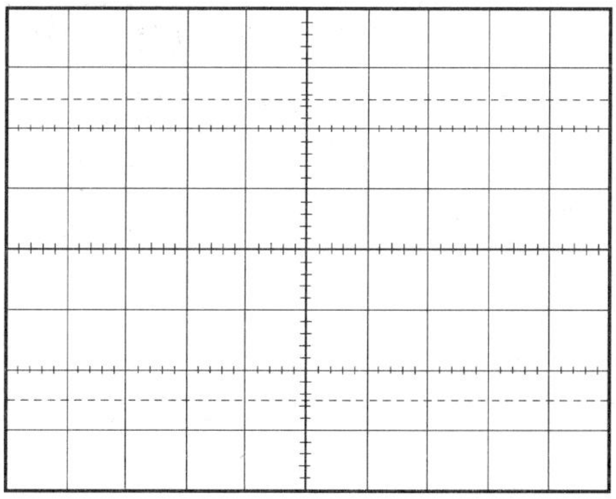

| 구분 | [VOLTS/DIV] | [TIME/DIV] |
|---|---|---|
| | 계산과정 | 계산과정 |
| | 전압($V_{p-p}$) | 주파수(Hz) |
| CH1 | | |
| | | |
| | | |

3) P-G 사이의 리플전압을 측정하라.

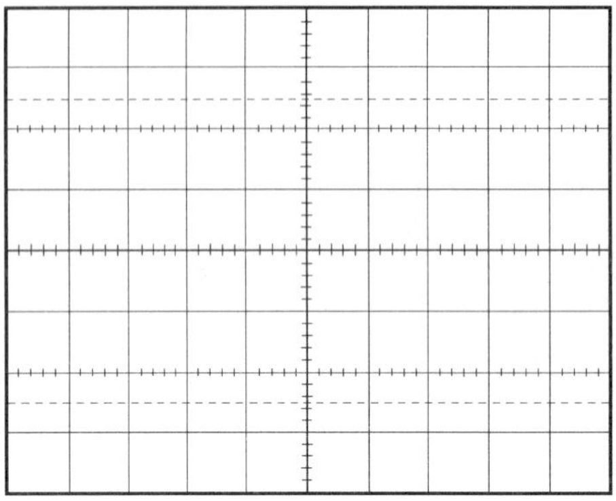

| 구분 | [VOLTS/DIV] | [TIME/DIV] |
|---|---|---|
| | 계산과정 | 계산과정 |
| | 전압($V_{p-p}$) | 주파수(Hz) |
| CH1 | | |
| | | |
| | | |

4) $R_B$저항에 병렬로 250Ω의 부하저항을 연결하고 $V_{out}$의 무부하 DC 전압을 측정하라.

① $V_{out}$의 무부하 DC 전압 :

5) A-G사이의 리플전압을 측정하라.

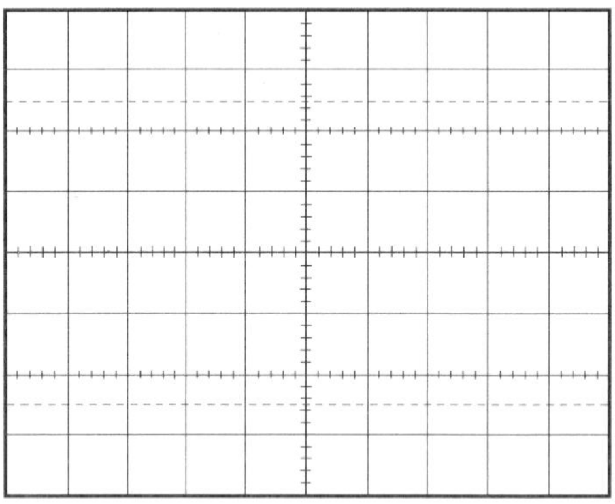

| 구분 | [VOLTS/DIV] | [TIME/DIV] |
|---|---|---|
| | 계산과정 | 계산과정 |
| | 전압($V_{p-p}$) | 주파수(Hz) |
| CH1 | | |
| | | |
| | | |

6) P-G 사이의 리플전압을 측정하라.

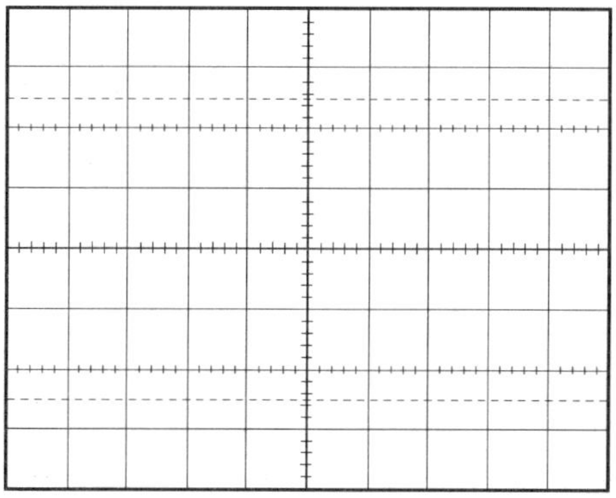

| 구분 | [VOLTS/DIV] | [TIME/DIV] |
|---|---|---|
| | 계산과정 | 계산과정 |
| | 전압($V_{p-p}$) | 주파수(Hz) |
| CH1 | | |
| | | |
| | | |

(5) $C_2$를 다시 연결하라. 250Ω의 저항을 제거한 채 다이오드 $D_2$를 제거하면 부하 없는 $\pi$형 필터와 반파정류기가 된다.

1) A-G, P-G사이의 무부하 DC 전압을 측정하라.

① A-G 무부하 DC 전압 :

② P-G 무부하 DC 전압 :

2) A-G 사이의 리플전압을 측정하라.

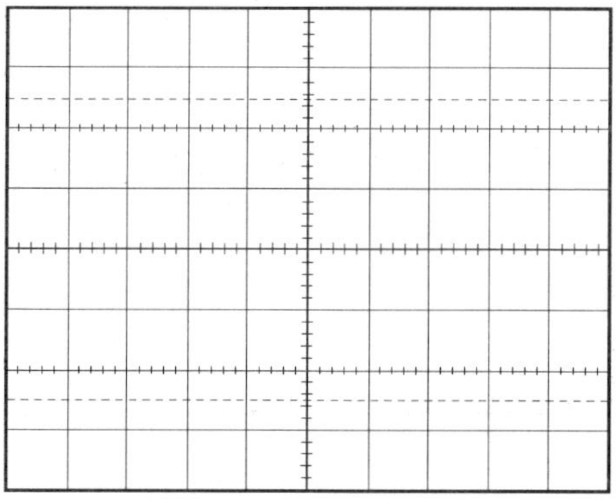

| 구분 | [VOLTS/DIV] | [TIME/DIV] |
|---|---|---|
| | 계산과정 | 계산과정 |
| | 전압($V_{p-p}$) | 주파수(Hz) |
| CH1 | | |
| | | |
| | | |

3) P-G 사이의 리플전압을 측정하라.

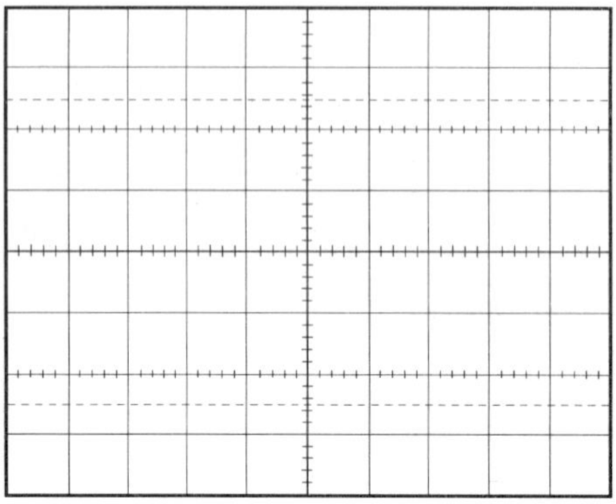

| 구분 | [VOLTS/DIV] | [TIME/DIV] |
| --- | --- | --- |
| | 계산과정 | 계산과정 |
| | 전압($V_{p-p}$) | 주파수(Hz) |
| CH1 | | |
| | | |
| | | |

(6) 250Ω의 저항을 연결하고 다음을 측정하라.

1) A-G, P-G사이의 무부하 DC 전압을 측정하라.

① A-G 무부하 DC 전압 :

② P-G 무부하 DC 전압 :

2) A-G 사이의 리플전압을 측정하라.

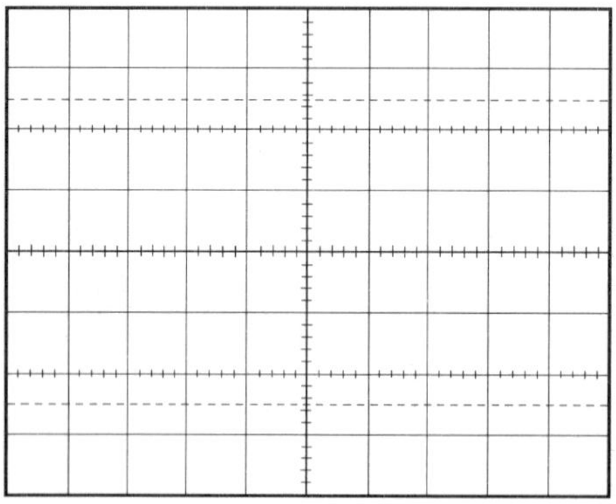

| 구분 | [VOLTS/DIV] | [TIME/DIV] |
| --- | --- | --- |
| | 계산과정 | 계산과정 |
| | 전압($V_{p-p}$) | 주파수(Hz) |
| CH1 | | |
| | | |
| | | |

3) P-G 사이의 리플전압을 측정하라.

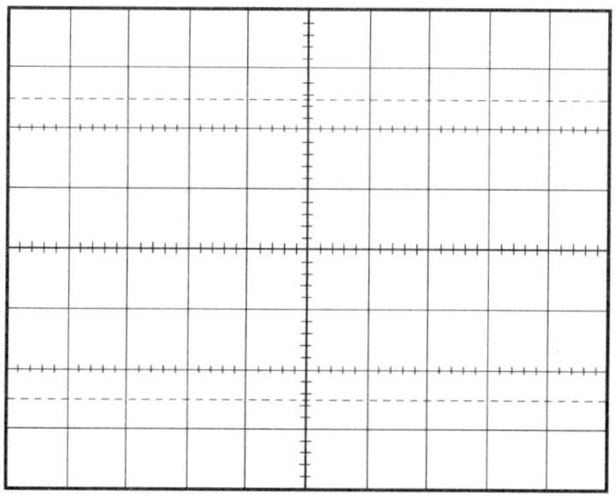

| 구분 | [VOLTS/DIV] | [TIME/DIV] |
|---|---|---|
| | 계산과정 | 계산과정 |
| | 전압($V_{p-p}$) | 주파수(Hz) |
| CH1 | | |
| | | |
| | | |

## [실험결과 및 고찰]

<table>
<tr><td>실험제목</td><td colspan="5">실험 9. 필터회로</td><td rowspan="2">평가</td><td>A+</td><td>A</td><td>B+</td><td>B</td><td>C+</td><td>C</td><td>D+</td><td>D</td><td>기타</td></tr>
<tr><td>소 속</td><td colspan="5">학과 학년 (주,야) 반</td><td></td><td></td><td></td><td></td><td></td><td></td><td></td><td></td><td></td></tr>
<tr><td>실험 조</td><td>조</td><td></td><td>인원</td><td></td><td colspan="2">실험일자</td><td colspan="5">년 월 일 요일</td><td colspan="4">담당교수</td><td>확인<br>(인)</td></tr>
<tr><td>학 번</td><td colspan="4"></td><td rowspan="2">조원</td><td>학번</td><td colspan="3">①</td><td colspan="3">②</td><td colspan="4" rowspan="2"></td><td rowspan="2"></td></tr>
<tr><td>성 명</td><td colspan="4"></td><td>성명</td><td colspan="3">①</td><td colspan="3">②</td></tr>
</table>

9-1. 250Ω의 부하저항을 갖는 $\pi$형 필터로 구성된 전파 전원장치와 반파전원장치를 다음의 사항에 대해 비교하라.

① 필터의 입력과 출력에서의 DC 전압

② 필터의 입력과 출력에서의 리플전압

9-2. 부하가 있을 때 반파정류기와 전파정류기의 출력전압에 차이가 있다면 그 이유를 설명하여라.

9-3. 부하가 있을 때 반파정류기와 전파정류기의 출력사이의 리플전압에 차이가 있다면 그 이유를 설명하여라.

9-4. 250Ω의 부하저항을 갖는 전파정류기와 반파정류기의 전압변동률을 계산하라. 어느 정류기의 전압변동률이 더 좋은가?

9-5. 다음 물음에 답하라.

① 콘덴서를 필터소자로 사용할 때 콘덴서의 용량값이 더 큰 것이 효율적인가?

② 그 이유는 ?

③ 이 실험의 어느 과정에서 이러한 사실을 알 수 있는가?

9-6. $\pi$형 필터의 입력 또는 출력중에서 어느 곳의 리플전압이 더 높은가?  그 이유는?

9-7. $\pi$형 필터의 출력 또는 입력 중 어느 곳에서의 DC 전압이 더 높은가? 그 이유는?

9-8. 그림 6.15의 전파정류기 실험에서 DC 출력전압을 더 많이 감소시키는 개방 콘덴서는 $C_1$, $C_2$중 어느 것인가? 그 이유는?

9-9. 그림 6.15의 전파정류기 실험에서 출력에서 리플전압을 더 많이 증가시키는 개방콘덴서는 $C_1$, $C_2$중 어느 것인가? 그 이유는?

9-10. 실험을 한 후 배운점과 느낀점을 써라.

(1) 배운점

(2) 느낀점

# 제 3부
# 트랜지스터의 특성과 응용

# 7장 트랜지스터의 특성

## 1. TR의 단순화된 구조와 동작모드

그림 7.1은 BJT(bipolar junction transister)의 단순화된 구조를 나타낸다. 그림 7.2에 나타낸 것처럼 BJT는 세 개의 반도체 영역, 즉 이미터 영역(n형), 베이스 영역(p형), 그리고 컬렉터 영역(n형)으로 구성된다.

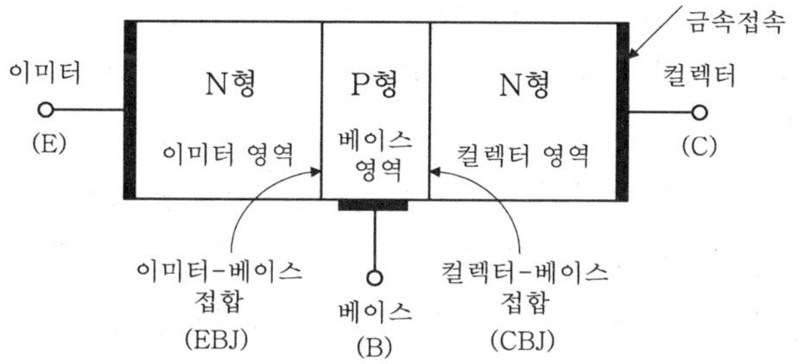


〈그림 7.1〉 NPN 트랜지스터의 단순화된 구조

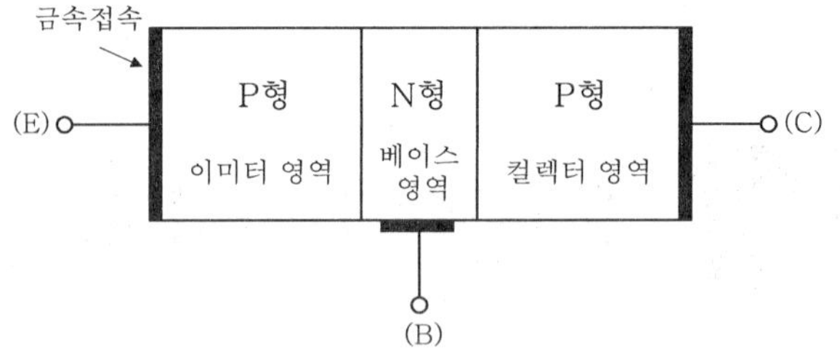


〈그림 7.2〉 PNP 트랜지스터의 단순화된 구조

이 접합들 각각의 바이어스 상태(순방향 또는 역방향)에 따라 표 7.1에 나타낸 것처럼 BJT의 다른 동작모드가 얻어진다.

〈표 7.1〉 BJT의 동작모드

| 모드(mode) | EBJ | CBJ |
|---|---|---|
| 차단(cutoff) | 역방향(reverse) | 역방향(reverse) |
| 활성(active) | 순방향(forward) | 역방향(reverse) |
| 역방향활성(reverse active) | 역방향(reverse) | 순방향(forward) |
| 포화(saturation) | 순방향(forward) | 순방향(forward) |

이와 같은 트랜지스터를 npn 트랜지스터라고 부른다. 그림 7.2에 나타낸 것처럼, npn과는 상반되게 p형 이미터, n형 베이스, 그리고 p형 컬렉터를 가지는 또 다른 트랜지스터를 pnp 트랜지스터라 부른다.

트랜지스터의 세 개의 반도체 영역 각각에 접속된 단자를 이미터(E : emitter), 베이스(B : base) 그리고 컬렉터(C : collector)라고 명명한다. 트랜지스터 두 개의 pn 접합, 즉 이미터-베이스 접합(EBJ)과 컬렉터-베이스 접합(CBJ)으로 구성된다.

증폭기에서는 활성모드(active mode)로 동작한다. 또한 이 모드를 순방향 활성모드라고도 부른다. 스위칭 응용들(예로서 논리회로들)에서는 차단모드(cutoff mode)와 포화모드(saturation mode) 둘 다를 이용한다. 역방향 활성(reverse active 또는 inverse active)모드는 매우 제한적인 응용을 갖지만 개념적으로 중요하다. 전자와 정공이라는 양 극성의 캐리어들이 모두 바이폴라 트랜지스터의 전류전도과정에 관여하기 때문에 바이폴라(bipolar)라고 명명하게 되었다.

## 2. 트랜지스터의 동작

트랜지스터는 기본적으로 그림 7.3과 같이 N형과 P형의 반도체를 조합시킨 샌드위치 구조로 되어 있다. 그림의 트랜지스터는 NPN형 트랜지스터라고 한다.

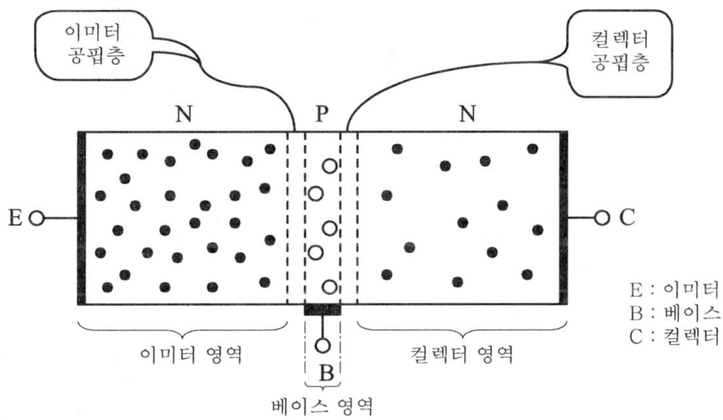


〈그림 7.3〉 NPN형 트랜지스터

그리고 반도체의 각층은 각각의 작용에 따라 이미터, 베이스, 컬렉터라고 명명되며 이것에 전극이 붙어있다. 실제로 트랜지스터의 구조상에 다음과 같은 것이 중요하게 되어있다.

① 베이스의 폭은 대단히 얇고 또한 정공밀도가 작을 것
② 이미터 영역의 전자밀도는 베이스의 정공밀도보다 충분히 클 것
③ 이미터 접합의 면적보다 컬렉터 접합의 면적이 크게 되어 있을 것

그런데 이와 같은 구조로 된 트랜지스터에 그림과 같이 이미터 접합에는 순방향, 컬렉터 접합에는 역방향의 전압을 가하면 다음과 같은 현상이 일어난다.

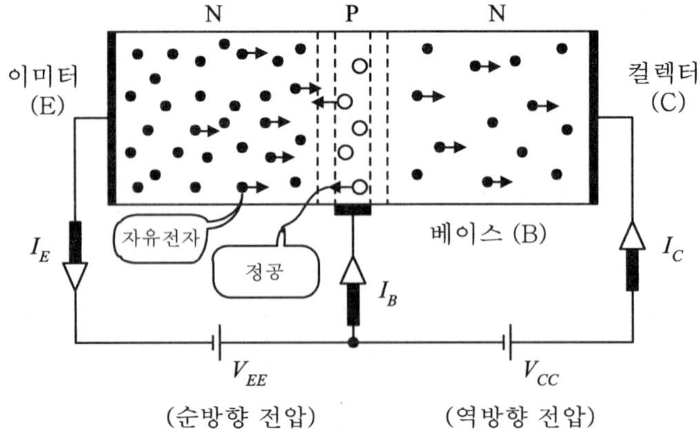


〈그림 7.4〉 순방향과 역방향 전압에 따른 동작

이미터 영역의 전자는 그림 7.4와 같이 베이스 영역으로 확산하면서 들어간다. 그러나 베이스 영역의 폭은 대단히 얇고 더욱이 정공밀도도 작기 때문에 대부분의 전자는 그대로 베이스를 통과해서 컬렉터 영역으로 들어간다. 그리고 컬렉터에 충만 된 전자는 컬렉터의 전극을 통하여 $V_{cc}$의 "+"극으로 진행한다. 이것은 컬렉터의 전극에서 트랜지스터 내부로 전류 $I_c$가 흘러 들어가는 것을 의미한다. 한편 베이스에 들어간 전자의 일부는 베이스 안에서 전공과 결합하여 소멸한다. 그리고 결합에 의하여 베이스 안에 부족한 전공은 외부 전원 $V_{EE}$의 "+"극에서 보급되기 때문에 그것에 따라 약간의 전류가 베이스 전극을 통하여 내부로 흘러들어간다. 또한 베이스에 들어갔기 때문에 전자가 부족한 이미터에는 외부 전원 $V_{EE}$에서 이미터 전극을 통하여 전자가 공급된다. 즉 이미터에서 전극을 통하여 전원 $V_{EE}$의 "-" 극에 전류 $I_E$가 흐른다.

이와 같이 이미터 전류 $I_E$의 대부분은 컬렉터 전류 $I_C$로 되고 그 일부만이 베이스 전류 $I_B$가 되는 것이다 그래서 $I_C/I_E = \alpha$로 정의하고 이것을 베이스 접지의 전류증폭률이라고 한다.

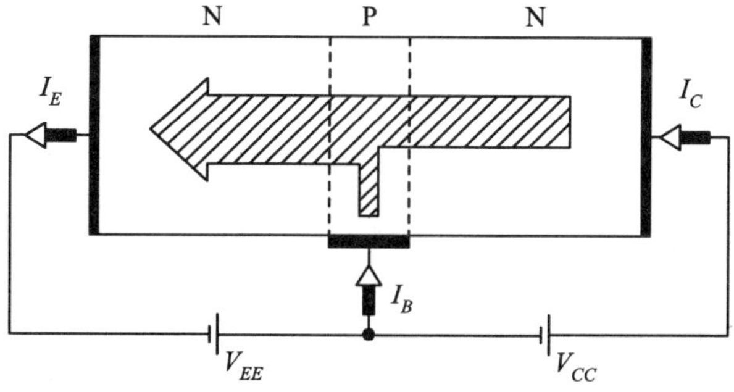


〈그림 7.5〉 트랜지스터의 전류

$\alpha$는 0.98~0.988정도의 값이다. 그런데 트랜지스터의 동작에서는 다음과 같은 것이 중요하다. 그림 7.6에서 역방향 전압 $V_{cc}$의 값을 변화시켜도 전압 $V_{EE}$를 바꾸지 않는 한 컬렉터 전류 $I_C$의 값은 변화하지 않는다. 순방향 전압 $V_{EE}$를 변화시키면 이미터 전류 $I_E$, 베이스 전류 $I_B$, 컬렉터 전류 $I_C$는 각각 비례관계를 유지하면서 변화한다. 즉, $I_E$가 증가하면 $I_B$, $I_C$도 증가한다.

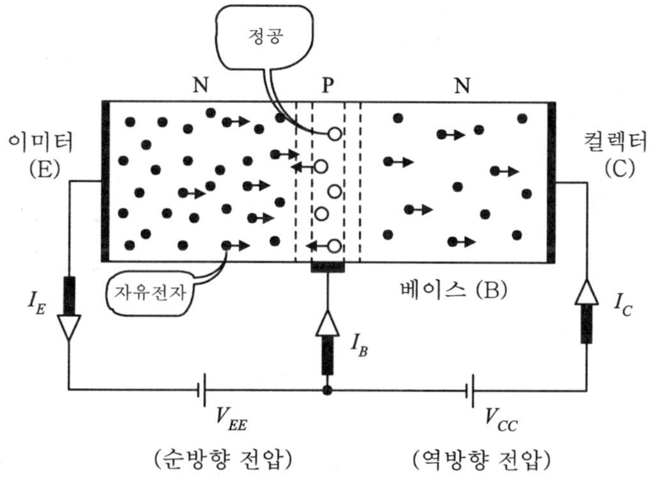


〈그림 7.6〉 트랜지스터의 동작

그러면 트랜지스터의 각 전극에 흐르는 전류 $I_E$, $I_B$, $I_C$의 크기에 대한 관계를 보면 다음과 같다.

$I_C/I_E = \alpha$ 로 하고 이것을 베이스 접지의 전류 증폭률이라고 정의하였기 때문에 다음과 같은 관계가 성립한다.

$$I_C = \alpha I_E$$
$$I_E = I_C + I_B$$
$$I_B = (1-\alpha)I_E$$
$$I_E : I_B : I_C = I_E : (1-\alpha)I_E : \alpha I_E$$
$$= 1 : (1-\alpha) : \alpha$$

그리고 이 전류 상호간의 관계는 그림 7.7(b)과 같이 회로를 변경해도 바뀌지 않는다. 요컨대 베이스와 이미터사이에 순방향, 베이스와 컬렉터 사이에 역방향 전압이 가해지도록 되어 있으면 좋다.

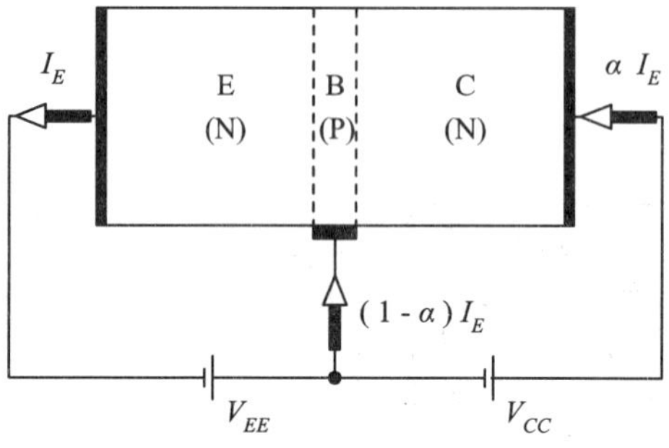


(a) 베이스 접지

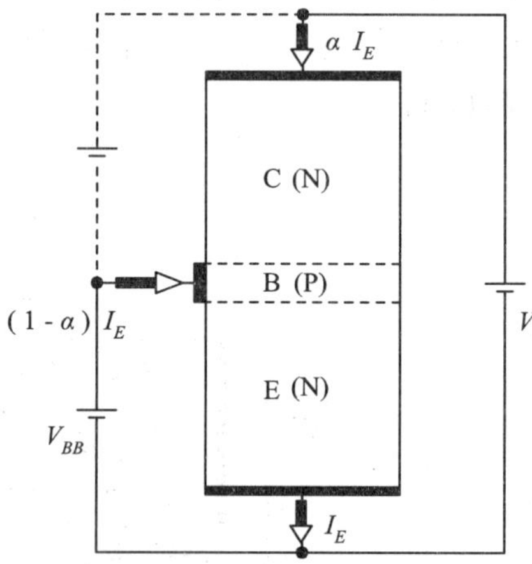


(b) 이미터 접지

〈그림 7.7〉 트랜지스터의 접지

예를 들면 $\alpha = 0.99$인 트랜지스터의 경우에 $I_E = 1\text{mA}$라고 하면 다음과 같다.

$$I_B = (1-\alpha)I_E = (1-0.99)\times 1\text{m} = 0.01\text{mA}$$
$$I_C = \alpha I_E = 0.99 \times 1\text{m} = 0.99\text{mA}$$

그리고 이 전류의 크기에 대한 상호관계는 항상 일정한 비율이 된다. 다시 말하면 순방향에 전압을 가해서 0.01mA의 베이스 전류를 흘리면 99배의 컬렉터 전류를 흘릴 수가 있게 된다. 또 $I_C/I_B = \beta$로 정의되며 $\alpha$와 $\beta$와의 관계는 다음과 같다.

$$\alpha = \frac{\beta}{\beta+1},\ \beta = \frac{\alpha}{1-\alpha}$$

PNP트랜지스터도 NPN 형과 동일한 동작을 하는데 이를 위해서는 공급하는 전압의 극성을 위해서는 공급하는 전압의 극성을 NPN형인 경우와 밴대로 하지 않으면 안 된다. PNP형 트랜지스터인 경우에도 다음의 관계가 성립한다.

$$I_E = I_B + I_C$$

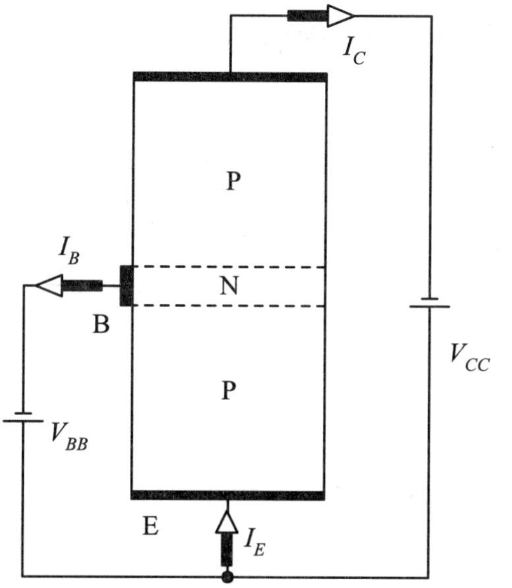


〈그림 7.8〉 PNP형 트랜지스터

트랜지스터를 나타내는 데는 다음과 같은 그림 심볼을 사용한다. NPN, PNP중 어떠한 경우에도 화살표가 잇는 전극이 이미터이다.

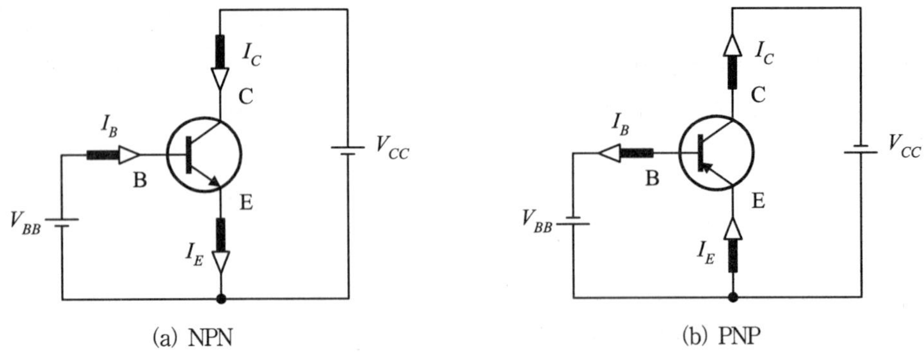


〈그림 7.9〉 트랜지스터의 심볼

그리고 이 화살표 방향으로 전류가 흐른다고 외어두면 뒤에 배우게 되는 바이어스 전압을 가하는 방법이나 전원을 접속하는 극성등도 틀리는 일이 없다.

## 3. 트랜지스터의 명명법 및 판별법

### (1) 트랜지스터의 명명법

트랜지스터의 명칭은 전자기기제품업체가 독자적으로 정한 것도 있으나 통일된 명칭으로써는 미국의 전자공업회(EIA)의 명칭과 일본의 전자기계 공업회(CES) 표준 규격의 명칭이 있다. 미국의 전자공업회(EIA) 명칭의 예를 보이면 다음과 같다.

2 N 2 3 6
2 N 2 3 6 A
2 N 2 3 6 B
2 N 2 3 8

EIA 방식의 명칭은 숫자문자 숫자의 순으로 되어 있는데 처음의 숫자는 PN 접합의 수를 나타내고 있다. 즉 처음의 숫자가 0일 때는 광트랜지스터(photo TR ; 광선을 많이 받을수록 비례하여 전류가 많이 흐르는 TR)임을 나타내고, 1일 때는 2극을 나타내며, 2의 숫자가 있을 때는 3극 TR임을 각각 나타내고 있다. 다음의 영문 N은 반도체 제춤 임을 나타내며 그 다음의 숫자는 품종을 구별케 하는 것으로 등록번호이다. 만약 그 숫자 뒤에 영문자가 있을 때에는 개량형 임을 뜻한다. 일본의 전자기계 공업회(CES)방식의 예를 그림 7.10과 같다. 하지만 이 예를 따르지 않는 경우도 있다.

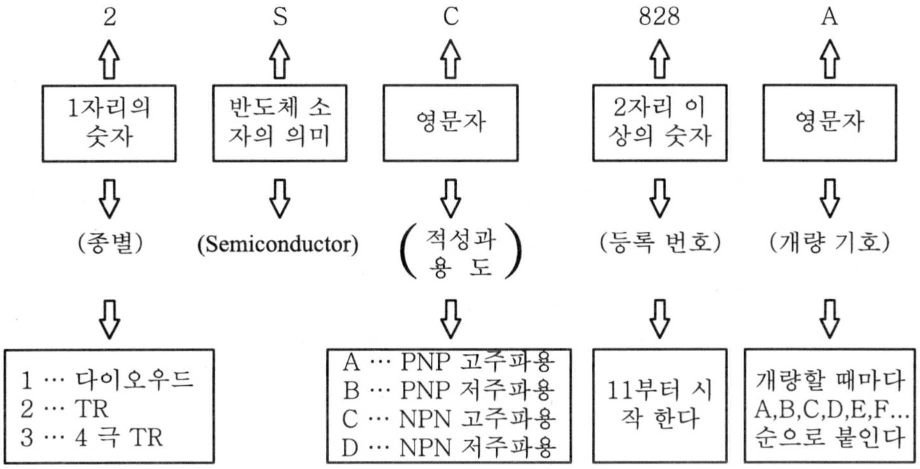


<주> 제품에 표시하는 경우에는 제 1, 2 항을 생략하는 일이 있다.

〈그림 7.10〉 트랜지스터의 명명법의 예

최근에는 국내 생산업체를 비롯하여 외국의 유명업체에서 독자적인 명칭을 붙이고 있기 때문에 공식적으로 위에 적은바대로 분류해 보려면 매우 무리가 된다. 위와 같은 명칭이 정해진 것과는 상관없이 TR을 정확하게 이용하려면 항상 TR의 여러 가지 특성을 수록한 트랜지스터의 규격표를 이용해야 한다.

### (2)트랜지스터(TR ; transister)의 판별법

1) NPN 트랜지스터(형명 : 2SC··, C··, 2SD·· 또는 2N··)

① 베이스(B) 판별법

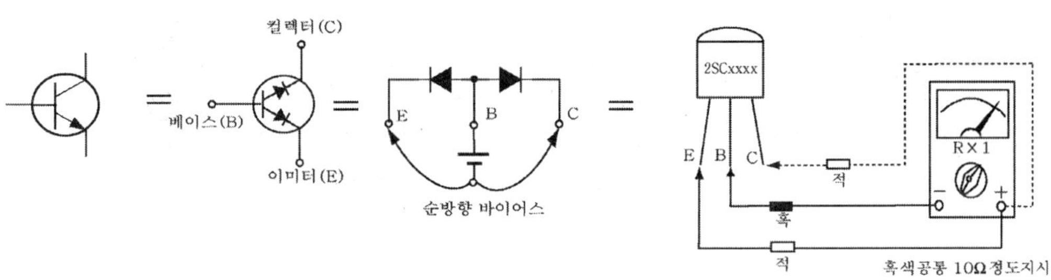

② 이미터(E)와 컬렉터(C) 판별법

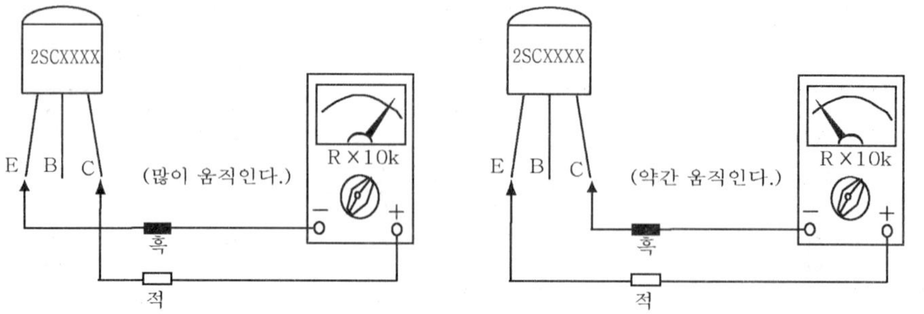


2) PNP 트랜지스터(형명 : 2SA··,2SB·· 또는 2N··)

① 베이스(B) 판별법

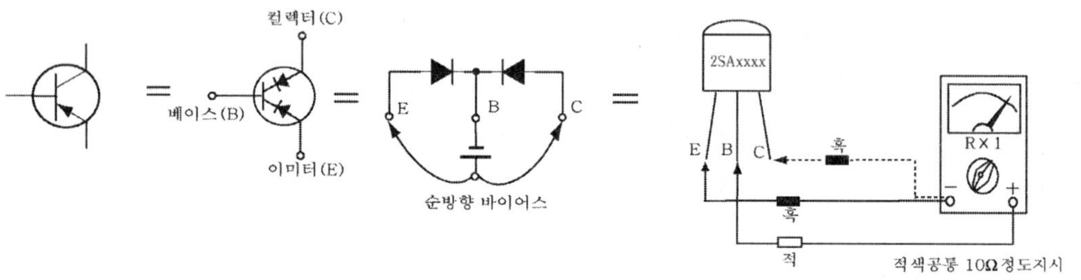


② 이미터(E)와 컬렉터(C) 판별법

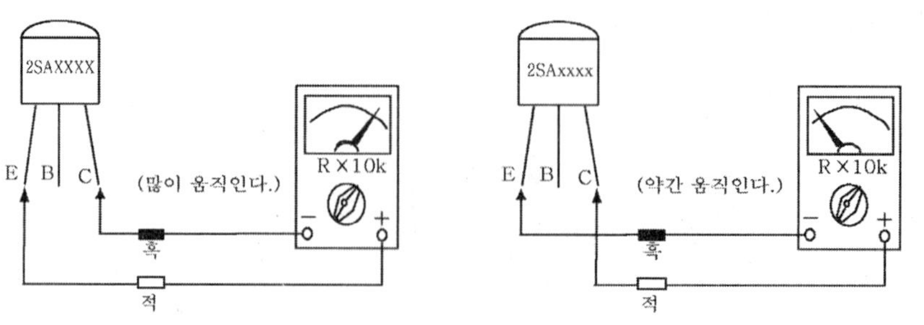

### (3) TR의 점검

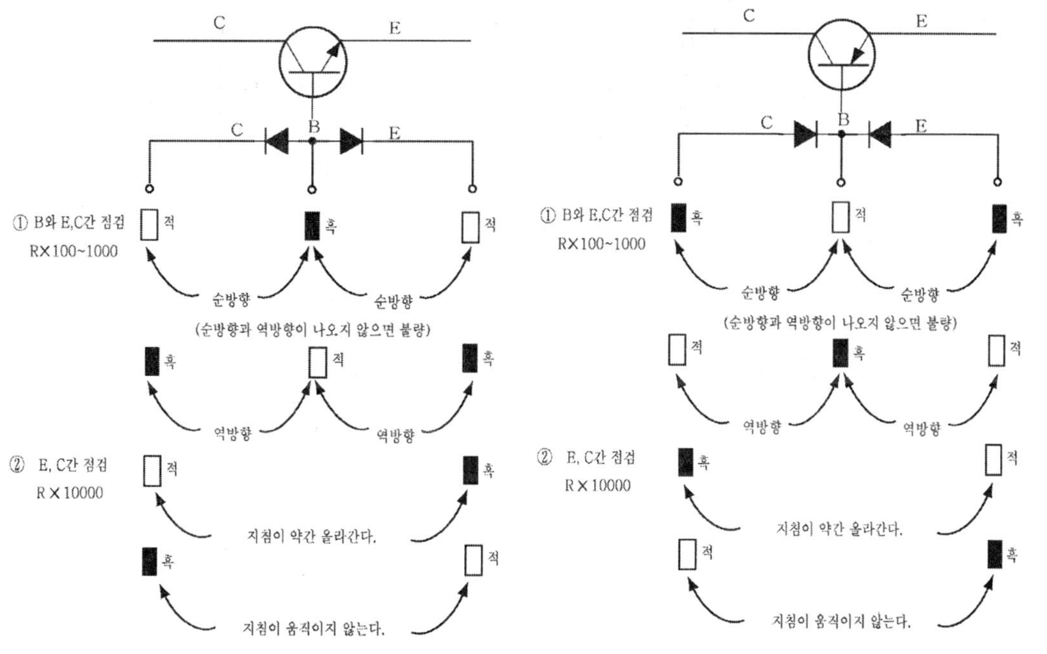


(NPN TR) (PNP TR)

## 4. 공통 이미터 회로

가장 자주 접하는 트랜지스터 회로는 그림 7.11에 나타낸 것처럼 PNP와 NPN 트랜지스터 회로이다. 이는 이미터가 베이스와 컬렉터단자에 공통으로 연결되어 있으므로 공통이미터회로라 한다. 2개의 특성곡선이 공통이미터 회로에 대한 특성곡선을 설명하기 위해 필요하다.

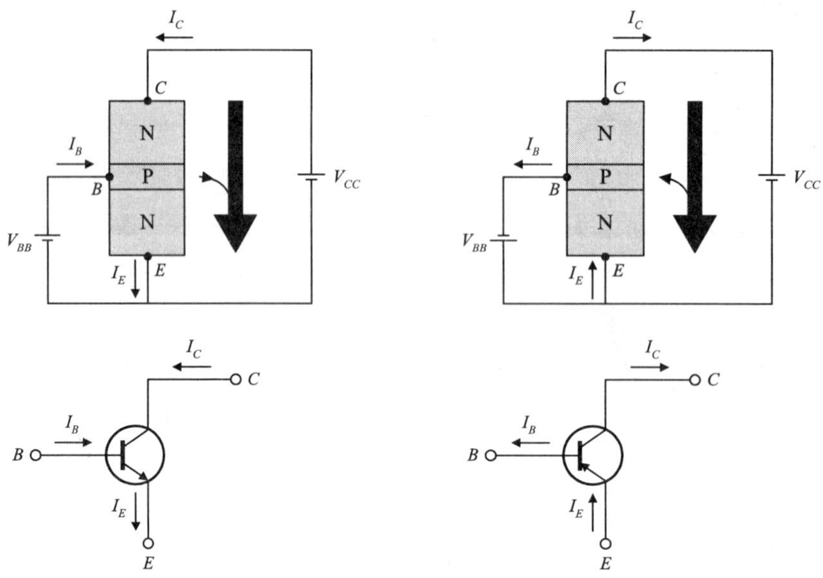


(a) NPN 트랜지스터 (b) PNP 트랜지스터

〈그림 7.11〉 공통이미터 회로의 표시와 기호

그림 7.12와 같이 입력 또는 베이스-이미터회로에 대한 특성곡선과 출력 또는 컬렉터-이미터회로에 대한 특성곡선이다.

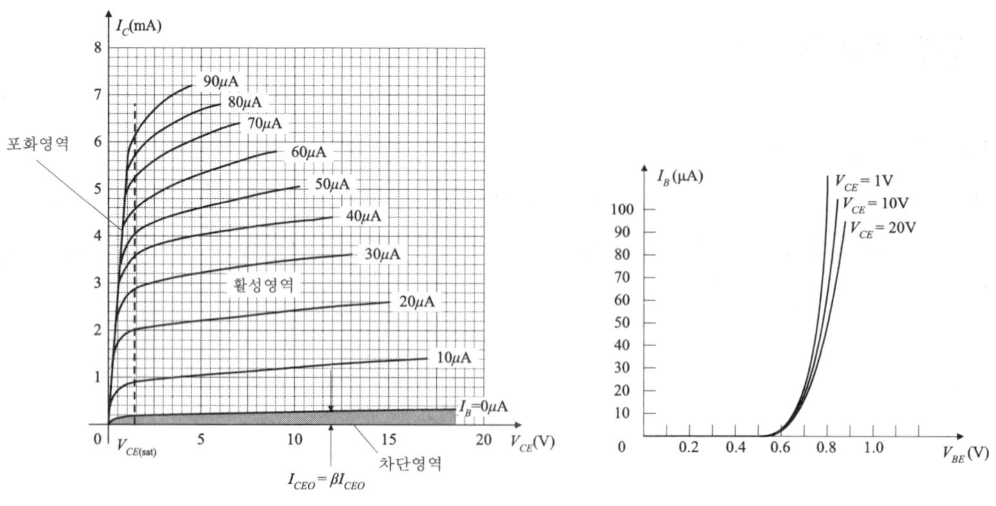


(a) 컬렉터 특성 (b) 베이스 특성

〈그림 7.12〉 공통이미터회로에서 실리콘(Si) 트랜지스터의 특성

이미터, 컬렉터, 그리고 베이스 전류가 실제의 일반적인 전류방향으로 표시되어 있으며 트랜지스터의 접속형태가 바뀌더라도 공통베이스회로에서 초기에 성립된 전류관계는 여전히 적용된다. 즉 $I_E = I_C + I_B$ 및 $I_C = \alpha I_E$이다.

공통이미터회로에서 출력특성은 입력전류($I_B$)값의 범위에 대한 출력전압($V_{CE}$)대 출력전류($I_C$)사이의 관계를 그린 것이다. 입력특성은 출력전압($V_{CE}$)값의 범위에 대한 입력전류($I_B$)대 입력전압($V_{BE}$)사이의 관계를 그린 것이다. 그림 7.12의 특성에서 $I_B$의 크기는 $I_C$의 크기가 mA 단위인데 비하여 $\mu$A의 단위가 된다. 또한 $I_B$의 곡선은 공통이미터 회로에서 $I_E$에 대하여 얻어진 것처럼 수평이 되지 않는데 이는 컬렉터-이미터간의 전압이 컬렉터 전류의 크기에 영향을 미친다는 것을 나타낸다.

공통이미터회로에서 활성영역은 거의 선형성을 갖는 제1상항에 위치하며 이는 $I_B$의 곡선이 거의 직선이며 같은 간격으로 위치하는 영역이다. 그림 7.12에서 이 영역은 $V_{CE_{sat}}$에서 수직으로 뻗은 선의 오른쪽과 $I_B$가 0인 영역위에 위치한다. $V_{CE_{sat}}$의 왼쪽영역은 포화영역이라 한다. 공통이미터증폭기의 활성영역에서 컬렉터-베이스접합은 역바이어스이며 반면에 베이스-이미터접합은 순방향바이어스로 된다.

이것은 공통베이스회로의 활성영역에서 존재하는 것과 같은 조건임을 알 수 있다. 공통이미터회로의 활성영역은 전압, 전류, 혹은 전력증폭을 위하여 사용된다. 그림 7.12의 컬렉터 특성에서 $I_B$가 0일 때 컬렉터 전류는 다만 역포화전류 $I_{C0}$와 같아진다. 그러므로 곡선 $I_E = 0$과 전압축은 모든 실용적 목적에서 하나임을 나타낸다. 컬렉터 특성은 다음과 같이 나타낼 수 있다.

$$I_C = \alpha I_E + I_{CB0}$$

$$I_C = \alpha (I_C + I_B) + I_{CB0}$$

$$I_C = \frac{\alpha I_B}{1-\alpha} + \frac{I_{CB0}}{1-\alpha}$$

$I_B = 0\mu A$인 조건에 의해 정의된 컬렉터 전류는 다음과 같이 표시될 것이다.

$$I_{CE0} = \left. \frac{I_{CB0}}{1-\alpha} \right|_{I_B = 0\mu A}$$

그림 7.13에서 새롭게 정의된 이 전류에 대한 주위의 조건들이 지정된 기준방향으로 증

명되었다. 선형증폭(최소왜곡)을 목적으로 할 때 공통이미터회로에서의 차단상태는 $I_C = I_{CE0}$에 의해 결정된다. 다시 말해서 출력파형이 찌그러지지 않으려면 $I_B = 0\mu A$이하의 영역을 피하여야 한다.

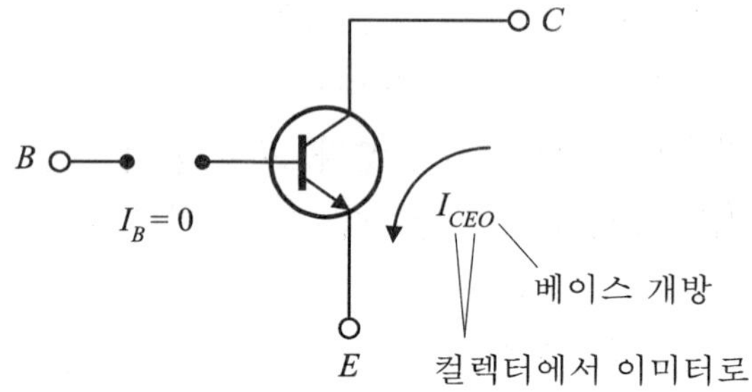


〈그림 7.13〉 $I_{CE0}$와 관련된 회로조건

$I_{CE0}$는 Si 재료에서 보통 낮기 때문에 Si 트랜지스터에서 차단영역은 $I_B = 0\mu A$ 또는 $I_C = I_{CE0}$일 때만 스위칭 목적으로써 존재한다. 그러나 Ge 트랜지스터의 스위칭 목적을 위한 차단영역은 $I_C = I_{CB0}$일 때 존재하는 것으로써 정의된다.

직류모드에서 $I_C$와 $I_B$의 크기는 다음과 같이 정의되는 베타($\beta$)값과 관련된다.

$$\beta_{DC} = \frac{I_C}{I_B}$$

여기서 $I_C$와 $I_B$는 특성곡선의 특정한 동작점에서 결정되는 값이다. $\beta_{DC}$는 하이브리드(hybrid)의 등가회로로부터 유래된 $h$자로 나타내지는 $h_{FE}$를 포함한다. $FE$는 순방향 전류측정과 공통이미터회로로부터 각각 나온 것이다. 교류동작 상태에서 교류 $\beta$는 다음과 같이 정의된다.

$$\beta_{ac} = \left.\frac{\Delta I_C}{\Delta I_B}\right|_{V_{CE}=\text{상수}}$$

$\beta_{ac}$의 공식적인 이름은 공통이미터 순방향 전류증폭률이다. 공통이미터회로에서 컬렉터 전류는 대개 출력전류가 되고 베이스 전류는 입력전류가 되기 때문에 증폭이라는 말이 위의 용어에 포함된다. 규격표에서 $\beta_{ac}$는 $h_{fe}$로 폭 1된다. $fe$는 공통이미터회로에서 순방향 전류이득을 나타낸 것이다.

그림 7.14에서 나타낸 것처럼 $I_B = 25\mu A$, $V_{CE} = 7.5V$인 동작점에 의해 정의되는 특성 곡선의 영역에 대해 $\beta_{ac}$를 결정해 보자. $V_{CE}$가 상수라는 제한은 $V_{CE} = 7.5V$인 점에서 동작점을 지나는 수직선을 그림으로써 나타낼 수 있다. 베이스 전류의 변화($\Delta I_B$)는 $Q$점에서 같은 거리에 있는 수직축상을 따라 $Q$점의 임의의 두 방향에 있는 두 점을 선택함으로써 정의할 수 있다. 이 상태에서 $I_B$의 두 교차점과 수직축에서 $I_C$의 두 레벨은 수직축에 대해 수평선을 그음으로써 결정된다.

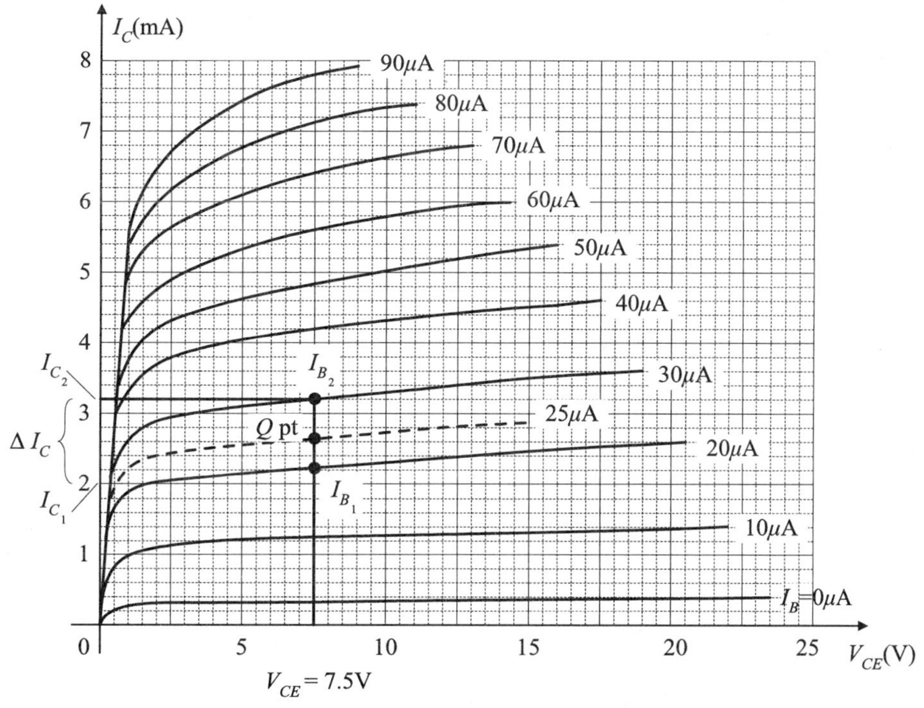


〈그림 7.14〉 컬렉터 특성으로부터 $\beta_{ac}$와 $\beta_{DC}$의 결정

이 영역에서 얻어지는 $\beta_{ac}$는 다음과 같이 결정된다.

$$\beta_{ac} = \left.\frac{\Delta I_C}{\Delta I_B}\right|_{V_{CE}=\text{상수}} = \frac{I_{C_2} - I_{C_1}}{I_{B_2} - I_{B_1}}$$

$$= \frac{3.2\text{mA} - 2.2\text{mA}}{30\mu\text{A} - 20\mu\text{A}} = \frac{1\text{mA}}{10\mu\text{A}} = 100$$

$Q$점에서 직류 $\beta$값은 다음과 같이 구할 수 있다.

$$\beta_{DC} = \frac{I_C}{I_B} = \frac{2.7\text{mA}}{25\mu\text{A}} = 108$$

$\beta_{ac}$와 $\beta_{DC}$는 정확히 서로 같은 값은 아니지만 두 값은 보통 거의 비슷한 값을 가지며 대개 서로 바꾸어서 사용하기도 한다. 즉 $\beta_{ac}$을 안다면 이것은 $\beta_{DC}$로도 사용하며 또 반대의 경우도 가능하다.

$\alpha$와 $\beta$와의 관계를 요약하면 다음과 같다.

$$\alpha = \frac{\beta}{\beta+1},\ \beta = \frac{\alpha}{1-\alpha}$$
$$I_{CE0} = (\beta+1)I_{CB0},\quad I_{CE0} \approx \beta I_{CB0},$$
$$I_C = \beta I_B,\ I_E = (\beta+1)I_B$$

## 5. 동작의 한계

각 트랜지스터는 출력신호가 최대정격을 초과하지 않으면서 최소의 왜곡을 가짐을 보장하는 동작특성상의 영역을 가진다. 이와 같은 영역은 그림 7.15의 트랜지스터 특성곡선으로 정의 된다. 트랜지스터의 동작상의 모든 제한은 트랜지스터의 규격표에 의해 정의된다.

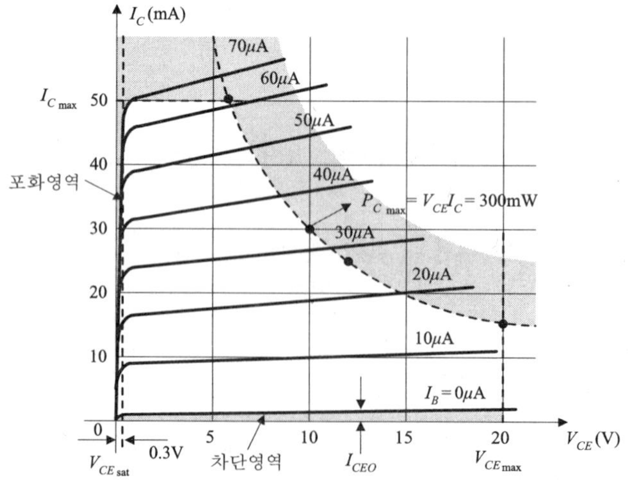


〈그림 7.15〉 트랜지스터의 왜곡되지 않는 선형동작 영역의 정의

최대컬렉터 전류($I_{C_{max}}$)와 최대 컬렉터-이미터 전압($V_{CEO}$)등이 대표적인 예인데 그림 7.15의 경우 $I_{C_{max}} = 50\text{mA}$이고 $V_{CEO} = 20\text{V}$이다. 특성곡선상에서 $V_{CE_{SAT}}$로 정의된 수직선은 포화영역이라 이름 붙여진 비선형 영역으로 떨어지지 않도록 인가될 수 있는 최소의 $V_{CE}$를 나타낸다. $V_{CE_{sat}}$ 레벨은 보통 트랜지스터의 규정범위인 0.3V 근방의 값을 얻는다.

최대전력손실레벨은 다음 식으로 정의된다.

$$P_{C_{max}} = V_{CE}\, I_C$$

그림 7.15의 디바이스에 대해 컬렉터의 전력손실은 300mW이다. 특성곡선상의 모든 점에서 $V_{CE}$와 $I_C$의 곱은 300mW가 되어야 한다. 만약 $I_C$를 최대값인 50mA로 잡을 경우 위의 식에 의해 $V_{CE}$는 다음과 같이 주어진다.

$$P_{C_{max}} = V_{CE} I_C = 300 \text{ mW}$$

$$V_{CE}(50\text{m}) = 300 \text{ mW}$$

$$V_{CE} = \frac{300}{50} = 6\text{V}$$

$V_{CE}$를 최대값인 20V로 잡는다면 $I_C$는 다음과 같이 주어진다.

$$20 I_C = 300\text{mW}$$

$$I_C = \frac{300\text{m}}{20} = 15\text{mA}$$

$I_C$를 중간값인 25mA로 잡으면 $V_{CE}$는 다음과 같다.

$$V_{CE}(25\text{mA}) = 300\text{mW}$$

$$V_{CE} = \frac{300\text{m}}{25\text{m}} = 12\text{V}$$

실제 곡선의 근사화는 이 세 점에 의해 그려진다.

# 6. 트랜지스터의 규격표

트랜지스터의 특성은 컬렉터 전압, 이미터 전류(또는 컬렉터 전류), 주위 온도 등에 따라서 크게 달라진다. 따라서 트랜지스터의 특성을 나타낼 때는 위의 조건을 고려하고 일정한 기준을 정할 필요가 있는데 일반적으로 소 출력 트랜지스터일 경우에는 컬렉터 전압 6V, 이미터 전류 1mA, 주위온도 25℃의 조건하에서 측정한 결과를 나타내고 있다. 수 mW 이하의 출력을 낼 수 있는 트랜지스터는 소 출력 트랜지스터라 하고, 수십 mW~수백 mW의 출력을 낼 수 있는 트랜지스터는 중 출력, 수 W이상의 출력을 낼 수 있는 트랜지스터는 대 출력 트랜지스터라 부른다.

접합 TR의 규격표에서는 다음과 같은 명칭을 사용한다.

① 형명(型名) : TR 고유의 명칭, 2N3904, 2SC1815...
② 사명(社名) : TR의 생산 회사명
③ 용도(用途) : 가장 적합한 곳, 사용처
RF(고주파 증폭), IF(중간주파 증폭), CONV(주파수 증폭, 중간주파증폭, 주파수변환)

### (1) 최대정격

최대정격은 사용할 수 있는 최고 한도의 값을 나타내는 것이다. 최대정격이상으로 동작하게하면 TR의 특성이 달라지거나 수명이 짧아지며 정도에 지나치면 파손된다.

1) 최대 $V_{CBO}$

최대 $V_{CBO}$는 $V_{C_{max}}$ 라고 표시하는 경우도 있는데 다음과 같은 뜻을 가지고 있다. 그림 7.16과 같이 컬렉터와 베이스 사이에 역방향 전압 $V_{CB}$를 공급하고 이 전압을 점점 높여가며 컬렉터와 베이스사이에 흐르는 전류($I_{CBO}$)는 그림 7.17과 같이 극히 적은 값으로 거의 일정하게 흐르다가 어느 한계점에 도달하면 역방향 전류가 급격히 증가하는 점이 있다.

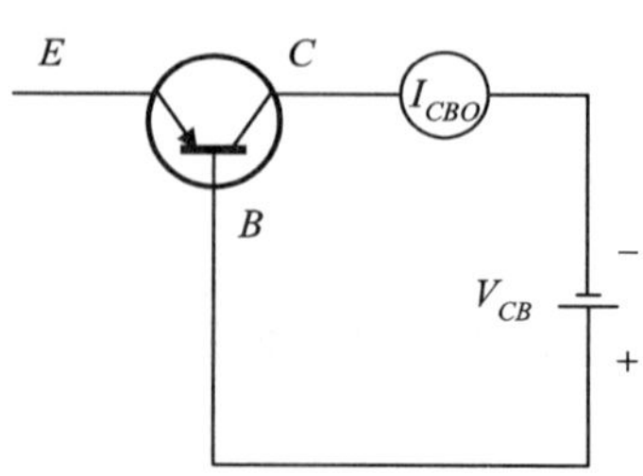


<그림 7.16> 최대 $V_{CBO}$

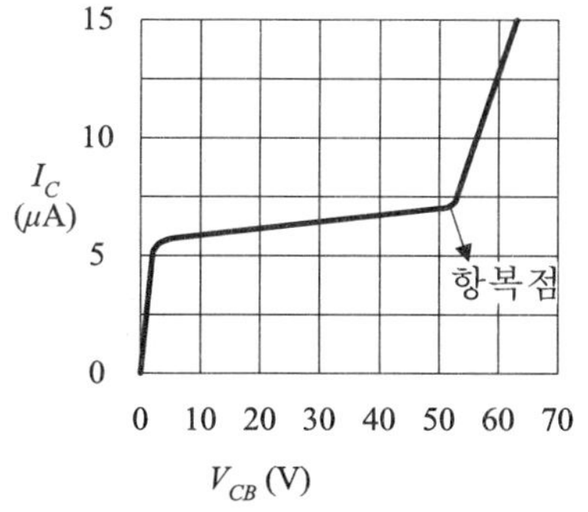


〈그림 7.17〉 $V_{CB}-I_C$특성

이때 전류가 급격히 증가하기 시작하는 것은 PN 접합부에 역방향 전압이 정도이상으로 너무 높게 걸려서 강전계에 의하여 반도체내에 공유결합을 하고 있던 전자가 튀어나와 전원의 "-"측으로부터 "+" 측으로 이동함으로써 역방향특성을 잃기 때문에 이때 역방향 특성을 잃어버리기 시작하는 한계점의 전압을 컬렉터와 베이스사이의 항복전압이라 한다. 그림 7.17에서 항복전압은 50V이다.

이와 같은 항복전압이 걸려있는 상태에서는 TR이 TR로서의 정상적인 동작을 할 수가 없다. 따라서 TR이 정상적으로 동작할 수 있으려면 컬렉터에는 항상 항복전압이하로 전압을 공급하지 않으면 안 되는 것이다. 규격표에 있는 $V_{CBO}$는 이와 같은 컬렉터와 베이스간의 항복고전압보다 약간 낮은 전압을 나타내고 있다. $V_{CBO}$에서 $V_{CB}$는 컬렉터(C)와 베이스(B)간의 역방향 전압을 나타내고 O(open)는 열어놓은 상태 즉 그림 7.16처럼 이미터가 연결 되지 않은 상태임을 나타낸다. 만약 $V_{EBO}$라 적혀 있다면 컬렉터를 연결하지 않은 상태에서 이미터와 베이스 간에 역방향의 항복전압보다 약간 낮은 전압을 나타내는 것이다.

$V_{EBO}$에서 C가 없고 대신 O가 있으므로 C(컬렉터)를 연결하지 않을 때라 판단하고 $V_{CBO}$에서는 E가 없고 대신 O가 있으므로 E(이미터)를 연결하지 않은 때 인 것으로 판단한다. $V_{CBO}$는 컬렉터에 공급할 수 있는 최고한계의 전압이므로 $V_{CBO}$는 TR회로를 설계할 때 전원전압의 크기를 결정하는데 이용되는 것이다. $V_{CBO}$가 높은 TR일수록 전원전압을 높게 공급할 수 있으나 어떤 경우에도 $V_{CBO}$를 초과해서는 안 된다.

2) 최대 $V_{EBO}$

최대 $V_{EBO}$ 그림 11.18과 같이 컬렉터를 차단시킨 상태에서 이미터와 베이스사이에 역방향으로 공급할 수 있는 최고한도의 전압을 나타낸다. 이것은 위에서 설명한 것과 같이 컬렉터를 차단시킨 상태에서 이미터와 베이스 간에 역방향의 항복전압보다 약간 낮은 전압이다. 만약 $V_{EBO}$이상의 전압이 공급되면 역방향 특성이 없어지고 심하면 TR의 특성이 달라지거나 TR이 파손된다.

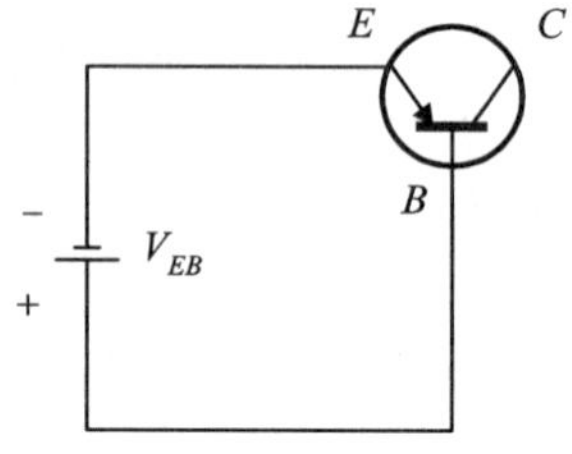


〈그림 7.18〉 최대 $V_{EBO}$

3) 최대 $I_C$

최대 $I_C$는 $I_{C_{max}}$라 표시한 규격표도 있는데 이것은 컬렉터에 흘릴 수 있는 최고한도의 전류를 나타낸 것이다. 그 이상으로 전류를 흘리면 특성이 변화되거나 수명이 짧아지고 심하면 TR이 파손된다.

4) 최대 $P_C$

최대 $P_C$는 $P_{C_{max}}$라 표시한 규격표도 있는데 이것은 컬렉터의 최대 허용손실전력을 나타내는 것이다. TR을 동작시킬 때는 컬렉터에 전압을 공급하고 컬렉터 전류를 흘리기 때문에 컬렉터에는 상당한 전력이 소비된다. 같은 크기의 전류가 흐르는 회로에서는 소비되는 전력이 저항의 크기에 비례하는데 컬렉터특은 역방향전압이 걸려서 저항이 크게 작용하기 때문에 TR에서는 컬렉터 측에서 대부분이 전력이 소비된다. 이 때 소비되는 전력은 컬렉터 측 PN 접합부의 온도를 높이므로 소비전력이 어느 정도 이상으로 증가하면 TR이 과열되어 파손되는 것이다. 이와 같이 TR은 전력소비에 한도가 있는데 이것을 컬렉터의 최대 허용손실전력이라 한다.

규격표에 나와 있는 최대정격 $P_C$는 주위온도가 25℃일 때 컬렉터의 최대허용손실전력이다. 이와 같은 컬렉터의 최대 허용손실전력은 꼭 같은 TR일지라도 주위의 온도가 높을 때는 TR이 쉽게 과열되므로 컬렉터의 허용손실전력이 감소되는데 통계에 의하면 주위온도가 1℃상승하는데 대하여 2%정도의 비율로 허용손실전력이 감소된다. 그러므로 주위손실전력은 2%감소되어 98W가 디며 50℃인 곳에서 이용한다면 25℃가 더 높아졌으므로 최대 허용손실은 25×2=50%가 감소된다. 따라서 이때는 컬렉터 허용손실이 50W인 TR로 간주하고 이용해야 한다.

수십 mW~수백 mW의 출력을 낼 수 있는 중출력용 TR이나 수W이상의 출력을 낼 수 있는 대출력용 TR이 각각 최대의 출력을 낼 때는 주위 온도가 50℃~60℃까지 상승되므로 중출력 TR이나 대출력 TR을 이용할 때는 주위온도를 50℃~60℃로 간주하고 허용손실 전력을 환산해야 한다. 그러므로 규격표에 따라서는 중출력용 TR이나 대출력용 TR은 주위온도가 50℃~60℃일 경우의 최대 컬렉터 허용손실전력을 나타낸 것도 있다.

5) $T_j$

$T_j$는 컬렉터측 PN 접합부가 견딜 수 있는 최고한도의 온도입니다. 접합부의 온도가 그 이상이 될 때는 TR이 파손된다. 접합부의 온도는 앞서 설명한 것과 같이 주위온도에 맞는 컬렉터의 최대 허용손실전력을 초과하지 않으면 접합부의 온도 역시 초과하지 않는다. Ey 구격표에는 전기적인 특성란이 있는데 이것은 주위온도 25℃에서의 전기적인 특성이다.

6) $I_{CBO}$

$I_{CBO}$는 이미터를 차단하고 컬렉터와 베이스사이에 역방향 전압 $V_{CB}$를 공급했을 때 컬렉터에 흐르는 전류의 크기를 나타내는 것인데 이것을 컬렉터 차단전류라 한다. 차단전류는 같은 명칭의 TR일 경우에는 적은 것일수록 성능이 좋은 것이다. 규격표에서 $I_{CBO}$의 옆에 적혀있는 $V_{CB}$는 $I_{CBO}$를 측정할 때 컬렉터와 베이스 간에 역방향으로 공급해준 전압의 크기이다.

### (2) 전류증폭률($h_{FE}$)

$h_{FE}$은 그림 7.19와 같이 이미터 공통접속호로에서 베이스 펄스전류 $I_b$를 흘릴 때 컬렉터측에 증폭된 펄스전류 $I_C$를 측정하여 $I_B$로 $I_C$를 나누어 얻은 값을 나타낸다. 따라서 이 값을 이미터 접지 때의 펄스 전류증폭률 또는 직류전류 증폭률이라고 한다.

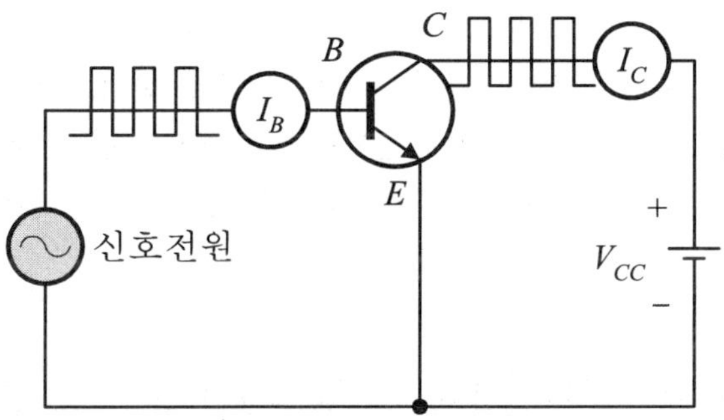


〈그림 7.19〉 전류 증폭률 측정

여러 개의 TR을 이용하여 다단으로 증폭을 할 경우에 마지막단의 TR에는 앞에서 증폭된 큰 신호전력이 공급되므로 마지막단의 TR 즉 출력단의 TR은 큰 신호전력이 공급될 때의 전류증폭률을 이용하는 것이 정확하다. 따라서 마지막 단에 많이 이용하는 중출력 TR이나 대출력 TR은 대부분 충분히 큰 펄스전류를 베이스에 흘리고 그때 흐르는 컬렉터의 펄스전류를 측정하여 증폭률을 구하고 이것을 규격표에 $h_{FE}$로 나타내는 것이다. 그러므로 이것을 대신호 증폭률이라고도 한다. 출력을 많이 내는 TR이 아닐 경우에는 소신호 전력을 공급하며 전류증폭률을 측정한다. 이와 같이 대신호와 소신호를 공급하고 측정하는 것은 신호가 클 때는 증폭률이 저하되기 때문이다.

TR의 증폭률을 측정할 때는 그림 7.20에서 $I_B = 2\text{mA}$, $I_C = 100\text{m}$가 흐르고 베이스 전류를 증가시켜서 $I_B = 3\text{mA}$가 흐를 때 $I_C = 150\text{mA}$가 흐른다고 가정하면 $h_{FE}$는 다음과 같이 구한다.

$$h_{FE} = \frac{\text{컬렉터 전류의 변화된 크기}}{\text{베이스 전류의 변화된 크기}} = \frac{150-100}{3-2} = \frac{50}{1} = 50$$

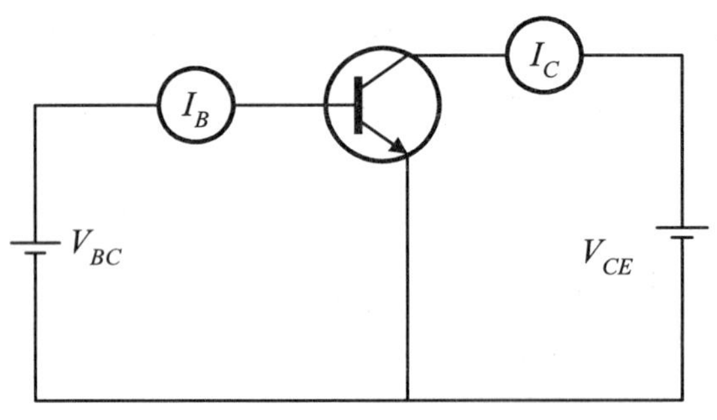


〈그림 7.20〉 이미터 접지 시 전류증폭률

따라서 이미터 접지 때의 직류전류증폭률이 50이라고 한다. 여기에서 변화시킨 베이스 전류(위에서는 1mA임)가 측정하는 TR의 베이스 전류로서 충분히 큰 편일 때는 대신호 증폭률($h_{FE}$)이라고 하고 적은 편일 때는 소신호 증폭률($h_{fe}$)이라고 한다.

### (3) 차단주파수

주파수가 높아질수록 증폭률이 저하되는 것은 트랜지스터 내를 달리는 정공이나 전자의 속도가 진공관 내를 달리는 전자에 비하여 매우 늦기 때문에 EB사이에 공급하는 신호전류의 주파수가 높아지면 정공이나 전자가 컬렉터에 도달하기까지에 상당한 시간이 걸리고 또 전공이나 전자가 이미터에서 동시에 출발한다 할지라도 통로가 다르고 이미터에서 컬렉터까지의 거리가 불균형하기 때문에 꼭 같은 시간에 컬렉터에 도달하지 못하여 중화되므로 전류 증폭률이 저하된다. 다시 말하면 정공이나 전자가 베이스 영역을 통과하는데 에는 상당한 시간을 요하는 관계로 신호전류의 주파수가 높아지면 컬렉터전류가 신호전류의 변화를 따르지 못하여 증폭작용이 감쇠되는 것이다.

그림 7.21과 같이 신호전류의 주파수가 높아지면 증폭률이 점점 저하되는데 증폭률이 저하되어 최대증폭률(낮은 주파수 부근에서 증폭률이 가장 높음)의 70.7%가 될 때의 주파수를 트랜지스터의 차단주파수라 한다.

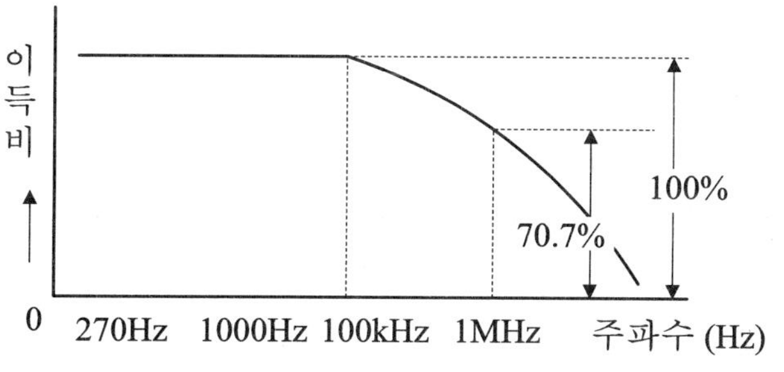


〈그림 7.21〉 차단주파수

그런데 이와 같은 주파수는 일반적으로 주파수가 높아져서 증폭률이 저하되기 시작하는 주파수의 10배가량이 되는 주파수이다.

그림 7.21에서 100kHz부터 증폭률이 저하되기 시작하여 100kHz의 10배가량이 되는 1MHz에서 최대증폭률이 70.7%가 된다. 이와 같이 주파수특성을 가진 TR은 차단주파수가 1MHz라 한다. 이러한 TR은 1MHz까지 증폭할 수 있는 TR이라고 말할 수 있으나 실제로는 증폭률이 저하되기 시작하는 100kHz이하의 주파수까지만 증폭하는 데에 이용하고 그 이상의 주파수에서는 증폭률이 저하되기 때문에 이용하지 않는다. 그러므로 455kHz의 신호를 증폭한다면 차단주파수가 적어도 455×10=4550kHz이상인 TR을 이용해야 한다.

차단주파수는 접지방식에 따라서 현저하게 달라지며 이미터 접지 때의 차단주파수($f_{\alpha e}$)와 베이스접지 때의 차단주파수($f_{\alpha b}$)는 대략 다음과 같은 관계가 있다.

$$f_{\alpha e} \approx \frac{f_{\alpha b}}{\beta} \text{(}\beta\text{는 이미터 접지 때의 전류증폭률)}$$

이미터 접지 때는 베이스 접지일 경우보다 차단주파수가 상당히 낮은 편이므로 차단주파수가 충분히 높은 TR을 생산하지 못한 때에는 베이스접지방식을 많이 이용하였으나 현재는 차단주파수가 충분히 높은 것을 생산하고 있기 때문에 이미터 접지방식을 많이 이용하고 있다.

### (4) $f_T$(트랜지션 주파수)

증폭하는 신호의 주파수가 높아지면 전류증폭률이 점점 저하되는데 이미터 접지 때에 주파수가 높아져서 증폭율이 1로 되는 때의 주파수를 트랜지션 주파수라 한다. 높은 주파수에서의 $h_{fe}$는 주파수가 2배로 높아지면 증폭률은 1/2로 저하되므로 고주파수에서는 다음과 같은 관계식이 있다.

$$f_T = h_{fe} \times (\text{측정 시 주파수})$$

따라서 $f_T$의 값은 높은 것일수록 높은 주파수를 증폭할 수 있는 트랜지스터이다.

### (5) $C_{ob}$(컬렉터 용량)

컬렉터와 베이스는 절연영역인 접합면을 경계로 하여 서로 마주보고 있으므로 그림 7.22와 같이 정전용량을 가지게 된다.

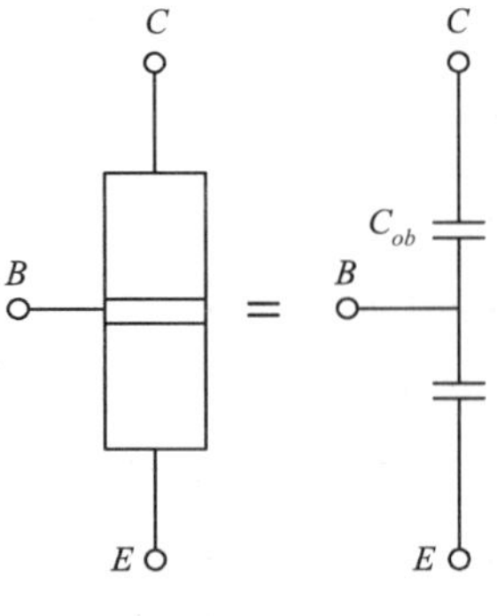


〈그림 7.22〉 컬렉터 용량

이것을 컬렉터 용량이라 하는데 이 용량은 클수록 높은 주파수에 대하여 낮은 임피던스를 가지므로 높은 주파수에서는 출력이 입력 측으로 공급되는 양이 많아져서 좋지 않다.

### (6) 베이스 인입선 저항($r_{bb'}$)

베이스의 퍼짐저항이라고도 불리는데 이것은 베이스의 외부단자에서부터 실제로 베이스로서 동작하는 부분과의 사이에 있는 저항값을 나타내는 것이다. $r_{bb'}$가 크면 클수록 입력신호전력 손실이 크기 때문에 좋지 않다.

### (7) $h_{ie}$(real)

$h_{ie}$(real)는 이미터 접지 때 베이스와 이미터사이의 임피던스인데 real이 표시된 것은 고주파수에 입력임피던스의 실수부분을 나타낸다. TR의 이미터와 베이스사이의 임피던스가 고주파적으로는 무유도저항($R$)과 용량성저항($X_C$)이 동시에 존재하는데 $h_{ie}$(real)은 무유도저항값만을 지적하는 것이다.

### (8) NF

NF(noise figure)가 표시된 것이 있는데 이것은 잡음지수이다. 잡음지수는 잡음이 발생하는 율을 나타내는 것이므로 적은 것일수록 좋다. 또 LN(low noise)이라 적혀있을 때는 그것이 저잡음 TR이라는 뜻이므로 가급적 증폭기에는 LN이라 적혀있는 것을 이용하고 특히 증폭기의 맨 앞단(초단)에는 저잡음 TR을 이용해야 한다.

### (9) 열저항($\theta$)

규격표 중에는 $\theta$가 표시되어 있는데 이것은 열저항이라 하는 것으로 TR의 전력손실에 의한 온도상승률을 나타내는 것이다. 예를 들어 컬렉터 손실전력이 1W증가하는데 따라서 컬렉터 접합부의 온도($T_i$)가 3℃높아진다면 그 TR의 열저항($\theta$)은 3℃/W라 한다. 이와 같이 열저항이 표시되어 있을 때는 컬렉터의 최대허용손실전력($P_C$)은 다음과 같이 계산하여 알 수도 있다.

$$P_C = \frac{T_j - T_a}{\theta}$$

여기서 $P_C$는 최대허용손실전력, $T_j$는 접합부 온도, $T_a$는 주위온도, $\theta$는 열저항이다.

### (10) 전력이득(PG)

PG(power gain)는 TR이 베이스와 이미터사이(입력측)에 신호전력을 공급하면 컬렉터와 이미터사이(출력측)에는 증폭된 전력이 나온다. 만약 TR 입력측에 2W의 전력을 공급하였을 때 전력이 증폭되어 출력측에 100W의 전력이 나온다면 그 TR의 전력증폭도는 100/2=50이 된다고 한다. 이와 같이 입력측에 공급된 신호전력으로 출력측에 증폭되어 나오는 신호전력을 나누어 얻은 값을 전력증폭도라 한다. 그런데 전력증폭도는 편의상 데시벨(dB)이라는 단위로 환산하여 나타내며 이것을 전력이득(PG)이라고 한다. 전력증폭도를 dB로 환산하여 나타내면 음성증폭기일 경우에는 귀에 느껴지는 정도를 곧 알 수 있으며 종합증폭 계산이 간편해진다는 이점이 있다.

### (11) 주파수 변환 이득(CG)

주파수변환이란 입력측에 공급된 신호를 다른 주파수로 바꾸어내는 것을 말하므로 변환이득은 신호전력으로 주파수가 바꾸어져 나온 출력신호전력을 나누고 그 값을 dB 단위로 환산한 것이다.

# 실험 10.

# 트랜지스터의 특성

## 1. 멀티미터를 이용한 트랜지스터의 검사

(1) 멀티미터를 R×1kΩ위치에 놓고 트랜지스터의 베이스-이미터사이의 저항을 각각 순방향 및 역방향 바이어스 상태로 하여 측정하고 표 7.2에 기록하라.

(설명) 순방향 바이어스의 경우 R×1kΩ보다 낮은 위치에 놓고 측정할 수 있으며 역방향 바이어스의 경우에는 더 높은 저항위치에 놓고 측정할 수도 있다.

(2) 트랜지스터의 컬렉터-베이스사이 및 컬렉터-이미터사이의 저항을 위와 같은 방법으로 측정하고 표 7.2에 기록하라.

〈표 7.2〉 트랜지스터의 단자사이의 측정 저항값

| 2N3904 | 베이스-이미터 | | 컬렉터-베이스 | | 컬렉터-이미터 | |
|---|---|---|---|---|---|---|
| 측정값 | 순방향 저항 | 역방향 저항 | 순방향 저항 | 역방향 저항 | 순방향 저항 | 역방향 저항 |
| | | | | | | |

## 2. 출력특성곡선

(1) 그림 7.23의 회로를 구성하고 측정하라.

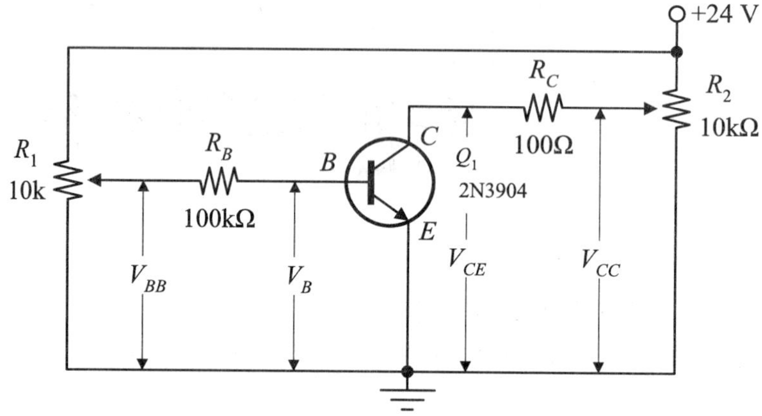


〈그림 7.23〉 트랜지스터 회로

1) $V_{BB}$를 1.6V, $V_{CE}$를 12V에 놓고 $V_B$와 $V_{CC}$를 측정하여 표 7.3에 기록하라.

2) 다음 식으로 $I_C$, $I_B$를 계산하여 표 7.3에 기록하라.

$$I_B = (V_{BB} - V_B) / R_B$$
$$I_C = (V_{CC} - V_C) / R_C$$

3) $R_2$를 조정하여 $V_{CE}$를 6V, 3V, 1.5V, 1V, 0.5V로 감소시켜서 위의 측정을 반복하라.

〈표 7.3〉 측정결과(2-1)

| $V_{BB} = 1.6V,\ I_B = 10\mu A$ | | | | | | | |
|---|---|---|---|---|---|---|---|
| 측정값 $V_{CE}$ | 12V | 6V | 3V | 1.5V | 1V | 0.5V | 0V |
| 측정값 $V_{CC}$ | | | | | | | |
| 계산값 $V_{R_C}$ | | | | | | | |
| 계산값 $V_{R_B}$ | | | | | | | |
| 계산값 $I_C$ | | | | | | | |
| 계산값 $I_B$ | | | | | | | |
| 계산값 $\beta$ | | | | | | | |

4) $V_{BB}$를 3.6V로 놓고 위의 과정을 반복하여 표 7.4에 기록하라.

〈표 7.4〉 측정결과(2-2)

| $V_{BB}=3.6\text{V},\ I_B=30\mu\text{A}$ | | | | | | | |
|---|---|---|---|---|---|---|---|
| 측정값 $V_{CE}$ | 12V | 6V | 3V | 1.5V | 1V | 0.5V | 0V |
| 측정값 $V_{CC}$ | | | | | | | |
| 계산값 $V_{R_C}$ | | | | | | | |
| 계산값 $V_{R_B}$ | | | | | | | |
| 계산값 $I_C$ | | | | | | | |
| 계산값 $I_B$ | | | | | | | |
| 계산값 $\beta$ | | | | | | | |

5) $V_{BB}$를 5.6V로 놓고 위의 과정을 반복하여 표 7.5에 기록하라.

〈표 7.5〉 측정결과(2-3)

| $V_{BB}=5.6\text{V},\ I_B=50\mu\text{A}$ | | | | | | | |
|---|---|---|---|---|---|---|---|
| 측정값 $V_{CE}$ | 12V | 6V | 3V | 1.5V | 1V | 0.5V | 0V |
| 측정값 $V_{CC}$ | | | | | | | |
| 계산값 $V_{R_C}$ | | | | | | | |
| 계산값 $V_{R_B}$ | | | | | | | |
| 계산값 $I_C$ | | | | | | | |
| 계산값 $I_B$ | | | | | | | |
| 계산값 $\beta$ | | | | | | | |

6) 위의 결과를 이용하여 특성곡선의 그래프를 완성하라.

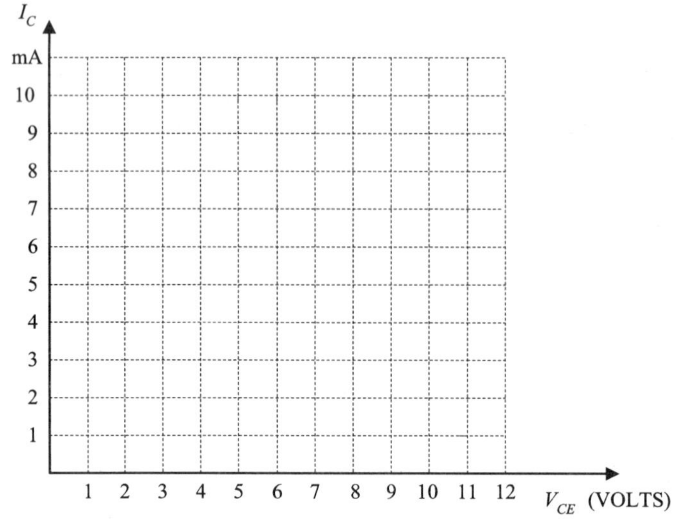


〈그림 7.24〉 트랜지스터의 특성 그래프

### 3. 입력특성곡선

(1) 그림 7.25의 회로를 구성한 후 다음을 측정하라.

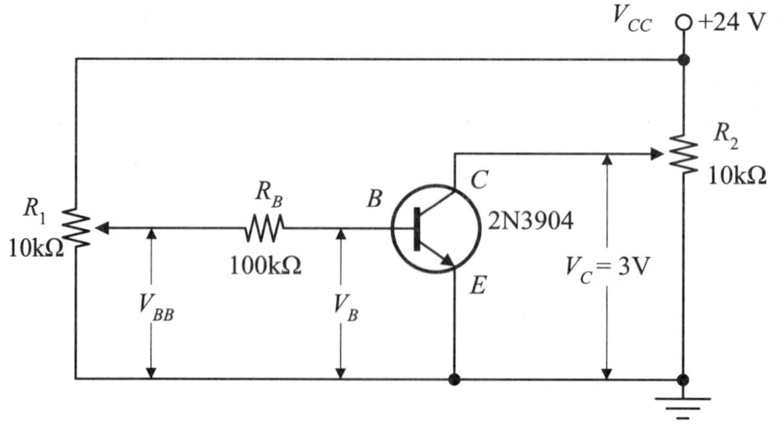


〈그림 7.25〉 입력특성 측정

1) 그림 7.25와 같이 $V_{CE}$를 3V로 하여 컬렉터-베이스 접합이 역바이어스 되도록 하여라. 점차적으로 $V_{BB}$를 0V로부터 증가시켜 보아라. 표 7.6에 표시된 각 전압에 대한 $I_B$를 계산하라. $I_B$는 베이스 저항 $R_B$와 직렬로 전류계를 삽입하여 직접 측정되어질 수 있으나 저항값을 알고 있는 저항 양단의 전압강하를 이용하여 측정하여도 좋다.

2) $V_{BB}$와 $V_B$전압을 측정하고 $I_B$전류값을 $I_B = (V_{BB} - V_{BE})/R_B$로부터 각 $V_{BE}$값에 대하여 계산하고 표 7.6에 기록하라.

〈표 7.6〉 입력특성 측정결과

| $V_{BE}$ | 0.4V | 0.5V | 0.55V | 0.6V | 0.65V |
|---|---|---|---|---|---|
| $V_{BB}$ | | | | | |
| $V_{R_B}$ | | | | | |
| $I_B$ | | | | | |

## [실험결과 및 고찰]

<table>
<tr><td>실험제목</td><td colspan="5">실험 10. 트랜지스터 특성</td><td rowspan="2">평가</td><td>A+</td><td>A</td><td>B+</td><td>B</td><td>C+</td><td>C</td><td>D+</td><td>D</td><td>기타</td></tr>
<tr><td>소 속</td><td colspan="5">학과 학년 (주,야) 반</td><td></td><td></td><td></td><td></td><td></td><td></td><td></td><td></td><td></td></tr>
<tr><td>실험 조</td><td>조</td><td></td><td>인원</td><td></td><td>실험일자</td><td colspan="6">년 월 일 요일</td><td colspan="3">담당교수</td><td>확인(인)</td></tr>
<tr><td>학 번</td><td colspan="4"></td><td rowspan="2">조원</td><td>학번</td><td colspan="3">①</td><td colspan="3">②</td><td rowspan="2" colspan="2"></td><td rowspan="2"></td></tr>
<tr><td>성 명</td><td colspan="4"></td><td>성명</td><td colspan="3">①</td><td colspan="3">②</td></tr>
</table>

10-1. 트랜지스터에서 4개의 동작모드는 무엇인가?

10-2. 트랜지스터의 베이스-컬렉터 및 베이스-이미터 접합사이에 모두 순방향을 가하면 트랜지스터는 어떤 모드 내에 있게 되는가?

10-3. $V_{EBO}$를 측정하려면 어느 단자를 개방해야 하는가?

10-4. 그림 7.26에서 $V_{BE} = 0.6\mathrm{V}$, $V_{BB} = 3\mathrm{V}$이고 $\beta = 150$일 때 다음을 구하라.

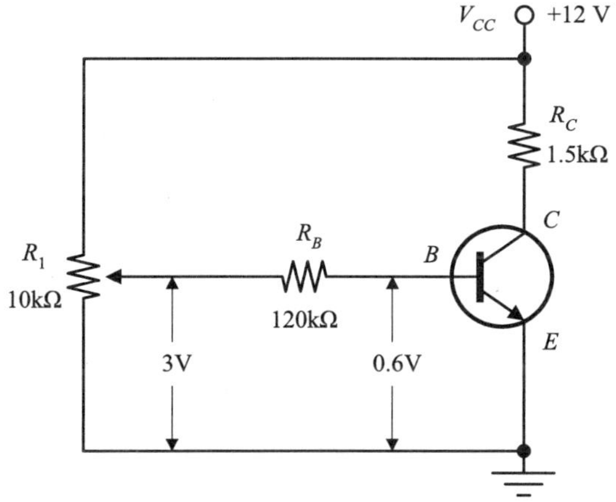


〈그림 7.26〉 실험결과 및 고찰 10-4

(1) $V_{R_B}$를 구하라.

(2) $I_B$를 구하라.

(3) $I_C$를 구하라.

(4) $V_{R_C}$를 구하라.

(5) $V_{CE}$를 구하라.

10-5. 실험을 한 후 배운점과 느낀점을 써라.

(1) 배운점

(2) 느낀점

# 8장 트랜지스터의 바이어스 회로

## 1. 바이어스의 필요성

트랜지스터는 직류분을 중심으로 하여 교류분이 겹쳐져서 동작하고 출력파형은 입력파형에 비례하여 변형 없이 증폭할 수 있었다. 그러나 트랜지스터에 증폭작용을 하게 하려면 외부에서 무언가 에너지를 주어야 한다. 이 에너지원이 직류의 바이어스 전압이고, 바이어스 저류이다.

그림 8.1(a)는 베이스-이미터간 바이어스 전압이 가해지고 있지 않은 경우이다.

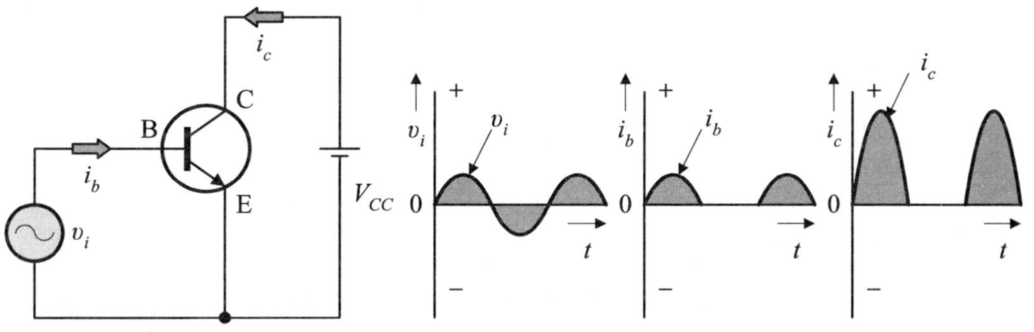


(a) 회로 (b) 각 부의 파형

〈그림 8.1〉 바이어스가 없는 경우

이제 베이스-이미터간 입력신호 전압 $v_i$가 가해지면 이 부분은 PN 결합이 되어 있기 때문에 $v_i$의"+" 반주기만이 순방향 전압상태가 되고 그림 8.1(b) ②와 같이 베이스전류가 흐른다. 따라서 컬렉터 전류 $i_c$는 $i_b$가 흘렀을 때만 흐르기 때문에 ③과 같은 입력파형의 "+"부분만이 확대된 것이 된다. 이와 같이 바이어스 전압을 가하지 않을 때는 입력과 출력의 파형이 달라지고 증폭되었다고는 할 수 없다. 여기에서 그림 8.2(a)와 같이 베이스-이미터간 직류전압 $V_{BE}$, 즉 바이어스 전압 $V_{BE}$를 가하면 바이어스 전류 $I_B$가 흐르고 컬렉터 전류 $I_C+i_c$는 그림 8.2(b)③과 같이 입력파형에 비례한 파형을 얻을 수 있다.

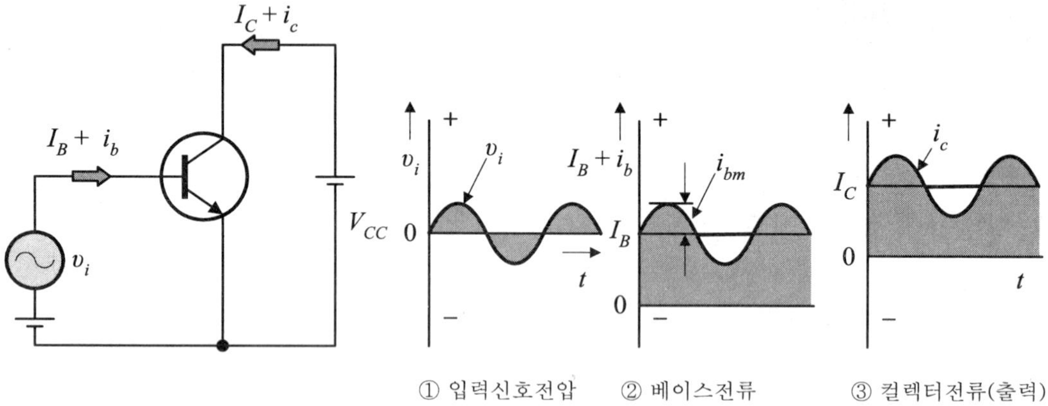


(a) 회로 (b) 각 부의 파형

〈그림 8.2〉 적절한 바이어스를 가한 경우

이 경우 직류바이어스 전류 $I_B$와 베이스 전류 교류분의 최대치와의 사이에는 다음과 같은 관계가 있다.

$$I_B \geq i_{bm}$$

또한, 바이어스전류 $I_B$가 $I_B < i_{bm}$이라고 하면 베이스전류 $I_B+i_b$는 그림 8.3(a)와 같이 변형된 파형이 되어버린다. 따라서 증폭회로를 설계할 때는 적절한 값의 바이어스를 사용할 필요가 있다.

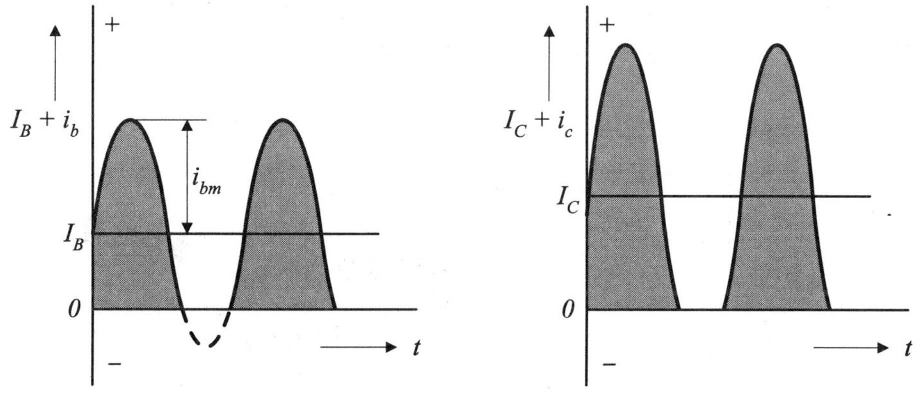


(a) 베이스 전류 (b) 컬렉터 전류

〈그림 8.3〉 부적절한 바이어스

주위 온도가 변화하면 그 결과로서 컬렉터 전류가 변화하여 그림 8.4와 같이 동작점이 이동하고 동작이 불안정하게 된다. 그 때문에 바이어스 회로는 이러한 환경의 변화에 대하여 안정된 동작을 하도록 주의하지 않으면 안 된다.

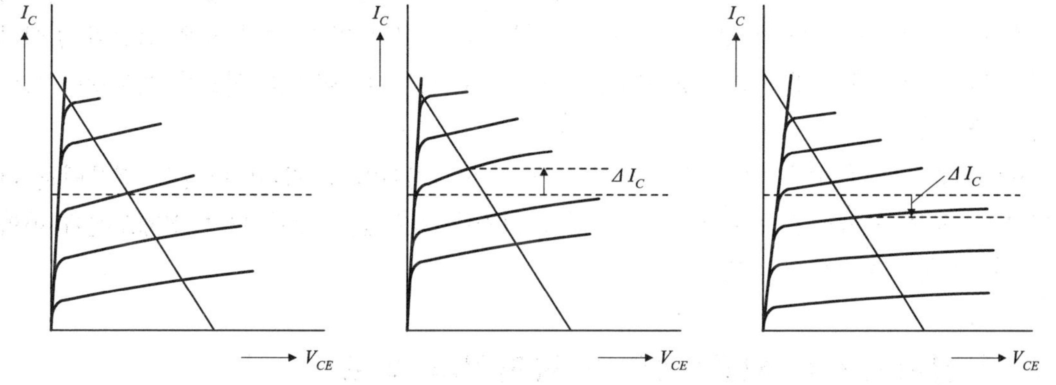


(a) 정상일 때 (b) 온도가 높아졌을 때 (c) 온도가 낮아졌을 때

〈그림 8.4〉 온도변화에 대한 동작점의 이동

NPN형 트랜지스터에 있어서의 바이어스의 관계는 그림 8.5(a)와 같이 베이스를 기준으로써 베이스 B와 이미터 E사이에 베이스 쪽이 ⊕, 이미터 쪽이 ⊖의 극성을 갖는 순방향 전압을 주고 그 다음에 베이스 쪽이 ⊖, 컬렉터 쪽에 ⊕의 역방향 전압을 주어 동작시킨다.

따라서 C, B, E의 전위는 그림 8.5(b)와 같이 컬렉터에서 베이스, 그 다음에 이미터의 전위 순으로 낮아지도록 외부전원을 접속하고 있는 것을 알 수 있다.

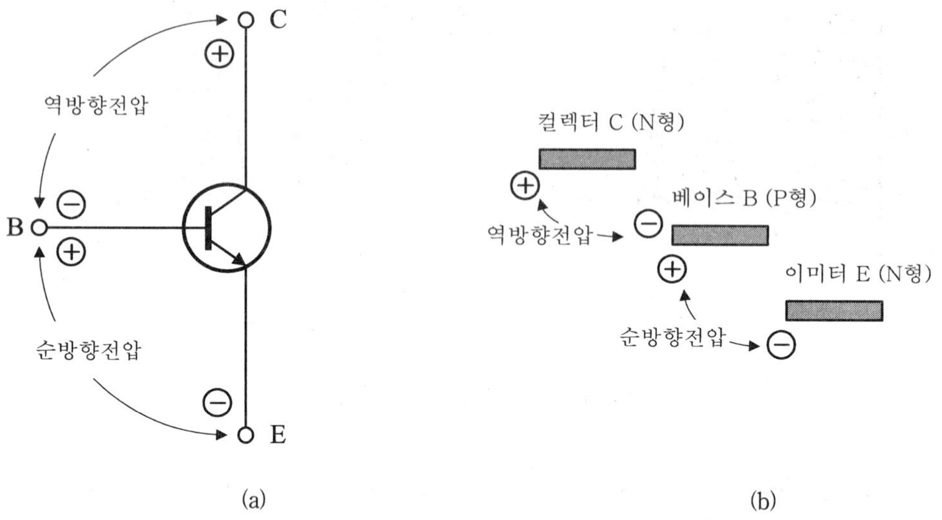


〈그림 8.5〉 바이어스 전원의 공급방법과 전위의 관계

이와 같이 트랜지스터 증폭기에서 바이어스가 적당치 않으면 이득이 낮고 파형이 일그러지거나 전력손실이 많고 트랜지스터가 파손되는 등의 여러 가지 좋지 않은 현상이 일어나게 된다. 그러므로 트랜지스터 증폭기에서는 무엇보다도 바이어스를 적당히 취해주는 것이 가장 중요하다.

트랜지스터 증폭기의 바이어스는 크게 나누어 고정바이어스, 자기바이어스, 전류궤환 바이어스, 전압·전류궤환 바이어스의 4가지가 있는데 회로를 설계할 때는 설계조건에 따라 적당한 방식을 이용하면 된다.

## 2. 고정바이어스 회로(베이스 바이어스 회로)

그림 8.6과같이 고정된 전원전압 $V_{CC}$를 바이어스 저항 $R_B$로서 낮추어 적당한 베이스 전류가 흐르도록 해 주는 방식이며 다음과 같을 때 이용하는 바이어스 회로이다.

① 트랜지스터에 공급하는 전압전류가 낮을 때
② 증폭률이 작은 트랜지스터를 이용할 때

③ 충실도가 문제되지 않을 때
④ 부품을 절약하여 경제적인 회로를 설계하고자 할 때

이와 같은 고정바이어스의 특징은 다음과 같다.

① 회로가 간단하다.
② $R_B$의 값의 변동(오차가 커도 된다.)이 있다.
③ 회로손실이 적다.
④ 안정도와 충실도가 나쁘다는(음질이 나쁘다)는 큰 결점이 있다.

그림 8.6과 같이 고정바이어스회로에서 바이어스 저항을 구하는 공식은 다음과 같다.

$$R_B \approx \frac{V_{CC}}{I_B}$$

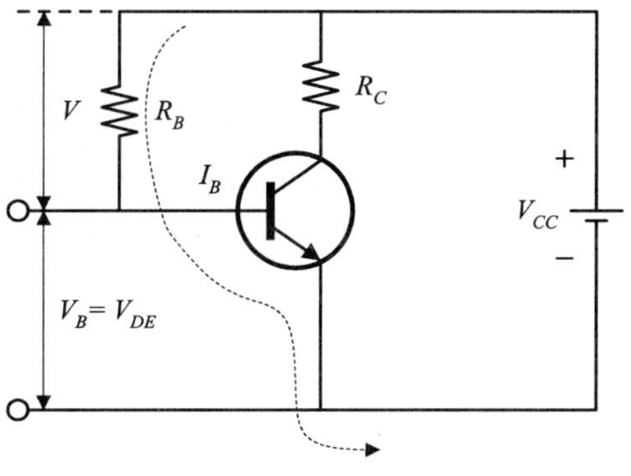


〈그림 8.6〉 고정바이어스 회로

$R_B$는 고정바이어스 저항, $V_{CC}$는 전원전압, $I_B$는 베이스 전류($I_B = I_C/h_{fe}$로 구함)이다. 위의 공식과 같이 고정바이어스 저항은 전원전압을 베이스로 나누어 구한다. 그림 8.7을 통해 자세하게 바이어스 전류 $I_B$를 구하는 과정은 다음과 같다.

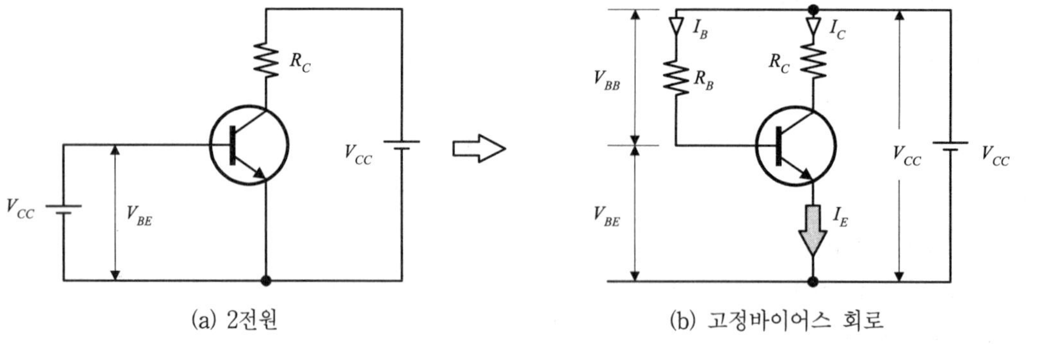


〈그림 8.7〉 2전원과 고정바이어스 회로

$$V_{R_B} = R_B I_B$$

$$V_{CC} = V_{R_B} + V_{BE}$$

$$V_{BE} = V_{CC} - V_{R_B} = V_{CC} - R_B I_B$$

$$I_B = \frac{V_{CC} - V_{BE}}{R_B}$$

여기서 $V_{BE}$는 Ge 트랜지스터일 경우에는 약 0.2V, Si 트랜지스터인 경우에는 0.6~0.7V 이기 때문에 $V_{CC}$의 값이 주어지면 이 회로의 $I_B$는 거의 일정하게 된다.

컬렉터 전류 $I_C$의 안에는 컬렉터 차단전류 $I_{CBO}$의 $h_{FE}$[배]의 전류가 포함되어 있다. 온도가 상승하면 $I_{CBO}$는 증가하기 때문에 $I_C$도 증가한다. $I_C$가 증가하면 동작점이 변동되고 출력파형이 변형되거나 때로는 트랜지스터의 온도가 계속 상승하는 현상(열폭주)이 일어나 트랜지스터를 파괴하는 경우도 있다.

만일 그림 8.8과 같이 이미터 저항이 회로 내에 접속되어 지면 $I_C$가 증가하여 이미터 저항 양단의 전압강하가 증가되므로 $V_{R_B}$가 감소하여 $I_B$가 감소하게 되므로 안정도를 개선시켜 준다.

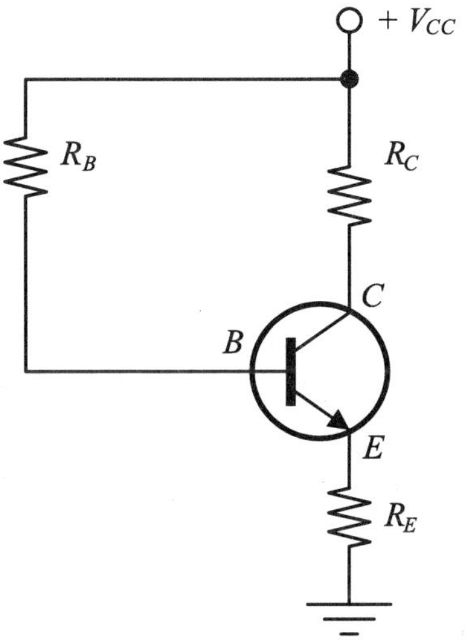


〈그림 8.8〉 이미터 저항이 추가된 고정바이어스

바이어스 전류 $I_B$의 계산과정은 다음과 같다.

$$V_{CC} = V_{R_B} + V_{BE} + V_{R_E}$$
$$V_{CC} - V_{BE} = V_{R_B} + V_{R_E}$$
$$V_{CC} - V_{BE} = I_B R_B + (h_{FE} + 1) I_B R_E$$
$$V_{CC} - V_{BE} = I_B [R_B + (h_{FE} + 1) R_E]$$
$$I_B = \frac{V_{CC} - V_{BE}}{R_B + h_{FE} R_E}, \quad (h_{FE} \gg 1)$$

## 3. 이미터 바이어스 회로

2전원방식인 이미터바이어스 회로를 사용하는 주된 이점은 트랜지스터의 $h_{FE}$값이 회로의 직류전압에 아주 작은 영향을 준다는 점이다. 이 회로는 2개의 바이아스 전원을 사용하고 있는데 그림 8.9에서 보는 바와 같이 $V_{EE}$의 전압은 $R_E$, $R_B$와 $V_{BE}$로 분배된다. 그러나 $V_{BE} \approx 0.6\text{V}$이고 $V_{R_B}$는 거의 1V 이하이므로 대부분의 전압은 이미터 저항 $R_E$양단에 나타나게 되므로 $I_E = V_{R_E} / R_E$이고 $h_{FE}(\beta)$는 단지 $I_B$에만 영향을 주므로 $\beta$값이 변호하면 $V_{R_B} = I_B R_B$가 변화한다. 그림 8.9는 NPN, PNP 바이어스 전원을 나타내었다.

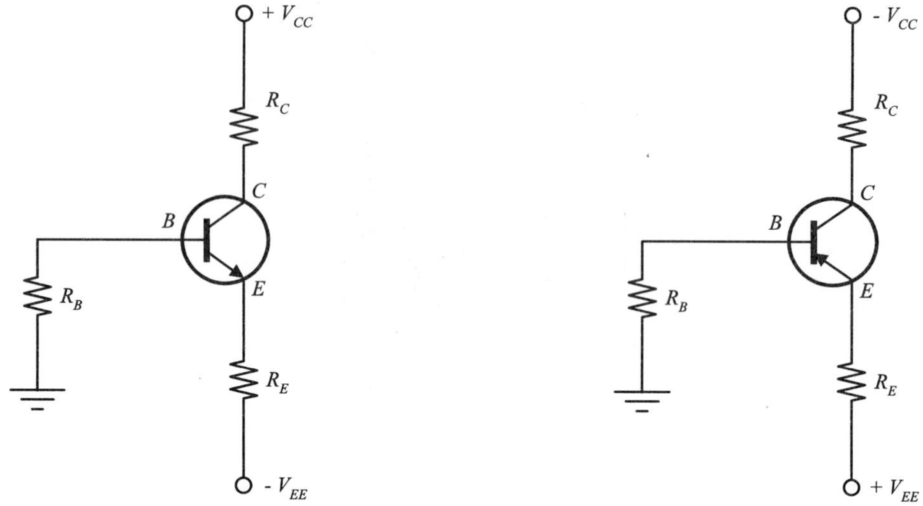


(a) NPN (b) PNP

〈그림 8.9〉 이미터 바이어스 회로

그림 8.10의 이미터 바이어스회로를 해석하는 과정을 보이면 다음과 같다.

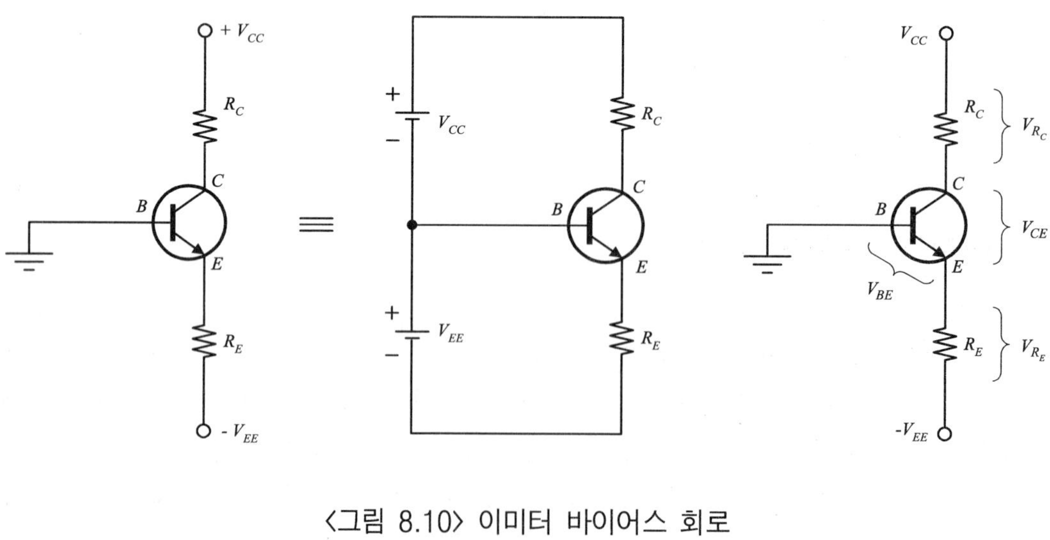


〈그림 8.10〉 이미터 바이어스 회로

$$I_E = \frac{V_{EE} - V_{BE}}{R_E}$$

$$V_{R_C} = I_C R_C \approx I_E R_C$$

$$V_C = V_{CC} - V_{R_C}$$

$$V_E = V_B - V_{BE}, \qquad V_{R_E} = V_E - V_{EE}$$

$$V_{CE} = V_C - V_E \ , \qquad V_{CB} = V_C - V_B$$

그림 8.11과 같이 베이스 저항이 추가된 회로에서 해석과정은 다음과 같다.

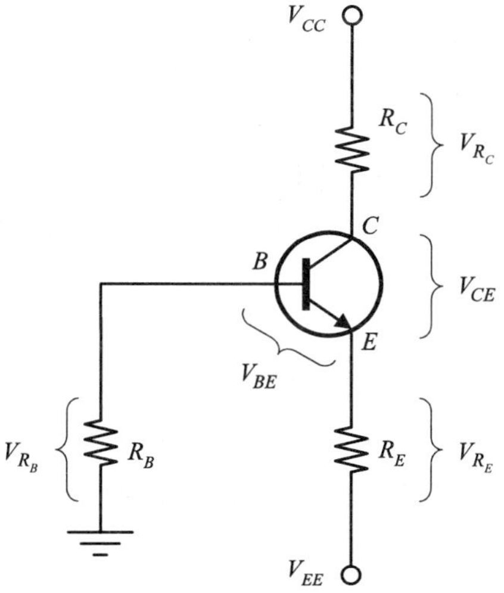


〈그림 8.11〉 베이스 저항이 추가된 이미터 바이어스

$$V_{EE} = V_{R_B} + V_{BE} + V_{R_E}$$

$$V_{EE} - V_{BE} = V_{R_B} + V_{R_E}$$

$$V_{EE} - V_{BE} = I_B R_B - I_E R_E$$

$$V_{EE} - V_{BE} = (I_E R_B / [\beta + 1]) + I_E R_E$$

$$V_{EE} - V_{BE} = I_E (R_E / [\beta + 1] + R_E)$$

$$I_E = \frac{V_{EE} - V_{BE}}{R_B / (\beta + 1) + R_E} \approx \frac{V_{EE} - V_{BE}}{R_B / \beta + R_E}$$

$$I_B = I_E / (\beta + 1), \ I_C = \beta I_B, \ V_{R_B} = I_B R_B, \ V_{R_E} = I_E R_E, \ V_{R_C} = I_C R_C$$

$$V_C = V_{CC} - V_{R_C}\ ,\ V_B = - V_{R_B}\ ,\ V_E = V_B - V_{BE}$$

$$V_{R_E} = V_E - V_{EE},\ V_{CB} = V_C - V_B,\ V_{CE} = V_C - V_E$$

## 4. 자기바이어스 회로(전압귀환형 바이어스회로)

고정바이어스 일 경우에는 바이어스 저항이 베이스와 전원사이에 들어 있으나 자기바이어스일 경우는 그림 8.12와 같이 베이스와 컬렉터사이에 들어 있으며 컬렉터의 전압을 $R_B$로 적당히 낮추어 적당한 전압과 전류를 베이스에 공급하는 방식이다.

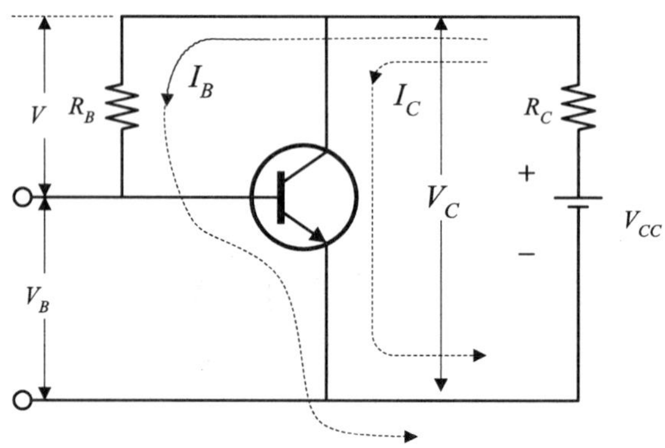


〈그림 8.12〉 자기바이어스 회로

자기바이어스회로는 다음과 같은 경우에 주로 사용된다.

① 트랜지스터에 공급하는 전압전류가 낮을 때
② 직류전류 손실을 적게 하고자 할 때
③ 경제적으로 할 때
④ 입력임피던스를 낮게 할 때
⑤ 찌그러짐을 적게 하고자 할 때

이와 같은 자기바이어스 회로는 다음과 같은 특징을 갖는다.

① 회로가 간단하다.
② $R_B$의 값에 폭이 있다(고정바이어스보다 더 오차가 있어도 무방함).
③ 고정바이어스보다는 안정한 편이다.

④ 찌그러짐이 적은 편이다.

⑤ 입력임피던스가 낮다.

⑥ 출력이 적은 편이라는 특징이 있다.

자기바이어스 저항은 다음과 같은 식으로 구한다.

$$R_B \approx \frac{V_C}{I_B}$$

$R_B$는 자기바이어스 저항, $V_C$는 컬렉터 전압($V_C = V_{CC} - I_C R_C$), $I_B$는 베이스 전류 ($I_B = I_C / h_{fe}$)이다.

그림 8.13를 이용하여 바이어스 전류 $I_B$를 얻는 과정은 다음과 같다.

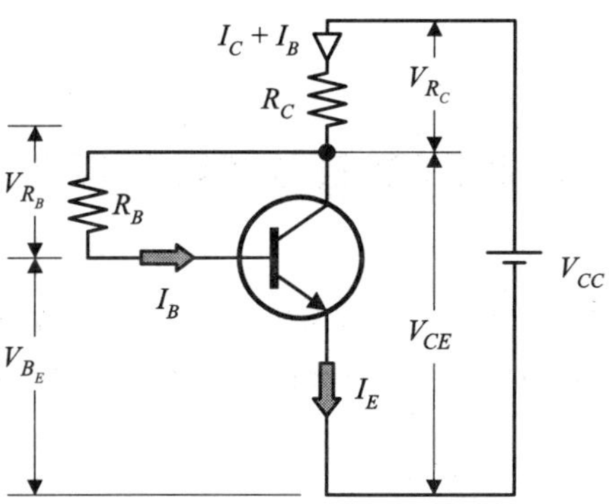


〈그림 8.13〉 자기바이어스 회로 해석

$$V_{BE} = V_{CE} - V_{R_B} = V_{CE} - R_B I_B$$

바이어스전류$I_B$가 $I_B \ll I_C$ 라면 다음과 같이 근사적으로 구할 수 있다.

$$I_B = \frac{V_{CE} - V_{BE}}{R_B} \approx \frac{V_{CC} - I_C R_C - V_{BE}}{R_B}$$

자기바이어스 회로는 온도상승이나 바이어스 저항의 오차 등의 원인으로 인해 $I_C$가 증가하려 하면 자연히 $R_C$에 의한 전압강하로 $V_C$가 낮아져서 바이어스를 낮게 해주므로 고정바이어스에 비하여 회로가 안정한 편이다.

온도상승 → $I_C$증가 →$V_{R_C}$의 증가 → $V_{CE}$의 감소 →$V_{BE}$의 감소→ $I_B$의 감소 →$I_C$의 감소

이와 같이 출력쪽($I_C$)의 변화를 입력쪽( $V_{BE}$)에 귀환시키고 출력쪽의 전압변화를 억제하는 작용을 하기 때문에 이 회로를 전압귀환바이어스회로라고도 부른다. 고정바이어스 회로에 비해 온도에 대한 안정도가 좋다.

자기바이어스는 바이어스가 자동적으로 제어되기 때문에 $R_B$의 값은 계산된 값의 20%까지 오차가 허용되고 있다. 자기바이어스 회로는 그림 컬렉터 측에 나오는 출력전압이 $R_B$를 통하여 역위상으로 입력 측에 공급되기 때문에(이것을 부귀환이라함, NFB ; Negative Feed Back) 입력신호가 상쇄되어 출력은 고정바이어스에 비하여 적게 나오는 편이고 음질은 좋은 편이다.

## 5. 전류귀환바이어스 회로(전압분배바이어스 회로)

전류귀환바이어스는 그림 8.14와 같이 고정바이어스 회로에 $R_E$와 $R_A$를 더 연결하고 $R_B$에 의하여 바이어스를 결정시켜주는 방식이다. 전류귀환바이어스의 특징은 다음과 같다.

① 회로가 복잡하다.
② $R_B$의 값이 예민하다.
③ 직류전류($R_A$와 $R_B$를 통과하는 전류)의 손실이 많다는 단점이 있다.
④ 안정도가 좋다는 장점이 있으며 가장 많이 이용되고 있다.

그림 8.14와 같이 $R_E$를 연결하여 주면 입력신호가 공급되어 이미터 전류가 흐를 때 $R_E$ 양단에 전압이 생기고 이 때 생긴 전압은 입력신호전류와는 역방향으로(입력신호전류를 억제하는 방향) 이미터-베이스사이에 공급되기 때문에 신호전류가 감소되어 이득이 저하된다.

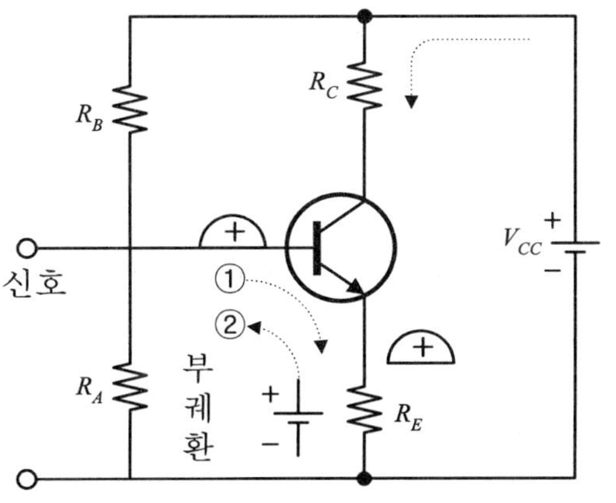


〈그림 8.14〉 전류귀환 바이어스회로

이와 같이 출력의 일부가 입력 측에 역위상으로 공급되는 것을 부귀환 이라 한다. 따라서 부귀환(NFB)이 많이 걸리면 걸릴수록 이득은 저하되는 것이다. 그림 8.14는 $R_E$가 들어가므로 이미터 전류에 의하여 부귀환이 걸리는 회로이므로 전류귀환형 바이어스라 한다. 그림 8.15는 가장 일반적으로 사용되고 있는 바이어스회로이다.

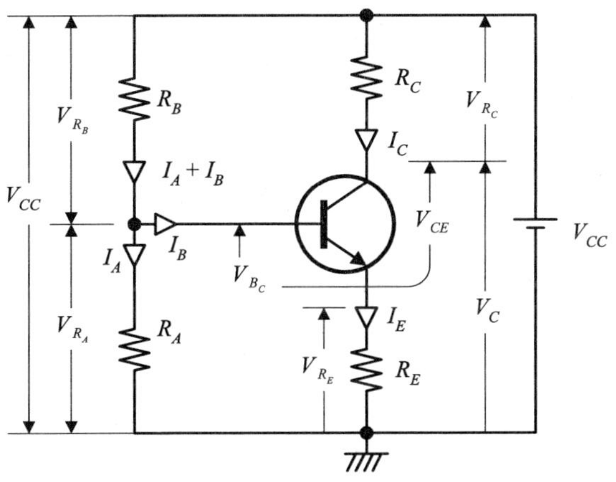


〈그림 8.15〉 전류귀환바이어스 회로해석

전원전압 $V_{CC}$를 저항 $R_A$와 $R_B$로 분압 한 전압 $V_{R_A}$와 이미터에 삽입한 저항 $R_E$에 의한 전압강하 $V_{R_E}$에 의해 바이어스 전압 $V_{BE}$를 얻는 것이다. 이 경우 $R_A$와 $R_B$는 베이스 브리더 저항, $R_E$는 이미터 저항이라고 불리는데 바이어스를 안정시키는 작용을 하기 때문에 안정저항이라고도 한다. 또한 이 회로의 바이어스 전압 $V_{BE}$는 다음 식으로 나타낸다.

$$V_{BE} = V_{R_A} + V_{R_E}$$

또한 $R_A$와 $R_E$의 전압강하 $V_{R_A}$, $V_{R_B}$에는 다음과 같은 관계가 있다.

$$V_{R_A} = R_A \cdot I_A = V_{R_E} + V_{BE}$$
$$V_{R_B} = R_B(I_A + I_B) = V_{CC} - V_{R_A}$$

이 때 저항 $R_A$, $R_B$, $R_E$는 다음과 같이 구한다.

$$R_A = \frac{V_{R_A}}{I_A} = \frac{V_{R_E} + V_{BE}}{I_A}$$

$I_A$는 베이스 전류의 10배 이상, $V_{R_E}$는 전원전압 $V_{CC}$의 10~20%의 값을 취한다.

$$R_B = \frac{V_{CC} - V_{R_A}}{I_A + I_B} = \frac{V_{CC} - V_{R_E} - V_{BE}}{I_A + I_B}$$

미터 저항 $R_E$에 의해 전압강하 $V_{R_E}$는 $V_{R_E} = R_E I_E$이므로 이미터 저항 $R_E$는 다음 식과 같이 된다.

$$R_E = \frac{V_{R_E}}{I_E} = \frac{V_{R_E}}{I_B + I_C}$$

이 회로는 자기바이어스 회로와 마찬가지로 온도변화에 따라 컬렉터 전류 $I_C$의 변화를 입력쪽($V_{BE}$)에 귀환시켜 항상 컬렉터 전류 $I_C$를 일정한 값으로 유지하는 작용을 갖고 있다. 이 관계는 다음과 같다.

온도의 변화→ $I_C$의 증가→$I_E$의 증가→$V_{R_E}$의 증가→$V_{BE}$의 감소→$I_B$의 감소→$I_C$의 감소

이것을 식으로 나타내면 다음과 같다.

$$V_{BE} = V_{R_A} - V_{R_E}$$
$$= R_A I_A - R_E(I_C + I_B)$$

위의 식에서 첫 번째 항($I_A$)은 온도의 변화에 관계없이 일정하지만 두 번째 항($I_C$)는 온도변화에 따라 변한다.

### (1) 정밀해석(테브난 등가회로)

그림 8.15의 입력측 회로는 그림 8.16과 같이 다시 그릴 수 있다.

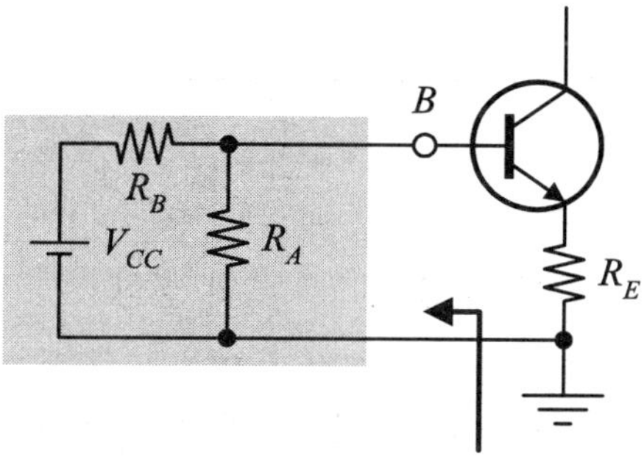


〈그림 8.16〉 입력측 회로

그러면 베이스 단자 왼쪽의 회로에 대한 테브난(thé venin) 등가회로를 다음과 같이 얻을 수 있다.

1) $R_{TH}$

전압원이 그림 8.17에서처럼 단락회로로 대치된다.

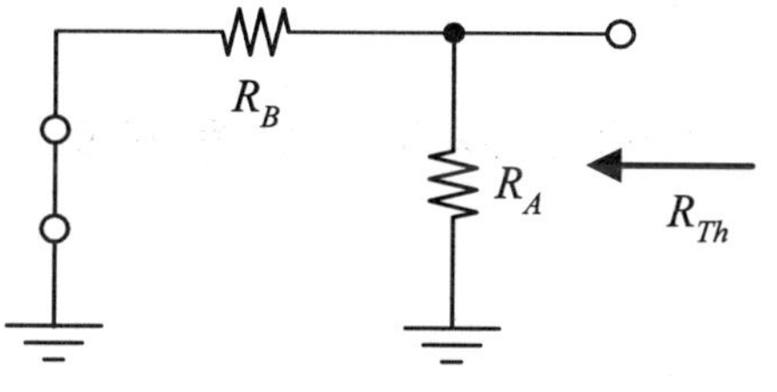


〈그림 8.17〉 $R_{TH}$의 결정

$$R_{TH} = R_A // R_B = \frac{R_A R_B}{R_A + R_B}$$

2) $V_{TH}$

그림 8.18에서처럼 전압원 $V_{CC}$를 회로에 다시 인가시키면 개방회로의 테브난 전압은 다음과 같이 결정된다.

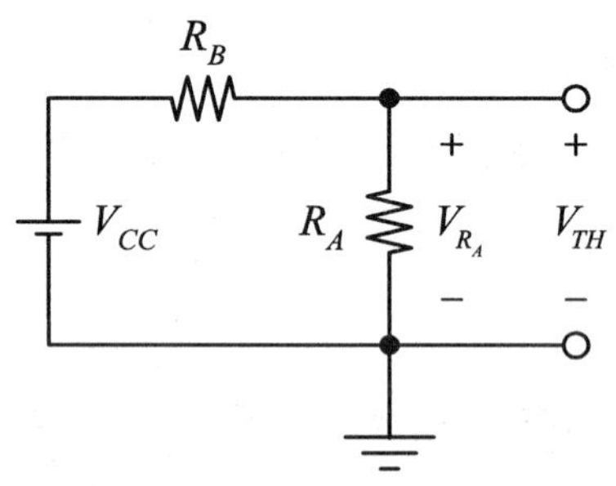


〈그림 8.18〉 $V_{TH}$의 결정

테브난 회로를 그림 8.19와 같이 다시 그릴 수 있고 $I_B$는 표시된 루프에 대해 시계방향으로 Kirchhoff의 전압법칙을 우선 적용함으로써 결정할 수 있다.

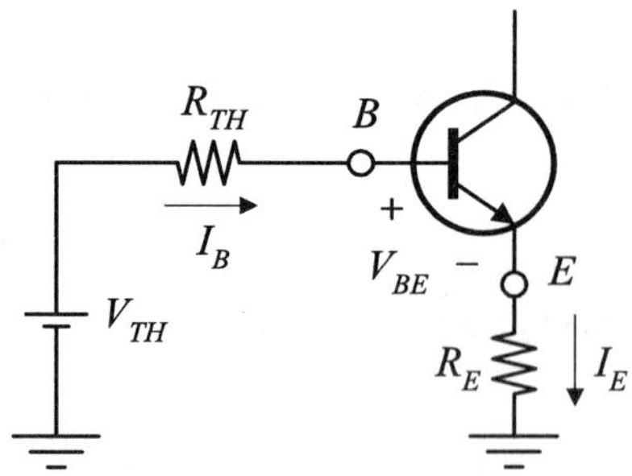


〈그림 8.19〉 테브난의 등가회로

$$V_{TH} - I_B R_{TH} - V_{BE} - I_E R_E = 0$$

$I_E = (\beta+1)I_B$를 대입하고 $I_B$에 관해 풀면 다음과 같다.

$$I_B = \frac{V_{TH} - V_{BE}}{R_{TH} + (\beta+1)R_E}$$

$$I_E = \frac{V_{TH} - V_{BE}}{R_{TH}/(\beta+1) + R_E}$$

$I_B$를 알면 다른 값들은 다음과 같이 쉽게 구할 수 있다.

$$I_C = \beta I_B$$

$$V_{CE} = V_{CC} - I_C(R_C + R_E)$$

$$V_{R_C} = I_C R_C \ , \ V_C = V_{CC} - V_{R_C}$$

$$V_E = V_{R_E} \ , \ V_B = V_{R_E} + V_{BE}$$

$$V_{CE} = V_C - V_E$$

$$V_{R_B} = V_B, \ V_{R_A} = V_{CC} - V_{R_B}$$

### (2) 근사해석

전압분배회로의 입력부분이 그림 8.20회로에 나타냈다. 저항 $R_i$는 이미터 저항 $R_E$가 있는 트랜지스터의 베이스와 접지 사이의 등가저항이다. $R_i = (\beta+1)R_E$로 정의됨.

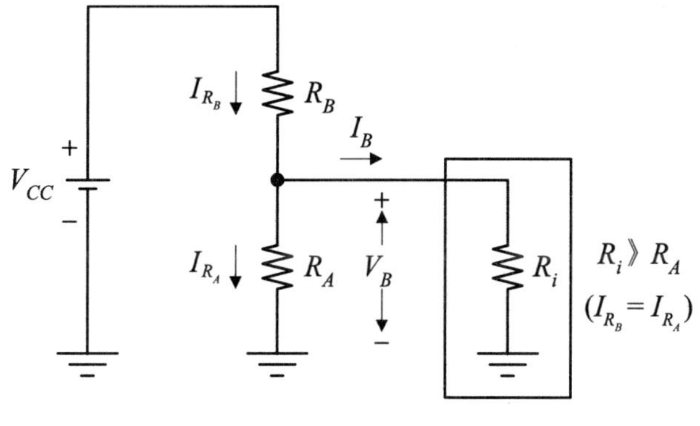


〈그림 8.20〉 근사적인 바이어스 회로

$R_i$가 저항 $R_A$보다 훨씬 크다면 전류 $I_B$는 $I_{R_A}$(전류를 항상 최소저항경로를 선택)보다 매우 작으며, $I_{R_A}$는 근사적으로 $I_{R_B}$와 같다. 근사적으로 $I_B$가 $I_{R_B}$혹은 $I_{R_A}$에 비해서 0A라면 $I_{R_B}=I_{R_A}$이고 $R_B$과 $R_A$는 직렬로 생각할 수 있다. $R_A$에 걸리는 전압은 실제로 베이스 전압으로서 전압분배법칙을 사용해서 구할 수 있다.

$$V_B = \frac{R_A V_{CC}}{R_B + R_A}$$

$R_i=(\beta+1)R_E \approx \beta R_E$이므로 근사적 접근방법의 적용여부를 결정하는 조건은 다음과 같다.

$$\beta R_E \geqq 10R_A$$

다시 말하면 만약 $R_E$값의 $\beta$배가 적어도 $R_A$값의 10배라면 근사적 접근방법은 정확성이 매우 뛰어난 방법으로 적용될 수 있다.

일단 $V_B$가 결정되면 $V_E$는 다음과 같이 계산된다.

$$V_E = V_B - V_{BE}$$

이미터 전류는 다음과 같다.

$$I_E = \frac{V_E}{R_E} \quad , \; I_C \approx I_E$$

컬렉터-이미터 전압은 다음과 같다.

$$V_{CE} = V_{CC} - I_C R_C - I_E R_E$$

$I_E \approx I_C$ 이므로 위의 식을 다음과 같이 쓸 수 있다.

$$V_{CE} = V_{CC} - I_C (R_C + R_E)$$

위의 식의 계산과정에서 $\beta$는 나타나지 않았고 $I_B$는 계산되지 않았음을 주목하라. 기타 관계식을 나타내면 다음과 같다.

$$V_{R_C} = I_C R_C$$
$$V_C = V_{CC} - V_{R_C}$$
$$V_E = V_{R_E}\ ,\ V_B = V_{R_2}$$
$$V_{CE} = V_C - V_E$$
$$V_{CB} = V_C - V_B$$
$$I_B = I_E/(\beta+1) \approx I_C/\beta$$

## 6. 전압전류귀환바이어스 회로

전압전류귀환바이어스는 그림 8.21과 같이 자기바이어스회로에 $R_E$와 $R_A$를 더 연결해 준 것인데 $R_E$에서 전류 부귀환이 걸리고 $R_B$에 의하여 전압 부귀환이 동시에 걸리는 회로이기 때문에 전압전류귀환바이어스라고 한다.

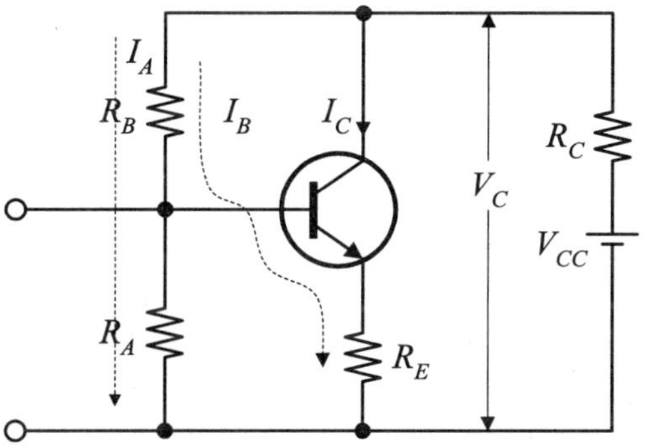


〈그림 8.21〉 전압전류귀환바이어스 회로

이 회로는 전류귀환바이어스에 비하여 다음과 같은 특징이 있다.

① $R_B$의 값에 폭이 있다.

② 직류전류손실이 적다.

③ 주파수 특성(음질)이 좋다.

④ 안정도가 높다.
⑤ 입력과 출력 측 임피던스가 낮다.
⑥ 이득이 낮은 편이다.

이와 같은 방식은 이득은 낮을지라도 찌그러짐을 적게 하고 높은 안정도가 필요할 때 이용한다. 특히 전압전류귀환바이어스 회로는 정수(회로상의 저항과 콘덴서 용량값의 크기)의 변경으로 입력임피던스와 출력임피던스를 낮출 수 있다는 점도 있다. 전압전류귀환바이어스회로의 바이어스 저항을 구하는 것은 전류귀환바이어스 저항을 구하는 것과 같으나 다만 $R_B$가 전원에 직접 연결되어 있지 않고 컬렉터 측에 연결되어 있으므로 $V_C = V_{CC} - (I_C + I_A + I_B) \cdot R_C$ 에 의하여 $V_C$를 구한 다음 이것을 전류귀환 바이어스 공식의 $V_{CC}$ 에 대입하면 된다. 전압전류귀환바이어스 저항을 구하는 공식은 다음과 같다.

$$R_B = \frac{V_C - V_B}{I_A + I_B}$$

# 실험 11.

# 고정바이어스 회로

## 1. 고정바이어스회로

(1) 그림 8.22의 회로를 구성한 후 다음을 측정하라.

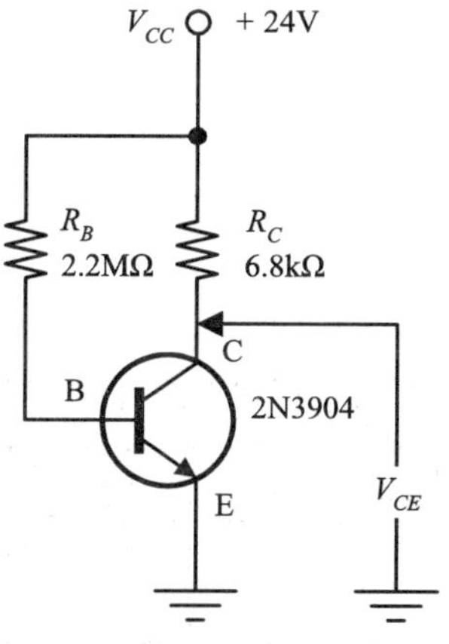


〈그림 8.22〉 고정바이어스회로

(2) $V_C$의 값을 측정하여 표 8.1에 기록하라. 단, 이 회로에서 $V_C = V_{CE}$이다.

(3) 측정된 $V_C$값을 사용하여 $V_{R_C}$와 $V_{CE}$를 계산하고 표 8.1에 기록하라.

$$V_{R_C} = V_{CC} - V_C$$
$$=$$
$$V_{CE} = V_C - V_E \qquad \text{단, } V_E = 0\text{V}$$
$$=$$

(4) $V_B$를 측정하고 표 8.1에 기록하라. 단, 회로에서 $V_B = V_{BE}$이다.

(5) 측정된 $V_B$ 값을 사용하여 $V_{R_B}$와 $V_{BE}$를 계산하고 표 8.1에 기록하라.

$$V_{R_B} = V_{CC} - V_B$$
$$=$$
$$V_{BE} = V_B - V_E \qquad \text{단, } V_E = 0\text{V}$$
$$=$$

(6) 다음 식으로 $I_C$ 및 $I_B$를 계산하고 표 8.1에 기록하라.

$$I_C = \frac{V_{R_C}}{R_C} =$$
$$I_B = \frac{V_{R_B}}{R_B} =$$

〈표 8.1〉 고정바이어스회로 측정결과

| | $V_C$ | $V_{R_C}$ | $V_{CE}$ | $V_B$ | $V_{R_B}$ | $V_{BE}$ | $I_C$ | $I_B$ | $\beta$ |
|---|---|---|---|---|---|---|---|---|---|
| 계산값 | | | | | | | | | |
| 측정값 | | | | | | | | | |

## 2. 이미터 저항이 있는 고정바이어스 회로

(1) 그림 8.23의 회로를 구성하고 다음을 측정하라.

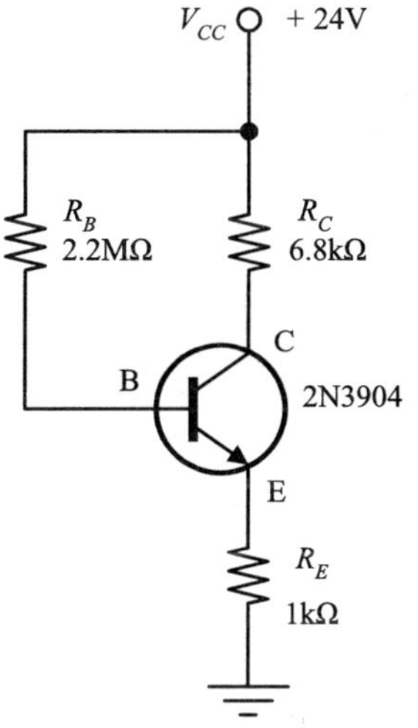


〈그림 8.23〉 이미터 저항이 있는 고정바이어스 회로

(2) 다음 식을 사용하여 $I_C$를 계산하고 표 8.2에 기록하라.

(설명) $\beta$값이 큰 경우 $\beta = \beta + 1$이므로 $I_C \approx I_E$이다.

$$I_C = \frac{V_{CC} - V_{BE}}{R_B / \beta + R_E} =$$

(3) $V_{R_C}$, $V_{R_E}$, $V_{R_B}$의 전압강하를 계산하고 이 값을 이용하여 나머지 회로의 전압을 계산하라.

1) 컬렉터 저항 $R_C$양단의 전압을 계산하고 표 8.2에 기록하라.

$$V_{R_C} = I_C R_C =$$

2) 이미터 저항 $R_E$ 양단의 전압을 계산하고 표 8.2에 기록하라.

$$V_{R_E} = I_E R_E =$$

3) 접지에 대한 트랜지스터의 컬렉터 전위를 계산하고 표 8.2에 기록하라.

$$V_C = V_{CC} - V_{R_C} =$$

4) 접지에 대한 트랜지스터의 베이스 전위를 계산하고 표 8.2에 기록하라.

$$V_B = V_{R_E} + V_{BE}$$

5) 베이스 저항 양단 전압강하를 계산하고 표 8.2에 기록하라.

$$V_{R_B} = V_{CC} - V_B \text{ 또는 } V_{R_B} = I_B R_B \quad , \quad I_B = I_C / \beta$$
$$=$$

(4) 회로에서 접지에 대한 컬렉터, 이미터, 베이스의 직류전압 $V_C$, $V_E$, $V_B$를 측정하고 표 8.2에 기록하라.

(설명) 좋은 전압 측정결과를 얻기 위해서 모든 직류 측정은 항상 접지를 기준으로 해야 한다. 예를 들어 $V_{CE}$ 값을 측정하기 위해서는 $V_C$및 $V_E$를 측정하여 $V_{CE}$를 구함이 좋다. 접지에 대하여 측정을 하는 것은 접지되어진 측정기기에 의하여 발생할 수도 있는 접지 루프(ground loops)를 피하기 위함이다.

(5) 측정된 $V_C$, $V_E$, $V_B$를 이용하여 $V_{R_C}$, $V_{R_B}$, $V_{CE}$를 계산하여 표 8.2에 기록하라.

$$V_{R_C} = V_{CC} - V_C =$$
$$V_{R_B} = V_{CC} - V_B =$$
$$V_{CE} = V_C - V_E =$$

〈표 8.2〉 이미터 저항이 있는 고정바이어스 회로

| | $I_C$ | $V_{R_C}$ | $V_{R_B}$ | $V_{R_E}$ | $V_{CE}$ | $V_C$ | $V_B$ | $I_B$ | $\beta$ |
|---|---|---|---|---|---|---|---|---|---|
| 계산값 | | | | | | | | | |
| 측정값 | | | | | | | | | |

**[실험결과 및 고찰]**

<table>
<tr><td>실험제목</td><td colspan="4">실험 11. 고정바이어스 회로</td><td rowspan="2">평가</td><td>A+</td><td>A</td><td>B+</td><td>B</td><td>C+</td><td>C</td><td>D+</td><td>D</td><td>기타</td></tr>
<tr><td>소 속</td><td colspan="4">학과 학년 (주,야) 반</td><td></td><td></td><td></td><td></td><td></td><td></td><td></td><td></td><td></td></tr>
<tr><td>실험 조</td><td>조</td><td></td><td>인원</td><td></td><td>실험일자</td><td colspan="5">년 월 일 요일</td><td colspan="3">담당교수</td><td>확인(인)</td></tr>
<tr><td>학 번</td><td colspan="3"></td><td rowspan="2">조원</td><td>학번</td><td colspan="2">①</td><td colspan="3">②</td><td colspan="3" rowspan="2"></td><td rowspan="2"></td></tr>
<tr><td>성 명</td><td colspan="3"></td><td>성명</td><td colspan="2">①</td><td colspan="3">②</td></tr>
</table>

11-1. 고정바이어스 회로는 (베이스, 이미터) 전류가 고정되어 있는 회로이다.

11-2. 고정바이어스 회로의 단점은 무엇인가?

11-3. 고정바이어스 회로에 이미터 저항을 부가하는 이유를 설명하라.

11-4. 그림 8.22과 그림 8.23의 회로에서 $\beta$값은 변화하는가?

11-5. 그림 8.24에서 $\beta = 100$이고 $V_{BE} = 0.6\text{V}$일 때 다음을 구하라.

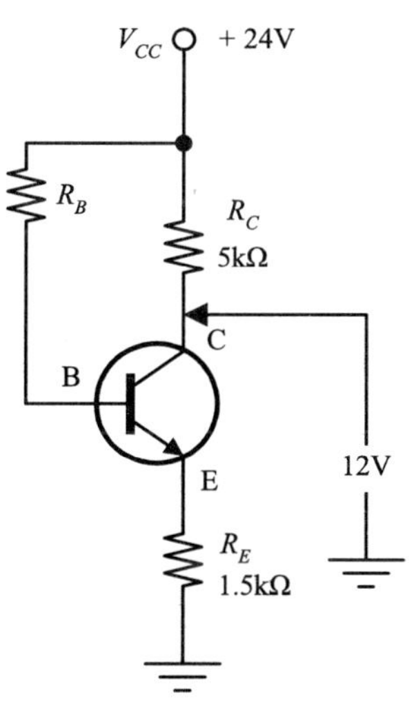


〈그림 8.24〉 실험결과 및 고찰 14-5

(1) $V_{R_C}$를 구하라.

(2) $I_C$를 구하라.

(3) $V_{R_E}$를 구하라.

(4) $V_{CE}$를 구하라.

(5) $V_B$를 구하라.

(6) $V_{R_B}$를 구하라.

(7) $R_B$를 구하라.

11-6. 실험을 한 후 배운점과 느낀점을 써라.
(1) 배운점

(2) 느낀점

# 실험 12. 이미터바이어스 회로

## 1. 이미터바이어스회로

(1) 그림 8.25의 회로를 구성하고 다음을 측정하라.

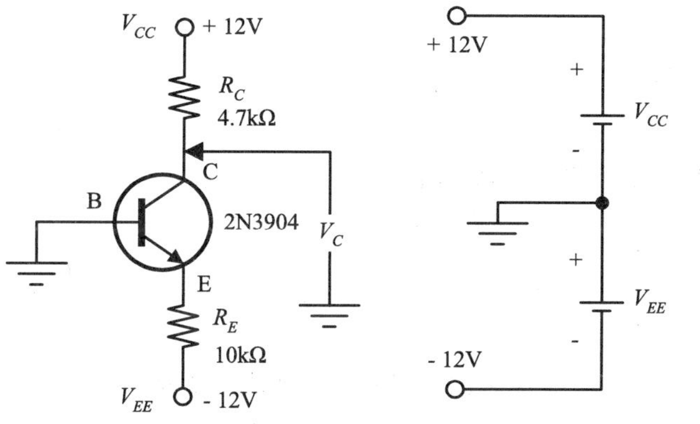


〈그림 8.25〉 이미터바이어스 회로

(2) 접지에 대한 이미터 전위 $V_E$를 측정하고 표 8.3에 기록하라. 이 회로에서 $V_E$는 $V_{BE}$와 동일하다. 그러므로 $|V_E| = |V_{BE}|$이고 $V_{BE} \approx 0.6\text{V}$, $V_E$는 접지에 대하여 "−"의 전위를 갖는다.

(3) 측정된 $V_E$를 이용하여 $V_{R_E}$를 계산하고 표 8.3에 기록하라.

$$V_{R_E} = V_E - V_{EE} =$$
$$V_{EE} = V_{BE} + V_{R_E} =$$

(4) 이미터 전류 $I_E$를 계산하고 표 8.3에 기록하라.

$$I_E = V_{R_E} / R_E =$$

(5) 접지에 대한 컬렉터의 전위 $V_C$를 측정하고 표 8.3에 기록하라. $V_C$는 접지에 대하여 정의된 전위이다.

(6) 측정된 $V_C$를 사용하여 $V_{R_C}$를 계산하고 표 8.3에 기록하라.

$$V_{R_C} = V_{CC} - V_C =$$

(7) 컬렉터 전류 $I_C$를 계산하고 표 8.3에 기록하라.

$$I_C = V_{R_C} / R_C =$$

(8) $\alpha$값을 계산하고 표 8.3에 기록하라.

$$\alpha = I_C / I_E =$$

〈표 8.3〉 이미터 바이어스 회로

| | $V_E$ | $V_{R_E}$ | $I_E$ | $V_C$ | $I_C$ | $V_{R_C}$ | $V_{BE}$ | $\alpha$ |
|---|---|---|---|---|---|---|---|---|
| 계산값 | | | | | | | | |
| 측정값 | | | | | | | | |

## 2. 베이스 저항이 있는 이미터바이어스 회로

(1) 그림 8.26의 회로를 구성하고 다음을 측정하라.

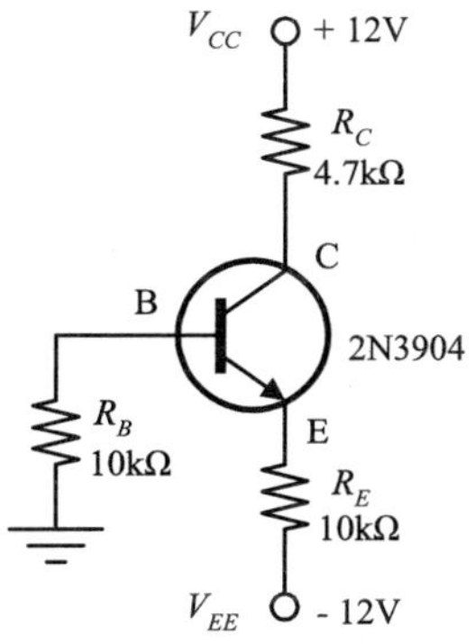


〈그림 8.26〉 베이스 저항이 있는 이미터바이어스 회로

(2) 컬렉터 전류 $I_C$를 계산하고 표 8.4에 기록하라.

$$V_{BE} = 0.6\text{V}$$

$$I_C \approx \frac{V_{EE} - V_{BE}}{(R_B/\beta) + R_E} =$$

(설명) $I_C = I_E$이고 만일 $\beta$값이 알려져 있지 않다면 $\beta = 100$을 사용하라. 왜냐하면 $\beta$가 변화할 때 직접적으로 단지 $V_{R_B}$에 영향을 주기 때문이다.

(3) 회로의 직류 전압강하를 계산하고 표 8.4에 기록하라.

1) $V_{R_E}$를 계산하라.

$$V_{R_E} = I_E R_E =$$

2) $V_{R_C}$를 계산하고 측정하여 표 8.4에 기록하라.

계산값 : $V_{R_C} = I_C R_C =$

측정값 :

3) $I_B$를 계산하고 표 8.4에 기록하라.

$$I_B = I_E / \beta =$$

4) $V_{R_B}$를 계산하고 측정하여 표 8.4에 기록하라.

계산값 : $V_{R_B} = I_B R_B =$

측정값 :

〈표 8.4〉 이미터 바이어스 회로

| | $I_E$ | $I_C$ | $I_B$ | $V_{R_E}$ | $V_{R_C}$ | $V_{R_B}$ | $V_B$ | $V_E$ | $V_C$ | $V_{CE}$ | $V_{CB}$ |
|---|---|---|---|---|---|---|---|---|---|---|---|
| 계산값 | | | | | | | | | | | |
| 측정값 | / | / | / | / | | | | | | / | / |

5) 접지에 대한 베이스, 이미터, 컬렉터의 전위 $V_B$, $V_E$, $V_C$를 계산하고 측정하여 표 8.4에 기록하라.

계산값 : $V_B = - V_{R_B} =$

측정값 :

계산값 : $V_E = -(V_{R_B} + V_{BE}) =$

측정값 :

계산값 : $V_C = V_{CC} - V_{R_C} =$

측정값 :

6) $V_{CE}$와 $V_{CB}$를 계산하고 표 8.4에 기록하라.

$$V_{CE} = V_C - V_E =$$

$$V_{CB} = V_C - V_B =$$

## [실험결과 및 고찰]

| 실험제목 | 실험 12. 이미터 바이어스회로 | | | | | 평가 | A+ | A | B+ | B | C+ | C | D+ | D | 기타 |
|---|---|---|---|---|---|---|---|---|---|---|---|---|---|---|---|
| 소 속 | 학과 학년 (주,야) 반 | | | | | | | | | | | | | | |
| 실험 조 | 조 | | 인원 | | 실험일자 | 년 월 일 요일 | | | | | | 담당교수 | | | 확인 (인) |
| 학 번 | | | | 조원 | 학번 | ① | | | ② | | | | | | |
| 성 명 | | | | | 성명 | ① | | | ② | | | | | | |

12-1. 이미터 바이어스 회로의 주된 이점은 무엇인가?

12-2. 이 실험에서 사용된 베이스저항은 10kΩ이다. 베이스 저항 100kΩ으로 하였을 경우와 비교한다면 트랜지스터 등을 교체하여 $\beta$값이 변화에 영향을 주었을 경우 직류전압분포에 (크게, 작게) 작용한다.

12-3. 회로 내에서 계산과 측정에 $\alpha$값 대신에 $\beta$값을 사용하는 것이 더 실제적인 이유는 무엇인가?

12-4. 그림 8.27의 회로에서 서로 대응하는 부품에 대한 전압강하는 동일한가? 접지점의 위치를 이동시키는 것은 회로 내에 저항양단 전압강하에 영향을 주는가?

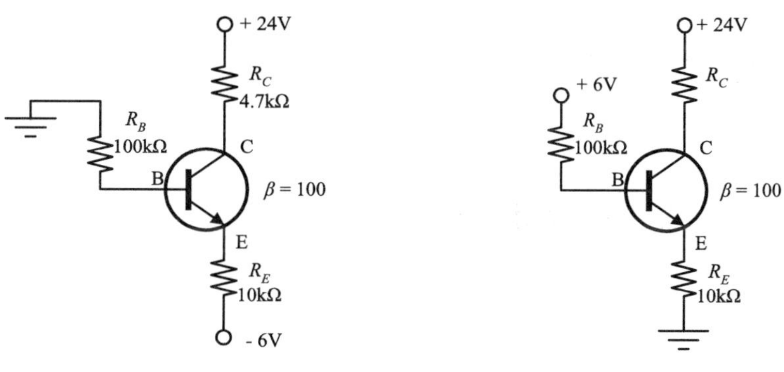


〈그림 8.27〉 실험결과 및 고찰 15-4

12-5. 그림 8.43에서 $\beta = 100$, $V_{BE} = 0.6\text{V}$일 때 다음을 계산하라.

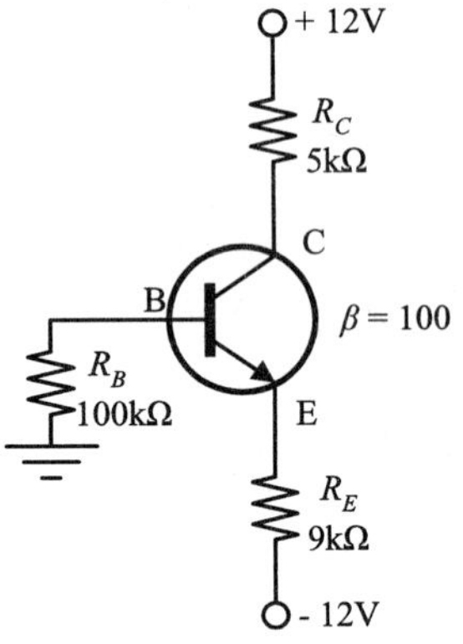


〈그림 8.28〉 실험결과 및 고찰 12-5

(1) $I_E$를 계산하라.

(2) $V_{R_E}$를 계산하라.

(3) $I_B$를 계산하라.

(4) $V_{R_B}$를 계산하라.

(5) $V_{R_C}$를 계산하라.

(6) $V_{CE}$를 계산하라.

12-6. 실험을 한 후 배운점과 느낀점을 써라.

(1) 배운점

(2) 느낀점

# 실험 13.

# 전류귀환 바이어스 회로

## 1. 전류귀환 바이어스 회로

(1) 그림 8.29의 회로를 구성하고 다음을 측정하라.

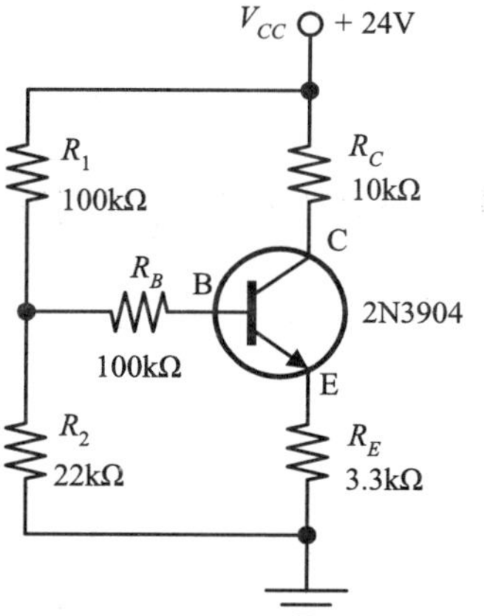


〈그림 8.29〉 전류귀환바이어스 회로

(2) 접지에 대한 컬렉터의 전위 $V_C$를 측정하고 컬렉터 저항 $R_C$ 양단 전압 $V_{R_C}$를 계산하고 표 8.5에 기록하라.

측정값 :

계산값 : $V_{R_C} = V_{CC} - V_C =$

(3) 이미터 저항 $R_E$양단의 전압 $V_E$를 측정하고 표 8.5에 기록하라.

$V_{R_E} = V_E =$

(4) 접지에 대한 베이스의 전위 $V_B$를 측정하라. 또한 저항 $R_2$양단 전압 $V_{R_2}$를 측정하고 표 8.5에 기록하라.

$V_B =$
$V_{R_2} =$

(5) 측정된 $V_B$, $V_{R_2}$의 전압을 사용하여 $V_{R_1}$, $V_{R_B}$, $V_{R_E}$를 계산하고 표 8.5에 기록하라.

$V_{R_1} = V_{CC} - V_{R_2} =$
$V_{R_B} = V_{R_2} - V_B =$
$V_{R_E} = V_B - V_E =$
단, $V_E = V_{R_E}$

(6) 계산된 $V_{R_B}$, $V_{R_E}$, $V_{R_C}$를 사용하여 베이스, 이미터 및 컬렉터 전류를 계산하고 표 8.5에 기록하라.

$I_B = V_{R_B} / R_B =$
$I_E = V_{R_E} / R_E =$
$I_C = V_{R_C} / R_C =$

(7) 계산된 $I_C$, $I_B$값을 사용하여 $\beta$와 $\alpha$값을 계산하고 표 8.5에 기록하라.

$\beta = I_C / I_B =$
$\alpha = \beta / (\beta + 1) =$

〈표 8.5〉 전류귀환바이어스 회로

| | $V_C$ | $V_{R_C}$ | $V_E$ | $V_{R_E}$ | $V_{CE}$ | $V_{R_2}$ | $V_B$ | $V_{R_1}$ | $V_{R_B}$ | $I_B$ | $I_C$ | $I_E$ | $\beta$ | $\alpha$ |
|---|---|---|---|---|---|---|---|---|---|---|---|---|---|---|
| 계산값 | | | | | | | | | | | | | | |
| 측정값 | | | | | | | | | | | | | | |

## 2. 베이스 저항이 없는 전류귀환바이어스 회로

(1) 그림 8.30의 회로를 구성한 후 다음을 측정하라.

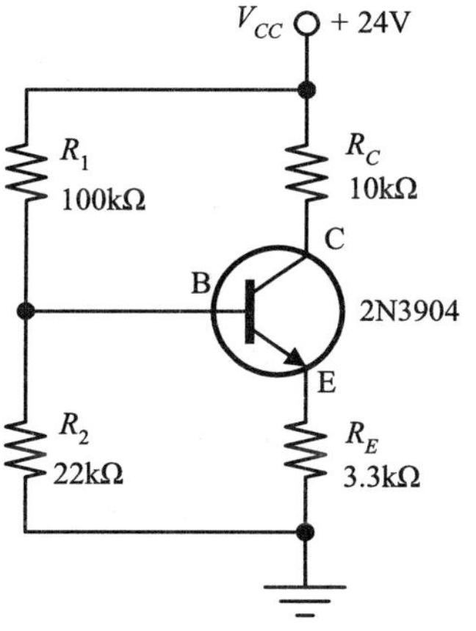


〈그림 8.30〉 베이스 저항이 없는 전류귀환바이어스 회로

(2) 회로내의 모든 직류전압강하를 계산하고 표 8.6에 기록하라.

1) $V_{R_1} = \dfrac{V_{CC} \times R_1}{R_1 + R_2} =$

2) $V_{R_2} = \dfrac{V_{CC} \times R_2}{R_1 + R_2} =$

3) $V_{R_E} = V_{R_2} - V_{BE} =$

4) $I_C = \dfrac{V_{R_E}}{R_E} =$

5) $I_C \approx I_E$

6) $V_{R_C} = I_C R_C =$

(3) 접지에 대한 트랜지스터의 베이스, 이미터, 컬렉터 전위를 계산하고 표 8.6에 기록하라.

1) $V_B = V_{R_2} =$

2) $V_E = V_{R_E} =$

3) $V_C = V_{CC} - V_{R_C} =$

4) $V_{CE} = V_C - V_E =$

5) $V_{CB} = V_C - V_B =$

(4) 회로내 직류 전압강하를 측정하여 표 8.6에 기록하라.

1) $V_{R_1} =$

2) $V_{R_2} =$

3) $V_{R_E} =$

4) $V_{R_C} =$

5) $V_{CE} =$

6) $V_{CB} =$

7) $V_{BE} =$

8) $V_B =$

9) $V_C =$

10) $V_E =$

〈표 8.6〉 베이스 저항이 없는 전류귀환바이어스 회로

| | $V_{R_1}$ | $V_{R_2}$ | $V_{R_E}$ | $V_{R_C}$ | $V_{CE}$ | $V_{CB}$ | $V_{BE}$ | $V_B$ | $V_C$ | $V_E$ | $I_E$ |
|---|---|---|---|---|---|---|---|---|---|---|---|
| 계산값 | | | | | | | 0.6V | | | | |
| 측정값 | | | | | | | | | | | |

**[실험결과 및 고찰]**

<table>
<tr><td>실험제목</td><td colspan="5">실험 13. 전류귀환바이어스 회로</td><td rowspan="2">평가</td><td>A+</td><td>A</td><td>B+</td><td>B</td><td>C+</td><td>C</td><td>D+</td><td>D</td><td>기타</td></tr>
<tr><td>소 속</td><td colspan="5">학과 학년 (주,야) 반</td><td></td><td></td><td></td><td></td><td></td><td></td><td></td><td></td><td></td></tr>
<tr><td>실험 조</td><td>조</td><td></td><td>인원</td><td></td><td>실험일자</td><td colspan="6">년 월 일 요일</td><td colspan="3">담당교수</td><td>확인(인)</td></tr>
<tr><td>학 번</td><td colspan="3"></td><td rowspan="2">조원</td><td>학번</td><td colspan="2">①</td><td colspan="4">②</td><td colspan="3" rowspan="2"></td><td rowspan="2"></td></tr>
<tr><td>성 명</td><td colspan="3"></td><td>성명</td><td colspan="2">①</td><td colspan="4">②</td></tr>
</table>

13-1. 그림 8.29에서 100kΩ의 베이스 저항을 사용하는 것은 해석상에 어떠한 이점이 있는가?

13-2. 회로내의 전류 계산에 있어서 $\alpha$ 대신 $\beta$에 대해서 푸는 것이 오차를 덜 발생시키는 이유는 무엇인가?

13-3. 전압강하를 측정할 경우 접지에 대해서 측정하는 방법이 좋은 전압측정기법이 되는 이유는 무엇인가?

13-4. 그림 8.31에서 $\beta = 100$, $V_{BE} = 0.6\text{V}$일 때 다음을 계산하라.

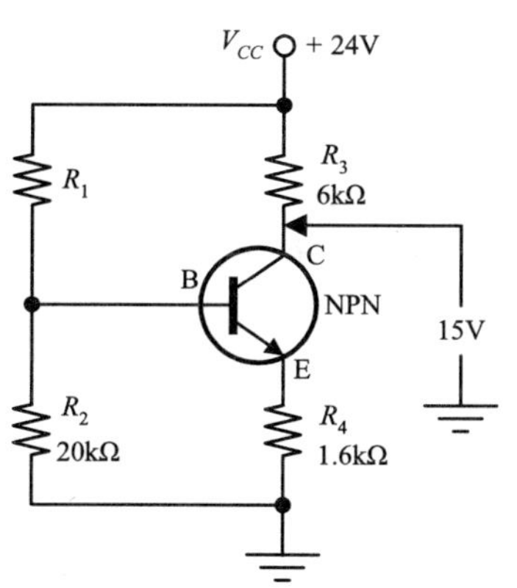


〈그림 8.31〉 실험결과 및 고찰 16-4

(1) $V_{R_C}$를 구하라.

$V_{R_C} =$

(2) $I_C$를 구하라.

$I_C =$

(3) $V_{R_E}$를 구하라.

$V_{R_E} =$

(4) $V_B$를 구하라.

$V_B =$

(5) $V_{R_1}$를 구하라.

$V_{R_1} =$

(6) $R_1$을 구하라.

$R_1 =$

13-5. 실험을 한 후 배운점과 느낀점을 써라.
(1) 배운점

(2) 느낀점

# 9장 저주파 증폭회로와 응용

## 1. CR 결합증폭회로의 기본

일반적으로 이미터 접지 회로에서 2단 이상에 걸쳐 증폭할 때 서로의 동작점을 교란하지 않도록 단간을 접속할 필요가 있다. 이 때 컬렉터 저항에 생기는 신호전압(교류성분)만을 콘덴서에 의해서 다음 단에 결합해 가는 방법이 CR 결합증폭회로이다. 그림 9.1은 CR 결합 증폭회로의 1단만을 뽑아낸 기본회로이며 전압분배바이어스에 의한 이미터 접지 증폭회로이다.

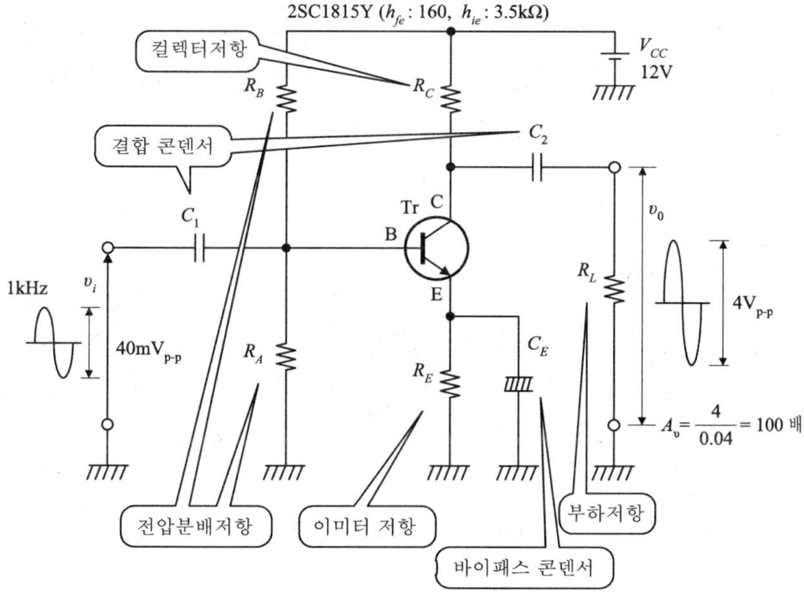


〈그림 9.1〉 CR 결합증폭 회로의 예

### (1) 소자의 동작특성

$C_1$, $C_2$는 결합콘덴서(coupling condenser), $C_E$는 이미터 전류 중 교류분만을 통과시키는 것에서 바이패스 콘덴서(bypass condenser)라 한다. 또한 $R_L$은 다음 단 회로의 입력임피던스를 대표하고 있다. 결합콘덴서 $C_1$은 입력 교류전압 $v_i$를 베이스 직류바이어스 전압에 가하고 $C_2$는 $R_C$의 양단에 생기는 전압 중 교류분만을 $R_L$에 가하고 있다. 이 모양은 그림 9.2에 보였다.

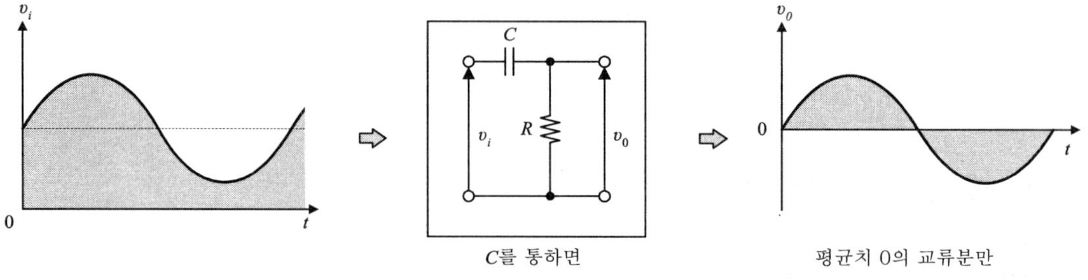


〈그림 9.2〉 콘덴서는 직류분을 통과시키지 않음

이미터 저항 $R_E$에 의해서 동작점은 안정적으로 유지되고 있는데, 베이스-이미터간의 가해지는 트랜지스터의 입력신호전압도 감소하고 그 결과 출력의 저하를 일으킨다. 바이패스 콘덴서 $C_E$를 접속하면 이 감소를 없앨 수 있다. 그림 9.3(a)와 같이 베이스의 전위가 직류바이어스 전압을 중심으로 신호전압 $v_i$에 의해 입력에 가해져 이미터 전류 $i_E$도 직류 바이어스전류 $I_E$를 중심으로 신호전류 $i_e$가 흐르고 있다고 하자.

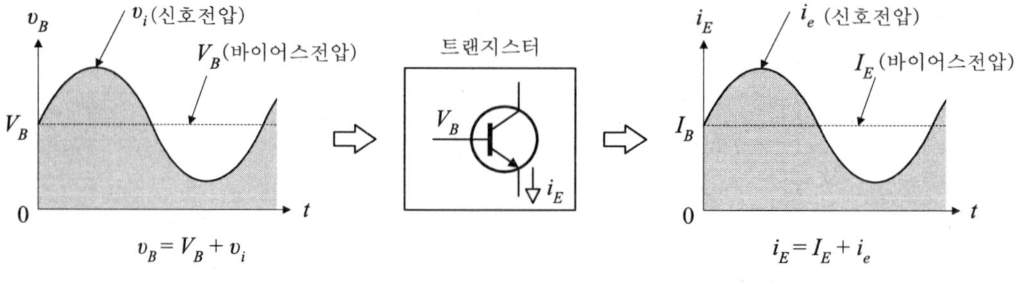


(a) 트랜지스터를 통과하면

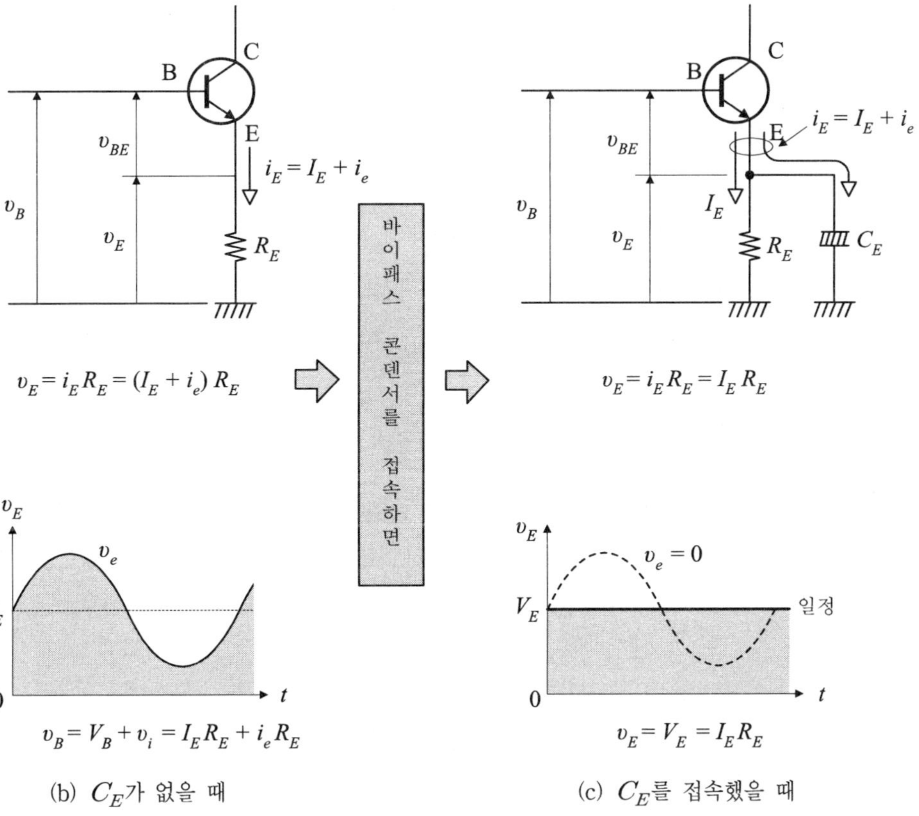


〈그림 9.3〉 바이패스 콘덴서 $C_E$의 작용

그림 9.3(b)와 같이 $C_E$가 없을 때의 이미터 전압 $v_E$는 다음과 같이 된다.

$$v_E = i_E R_E = (I_E + i_e) R_E = I_E R_E + i_e R_E$$

$v_e = i_e R_E$의 신호성분에 따라 변동한다. 트랜지스터의 실제 입력이 되는 $v_{BE}$는 다음과 같이 된다.

$$\begin{aligned} v_{BE} &= v_B - v_E = (V_B + v_i) - (I_E R_E + i_e R_E) \\ &= (V_B - I_E R_E) + (v_i - i_e R_E) \\ &= (\text{직류분}) \ + \ (\text{교류분}) \end{aligned}$$

여기에서 직류분은 전압분배바이어스로서 작용하는데 신호분은 $i_e R_E$만큼 감소하고 그 결과 출력의 저하를 일으키게 된다. 그림 9.3(c)와 같이 바이패스 콘덴서 $C_E$를 접속하면 $v_E$는 다음과 같다.

$$v_E = i_E \cdot \frac{1}{\sqrt{\left(\frac{1}{R_E}\right)^2 + (\omega C_E)^2}}$$

$$= \frac{I_E}{\sqrt{\left(\frac{1}{R_E}\right)^2 + (\omega C_E)^2}} + \frac{i_e}{\sqrt{\left(\frac{1}{R_E}\right)^2 + (\omega C_E)^2}}$$

하지만 위의 식에서 첫 번째 항은 직류분을 고려하고 있으므로 $\omega = 0$일 때에 대응하고 두 번째항은 신호분이지만 $C_E$의 값을 충분히 크게 하고 리액턴스를 0으로 간주하면 $\omega C_E \rightarrow \infty$ 가 되므로 다음 식으로 대치할 수 있다.

$$v_E = \frac{I_E}{\sqrt{\left(\frac{1}{R_E}\right)^2 + (\omega C_E)^2}} + \frac{i_e}{\sqrt{\left(\frac{1}{R_E}\right)^2 + (\omega C_E)^2}}$$

$$= \frac{I_E}{\sqrt{\left(\frac{1}{R_E}\right)^2 + 0}} + \frac{i_e}{\sqrt{\left(\frac{1}{R_E}\right)^2 + \infty}}$$

$$= I_E R_E + 0 = I_E R_E$$

그림 9.4와 같이 이미터 전압은 신호전압에 의해서 변화하지 않고 일정하게 되므로 출력 저하를 방지할 수 있다.

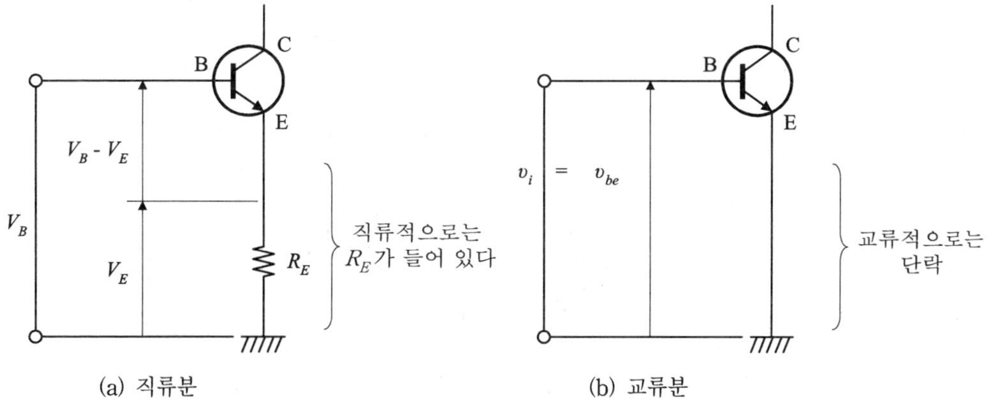


〈그림 9.4〉 트랜지스터 입력은 직류분과 교류분에서는 다름

### (2) 등가회로 해석

그림 9.5의 CR 결합 증폭회로의 부하는 언뜻 보면 $R_C$와 같이 보이지만 신호는 교류성분이므로 교류적으로 보면 $C_2$, $R_l$도 관계가 있다.

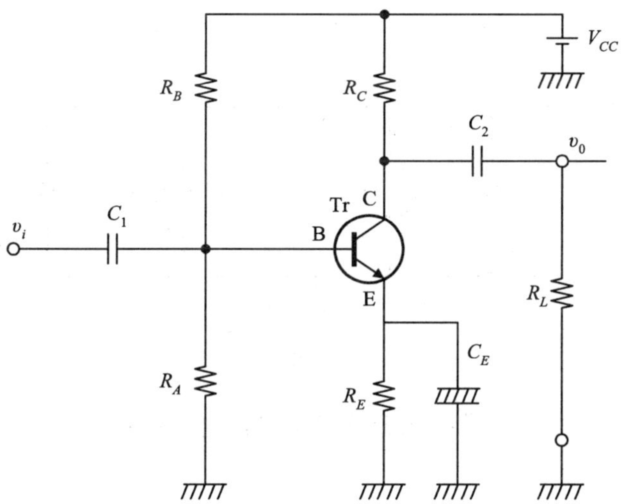


〈그림 9.5〉 CR 결합 증폭회로

취급하는 주파수에서는 결합콘덴서와 바이패스 콘덴서의 리액턴스가 충분히 작아 무시하고 생각해도 좋으므로 그림 9.6(a)와 같이 된다. 트랜지스터를 $h$상수 등가회로에서 치환하면 그림 9.6(b)를 얻는다.

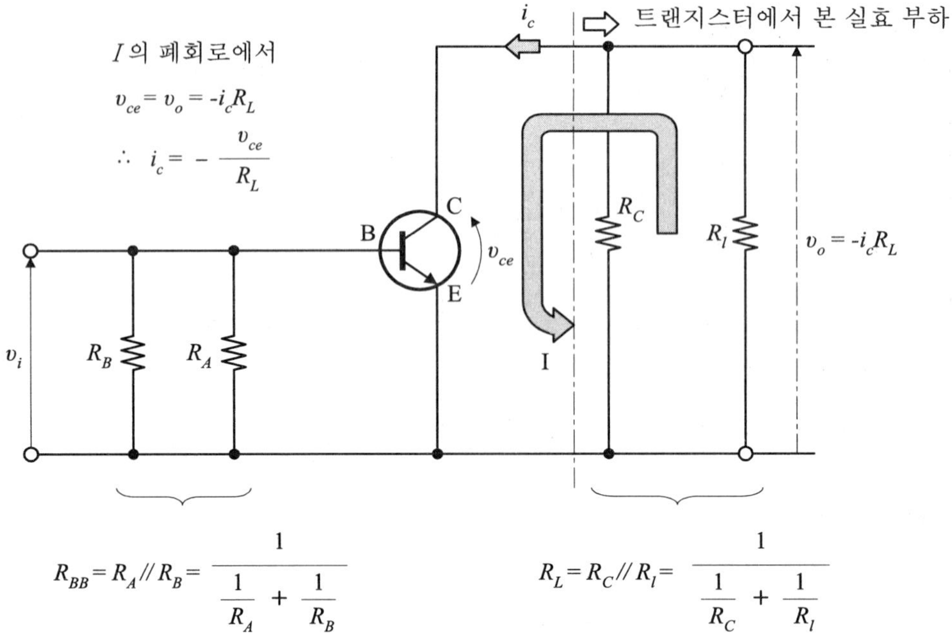


(a) 교류회로

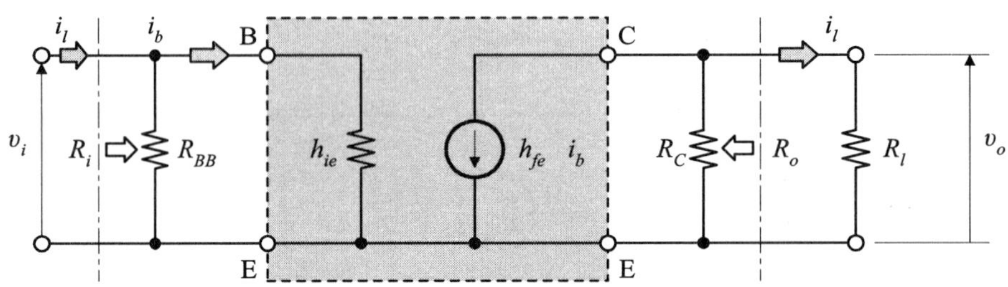


(b) 등가회로

〈그림 9.6〉 교류회로와 등가회로

이 등가회로에서 전압 증폭도 $A_v$, 전류증폭도 $A_i$를 구하면 다음과 같다.

$$i_b = \frac{v_i}{h_{ie}},\ i_l = -h_{fe} i_b \frac{R_C}{R_C + R_l}$$

$$v_o = i_l R_L = \left(-h_{fe} i_b \frac{R_C}{R_C + R_l}\right) R_l$$

$$= -\frac{h_{fe}}{h_{ie}} R_L v_i \qquad , R_L = R_C // R_l = \left(\frac{R_C R_L}{R_C + R_L}\right)$$

여기에서 부호는 입력 $v_i$와는 역위상의 의미이다. 따라서 전압증폭도 $A_v$는 다음과 같다.

$$\frac{v_o}{v_i} = -\frac{h_{fe}}{h_{ie}} R_L$$

전류증폭도 $A_i$는 다음과 같다.

$$A_i = \frac{i_l}{i_i} = \frac{i_l}{i_b} \cdot \frac{i_b}{i_i}$$

$$= \left(-\frac{R_C}{R_C + R_l} \cdot h_{fe}\right) \cdot \left(\frac{R_{BB}}{h_{ie} + R_{BB}}\right)$$

$$= -\frac{h_{fe}}{h_{ie}} \cdot \frac{R_C R_i}{R_C + R_i}$$

$R_i$는 입력단자에서 증폭회로를 본 입력저항이다.

$$R_i = R_{BB} // h_{ie} = \frac{R_{BB} h_{ie}}{R_{BB} + h_{ie}} = \frac{1}{\frac{1}{R_A} + \frac{1}{R_B} + \frac{1}{h_{ie}}}$$

또한 부하저항에서 증폭회로를 본 출력저항 $R_o$는 간단하게 $R_o = R_C$로 둔다.

### (3) 동작점 구하는 법

소신호 증폭에서는 신호에 의한 변동은 작기 때문에 출력신호의 변형은 그다지 생각하지 않아도 된다. 하지만 큰 진폭의 신호가 들어갔을 경우에도 가능한 한 변형되지 않도록 동작점을 선택해야 한다. 이와 같이 최적의 동작점을 구하기 위해서는 $V_{CE}-I_C$특성 곡선상에서 부하선을 긋고 작도에 의해서 구하는 방법이 편리하다. 특성 곡선상에 직류부한 $(R_C+R_E)$에 대한 부하선 $\overline{AB}$를 긋는다. 그림 9.7(a)에서 직류부하선의 식은 $V_{CE} \approx V_{CC}-I_C(R_C+R_E)$이다. 다음에 교류적으로는 그림 9.6(a)에서 $i_c=-v_{ce}/R_L$이 되므로 교류부하선의 기울기는 $-1/R_L$이 되고 이것을 좌우로 이동시켜 $\overline{A'B'}$가 $\overline{AB}$와의 교점의 교점에 의해 2등분되는 점 $Q$가 최적 동작점을 준다.

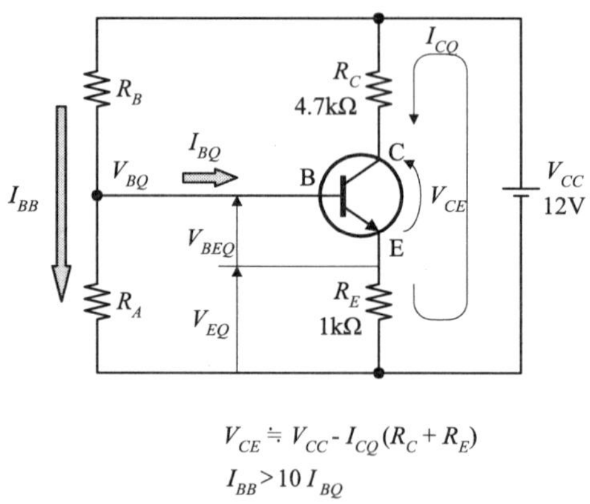


(a) 직류회로

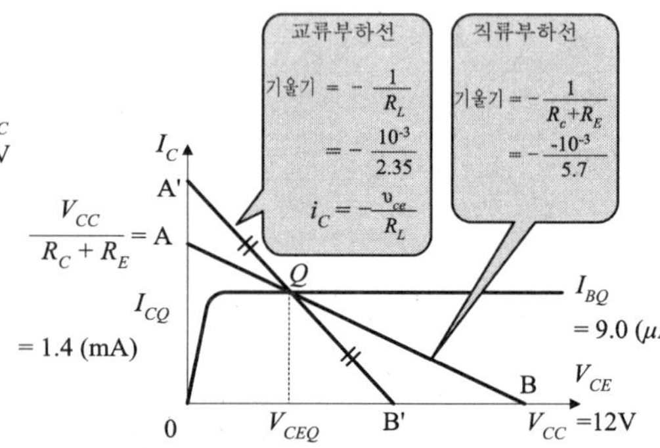


(b) 부하선을 긋는 방법과 직류부하선

〈그림 9.7〉 최적 동작점을 구하는 방법

다음에 이 동작점을 주는데 필요한 바이어스 저항 $R_A$, $R_B$를 구하면 된다. 그림 9.8의 CR 결합 증폭회로의 $A_v$, $A_i$, $R_i$, $R_o$를 구하는 과정은 다음과 같다.

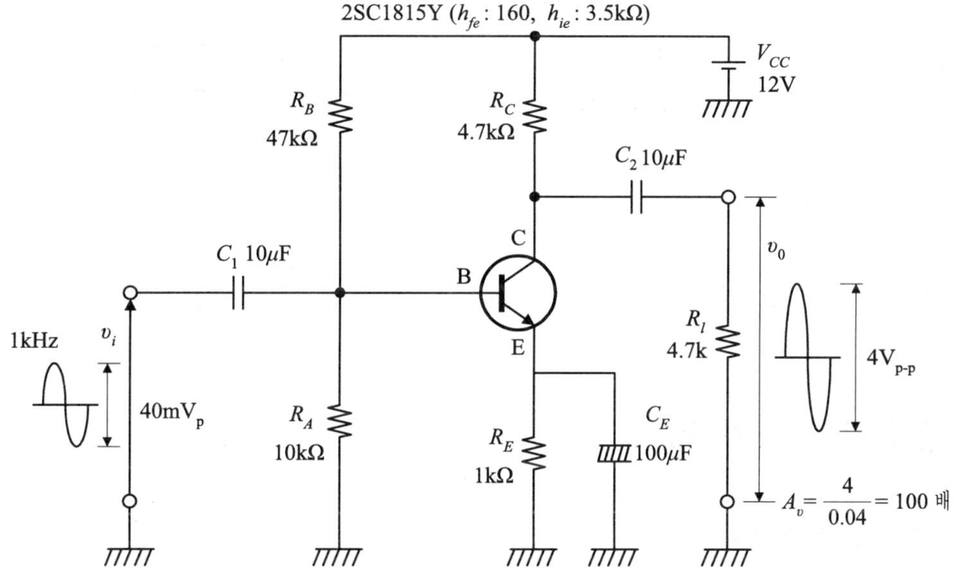


〈그림 9.8〉 CR 결합증폭회로

$$A_v = -\frac{h_{fe}}{h_{ie}} R_L = -\frac{h_{fe}}{h_{ie}} \frac{R_C R_l}{R_C + R_l}$$

$$= -\frac{160}{3.5} \times \frac{4.7 \times 4.7}{4.7 + 4.7} \approx -107 \text{배}(40.6\text{dB})$$

$$R_i = \frac{1}{\frac{1}{R_A} + \frac{1}{R_B} + \frac{1}{h_{ie}}} = \frac{1}{\frac{1}{47} + \frac{1}{10} + \frac{1}{3.5}} = 2.5\text{k}\Omega$$

$$A_i = -\frac{h_{fe}}{h_{ie}} \frac{R_C R_i}{R_C + R_l}$$

$$= -\frac{160}{3.5} \times \frac{4.7 \times 2.5}{4.7 + 4.7} \approx -57.1 \text{배}(35.1\text{dB})$$

$$R_o = R_C = 4.7\text{k}\Omega$$

그림 9.7의 바이어스 저항 $R_A$, $R_B$를 구하려면 최적 동작점을 주는 $I_{CQ}$, $I_{BQ}$를 구한다음 $V_{BEQ}$를 구하면 되는데 트랜지스터 입력특성에서 $V_{BEQ} \approx 0.65\text{V}$로 해도 된다. 또한 브리더 전류 $I_{BB}$는 $I_{BQ}$의 10배 이상으로 두면 된다. 먼저 $I_{CQ} = 1.4\text{mA}$, $I_{BQ} = 9.0\mu\text{A}$,

$V_{BEQ}=0.65\text{V}$이므로 다음과 같이 구한다.

$V_{EQ}=I_{CQ}R_E=1.4\times1=1.4\text{V},\ V_{BQ}=V_{EQ}+V_{BEQ}=1.4+0.65=2.05\text{V}$

$I_{BB}>10I_{BQ}$으로써 $I_{BB}=0.2\text{mA}$ 흐르는 것으로 하면 다음과 같이 구할 수 있다.

$$R_A=\frac{V_{BQ}}{I_{BB}}=\frac{2.05}{0.2}\approx 10\text{k}\Omega$$

$$R_B=\frac{V_{CC}-V_{BQ}}{I_{BB}}=\frac{12-2.05}{0.2}\approx 50\text{k}\Omega$$

## 2. 증폭기 해석의 예

### (1) 공통이미터 증폭기

그림 9.9는 전압분배바이어스를 이용한 공통이미터 증폭기의 예를 보인 것이다.

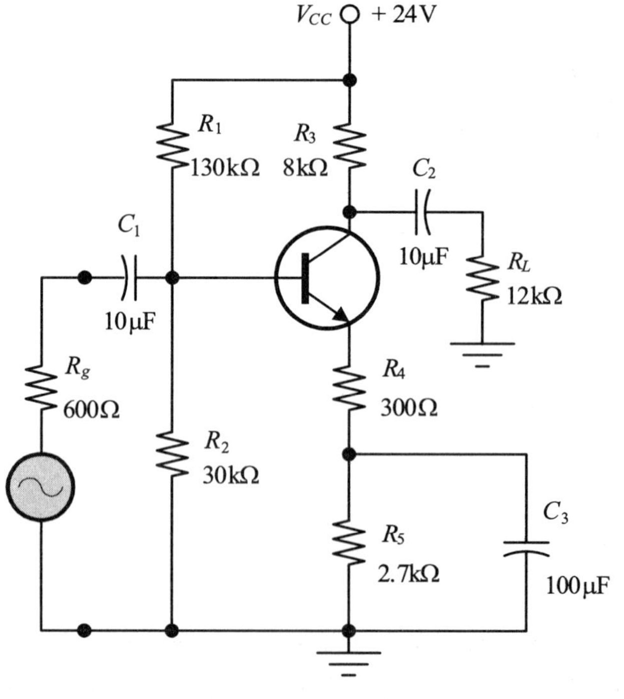


〈그림 9.9〉 공통이미터 증폭기

1) 직류해석

이 회로의 직류해석을 하면 다음과 같다.

$$V_{R_1} = \frac{V_{CC} \times R_1}{R_1 + R_2} = \frac{24 \times 130\text{k}}{130\text{k} + 30\text{k}} = 19.5\text{V}$$

$$V_{R_2} = \frac{V_{CC} \times R_2}{R_1 + R_2} = \frac{24 \times 30\text{k}}{130\text{k} + 30\text{k}} = 4.5\text{V}$$

$$V_{R_E} = V_{R_2} - V_{BE} = 4.5\text{V} - 0.6\text{V} = 3.9\text{V}$$

$$I_E = \frac{V_{RE}}{R_E} = \frac{V_{R_4} + V_{R_5}}{R_4 + R_5} = \frac{3.9\text{V}}{300 + 2.7\text{k}} = 1.3\text{mA}$$

$$V_{R_4} = I_E \times R_4 = 1.3\text{mA} \times 300 = 0.39\text{V}$$

$$V_{R_5} = I_E \times R_5 = 1.3\text{mA} \times 2.7\text{k} = 3.51\text{V}$$

$$V_{R_3} = I_C \times R_3 = I_E \times R_3 = 1.3\text{m} \times 8\text{k} = 10.4\text{V}$$

$$V_C = V_{CC} - V_{R_3} = 24\text{V} - 10.4\text{V} = 13.6\text{V}$$

$$V_B = V_{R_2} = 4.5\text{V}$$

$$V_E = V_{R_E} = 3.9\text{V}$$

$$V_{CE} = V_C - V_E = 13.6\text{V} - 3.9\text{V} = 9.7\text{V}$$

$$V_{R_L} = 0\text{V}$$

2) 전압이득

교류등가회로를 그리면 그림 9.10과 같다.

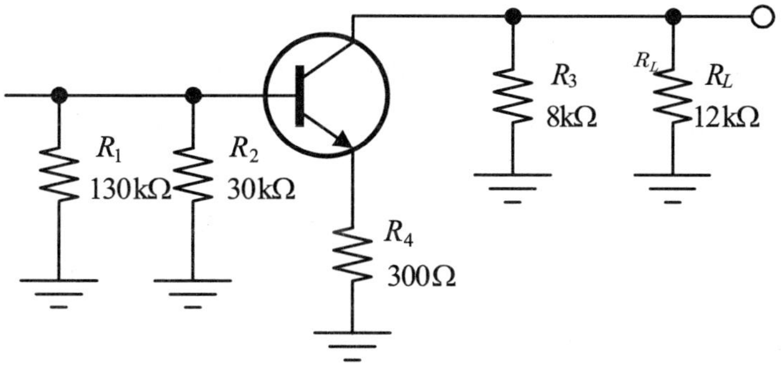


〈그림 9.10〉 교류등가회로

$r_{e'} = 26\text{m}/I_E = 26\text{m}/1.3\text{m} = 20$

3) 입력임피던스

교류적으로 트랜지스터의 베이스와 접지사이의 등가회로는 그림 9.11과 같다.

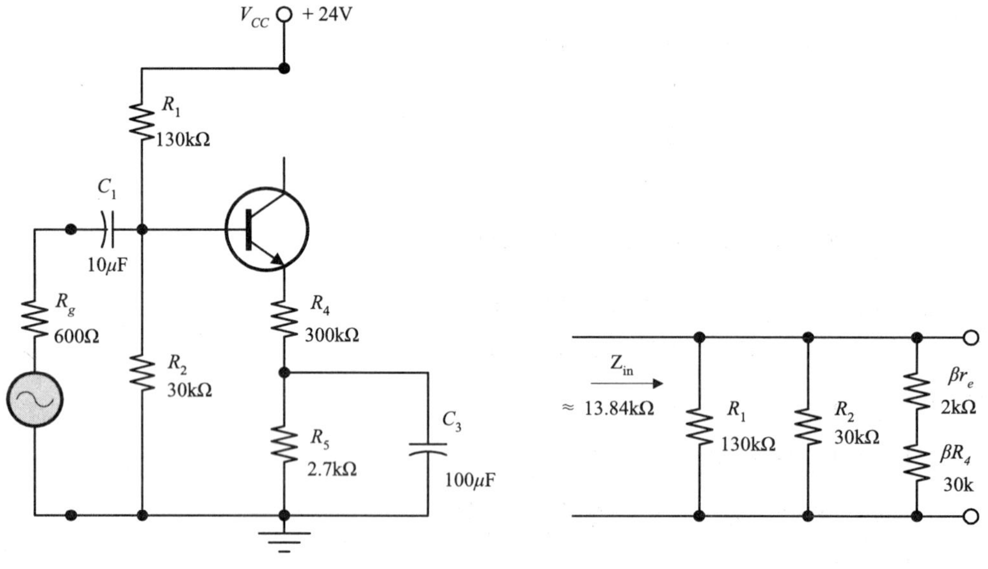


〈그림 9.11〉 베이스와 접지사이의 등가회로

실효 이미터 저항 $r_{e'} + R_4$의 $\beta$배되는 저항이 입력측에 나타나기 때문에 입력임피던스는 다음과 같다.

$$Z_{in(\text{base})} = \beta(r_{e'} + R_4) = 100(20 + 300) = 100 \times 320 = 32\text{k}\Omega$$
$$Z_{in} = R_1//R_2//\beta(r_{e'} + R_4) = 130\text{k}//30\text{k}//100(20 + 300) = 13.8\text{k}\Omega$$

① 만일 이미터 저항 $R_4$, $R_5$가 전체회로에 연결되지 않았다면 입력임피던스는 다음과 같다.

$$Z_{in(\text{base})} = \beta(r_{e'}) = 100 \times 20 = 2\text{k}\Omega$$
$$Z_{in} = R_1//R_2//\beta(r_{e'}) = 130\text{k}//30\text{k}//100(20) = 1.848\text{k}\Omega$$

② 만일 이미터 저항 $R_4$, $R_5$가 모두 연결되었다면 입력임피던스는 다음과 같다.

$$Z_{in(base)} = \beta(r_{e'} + R_4 + R_5) = 100(20 + 300 + 2.7\text{k}) = 100 \times 3020 = 302\text{k}\Omega$$
$$Z_{in} = R_1 // R_2 // \beta(r_{e'} + R_4 + R_5) = 130\text{k}//30\text{k}//302\text{k} = 22.5\text{k}\Omega$$

4) 전력이득

$$PG = A_v^2 \times Z_{in}/R_L = 15^2 \times 13.84\text{k}/12\text{k} = 259.2$$

5) 최대출력전압

최대출력전압의 peak-to-peak 값($V_{omax}$)은 증폭기가 찌그러짐이 진동할 수 있는 전압의 값을 의미한다. 이 값은 이미터 저항이 연결되지 않았다면 $2V_{CE}$와 $2I_C r_L$의 값 중에서 적은 값으로 나타난다. 그러나 $R_5$저항이 연결되지 않았고 $R_4$는 연결되었으므로 $2I_C r_L$과 $2V_{CE} \times r_L/(R_4 + r_L)$중 낮은 값으로 계산된다.

$$2I_C r_L = 2 \times 1.3\text{m} \times 4.8\text{k} = 12.48\text{Vp-p}$$
$$2V_{CE} \times r_L/(R_4 + r_L) = 2 \times 9.7 \times 4.8\text{k}/(300 + 4.8\text{k}) = 18.26\text{Vp-p}$$
$$V_{omax} = 12.48\text{V}_{\text{p-p}}$$

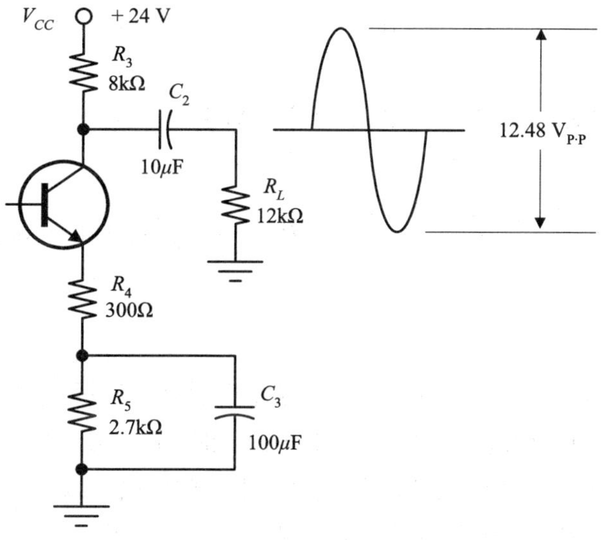


〈그림 9.12〉 최대 출력전압

6) 출력임피던스

증폭기의 출력임피던스는 부하저항을 연결하지 않은 경우의 출력전압과 연결한 경우의 출력전압을 측정하여 구한다. 만일 그림 9.13(a)와 같이 무부하의 경우의 출력전압은 다음과 같다.

$$V_{o(무부하)} = I_C R_3 = 1\text{m} \times 8\text{k} = 8\text{V}_{p-p}$$

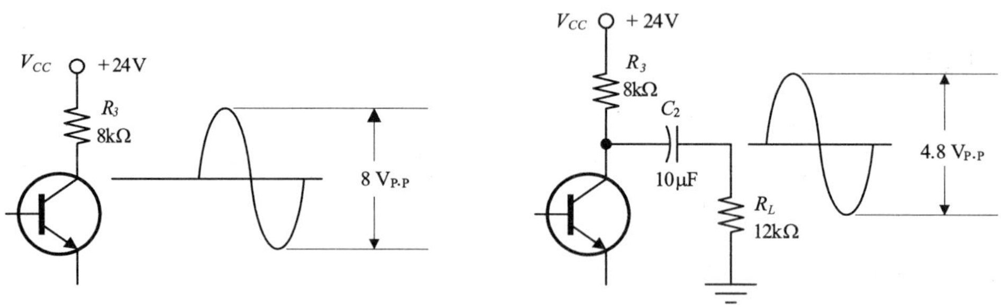


(a) 무부하시 (b) 부하시

〈그림 9.13〉 부하저항의 연결

그림 9.13(b)와 같이 부하저항을 연결한 경우의 출력전압은 다음과 같다.

$$V_{o(부하)} = I_C r_L = I_C(R_3 // R_L) = 1\text{m} \times (8\text{k} // 12\text{k}) = 4.8\text{V}_{p-p}$$

위의 결과를 이용하여 출력임피던스를 구하면 다음과 같다.

$$R_o = Z_o = \frac{V_{o(무부하)} - V_{o(부하)}}{V_{o(부하)}} \times R_L = \frac{8 - 4.8}{4.8} \times 12\text{k} = 8\text{k}\Omega$$

7) 주파수 응답

증폭기의 전압이득은 모든 주파수에서 동일하지 않다. 중역주파수에 비하여 저역 및 고역주파수에서 이득이 감소한다. 즉, 중역주파수 1kHz에서 회로의 커패시터는 단락되지만 $C_{bc}$, $C_{be}$, $C_{stray}$(부유용량)은 개방된다. 저역주파수에서 $C_1$, $C_2$, $C_3$는 회로저항과 상호작용하여 전압이득을 감소시키며 고역주파수에서 $C_{bc}$, $C_{be}$, $C_{miller}$, $C_{stray}$가 회로저항과 상호작용하여 이득을 감소시킨다.

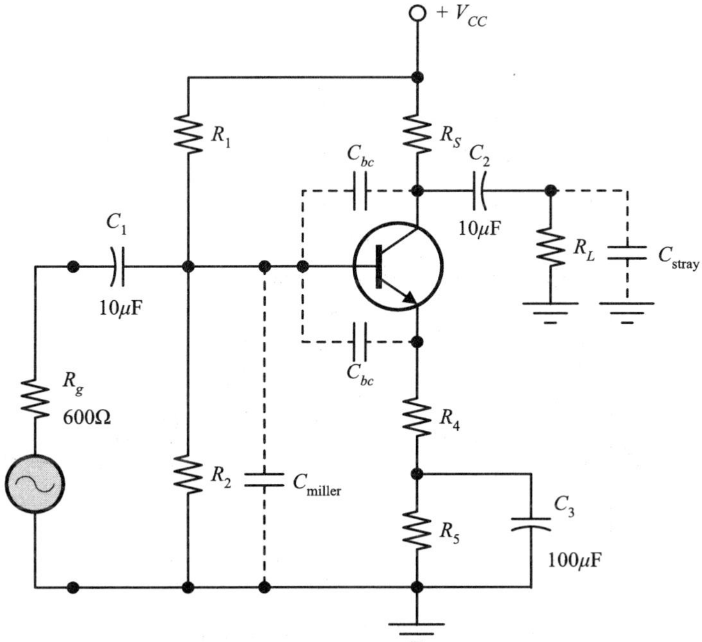


(a) 정전용량 분포

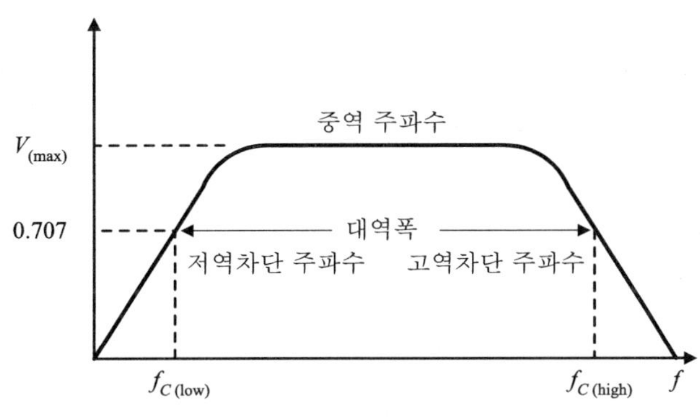


(b) 주파수응답

〈그림 9.14〉 주파수 응답

### (2) 공통 컬렉터 증폭기(이미터 폴로워)

그림 9.15는 공통 컬렉터 증폭회로이다. $C_3$는 발진을 방지하기 위하여 사용되었다. 공통 컬렉터회로는 입력과 출력의 위상이 동일하고 이득이 작아서 발진조건이 성립되어 발진을 일으킬 수 있다.

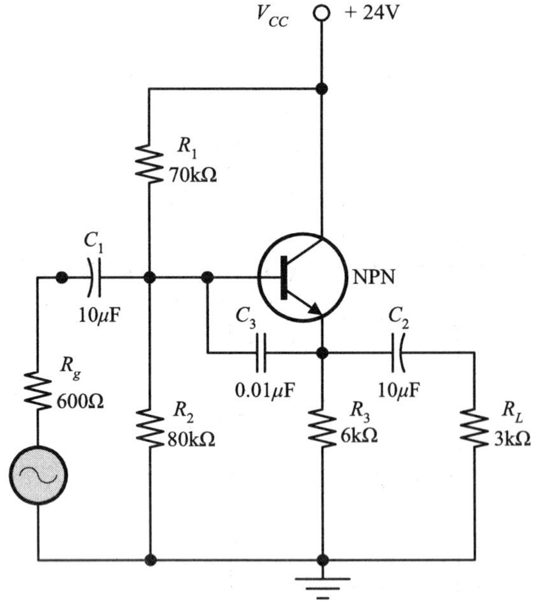


〈그림 9.15〉 공통 컬렉터 증폭회로

1) 직류해석

$$V_{R_1} = \frac{V_{CC} \times R_1}{R_1 + R_2} = \frac{24 \times 70\text{k}}{70\text{k} + 80\text{k}} = 11.2\text{V}$$

$$V_{R_2} = \frac{V_{CC} \times R_2}{R_1 + R_2} = \frac{24 \times 80\text{k}}{70\text{k} + 80\text{k}} = 12.8\text{V}$$

$$V_{R_3} = V_E = V_{R_2} - V_{BE} = 12.8\text{V} - 0.6\text{V} = 12.2\text{V}$$

$$I_E = V_{R_3}/R_3 = 12.2/6\text{k} = 2.03\text{mA}$$

$$V_{CE} = V_{CC} - V_{R_3} = 24 - 12.2 = 11.8\text{V}$$

2) 전압이득

공통 컬렉터 증폭기의 출력전압은 입력전압보다 $V_{BE}$만큼 적으므로 약 1이 된다. 교류등가회로를 그리면 그림 9.41과 같다.

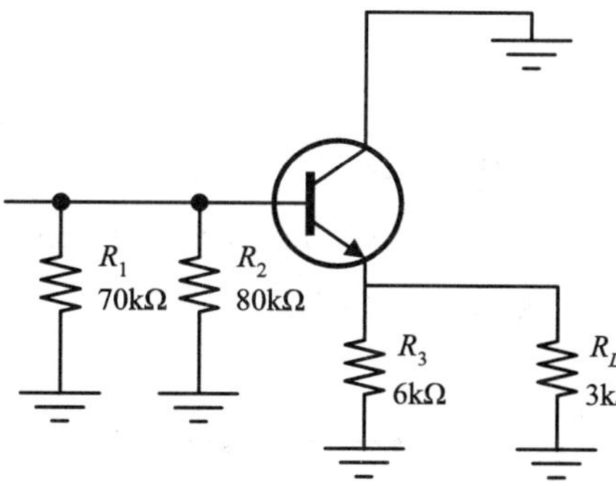


〈그림 9.16〉 교류등가회로

$$A_V = \frac{r_L}{r_{e'} + r_L} = \frac{2k}{12.8 + 2k} = 0.9936$$

단, $r_e' = 26\text{mV}/I_E = 26\text{m}/2.03\text{m} \approx 12.8\,\Omega$

$$r_L = R_3 // R_L = \frac{R_3\,R_L}{R_3 + R_L} = \frac{6k \times 3k}{6k + 3k} = 2k\,\Omega$$

만일 $4V_{p\text{-}p}$의 입력신호가 인가된다면 출력 $V_o$는 다음과 같다.

$$V_o = A_v \times V_{in} = 0.9936 \times 4 = 3.975\,V_{p\text{-}p}$$

$$V_o = \frac{V_{in}\,r_L}{r_{e'} + r_L} = \frac{4 \times 2k}{12.8 + 2k} = 3.975\,V_{p\text{-}p}$$

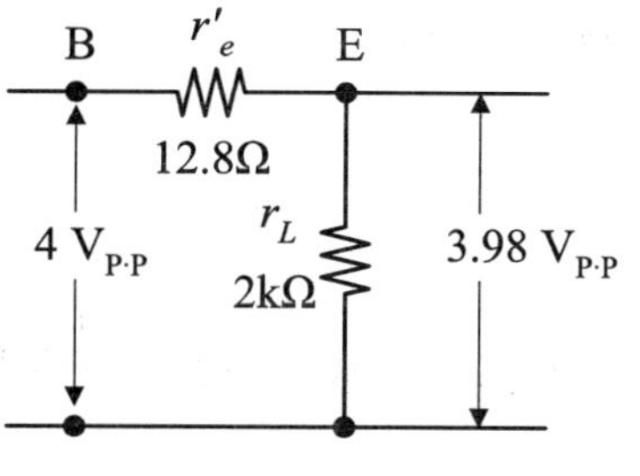


〈그림 9.17〉 출력전압

3) 입력임피던스

$$Z_{in(\text{base})} = \beta(r_{e'} + r_L) = 201.28\text{k}\Omega$$

$$Z_{in} = R_1//R_2//\beta(r_{e'} + r_L) = 70\text{k}//80\text{k}//100(2.8 + 2\text{k})$$

$$= 70\text{k}//80\text{k}//201.28\text{k} = 31.39\text{k}\Omega$$

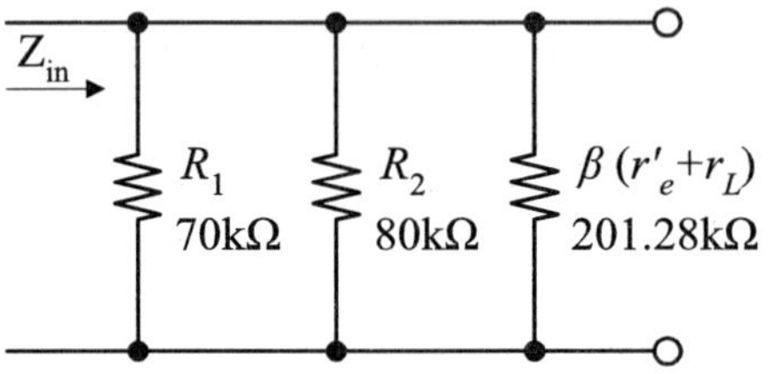


〈그림 9.18〉 입력임피던스

4) 전력이득

$$PG = A_v^2 \times Z_{in}/R_L = 0.9936^2 \times 31.49\text{k}/3\text{k} \approx 31.49$$

5) 최대출력전압

아래 2개의 값 중 작은 값을 최대출력전압( $V_{o(\max)}$ )으로 선택한다.

$$2V_{CE} = 2 \times 11.8 = 23.6\text{V}_{\text{p-p}}$$

$$2I_E r_L = 2 \times 2.03\text{m} \times 2\text{k} = 8.12\text{V}_{\text{p-p}}$$

$$V_{o(\max)} = 8.12\text{V}_{\text{p-p}}$$

6) 출력임피던스

출력임피던스는 부하저항을 제거하고 이미터 측에서 바라본 저항이므로 다음과 같다.

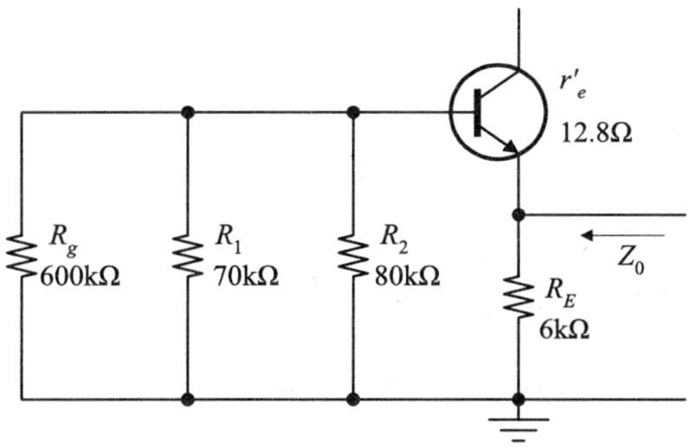


〈그림 9.19〉 출력임피던스

$$\begin{aligned} Z_o &= \left(\frac{R_1//R_2//R_g}{\beta} + r_{e'}\right)//R_E \\ &= \left(\frac{70\text{k}//80\text{k}//600}{\beta} + 12.8\right)//6\text{k} \\ &\approx (5.9 + 12.8)//6\text{k} \approx 18.7//6\text{k} \approx 18.6\,\Omega \end{aligned}$$

### (3) 공통 베이스 증폭기

공통베이스 증폭기는 입력임피던스가 낮으며 전류이득은 1이하이고 전압이득은 공통이미터증폭기의 경우와 거의 비슷하다.

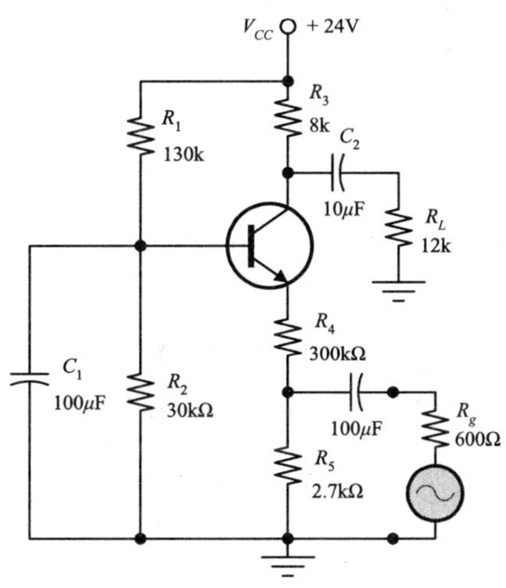


〈그림 9.20〉 공통베이스 증폭회로

1) 직류해석

$$V_{R_1} = \frac{V_{CC} \times R_1}{R_1 + R_2} = \frac{24 \times 130\text{k}}{130\text{k} + 30\text{k}} = 19.5\text{V}$$

$$V_{R_2} = \frac{V_{CC} \times R_2}{R_1 + R_2} = \frac{24 \times 30\text{k}}{130\text{k} + 30\text{k}} = 4.5\text{V}$$

$$V_{R_E} = V_{R_2} - V_{BE} = 14.5\text{V} - 0.6\text{V} = 3.9\text{V}$$

$$I_E = V_{R_E}/R_E = \frac{V_{R_4} + V_{R_5}}{R_4 + R_5} = \frac{3.9}{300 + 2.7\text{k}} = 1.3\text{mA}$$

$$R_E = R_4 + R_5 = 300 + 2.7\text{k} = 3\text{k}\Omega$$

$$V_{CE} = V_C - V_E = V_{CC} - V_{R_3} - V_{RE}$$

$V_{R_3} = I_C R_3 = I_E R_3 = 1.3\text{m} \times 8\text{k} = 10.4\text{V}$ $\quad V_B = V_{R_2} = 4.5\text{V}$

$V_{R_4} = I_E R_4 = 1.3\text{m} \times 300 = 0.39\text{V}$ $\quad V_E = V_{R_E} = 3.9\text{V}$

$V_{R_5} = I_E R_5 = 1.3\text{m} \times 2.7\text{k} = 3.51\text{V}$ $\quad V_{CE} = V_C - V_E = 13.6 - 3.9 = 9.7\text{V}$

$V_C = V_{CC} - V_{R_3} = 24 - 10.4 = 13.6\text{V}$ $\quad V_{CB} = V_C - V_B = 13.6 - 4.5 = 9.1\text{V}$

2) 전압이득

$$A_v = \frac{r_L}{r_{e'} + R_4} = \frac{R_3 // R_L}{r_e' + R_4} = \frac{8\text{k}//4\text{k}}{20 + 300} = \frac{4.8\text{k}}{320} = 15$$

3) 입력임피던스

$$Z_{in} = (r_e' + R_4) // R_5 = (20 + 300) // 2700 = 320 // 2700 = 286\,\Omega$$

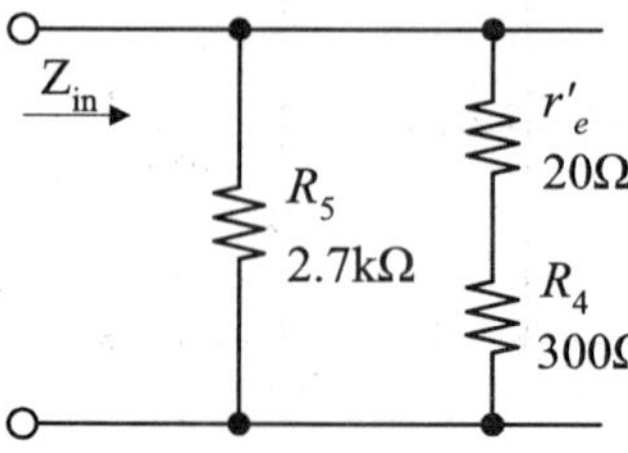


〈그림 9.21〉 입력임피던스

4) 전력이득

$$PG = A_v^2 \times Z_{in} / R_L = 15^2 \times 286 / 12\text{k} \approx 5.36$$

5) 최대출력전압

다음 중 작은 값을 최대출력전압($V_{o(\max)}$)으로 선택한다.

$$2V_{CB} = 2 \times 9.1 = 18.2\text{V}_{\text{p-p}}$$
$$2I_c r_L = 2 \times 1.3\text{m} \times 4.8\text{k} = 12.48\text{V}_{\text{p-p}}$$
$$V_{o(\max)} = 12.48\text{V}_{\text{p-p}}$$

6) 출력임피던스

$I_C = 1\text{mA}_{\text{p-p}}$라고 가정하면 무부하의 경우 출력전압은 다음과 같다.

$$V_o = I_C R_C = 1\text{m} \times 8\text{k} = 8\text{V}_{\text{p-p}}$$

부하저항 12kΩ를 연결하면 출력임피던스는 다음과 같다.

$$r_L = R_3 // R_L = 8\text{k} // 12\text{k} = 4.8\text{k}\Omega$$
$$V_o = I_C r_L = 1\text{m} \times 4.8\text{k} = 4.8\text{V}_{\text{p-p}}$$
$$Z_o = R_o = \frac{V_{C(\text{무부하})} - V_{o(\text{부하})}}{V_{o(\text{부하})}} \times R_L$$
$$= \frac{8 - 4.8}{4.8} \times 12\text{k} = \frac{3.2}{4.8} \times 12\text{k} = 8\text{k}\Omega$$

# 실험 14.

# 공통이미터 증폭기

## 1. 부하저항이 없는 경우

(1) 그림 9.22의 회로를 구성하고 다음을 측정하라.

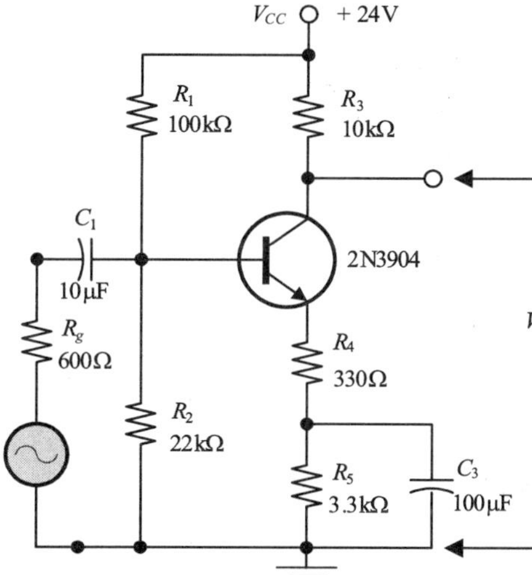


〈그림 9.22〉 부하저항이 없는 CE 증폭기

(2) 회로내 직류전압을 계산하고 표 9.1에 기록하라.

1) $V_{R_1}$를 계산하고 측정하라.

계산값 : $V_{R_1} = \dfrac{V_{CC} \times R_1}{R_1 + R_2} =$

측정값 :

2) $V_{R_2}$를 계산하고 측정하라.

계산값 : $V_{R_2} = \dfrac{V_{CC} \times R_2}{R_1 + R_2} =$

측정값 :

3) $V_{R_E}$를 계산하고 측정하라.

계산값 : $V_{R_E} = V_{R_4} + V_{R_5} = V_{R_2} - V_{BE} =$

측정값 :

4) $I_E$를 계산하고 측정하라.

계산값 : $I_E = \dfrac{V_{R_E}}{R_E} = \dfrac{V_{(R_4 + R_5)}}{R_4 + R_5} =$

5) $V_{R_4}$를 계산하고 측정하라.

계산값 : $V_{R_4} = I_E R_4 =$

측정값 :

6) $V_{R_5}$를 계산하고 측정하라.

계산값 : $V_{R_5} = I_E R_5 =$

측정값 :

7) $V_{R_3}$를 계산하고 측정하라.

계산값 : $V_{R_3} = I_C R_3 =$

$(I_C = I_E)$

측정값 :

8) $V_B$를 계산하고 측정하라.

계산값 : $V_B = V_{R_2} =$

측정값 :

9) $V_E$를 계산하고 측정하라.

계산값 : $V_E = V_{R_4} + V_{R_5} =$

측정값 :

10) $V_C$를 계산하고 측정하라.

계산값 : $V_C = V_{CC} - V_{R_3} =$

측정값 :

11) $V_{CE}$를 계산하고 측정하라.

계산값 : $V_{CE} = V_C - V_E =$

측정값 :

〈표 9.1〉 부하저항이 없는 CE 증폭기 계산결과 및 측정값

| | $V_{R_1}$ | $V_{R_2}$ | $V_{R_3}$ | $V_{R_4}$ | $V_{R_5}$ | $V_C$ | $V_E$ | $V_{CE}$ | $I_C \approx I_E$ | $V_{BE}$ |
|---|---|---|---|---|---|---|---|---|---|---|
| 계산값 | | | | | | | | | | $\approx 0.6\text{V}$ |
| 측정값 | | | | | | | | | | |

(3) 전압이득을 계산 및 측정하고 표 9.2에 기록하라.

1) 중역주파수에서 전압이득을 계산하라.

$$A_v = \frac{R_3}{r_e{}' + R_4} =$$

$$r_e{}' = \frac{26\text{mV}}{I_E} =$$

2) 입력신호에 1kHz, 100mVp-p의 입력신호를 인가 시 출력전압을 계산하고 측정하라.

① 계산값, $V_{in} = 100\text{mVp-p}$

$$A_v = \frac{V_o}{V_{in}},\ V_o =$$

② 측정값(입력, 출력)

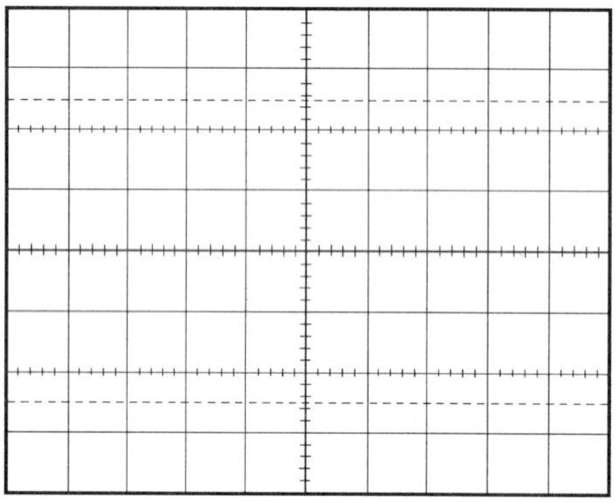

| 구분 | [VOLTS/DIV] | [TIME/DIV] |
|---|---|---|
| | 계산과정 | 계산과정 |
| | 전압($V_{p\text{-}p}$) | 주파수(Hz) |
| CH1 | | |
| | | |
| | | |
| CH2 | | |
| | | |
| | | |

(4) 입력 임피던스를 계산 및 측정하고 표 9.2에 기록하라.

1) 입력임피던스를 계산하라.

$$Z_{in} = R_1 // R_2 // \beta(r_e{}' + R_4) =$$

(설명) 계산에서 $\beta$값은 측정값을 사용하고 만일 그 값을 모르는 경우에는 $\beta = 100$을 사용하라. 전압분배바이어스회로에서 $\beta = 100$보다 훨씬 작지 않은 한 정확한 $\beta$값을 사용하는 것이 심각한 문제가 되지는 않는다.

2) 그림 9.23과 같이 15kΩ의 저항과 1kHz, 100m$V_{p\text{-}p}$ 입력신호를 사용하여 입력임피던스를 측정하라.

$$Z_{in} = \frac{V_{in} \times R_s}{V_{R_S}} = \frac{V_{in} \times R_s}{V_g - V_{in}},\ V_{in} = 100\text{mV}_{p\text{-}p}$$

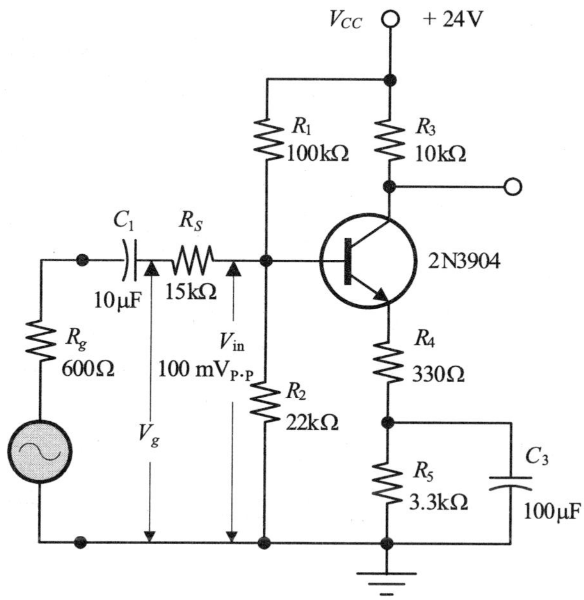


〈그림 9.23〉 $R_s$저항 삽입한 증폭회로

(5) 최대출력전압을 계산 및 측정하고 표 9.2에 기록하라.

1) $2I_CR_3$와 $2V_{CE}$값 주에서 작은 쪽을 택하여 최대출력전압을 근사적으로 계산하여라. 좀더 정확한 값은 330Ω의 저항 $R_4$의 효과를 고려하여 $2V_{CE}R_3/(R_3+R_4)$로 얻을 수 있다.

$2I_CR_3 =$

$2V_{CE}R_3/(R_3+R_4) =$

$V_{o(\max)} =$

2) 1kHz 입력신호레벨을 증가시켜가면서 출력에 클리핑이나 찌그러짐이 발생하기 시작하는 곳을 컬렉터 출력전압을 측정하라. 측정 시에 $R_s$저항을 제거하고 측정하라.

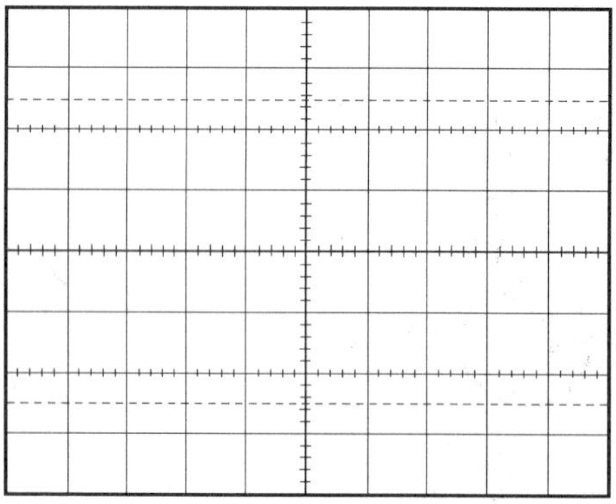

<table>
<tr><td rowspan="3">구분</td><td>[VOLTS/DIV]</td><td>[TIME/DIV]</td></tr>
<tr><td>계산과정</td><td>계산과정</td></tr>
<tr><td>전압($V_{p-p}$)</td><td>주파수(Hz)</td></tr>
<tr><td rowspan="3">$CH_1$</td><td></td><td></td></tr>
<tr><td></td><td></td></tr>
<tr><td></td><td></td></tr>
<tr><td rowspan="3">$CH_2$</td><td></td><td></td></tr>
<tr><td></td><td></td></tr>
<tr><td></td><td></td></tr>
</table>

(6) 전력이득을 계산하고 표 9.2에 기록하라.

1) 측정된 $A_v$ 및 $Z_{in}$ 값을 모두 사용하여 회로의 전력이득을 계산하라.

$$PG = A_v^2 \times Z_{in} / R_C =$$

2) 전력이득을 dB로 환산하라.

(7) 전류이득을 계산하고 표 9.2에 기록하라.

$$A_i = PG / A_v =$$

〈표 9.2〉 계산 및 측정 결과 값

| | $A_v$ | $V_o(V_{in}=100\mathrm{mV}_{p-p})$ | $Z_{in}$ | $V_{o(max)}$ | 전력이득 | PG(dB) | $A_i$ |
|---|---|---|---|---|---|---|---|
| 계산값 | | | | | | | |
| 측정값 | | | | | | | |

## 2. 부하저항이 연결된 경우

(1) 그림 9.24의 회로를 구성하고 다음을 측정하라.

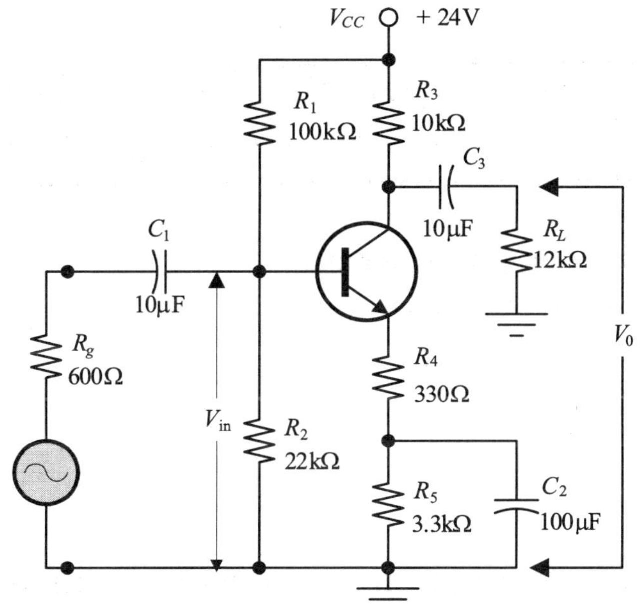


〈그림 9.24〉 부하저항이 있는 공통이미터 증폭회로

(2) 그림 9.23의 회로와 비교하여 $C_3$ 커패시터와 저항 $R_L$로 인하여 직류전압이 변화하지 않음을 확인하라. 접지에 대하여 $V_C$, $V_B$, $V_E$, $V_{R_5}$의 전압을 측정하고 $V_{R_1}$, $V_{R_3}$, $V_{R_4}$, $V_C$전압을 계산하여 표 9.3에 기입하라.

1) 측정값

① $V_C =$

② $V_B =$

③ $V_E =$

④ $V_{R_5} =$

2) 이론값

① $V_{R_1} =$

② $V_{R_3} =$

③ $V_{R_4} =$

④ $V_C =$

〈표 9.3〉

| | $V_C$ | $V_E$ | $V_B = V_{R_2}$ | $V_{R_5}$ | $V_{R_1}$ | $V_{R_3}$ | $V_{R_4}$ | $V_{CE}$ |
|---|---|---|---|---|---|---|---|---|
| 계산값 | | | | | | | | |
| 측정값 | | | | | | | | |

(3) 전압이득을 계산하여 표 9.4에 기록하라.

1) 중역 주파수 전압이득을 계산하라.

$$A_v = \frac{R_3//R_L}{r_e{}' + R_4} = \frac{r_L}{r_e{}' + R_4}$$

$$=$$

2) 1kHz, 100m$V_{p\text{-}p}$의 입력전압을 인가 시 부하저항 양단의 전압 $V_o$를 측정하여 전압이득을 계산하라.

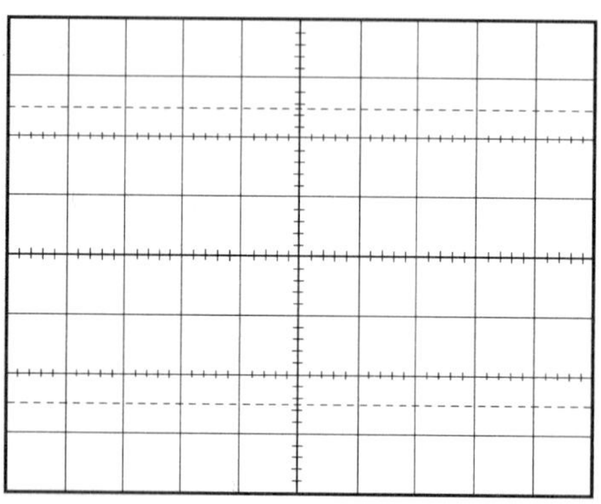

| 구분 | [VOLTS/DIV] | [TIME/DIV] |
|---|---|---|
| | 계산과정 | 계산과정 |
| | 전압($V_{p\text{-}p}$) | 주파수(Hz) |
| CH1 | | |
| | | |
| | | |
| CH2 | | |
| | | |
| | | |

$$A_v = \frac{V_o}{V_{in}} =$$

$$V_{in} = 100\mathrm{mV}_{\mathrm{p-p}}$$

(4) 입력 임피던스

부하저항이 없는 경우와 동일한 방법으로 1kHz, 100mVp-p의 입력신호전압과 15kΩ 저항을 사용하여 입력임피던스를 측정하고 표 9.4에 기록하라.

(주의) $R_L$의 저항을 연결하는 것은 입력임피던스에 아무런 영향을 주지 않는다.

(5) 최대출력전압

1) $2I_C r_L = 2I_C(R_3//R_L)$또 $2V_{CE}$값 중 작은 쪽을 택하여 최대 출력전압($V_{o(\max)}$)을 계산하여 표 9.4에 기록하라. 좀 더 정확히 계산하기 위하여 $2V_{CE}r_L/(r_L+R_4)$를 사용하여도 좋다.

① $2I_C r_L = 2I_C(R_3//R_L) =$

② $2V_{CE} =$

③ $2V_{CE}r_L/(r_L+R_4) =$

④ $V_{o(\max)} =$

2) 12kΩ의 저항양단 전압을 측정하면서 입력 신호레벨을 증가시켜가며 출력전압의 클리핑이나 찌그러짐이 발생하기 시작하는 점에서 $V_{o(\max)}$를 측정하여 표 9.4에 기록하라.

(6) 출력임피던스

1) 부하저항을 제거하고 접지에 대하여 컬렉터의 출력신호를 측정하라. 입력신호레벨을 조정하여 무부하의 경우 오실로스코프상에 신호 peak-to-peak 값이 $5V_{p-p}$되도록 하여라.

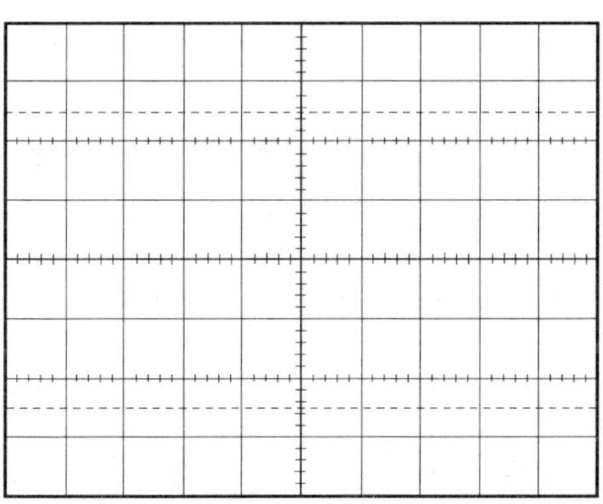

| 구분 | [VOLTS/DIV] | [TIME/DIV] |
|---|---|---|
| | 계산과정 | 계산과정 |
| | 전압($V_{p-p}$) | 주파수(Hz) |
| CH1 | | |
| | | |
| | | |
| CH2 | | |
| | | |
| | | |

2) 부하저항을 연결하고 출력전압의 peak-to-peak 값을 측정하여 다음 식으로 출력 임피던스를 계산한 후 표 9.4에 기록하라.

$$Z_o = \frac{V_{o(무부하)} - V_{o(부하)}}{V_{o(부하)}} \times R_L \quad , \quad V_{o(무부하)} = 5\mathrm{V}_{\mathrm{p-p}}$$

$$=$$

(7) 전력이득

1) 측정된 $A_v$ 및 $Z_{in}$ 값을 사용하여 전력이득을 계산하고 표 9.4에 기록하라.

$$PG = A_v^2 \times Z_{in}/R_L \quad , \ R_L = 12\mathrm{k}\Omega$$

$$=$$

2) 전력이득을 dB로 환산하여라.

(주의) 전력이득은 부하저항 $R_L$에서 계산된다. 왜냐하면 부하에서 전력이득이 유용한 전력이득이기 때문이다. 컬렉터 저항에 의하여 소모되는 전력은 손실전력이다.

(8) 전류이득을 계산하여 표 9.4에 기록하라.

$$A_i = PG/A_v = A_v \times Z_{in}/R_L$$

$$=$$

〈표 9.4〉

| | $A_v$ | $V_o(V_{in} = 100\mathrm{mV}_{\mathrm{p-p}})$ | $Z_{in}$ | $V_{o(\max)}$ | 전력이득 | PG(dB) | $A_i$ | $Z_o$ |
|---|---|---|---|---|---|---|---|---|
| 계산값 | | | | | | | | |
| 측정값 | | | | | | | | |

(9) 부하를 연결한 경우 출력신호 진폭을 1kHz에서 $5\mathrm{V}_{\mathrm{p-p}}$로 오실로스코프상에 나타내도록 한 후 주파수를 변화시켜가면서 이 증폭기의 저역, 고역 차단주파수를 측정하여 그림 9.25의 표에 기록하라.

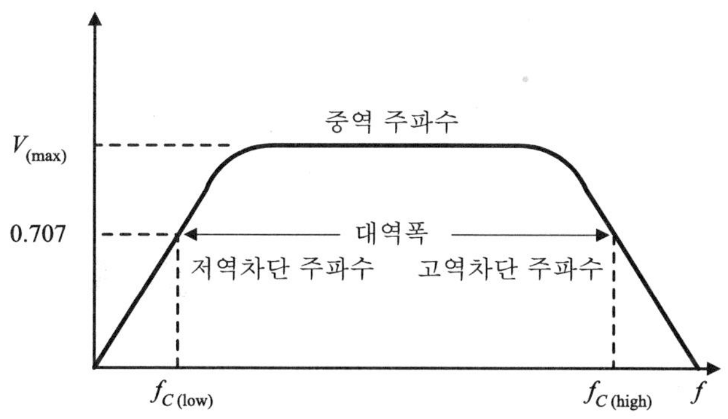


| $f_{c(low)}$ | $f_{c(high)}$ |
|---|---|
| | |

〈그림 9.25〉 저역, 고역 차단주파수

## [실험결과 및 고찰]

<table>
<tr><td>실험제목</td><td colspan="4">실험 14. 공통이미터증폭기</td><td rowspan="2">평가</td><td>A+</td><td>A</td><td>B+</td><td>B</td><td>C+</td><td>C</td><td>D+</td><td>D</td><td>기타</td></tr>
<tr><td>소 속</td><td colspan="4">학과 학년 (주,야) 반</td><td></td><td></td><td></td><td></td><td></td><td></td><td></td><td></td><td></td></tr>
<tr><td>실험 조</td><td>조</td><td></td><td>인원</td><td></td><td>실험일자</td><td colspan="5">년 월 일 요일</td><td colspan="3">담당교수</td><td>확인<br>(인)</td></tr>
<tr><td>학 번</td><td colspan="3"></td><td rowspan="2">조<br>원</td><td>학번</td><td colspan="3">①</td><td colspan="2">②</td><td colspan="3" rowspan="2"></td><td rowspan="2"></td></tr>
<tr><td>성 명</td><td colspan="3"></td><td>성명</td><td colspan="3">①</td><td colspan="2">②</td></tr>
</table>

14-1. 공통 이미터 전압분배바이어스 회로에서 입력임피던스에 $\beta$값의 변화가 중요하지 않은 이유?

14-2. 이회로의 전력이득을 풀어내는데 있어서 $R_C$와 $R_L$ 저항의 병렬합성을 사용하는 것이 왜 올바르지 않은가?

14-3. 그림 9.26의 회로에서 $\beta = 100$, $V_{BE} = 0.6\text{V}$이다. 다음을 구하라.

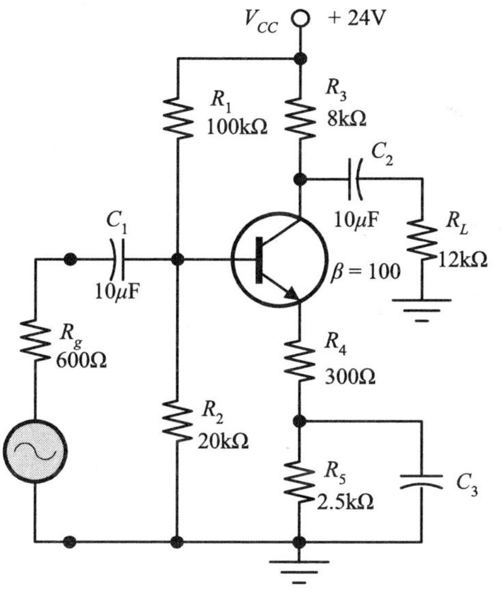


〈그림 9.26〉 실험결과 및 고찰 14-3

(1) $A_v$를 구하라.

$A_v =$

(2) $Z_{in}$을 구하라.

$Z_{in} =$

(3) $V_{o(\max)}$를 구하라.

$V_{o(\max)} =$

(4) $C_3$를 제거하였을 때 $A_v$, $Z_{in}$를 계산하라.

$A_v =$
$Z_{in} =$

(5) $R_4$, $R_5$의 상단에 $C_3$를 연결했을 때 $A_v$, $Z_{in}$를 계산하라.

$A_v =$
$Z_{in} =$

14-4. 실험을 한 후 배운점과 느낀점을 써라.
(1) 배운점

(2) 느낀점

# 실험 15.

# 공통 컬렉터 증폭기

**1. 그림 9.27의 회로를 구성하고 다음을 측정하라.**

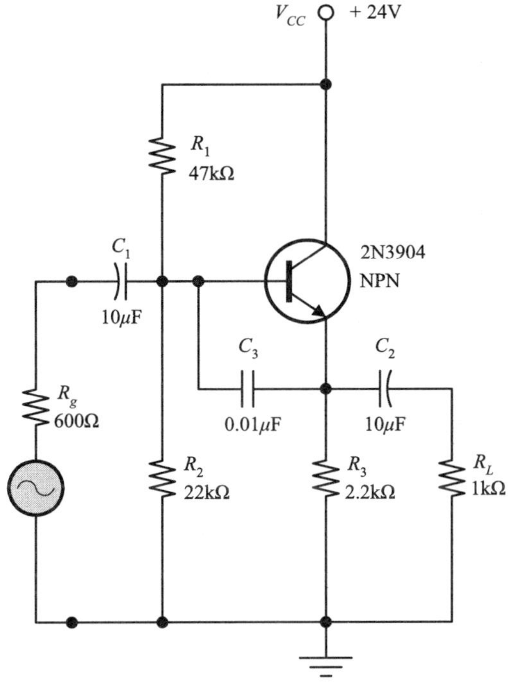


〈그림 9.27〉 공통 컬렉터 증폭회로

(주의) 베이스와 이미터 또는 베이스와 컬렉터사이에 $C_3$커패시터를 연결한 것은 발진조건을 최소화하기 위해서이다. 그러나 10:1 프로브 등을 사용하여 측정하는 경우에는 $C_3$커패시터를 제거할 수 있다.

(1) 회로 내 직류전압 등을 계산 및 측정하여 표 9.5에 기록하라.

1) $V_{R_1}$을 계산 및 측정하라.

계산값 : $V_{R_1} =$
측정값 :

2) $V_{R_2}$을 계산 및 측정하라.

계산값 : $V_{R_2} =$
측정값 :

3) $V_{R_3}$을 계산 및 측정하라.

계산값 : $V_{R_3} =$
측정값 :

4) $V_C$을 계산 및 측정하라.

계산값 : $V_C =$
측정값 :

5) $V_{CE}$을 계산 및 측정하라.

계산값 : $V_{CE} =$
측정값 :

6) $I_E$을 계산하라.

계산값 : $I_E =$

7) $\beta$를 측정하라.

측정값 :

〈표 9.5〉

| | $V_{R_1}$ | $V_{R_2}$ | $V_{R_3}$ | $V_C$ | $V_{CE}$ | $I_E$ | $\beta$ |
|---|---|---|---|---|---|---|---|
| 계산값 | | | | | | | |
| 측정값 | | | | | | | |

(2) 전압이득을 계산하여 표 9.6에 기록하라.

1) 중역주파수 전압이득을 계산하라.

$$A_v = \frac{R_3//R_L}{r_e{}' + (R_3//R_L)} =$$

$$r_e{}' = \frac{26\mathrm{mV}}{I_E} =$$

2) 1kHz, $1\mathrm{V_{p\text{-}p}}$의 입력전압을 사용하여 부하저항 $R_L$ 양단 전압 $V_o$를 측정하여 전압이득을 다음 식으로 계산하라.

$$A_v = \frac{V_o}{V_{in}} =$$

$$V_{in} = 1\mathrm{V_{p-p}}$$

(3) 입력임피던스를 계산하여 표 9.6에 기록하라.

1) 입력임피던스를 다음 식으로 계산하여라.

$$Z_{in} = R_1//R_2//\beta[r_e{}' + (R_3//R_L)]$$

2) 그림 9.28과 같이 22kΩ의 저항과 1 kHz, $1\mathrm{V_{p\text{-}p}}$의 입력신호전압을 사용하여 $V_{R_S}$를 측정한 후 $Z_{in}$를 계산하라.

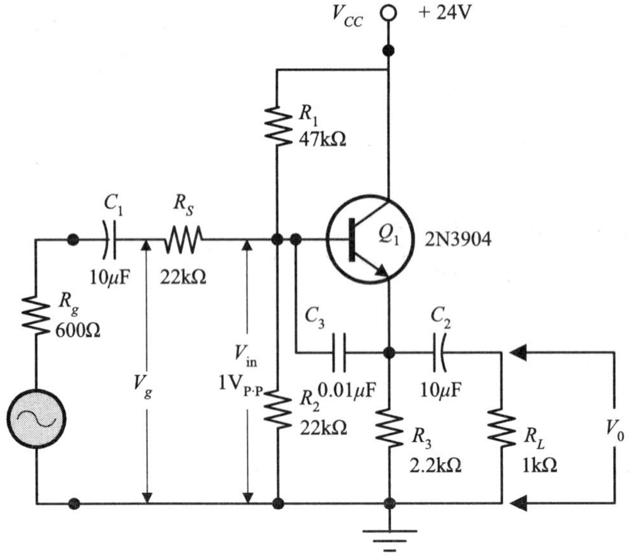


〈그림 9.28〉 $R_S$를 추가한 회로

① $V_{R_S}$ 측정

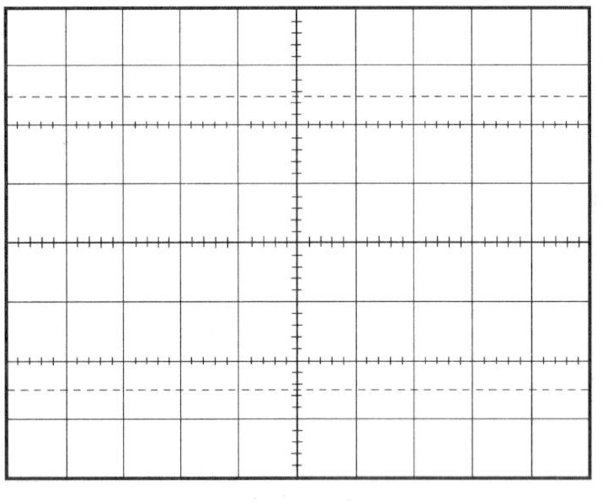

| 구분 | [VOLTS/DIV] | [TIME/DIV] |
|---|---|---|
| | 계산과정 | 계산과정 |
| | 전압($V_{p-p}$) | 주파수(Hz) |
| CH1 | | |
| | | |
| | | |
| CH2 | | |
| | | |
| | | |

② $Z_{in}$ 계산

$$Z_{in} = \frac{V_{in} \times R_S}{V_{R_S}} = \frac{V_{in} \times R_S}{V_g - V_{in}}$$

$$V_{in} = 1\mathrm{V}_{p-p}$$

(3) 최대출력전압을 계산하고 측정하여 표 9.6에 기록하라.

1) $2V_{CE}$와 $2I_E r_L$값 중 적은 값을 택하여 최대 출력전압($V_{o(\max)}$) peak-to-peak 값을 계산하라. 단, $r_L = R_3 // R_L$

① $2V_{CE} =$

② $2I_E r_L =$

2) 1kHz의 입력신호레벨을 증가시켜가면서 클리핑이나 찌그러짐이 발생하기 시작하는 점에서 $V_{o(\max)}$를 측정하라.

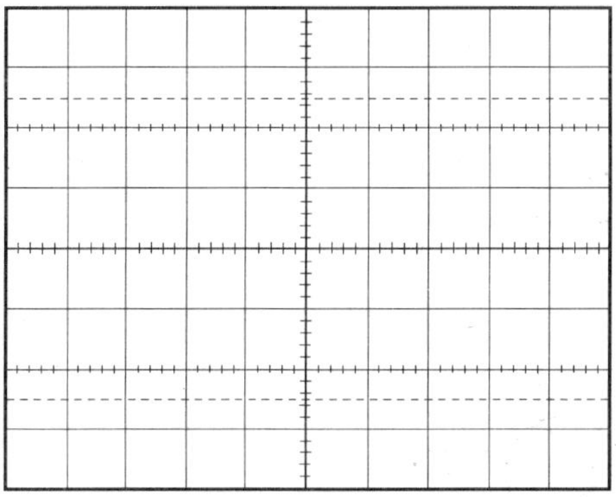

| 구분 | [VOLTS/DIV]<br>계산과정<br>전압($V_{p-p}$) | [TIME/DIV]<br>계산과정<br>주파수(Hz) |
|---|---|---|
| CH1 | | |
| | | |
| | | |
| CH2 | | |
| | | |
| | | |

(주의) $V_{o(\max)}$가 $2I_E r_L$인 경우 $I_E$를 증가시키면 $V_{o(\max)}$는 증가되지만 $I_E$의 증가는 회로내에서 좀 더 많은 전력을 트랜지스터가 소모하게 한다.

(4) 트랜지스터의 소비전력을 계산하여 표 9.6에 기록하라.

$$P_{(Q_1)} = V_{CE} I_E =$$

(5) 부하저항에 대한 전력이득를 계산하여 표 9.6에 기록하라.

1) 측정된 $A_v$ 및 $Z_{in}$을 사용하여 전력이득을 계산하라.

$$PG = A_v^2 \times Z_{in} / R_L \ , \ R_L = 1\text{k}\Omega$$
$$=$$

(6) 출력임피던스를 계산하여 표 9.6에 기록하라.

1) 회로의 출력임피던스를 계산하라.

$$Z_o = [(R_1 // R_2 // R_\beta) + r_e{}'] // R_3$$
$$=$$

(주의) 트랜지스터의 $\beta$값을 알고 있으면 그 값을 사용하고 그렇지 않은 경우에는 $\beta = 100$를 사용하라.

2) 그림 9.29와 같이 33Ω의 부하저항을 사용하여 출력임피던스를 측정하여 표 9.6에 기록하라.

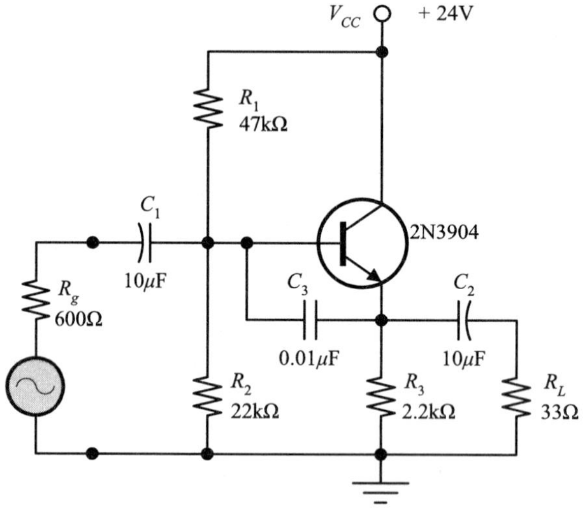


〈그림 9.29〉 33Ω의 부하저항을 사용한 출력임피던스

출력임피던스는 다음 순서에 의해 측정한다.

① 부하저항을 제거하고 접지에 대하여 이미터에서 출력신호를 측정한다.

② 입력신호레벨을 조정하여 오실로스코프상에서 무부하의 경우 출력 peak-to-peak 신호전압이 약 300m$V_{p\text{-}p}$ 되도록 한다.

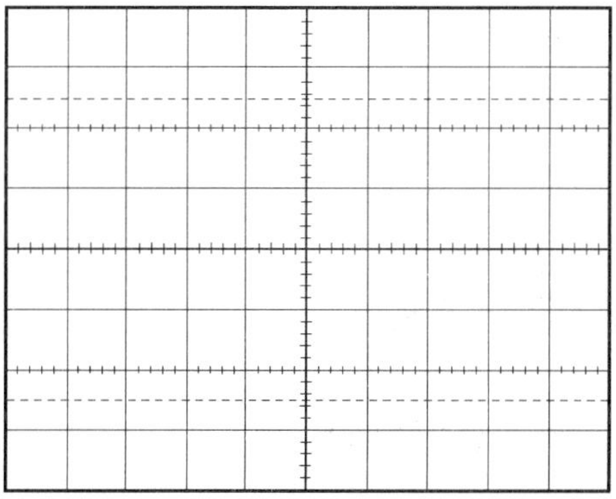

| 구분 | [VOLTS/DIV] | [TIME/DIV] |
|---|---|---|
| | 계산과정 | 계산과정 |
| | 전압($V_{p-p}$) | 주파수(Hz) |
| CH1 | | |
| | | |
| | | |
| CH2 | | |
| | | |
| | | |

③ 부하저항을 연결하고 출력전압 peak-to-peak 값을 측정한다.

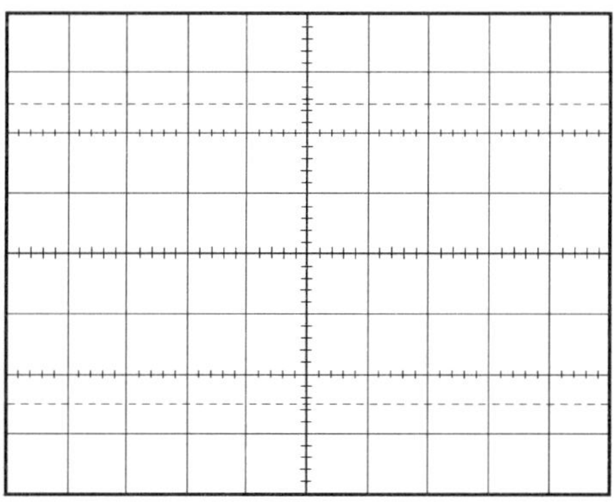

| 구분 | [VOLTS/DIV] | [TIME/DIV] |
|---|---|---|
| | 계산과정 | 계산과정 |
| | 전압($V_{p-p}$) | 주파수(Hz) |
| CH1 | | |
| | | |
| | | |
| CH2 | | |
| | | |
| | | |

④ 다음 식으로 출력임피던스를 계산한다.

$$Z_o = \frac{V_{o(\text{무부하})} - V_{o(\text{부하})}}{V_{o(\text{부하})}} \times R_L \quad , \quad V_{o(\text{무부하})} = 300\text{mV}_{\text{p-p}}$$

$$=$$

〈표 9.6〉

| | $A_v$ | $V_o(V_{in} = 1\text{V}_{\text{p-p}})$ | $V_{o(\max)}$ | $Z_{in}$ | $Z_o$ | $P_{(Q_1)}$ | 전력이득 |
|---|---|---|---|---|---|---|---|
| 계산값 | | | | | | | |
| 측정값 | | | | | | | |

(7) 부하상태에서 저역차단주파수 및 고역차단주파수를 측정하여 그림 9.30에 기입하라.

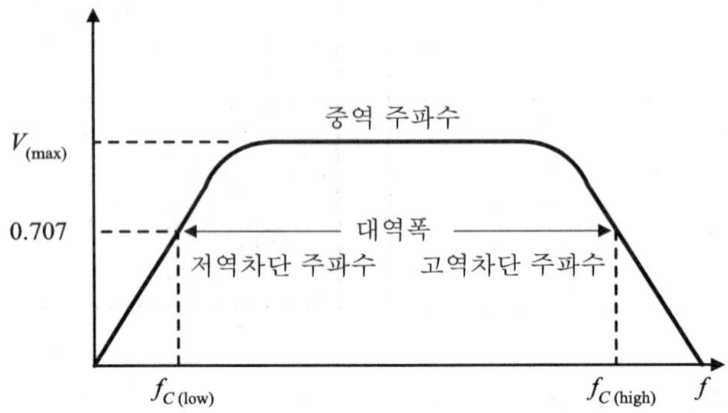


〈그림 9.30〉 주파수 응답 곡선

## [실험결과 및 고찰]

<table>
<tr><td>실험제목</td><td colspan="4">실험 15. 공통컬렉터증폭기</td><td rowspan="2">평가</td><td>A+</td><td>A</td><td>B+</td><td>B</td><td>C+</td><td>C</td><td>D+</td><td>D</td><td>기타</td></tr>
<tr><td>소 속</td><td colspan="4">학과 학년 (주,야) 반</td><td></td><td></td><td></td><td></td><td></td><td></td><td></td><td></td><td></td></tr>
<tr><td>실험 조</td><td>조</td><td></td><td>인원</td><td></td><td colspan="2">실험일자</td><td colspan="5">년 월 일 요일</td><td colspan="3">담당교수</td><td>확인(인)</td></tr>
<tr><td>학 번</td><td colspan="3"></td><td rowspan="2">조원</td><td>학번</td><td colspan="3">①</td><td colspan="3">②</td><td colspan="3" rowspan="2"></td><td rowspan="2"></td></tr>
<tr><td>성 명</td><td colspan="3"></td><td>성명</td><td colspan="3">①</td><td colspan="3">②</td></tr>
</table>

15-1. 공통 컬렉터회로에서 입력신호와 출력신호는 동위상인가?

15-2. 이미터 전류를 증가시키는 것이 $V_{o(\max)}$를 증가시키게 되는가? 그 이유는?

15-3. 그림 9.29에서 큰 이미터 전류를 얻기 위하여 어떤 저항값을 낮추는 것이 필요한가? $R_1$에 비하여 저항 $R_2$값을 증가시키면 큰 이미터 전류를 얻을 수 있는가?

15-4. 그림 9.31회로를 보고 다음을 측정하라.

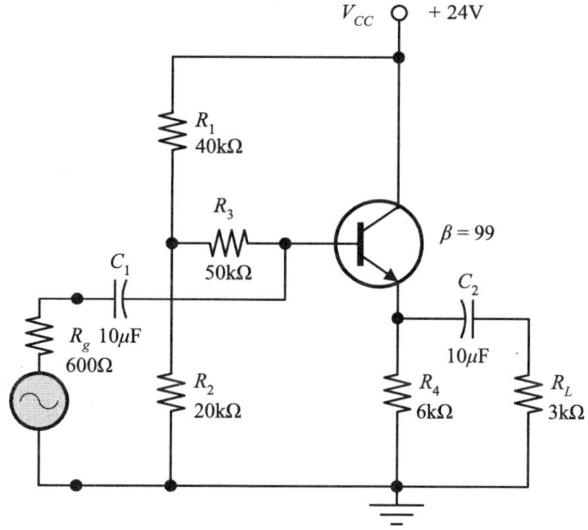


〈그림 9.31〉 실험결과 및 고찰 15-4

(1) $V_{R_1}$을 계산하라.

$V_{R_1} =$

(2) $V_{R_2}$를 계산하라.

$V_{R_2} =$

(3) $V_{R_3}$를 계산하라.

$V_{R_3} =$

(4) $V_{R_4}$를 계산하라.

$V_{R_4} =$

(5) $V_{CE}$를 계산하라.

$V_{CE} =$

(6) $I_E$를 계산하라.

$I_E =$

(7) $Z_{in}$를 계산하라.

$Z_{in} =$

15-5. 실험을 한 후 배운점과 느낀점을 써라.

(1) 배운점

(2) 느낀점

# 실험 16.

# 공통 베이스 증폭기

**1. 그림 9.32의 회로를 구성하고 다음을 측정하라.**

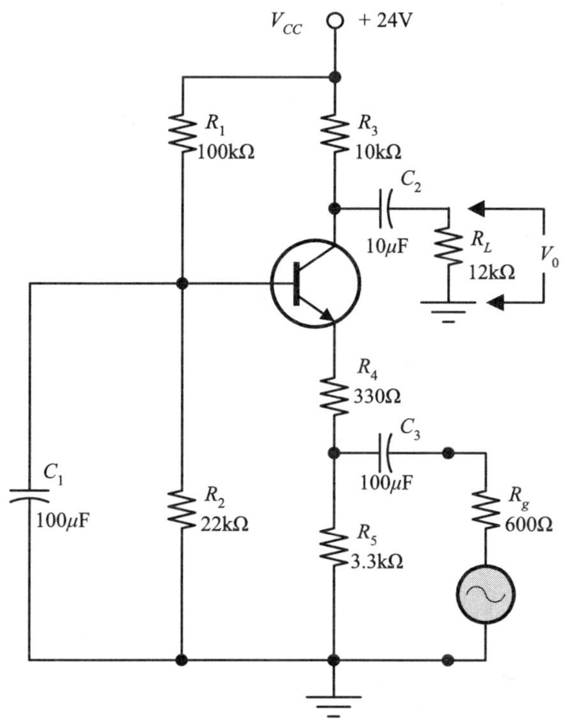


〈그림 9.32〉 공통 베이스 증폭회로

(1) 회로내의 직류전압을 계산 및 측정하고 표 9.7에 기록하라.

1) $V_{R_1}$을 계산하고 측정하라.

계산값 : $V_{R_1} =$

측정값 :

2) $V_{R_2}$를 계산하고 측정하라.

계산값 : $V_{R_2} =$

측정값 :

3) $V_{R_3}$를 계산하고 측정하라.

계산값 : $V_{R_3} =$

측정값 :

4) $V_{R_5}$를 계산하고 측정하라.

계산값 : $V_{R_5} =$

측정값 :

5) $V_C$를 계산하고 측정하라.

계산값 : $V_C =$

측정값 :

6) $V_E$를 계산하고 측정하라.

계산값 : $V_E =$

측정값 :

7) $V_{CE}$를 계산하고 측정하라.

계산값 : $V_{CE}=$

측정값 :

8) $I_E$를 계산하라.

계산값 : $I_E=$

9) $\beta$를 측정하라.

〈표 9.7〉

| | $V_{R_1}$ | $V_{R_2}$ | $V_{R_3}$ | $V_{R_4}$ | $V_{R_5}$ | $V_C$ | $V_E$ | $V_{CE}$ | $I_E$ | $\beta$ |
|---|---|---|---|---|---|---|---|---|---|---|
| 계산값 | | | | | | | | | | |
| 측정값 | | | | | | | | | | |

(2) 전압이득을 계산하고 측정하여 표 9.8에 기록하라.

1) 전압이득을 계산하라.

$$A_v=\frac{R_3//R_L}{R_4+r_e{}'}=$$

2) 1kHz, 100mV$_{p\text{-}p}$의 입력신호전압을 사용하여 $V_o$를 측정하여 중역 주파수 전압이득을 계산하라.

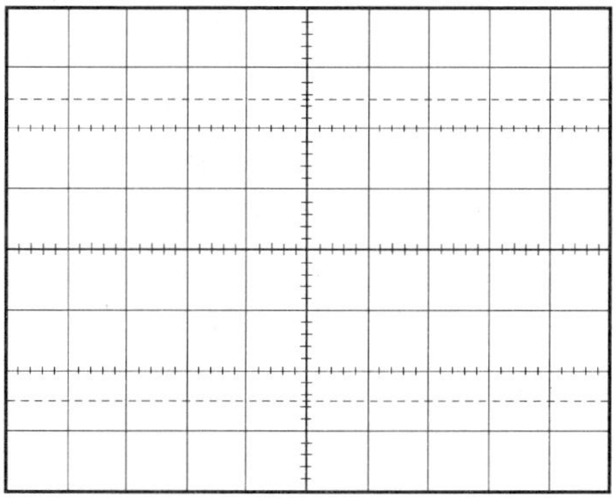

| 구분 | [VOLTS/DIV] | [TIME/DIV] |
|---|---|---|
| | 계산과정 | 계산과정 |
| | 전압(V$_{p\text{-}p}$) | 주파수(Hz) |
| CH1 | | |
| | | |
| | | |
| CH2 | | |
| | | |
| | | |

$$A_v = \frac{V_o}{V_{in}} \quad , \; V_{in} = 100\mathrm{mV}_{p-p}$$
$$=$$

(3) 입력임피던스를 계산하고 측정하여 표 9.8에 기록하라.

1) 입력임피던스를 계산하라.

$$Z_{in} = (R_4 + r_e')//R_5$$
$$=$$

2) 그림 9.33과 같이 330Ω의 저항과 1kHz, 100mV$_{p\text{-}p}$의 입력신호전압을 사용하여 입력임피던스를 측정하라.

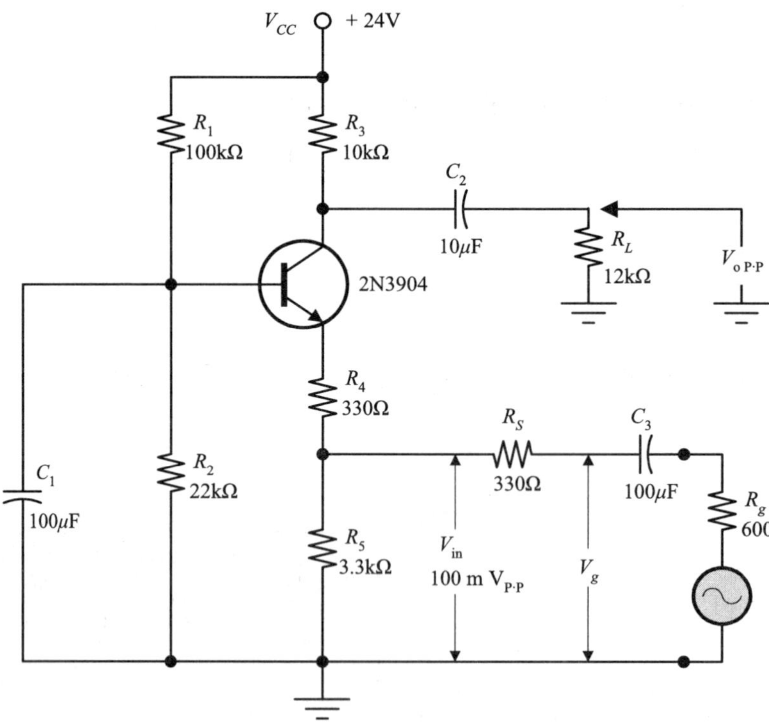


〈그림 9.33〉 저항을 삽입한 회로

(4) 최대출력전압을 계산하고 측정하여 표 9.8에 기록하라.

1) $2V_{CB}$와 $2I_C r_L$ 값 중 적은 값을 택하여 최대 출력전압의 peak-to-peak값을 계산하라. $r_L = R_3 // R_L$이다.

$2V_{CB} =$

$2I_C r_L =$

$V_{o(\max)} =$

2) 입력신호레벨을 증가시키면서 12kΩ의 부하저항 양단 전압을 측정하여 클리핑이나 찌그러짐이 발생하기 시작하는 점에서 $V_{o(\max)}$를 측정하라.

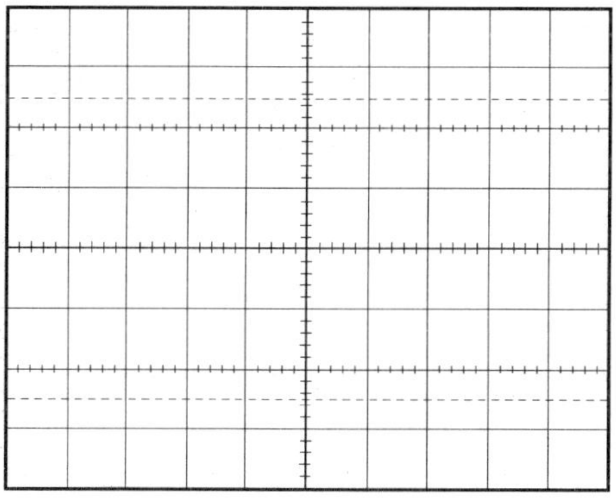

| 구분 | [VOLTS/DIV]<br>계산과정<br>전압($V_{p-p}$) | [TIME/DIV]<br>계산과정<br>주파수(Hz) |
|---|---|---|
| CH1 | | |
| | | |
| | | |
| CH2 | | |
| | | |
| | | |

(주의) 베이스가 접지되어 있고 부하양단의 추력전압이 접지에 대해서 측정되어지므로 $2V_{CB}$가 얻어진다.

(5) 전력이득을 계산하고 표 9.8에 기록하라.

1) 측정된 $A_v$ 및 $Z_{in}$ 값을 사용하여 전력이득을 계산하라.

$$PG = A_v^2 \times Z_{in} / R_L \ , \ R_L = 12\text{k}\Omega$$

(6) 출력임피던스를 계산하여 표 9.8에 기록하라.

① 부하저항을 제거하고 접지에 대하여 컬렉터에서 출력신호를 측정한다.

② 입력신호레벨을 조정하여 오실로스코프상에서 무부하의 경우 출력 peak-to-peak 신호전압이 약 $5V_{p-p}$ 되도록 한다.

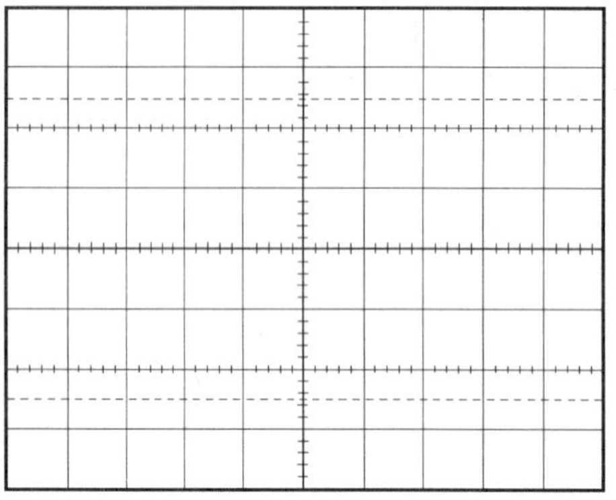

| 구분 | [VOLTS/DIV]<br>계산과정<br>전압($V_{p-p}$) | [TIME/DIV]<br>계산과정<br>주파수(Hz) |
|---|---|---|
| CH1 | | |
| | | |
| | | |
| CH2 | | |
| | | |
| | | |

③ 부하저항을 연결하고 출력전압 peak-to-peak 값을 측정한다.

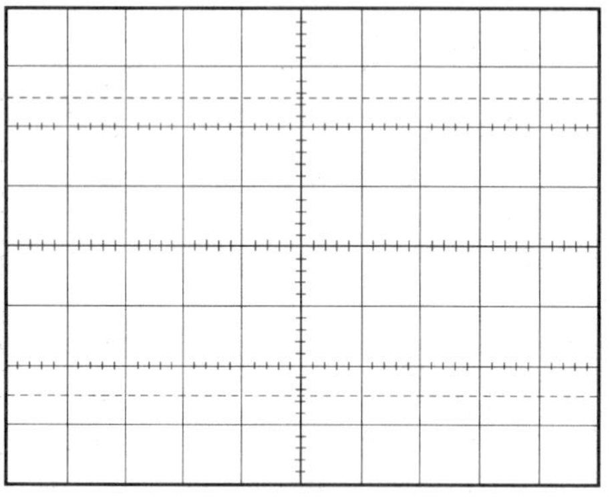

| 구분 | [VOLTS/DIV]<br>계산과정<br>전압($V_{p-p}$) | [TIME/DIV]<br>계산과정<br>주파수(Hz) |
|---|---|---|
| CH1 | | |
| | | |
| | | |
| CH2 | | |
| | | |
| | | |

④ 다음 식으로 출력임피던스를 계산한다.

$$Z_o = \frac{V_{o(\text{무부하})} - V_{o(\text{부하})}}{V_{o(\text{부하})}} \times R_L \quad , \quad V_{o(\text{무부하})} = 5\mathrm{V}_{\mathrm{p-p}}$$

$$=$$

〈표 9.6〉

| | $A_v$ | $V_o(V_{in} = 100\mathrm{mV}_{\mathrm{p-p}})$ | $V_{o(\max)}$ | $Z_{in}$ | 전력이득 | $Z_o$ |
|---|---|---|---|---|---|---|
| 계산값 | | | | | | |
| 측정값 | | | | | | |

(7) 부하상태에서 저역차단주파수 및 고역차단주파수를 측정하여 그림 9.34에 기입하라.

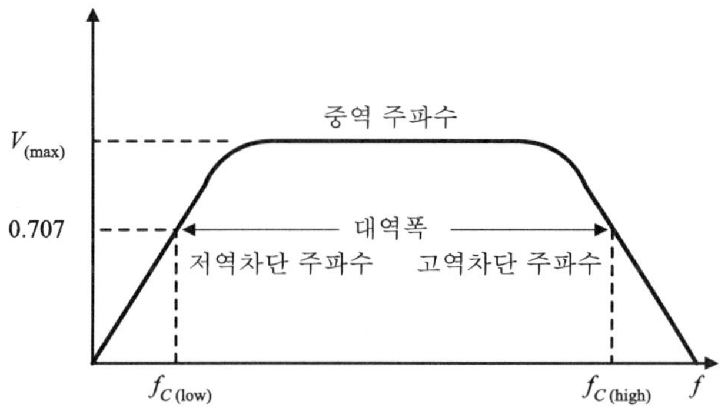


〈그림 9.34〉 주파수 응답 곡선

**[실험결과 및 고찰]**

<table>
<tr><td>실험제목</td><td colspan="6">실험 16. 공통베이스증폭기</td><td rowspan="2">평<br>가</td><td>A+</td><td>A</td><td>B+</td><td>B</td><td>C+</td><td>C</td><td>D+</td><td>D</td><td>기타</td></tr>
<tr><td>소 속</td><td colspan="6">학과 학년 (주,야) 반</td><td></td><td></td><td></td><td></td><td></td><td></td><td></td><td></td><td></td></tr>
<tr><td>실험 조</td><td>조</td><td></td><td>인원</td><td></td><td colspan="2">실험일자</td><td colspan="6">년 월 일 요일</td><td colspan="3">담당교수</td><td>확인<br>(인)</td></tr>
<tr><td>학 번</td><td colspan="4"></td><td rowspan="2">조<br>원</td><td>학번</td><td colspan="3">①</td><td colspan="3">②</td><td colspan="3" rowspan="2"></td><td rowspan="2"></td></tr>
<tr><td>성 명</td><td colspan="4"></td><td>성명</td><td colspan="3">①</td><td colspan="3">②</td></tr>
</table>

16-1. 공통 베이스회로에서 입력신호와 출력신호는 동위상인가?

16-2. $V_{o(\max)}$는 왜 $2I_C r_L$과 $2V_{CB}$에 의해 조정되어지는가? $2V_{CE}$에 의하지 않는 이유는?

16-3. 공통이미터회로보다 공통베이스 회로의 출력임피던스가 더 높은가?

16-4. 그림 9.35에서 $\beta = 100$일 때 $Z_{in}$, $A_v$를 계산하라.

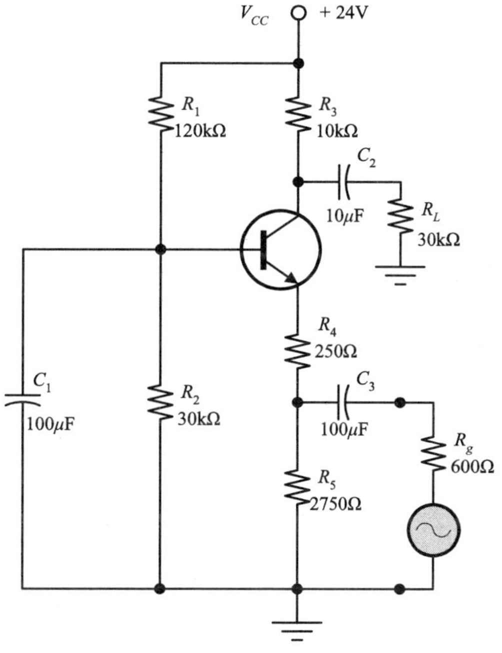


〈그림 9.35〉 실험결과 및 고찰 16-4

(1) $Z_{in}$를 계산하라.

$Z_{in} =$

(2) $A_v$를 계산하라.

$A_v =$

16-5. 그림 9.35에서 입력임피던스 $Z_{in}$을 구하는 경우 $R_1$과 $R_2$는 왜 이미터 단자에 영향을 주지 않는가?

16-6. 실험을 한 후 배운점과 느낀점을 써라.

(1) 배운점

(2) 느낀점

# 제 4부
# FET의 특성과 응용

# 10장 FET의 종류와 특성

## 1. FET의 종류 및 심볼

전계효과트랜지스터(field effect transistor ; FET)는 그 구조에 따라 2가지로 구분된다. 하나는 그림 10.1(a)와 같은 접합형 FET(junction FET ; J-FET )이고 다른 하나는 그림 10.1(b)와 같은 금속산화물 반도체 FET(metal oxide semiconductor FET ; MOS-FET)이다.

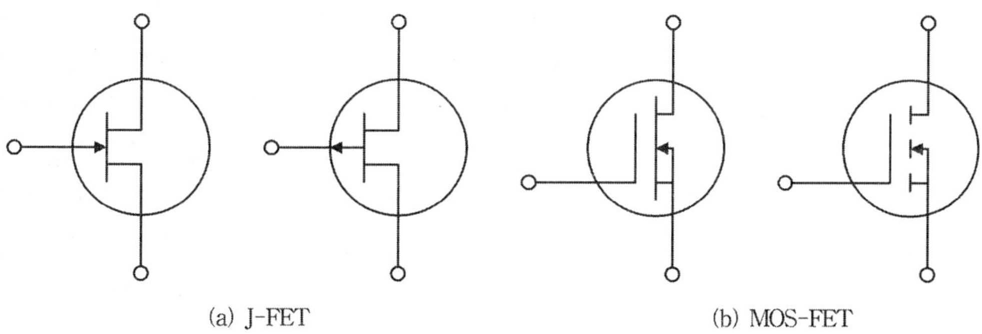

(a) J-FET (b) MOS-FET

〈그림 10.1〉 FET의 종류

### (1) J-FET 심볼

그림 10.2(a)는 N채널 J-FET의 구조를 나타낸 것으로 약하게 도핑 된 N형 반도체의 시리콘 막대의 양 옆에 P형 불순물을 강하게 도핑 시켜서 만든 접합형 FET이다.

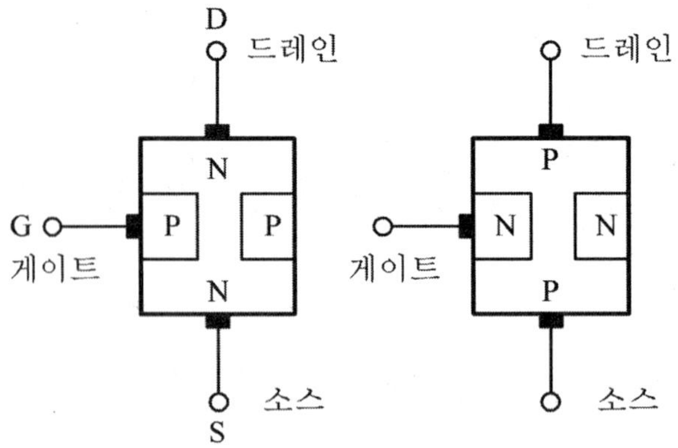


(a) N채널 (b) P채널

〈그림 10.2〉 J-FET의 심볼

그림 10.2(a)에서 아래쪽의 단자는 자유전자가 이점으로부터 디바이스 내부로 흘러들어가기 때문에 소스(source ; S) 단자라고 하고 위쪽의 단자는 자유전자가 이점으로부터 빠져나오기 때문에 드레인(drain ; D)단자라 하며 2개의 P형 반도체 영역은 내부적으로 연결되어 있는 게이트(Gate ; G) 단자라 한다.

즉 소스(S)는 다수캐리어(majority carrier)의 공급원을 의미하고 드레인(D)은 다수 캐리어의 배출구를 의미하며 게이트(G)는 제어하는 문을 의미하고 있다. 한편, 그림 10.2(b)는 P채널 J-FET의 구조를 나타낸 것으로서 약하게 도핑 된 P형 반도체의 실리콘 막대의 양쪽 옆에 N형 불순물을 강하게 주입시켜서 만든 J-FET이다. 이러한 채널 J-FET의 단자는 N채널 J-FET와 같으나 그 다수캐리어는 자유전자가 아닌 정공이라는 점에 있다. J-FET에서 N채널 또는 P채널의 폭은 J-FET의 전류흐름의 세기를 결정하기 때문에 매우 중요하다.

J-FET는 앞에서도 설명하였듯이 2가지의 종류가 있다. P채널 JFET와 N채널 J-FET가 바로 그것이다. N채널 FET는 그림 10.3(b)와 같이 표시되어지는데 수직인 선이 N채널을 표시한다고 가정하면 소스(S)와 드레인(D)이 수직인 선에 연결되어지며 게이트(G)와 채널은 PN 접합형 다이오드를 구성하게 되어 화살표가 P형 반도체에서 채널쪽으로 그려지게 되는 것이다.

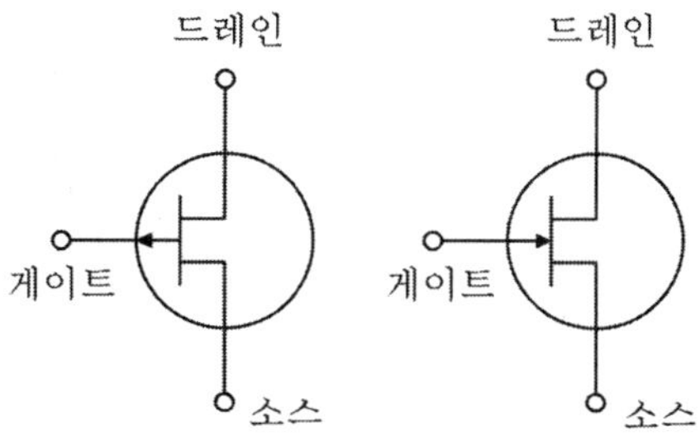


(a) P채널 J-FET (b) N채널 J-FET

〈그림 10.3〉 JFET의 심볼

반면 P채널 J-FET는 역시 N채널 J-FET와 같게 그려지는데 그림 10.3(a)와 같이 단지 게이트(G)의 화살표가 채널에서 게이트쪽으로 바꾸어 그려지는 것이 다르다.

### (2) MOS-FET 심볼

MOS-FET는 게이트, 소스, 드레인으로 구성되며 JFET와 다른 점은 게이트가 채널로부터 절연되어 있다는 것이다. 이러한 MOS-FET는 크게 두 가지로 분류되어지는데 그림 10.4(a)와 같은 공핍형 MOS-FET(depletion type MOS-FET)이고 다른 하나는 그림 10.4(b)와 같은 증가형 MOS-FET(enhancement type MOS-FET)이다.

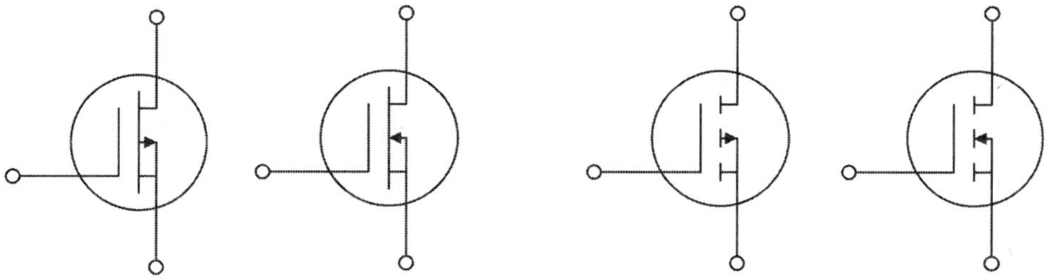

(a) 공핍형 MOS-FET (b) 증가형 MOS-FET

〈그림 10.4〉 MOS-FET의 종류

공핍형 MOS-FET와 증가형 MOS-FET는 J-FET와 같이 N채널과 P채널로 나누어진다.

MOS-FET는 JFET와 다르게 게이트가 채널로부터 절연되어 있으므로 게이트 전압이 "+"이든 또는 "-" 이든 간에 게이트전류는 매우 작다. 그림 10.5(a)는 N형 물질로 이루어진 전동성 막대의 오른쪽에는 P형 반도체 영역을 갖으며 왼쪽에는 이산화규소($SiO_2$)로 절연된 게이트를 갖고 있는 공핍형 N채널 MOS-FET를 나타낸 것이다.

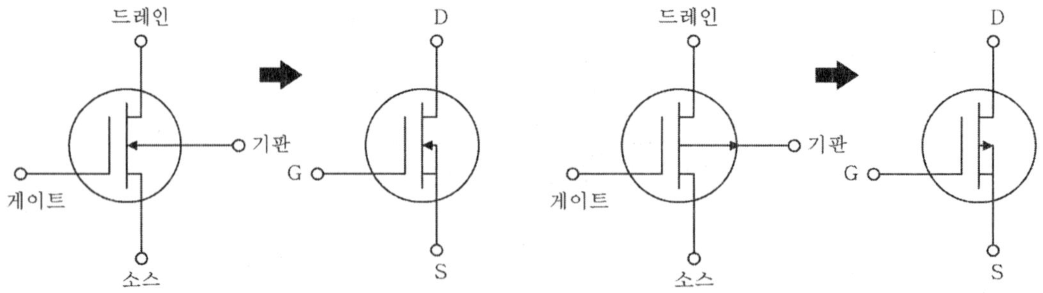


(a) N채널 (b) P채널

〈그림 10.5〉 공핍형 MOS-FET의 구조

공핍형 N채널 MOS-FET에서 자유전자는 N형 물질을 통하여 소스(S)로부터 드레인(D)까지 흘러간다. P형반도체 영역을 기판(substrate)이라 부르고 이 기판은 물리적으로 채널의 폭을 좁게 해서 전도통로(conducting path)를 감소시킨다. 소스로부터 드레인까지 이동하는 자유전자들은 반드시 이러한 좁은 전도통로의 채널을 통과해야 한다.

게이트와 채널사이에 형성되는 얇은 층은 이산화규소($SiO_2$)로 유리와 같은 절연체인 것이다. 공핍형 N채널 MOS-FET의 게이트는 금속으로서 채널과 절연된 상태이다. 그림 10.5(b)는 P형 물질로 된 전도성막대의 오른쪽에 N형 반도체 영역을 갖으며 왼쪽에는 이산화규소로 절연되어 있는 게이트를 갖는 공핍형 P채널 MOS-FET를 나타낸 것으로 공핍형 N채널 MOS-FET에서 자유전자가 N형 물질을 통하여 소스로부터 드레인까지 이동하여 가는 것을 제외하고는 그 구조가 비슷하다.

증가형 MOS-FET에도 역시 N채널과 P채널로 나누어지는데 그림 10.6(a)와 같은 증가형 N채널 MOS-FET를 중점적으로 설명하기로 한다.

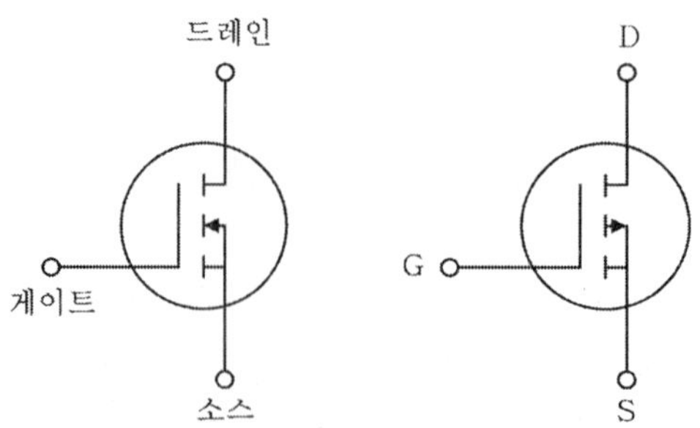


(a) N채널 (b) P채널

〈그림 10.6〉 증가형 MOS-FET의 구조

불순물의 농도가 낮은 P형 반도체의 실리콘(Si)기판위에 약 1mm 정도의 간격을 두고 불순물의 농도가 높은 두 개의 N형 반도체 영역이 확산에 의하여 만들어져 있다. 이것이 소스와 드레인이 된다. 기판의 표면에 얇은 이상화규소의 절연체로 덮어 있으며 드레인과 소스사이의 이산화규소층 위에 게이트가 형성된다.

그림 10.6(b)의 P채널 증가형 MOS-FET를 나타낸 것으로 불순물의 농도가 낮은 N형 반도체 기판위에 약 1mm 정도의 간격을 두고 불순물의 농도가 높은 두 개의 P형 반도체 영역이 만들어지는 것을 제외하고는 증가형 N채널 MOS-FET와 같다.

공핍형 N채널 MOS-FET는 그림 10.7(a)와 같이 그려지게 된다. 게이트의 오른쪽에 얇은 수직선은 채널로 나타낸다. 드레인 단자는 채널의 위쪽에서 나오고 소스단자는 채널의 아래쪽에 연결된다.

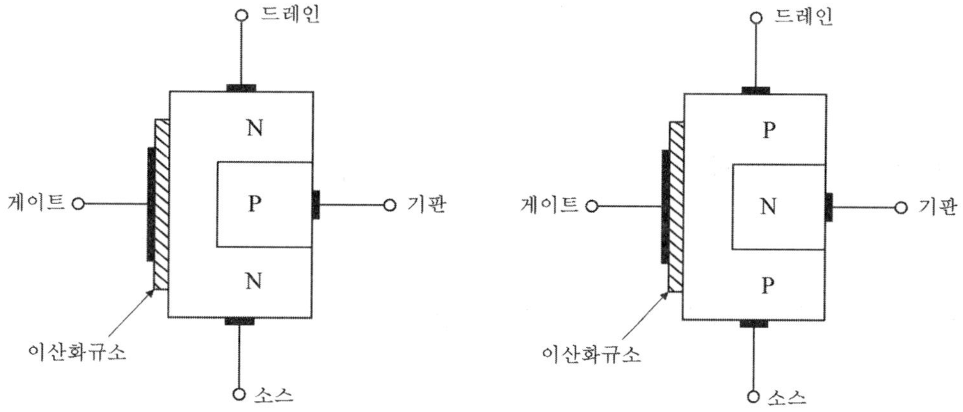


(a) N채널 (b) P채널

〈그림 10.7〉 공핍형 MOS-FET의 심볼

참고로 MOS-FET를 생산하고 있는 제조업체에서는 기판을 소스에 내부적으로 연결시켜 생산하고 있다는 사실을 알아두기 바란다. 이러한 결과로 MOS-FET는 발이 3개인 3단자이다. 그림 10.7(b)는 공핍형 P채널 MOS-FET를 나타내는 기호인데 이것은 공핍형 N채널 MOS-FET에서 P형 반도체기판의 화살표나 N형 물질은 항하여 그려지는 반면에 N형 반도체 기판의 화살표가 P형 물질을 향하여 그려지는 것 이외에는 서로 같다.

증가형 N채널 MOS-FET의 심볼은 그림 10.8(a)와 같다. 게이트에 가해지는 전압이 임계전압보다 크면 N형 반전층이 생기데 되어 소스와 드레인이 연결된다. 그림 10.8(b)는 증가형 P채널 MOS-FET를 나타낸 심볼로써 화살표가 밖으로 향해있다.

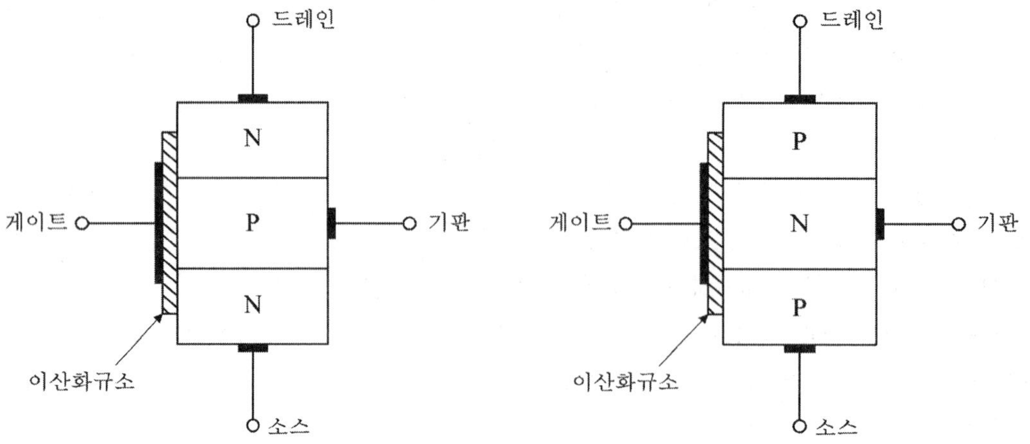


(a) N채널 (b) P채널

〈그림 10.8〉 증가형 MOSFET의 심볼

## 2. J-FET 구조와 특성

### (1) J-FET의 구조

그림 10.9는 N채널 J-FET 구조를 나타낸 것이다.

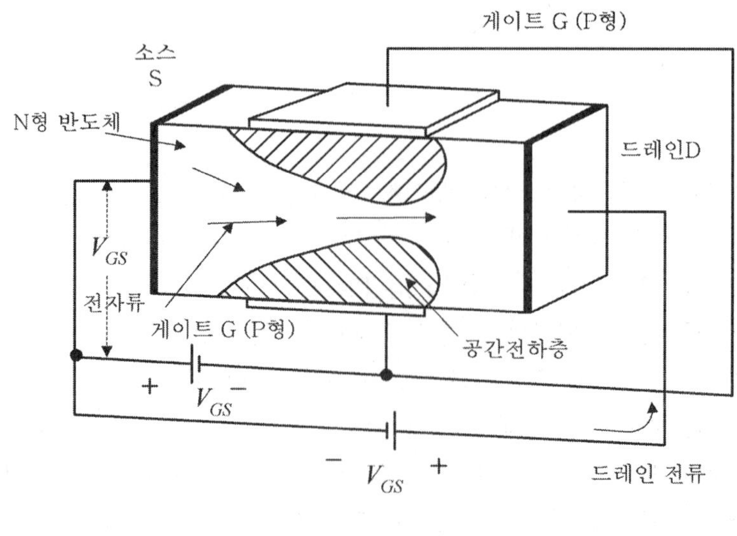


〈그림 10.9〉 N채널 J-FET의 구조

그림 10.9에서와 같이 N형 반도체의 양쪽 끝에 오옴 접촉으로 전극을 접촉시켜 이들 사이에 전압을 걸면 전류가 흐르게 된다. 이 때 흐르는 전류는 다수캐리어(이 경우 전자)에 의해서 운반되는 것이며 다수캐리어가 본도에 안으로 흘러 들어가는 쪽의 전극을 소스, 다수캐리어가 반도에 막대로부터 흘러나가는 쪽을 드레인이라 한다. 한편 N형 반도체 막대의 양 옆면은 악센트 원자로 강하게 도핑 되어 있으며 N형 막대와 P-N접합을 이루고 있다. 이 P+영역을 게이트라고 한다. Source는 캐리어 공급원, drain은 캐리어 배출구, gate는 제어하는 문이라는 뜻이다. 이 게이트는 불순물원자로 강하게 도핑 되어 있으므로 공간 전하층은 대부분 N형 반도체 안에 생기며(그림 10.9의 빗금 친 부분), 공간전하층(이 영역을 자유전하가 결핍되어 있는 영역이라 하여 공핍영역(depletion region)이라하기도 한다.)안에는 캐리어가 고갈되어 있으므로 N형 반도체 내의 전도도(conductivity)에 기여할 수 없다. 그러나 공간 전하층으로 덮이지 않은 부분을 통해서 전자가 이동하여 전류를 형서하게 되는데 이 부분을 채널(channel)이라고 부른다.

한편 반도체 막대를 P형으로 하고 N+형을 게이트로 하여 P형의 다수캐리어인 정공을 이용할 수도 있는데 이것을 P채널 J-FFT라고 한다. 그림 10.10에 이들의 표시방법을 나타내었다. 여기서 화살표는 P-N접합의 정방향(P→N)을 표시한다.

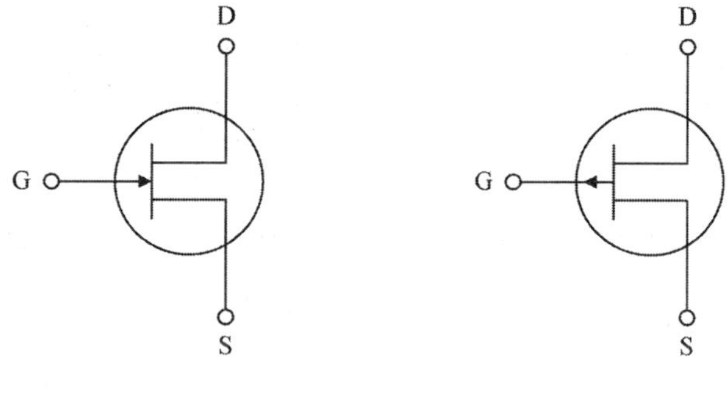


(a) N채널 (b) P채널

〈그림 10.10〉 J-FET의 심볼표시

FET의 동작은 드레인-소스, 전극사이를 흐르는 드레인 전류가 게이트 전압 $V_{GS}$에 의해서 제어된다는 성질을 의존하고 있다. 그림 10.9에서 게이트 접합이 역바이어스 되도록 게이트 전압 $V_{GS}(<0)$을 걸어주고 $V_{GS}$를 변화시키면 공간전하층의 폭이 변화하므로 채널의 폭이 변화하여 반도체 막대의 전도도가 변화하게 되는 것이다.

### (2) J-FET의 특성

그림 10.9에서 게이트 역바이어스 전압을 증대시켜 가면 공간전하층의 폭이 넓어지며 끝에는 채널이 완전히 막혀버리는 상태에 이르게 된다. 이때 채널이 핀치오프(pinch-off) 되었다고 하며 이때의 게이트 전압을 핀치오프전압($V_p$)이라 하고 이때의 핀치오프전압을 수직으로 표현하면 다음과 같다.

$$V_p = \frac{-q\,N_d\,a^2}{2\,\epsilon}$$

여기서, $a$는 채널폭, $N_d$는 도우너 농도이다.

그림 10.11(a)의 소스접지회로에서 게이트 전압 $V_{GS}$를 파라미터로 하여 드레인 전압 $V_{DS}$와 드레인 전류 $I_D$와의 관계를 측정한 대표적인 정특성을 그림 10.12(a)에 나타내었다.

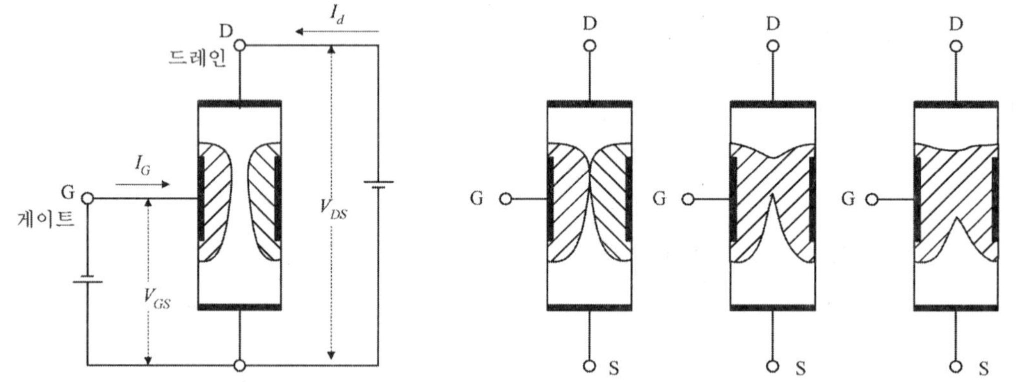


(a) $V_{DS} < |V_p|$ ($V_{GS} = 0$)　(b) $V_{DS} = |V_p|$ ($V_{GS} = 0$)　(c) $V_{DS} > |V_p|$ ($V_{GS} = 0$)　(d) $V_{DS} > |V_p|$ ($V_{GS} < 0$)

〈그림 10.11〉 J-FET의 회로표시

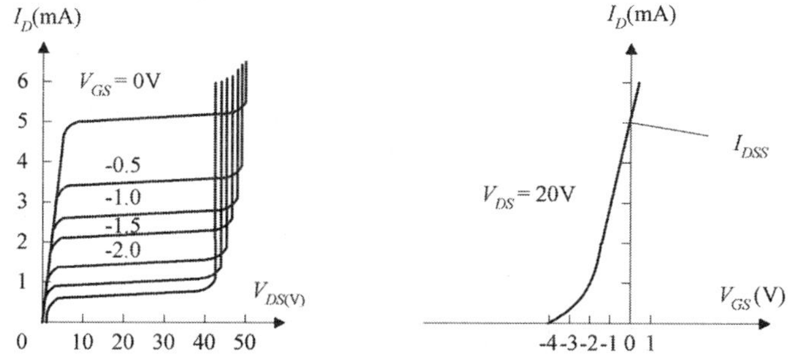


(a) $V_{DS}-I_D$ (b) $V_{GS}-I_D$

〈그림 10.12〉 N 채널 J-FET 특성

이 특성은 다음과 같다.

① 드레인 전압 $V_{DS}$가 낮은 범위에서는 드레인 전류 $I_D$가 $V_{DS}$에 따라 직선적으로 증가한다.

② $V_{DS}$가 높은 범위에서는 $I_D$가 포화상태를 나타내며 $V_{DS}$의 증가에 따르지 않고 대체로 일정하게 된다.

③ $V_{DS}$가 절연파괴전압 $BV_{DSS}$가 같게 되면 애벌런치 절연파괴(avalanch break down)로 인하여 전류는 또 다시 급격히 증가한다.

이러한 특성들은 정상적으로 고찰하기 위해 우선 $V_{DS}=0$의 경우를 생각해 보자. $V_{DS}$가 작은 범위에서는 공간전하층의 폭이 대단히 좁게 되어 채널의 폭은 $n$형 반도체의 폭과 같다고 볼 수 있다. 그러므로 $V_{DS}$가 작은 범위에서 $I_D$는 $V_{DS}$에 비례하여 직선적으로 증대할 것으로 예상된다. 그림 10.11(a)에 드레인 전류 $I_D$가 흐를 때의 공간전하층의 모양을 나타내었다. 여기서 드레인에 가까운 부분일수록 공간전하의 층이 넓어지고 있는 데 이것은 $I_D$에 의한 전압강하 때문에 P-N 접합에 걸리는 역바이어스가 드레인에 가까운 부분일수록 크게 되기 때문이다. 채널의 폭은 $I_D$의 증가에 따라 좁아진다. 그러므로 특성곡선의 기울기는 $I_D$의 증가에 따라 감소할 것으로 예상된다.

$V_{DS}$를 높여 $I_D$를 계속해서 증대시켜 가면 $V_{DS}=|V_p|(V_{DS}=0)$에 이르렀을 때 그림 10.11(b)와 같이 드레인 쪽의 채널이 핀치오프 되는 상태에 이르게 된다. 이 때 핀치오프 상태에서도 $I_D$는 계속해서 이것은 핀치오프점과 소스사이에 전압 $|V_D|$가 걸려 있으므로 소스로부터 공급되는 캐리어(이 경우 전자)가 공간전하층으로 주입되어 이곳의 전장에 의해서 가속되어 드레인으로 도달할 수 있기 때문이다.

드레인 전압 $V_{DS}$를 $|V_p|$이상으로 높이면 그림 10.11(c)와 같이 드레인과 게이트사이의 공간전하층은 넓어지겠으나 핀치오프점과 소스사이의 채널의 모양이 달라지지 않는다. 그러므로 $V_{DS}$의 증가는 실질적으로 공간전하층에 걸리는 전압의 증가를 초래할 뿐이며 $I_D$는 $V_{DS}$에 관계없이 일정하게 유지된다.

지금까지 $V_{GS}=0$의 경우에 대해서 설명하였다. 그러나 이러한 내용은 $V_{GS}<0$인 역바이어스 일 때에도 그대로 적용할 수 있다. 다만 이 경우에는 $V_{GS}$에 의한 여분의 역바이어스로 인하여 $V_{DS}$가 작은 범위에서 특성의 기울기가 작아질 것이며 또 $V_{DS}$및 $I_D$가 낮은 곳 ($V_{DS}=|V_D|-|V_{GS}|$)에서 핀치오프로 들어가게 될 것이다. 이 경우의 상태를 그림 10.11(d)에 나타내었다. 이 경우는 게이트와 소스사이의 전압 $V_{GS}$가 마이너스(-)로 될 때 P-N 접합이 역바이어스 되어 게이트와 소스사이에 결핍영역이 증가하여 채널의 폭을 감소시키고 이것은 채널의 저항을 증가시켜 결국 $I_D$의 감소를 가져오게 된다(그림 10.12(b) 참조).

FET의 임의의 두 단자에 걸릴 수 있는 최대전압은 게이트 접합의 애벌런치 항복전압에 의해서 결정된다. 그림 10.12의 특성에서 $V_{GS}<0$일 때 $V_{GS}=0$의 경우보다 낮은 드레인 전압 $V_{ds}$에서 애벌런치 항복이 일어나고 있음을 보여주고 있다.

FET가 포화영역에서 동작하고 있는 경우, $V_{DS}$를 일정하게 유지하고 $|V_{GS}|$를 게이트 접합을 역바이어스 하는 방향으로 증가시키면 $|V_{GS}|=|V_p|$에 이르렀을 때 채널폭이 0으로 되며 $I_{DS}=0$으로 될 것이다. 그러나 실제의 소자에 있어서는 이와 같은 차단상태 ($|V_{GS}|>|V_p|$에서도 약간의 누설(leakage)전류 $I_{DS}$가 흐름을 볼 수 있다. Si FET의 경우 그 값은 수 nA 정도이며 $V_{DS}/I_{DS}\approx 100\text{M}\Omega$이다.

게이트 전압인 $V_{GS}$에 입력신호를 가하고 드레인 전류를 출력신호로 하여 증폭기를 구성할 수 있으며 이때 입력 게이트 전압을 변화시키면 드레인 전류가 어느 정도 변화되어서 출력전류로 되는가가 중요한데 이것을 식으로 표현하면 다음과 같다.

$$g_m=\frac{dI_D}{dV_{GS}}$$

이 식에 의해 전달특성을 알 수 있고(그림 10.13 참조) $V_{GS}=0$일 때 드레인 전류를 $I_{dss}$라 하면 포화영역에서의 $I_D$는 근사적으로 다음과 같다.

$$I_D=I_{DSS}\left(1-\frac{V_{GS}}{V_p}\right)$$

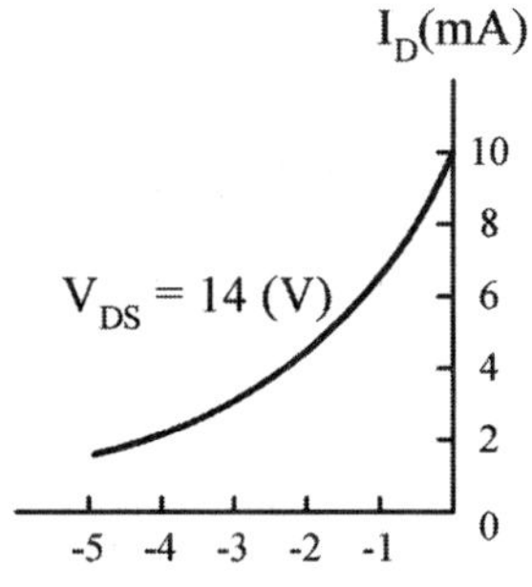


〈그림 10.13〉 전달특성

그림 10.13은 $I_D - V_{DS}$관계를 그린 전달특성의 예이다. 여기서 특성이 거의 $V_{GS}$에 의해 결정되며 거의 직선적인 관계에 있다. 이 직선부분은 $V_{GS}$를 변화시키면 $I_D$는 $V_{GS}$와 거의 같게 되고 이 직진성을 이용하여 선형증폭기로 사용하며 이 때문에 핀치오프영역을 능동영역(active region)이라 한다.

FET는 종래의 양극성(bipolar) 트랜지스터와 비교할 때 다음과 같은 특성의 차이가 있다.

① FET는 단극성(unipolar)소자이며 전류는 다수캐리어에 의해서 운반된다.

② FET는 제조공정에 간단하여 집적회로화하기 좋고 집적도가 높기 때문에 최근의 IC에 많이 사용된다.

③ FET는 저항소자로 사용할 수 있는 특성이 있어서 FET만으로 회로구성이 가능하다.

④ 높은 입력임피던스를 가지므로 디지털 회로조합에서 매우 유리하다. 즉, 논리회로에서 팬 아웃(fan out)을 늘릴 수 있는 장점이 있다.

⑤ FET는 대칭형 쌍방향 스위치로 사용할 수 있다.

⑥ FET는 내부 커패시턴스에 전하축적이 가능하므로 기억소자로사용할 수 있어서 최근 초대규모 집적회로(VLSI)의 기억소자로 널리 사용된다.

⑦ FET는 잡음이 적어 저잡음 전치증폭기에 많이 사용된다.

⑧ FET는 무수한 신호단속기(signal chopper)로 사용된다.

⑨ FET는 외부로부터의 방열(radiation)의 영향을 덜 받는다. 왜냐하면 복사열로 인하여 여분으로 생성되는 캐리어 농도증가는 원래의 다수 캐리어 온도에 비해 작기 때문이다. 이러한 이유로 열적으로 더욱 안정하다.

그러나 FET의 중요한 결점은 양극성 트랜지스터에 비하여 이득-대역폭 적 (gain-band width product : 이득과 주파수 대역폭의 곱으로 나타낸 값)이 작다는 것이다. 그러므로 증폭기로서는 BJT를 사용하는 것이 일반적이다. 또한 ON-OFF 스위치로 응용하는 경우 스위칭 속도가 BJT보다 느린 것도 그 응용을 제한하는 요인이 된다.

### (3) J-FET 동작

그림 10.14는 N채널 J-FET에 정상적인 전압이 가해지는 상태를 표시하고 있는 것이다. 드레인 전압 $V_{DD}$의 "+" 극성이 드레인단에 연결되고 드레인 전원전압( $V_{DD}$)의 "-"극성이 소스에 연결되어지는데 이것은 자유전자를 소스로부터 드레인으로 이동시키도록 전압을 설정한 것이다. 따라서 자유전자는 채널을 통하여 흐르게 되고 드레인 전류의 크기는 채널의 폭에 따라 결정된다. 또한 게이트 전원전압( $V_{GG}$)의 "-"극성이 게이트에 연결되고 "+"극성이 소스에 연결되어지는 것은 게이트와 소스사이에 $-V_{GG}$가 공급된다는 것을 의미한다.

이것은 J-FET 응용에서 기본적인 바이어스(bias) 방법으로 게이트에 항상 게이트 전류가 흐르지 못하게 하기 위하여 역방향 전압을 거는 것이다. 이러한 역방향 전압은 P형 반도체 영역의 주변에 설정되어지는 공핍층의 폭을 확대시키게 되므로 자유전자가 이동할 수 있는 전도성 채널의 폭이 작아진다.

그림 10.14에서 게이트에 가해지는 역방향 전압을 충분히 크게 하면 공핍층이 서로 맞닿게 되어 자유전자가 이동할 수 있는 전도성 채널이 없어지게 되는데 이때의 역방향 전압을 핀치오프전압(pinch off voltage)이라고 한다.

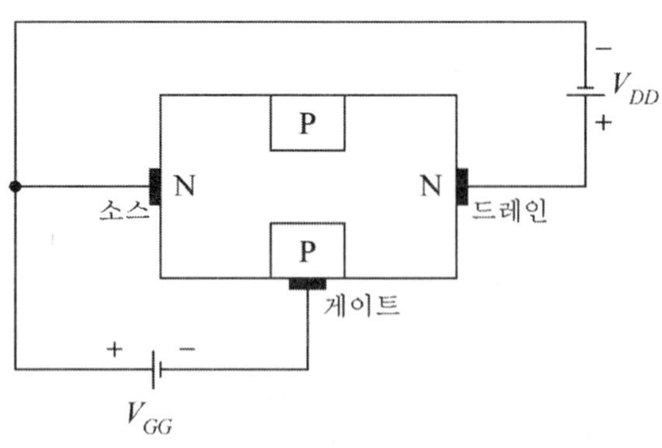


〈그림 10.14〉 J-FET에 전압을 거는 방법

이렇게 전도성 채널을 핀치오프 시키게 되면 드레인 전류가 차단되어진다. 그림 10.15는 J-FET의 드레인 특성을 나타낸 것이다. 드레인 특성에는 포화영역, 활성영역, 항복영역, 차단영역을 가지고 있다.

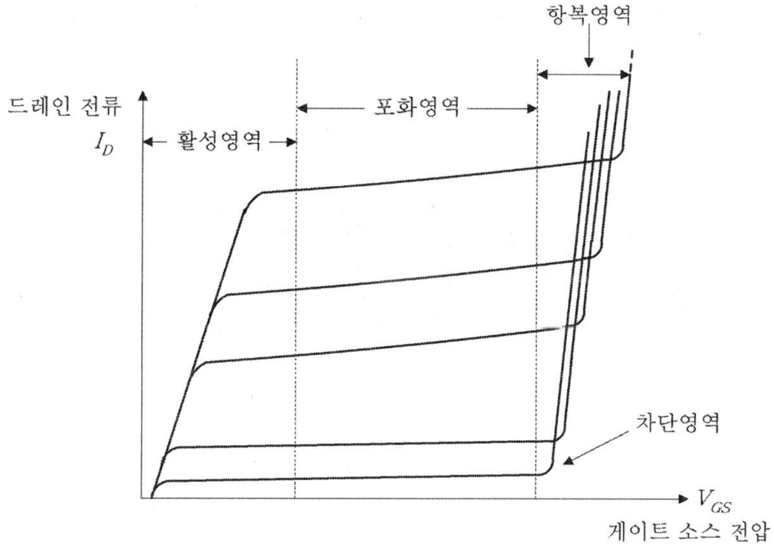


〈그림 10.15〉 J-FET의 드레인 특성

## 3. MOS-FET 구조와 특성

MOS-FET는 흔히 MOS라고 약하게 부르며 최근 반도체 기억소자로 집적도를 높일 수 있는 특징이 있어 대규모 집적회로에 많이 쓰인다. 여기서 MOS는 Metal - Oxide - Semiconductor를 약칭하는 것으로 게이트의 구성 형태를 나타내는 말이다.

MOS-FET 역시 전도채널의 형식에 따라 N채널과 P채널로 구분되며 이들은 각각 구조상으로 증가형(enhancement type)과 공핍형(depletion type)으로 구분하기도 한다. 공핍형은 앞에서 설명한 J-FET와 그 동작이 흡사하여 게이트 전압이 0일 때 드레인 전류가 가장 많이 흐르며 게이트 전압이 역바이어스로 증가하면서 감소하는 특징을 갖는다. 증가형은 이와 반대로 게이트 전압이 0일 때에는 드레인 전류가 흐르지 않으며 게이트 전위의 증가에 따라 출력전류는 증가한다.

### (1) 증가형 MOS-FET 구조

증가형(enhancement type)이란 채널을 증가시키는 방향, 즉 바이어스 전압으로써 어떤 값의 게이트전압 $V_{GS}$를 걸어주어야만 비로서 드레인 전류 $I_D$가 흐르기 시작하는 것이다. 따라서 $V_{GS}=0$에서는 채널이 존재하지 않으며 드레인 전류는 드레인과 기판의 P-N접합으로 저지되어 흐르지 못한다. 그림 10.16은 증가형 N채널 MOS-FET의 구조를 나타내었다.

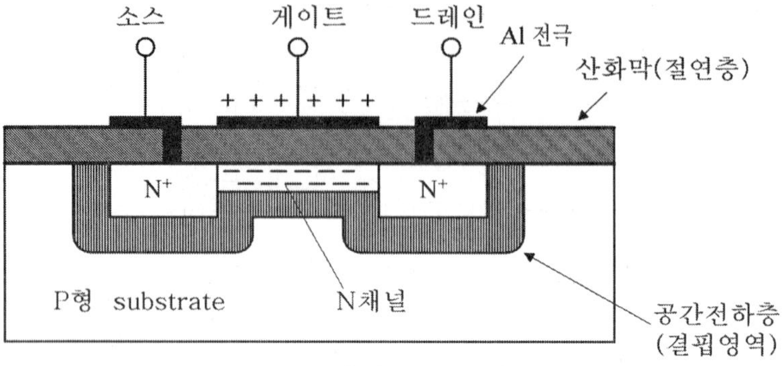


〈그림 10.16〉 증가형 N채널 MOS-FET의 구조

불순물 농도가 낮은 (저항율이 1~10Ω-cm 정도) P형 Si 기판 위쪽에 약 1[mil](=0.025 mm) 정도의 간격을 두고 불순물 농도가 대단히 높은 N+영역이 2개 만들어졌다. 이들이 드레인 및 소스로 된다. 기판의 표면은 매우 얇은 1μm정도의 산화물($SiO_2$)의 절연막으로 덮여있으며 드레인과 소스사이의 산화막 위에 게이트(Al) 전극이 마련되어 있다. 여기서 게이트 전극과 Si 기판 산화막을 사이에 끼고 평판 콘덴서를 형성하고 있는 셈이다(그 용량은 1~10pF, 절연저항은 104~109Ω).

MOS-FET 칩(chip)의 표면적은 0.0006[$mm^2$]정도(1[$mm^2$]당 1700개의 칩)이며 바이폴라 트랜지스터의 경우의 5%에 불과하다.

그림 10.17에 P형 기판 위 표면에 형성된 전도채널의 모양을 나타내었다.

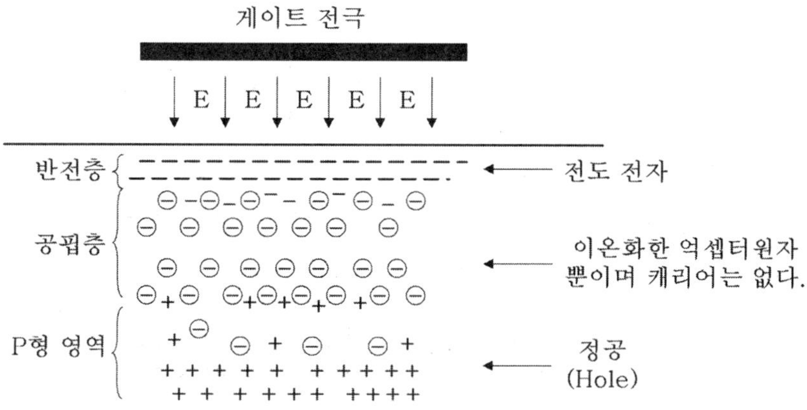


〈그림 10.17〉 P형 기판 표면에 형성된 N형 반전층

그림 10.17에 표시한 바와 같이 게이트 전극에 양 전압을 가한다고 할 때 산화막의 저항은 반도체의 저항보다 훨씬 크기 때문에 게이트에 가한 전압은 모두 산화막에 걸린다. 따라서 전계는 대단히 강하다. 전계가 산화막에만 존재한다면 산화막과 반도체사이의 경계면에서 전계는 불연속이 되며 따라서 반도체 층 표면에는 표면전하가 존재해야 한다. 그림 10.18에 표시된 표면의 전자층은 이러한 표면전하의 형성을 나타내는 것으로 전계 E가 강할수록 표면전하의 밀도가 높아진다. P형 반도체의 표면에 이와 같은 전자층이 형성되는 이유를 쉽게 설명하면 다음과 같다.

원래 P형 반도체의 표면에는 P형의 다수캐리어인 정공이 소수캐리어인 전자보다 월등하게 많이 존재하고 있다. 그러나 게이트 전극으로 인하여 발생한 전계는 정공을 안으로 몰아넣고 전자를 끌어당기는 효과를 나타낸다. 이리하여 P형 반도체의 표면은 전자가 우세한 N형 영역으로 바뀌는 셈이다. 이와 같이 표면에 유기된 전자층을 반전층이라고 한다. 그림 10.18에서 보는바와 같이 표면의 전자층 밑에는 게이트에 인가된 전계에 따라 전자들이 떠나간 자리에 양이온들이 남게 되어 공간전하층이 형성되고 그 밑이 원래의 P형 영역으로 된다.

MOS-FET에서는 위에서와 같이 게이트 전압에 의해서 발생하는 전자층이 N+의 드레인과 소스사이의 전도채널을 형성하는 것이다. 이러한 전도채널을 발생케 하는데 필요한 게이트 전압을 임계전압(threshold voltage ; $V_T$) 또는 핀치오프 전압이라고 한다.

MOS-FET의 정특성의 대표적 예를 그림 10.18에 나타내었다.

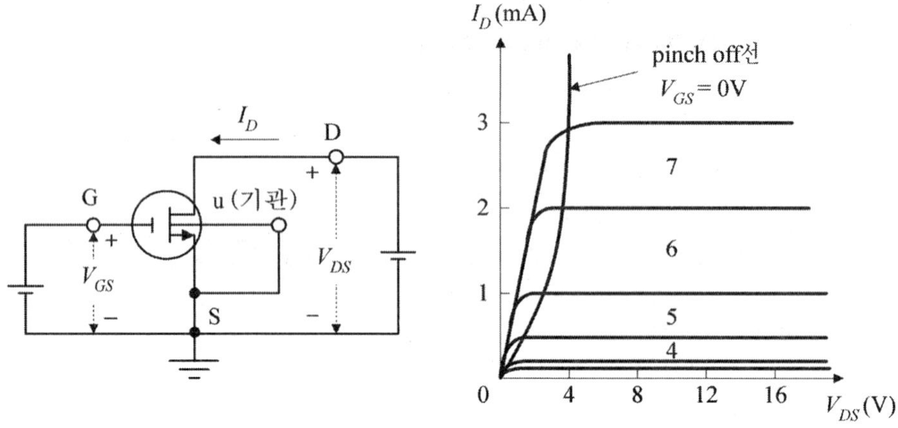


〈그림 10.18〉 증가형 N채널 MOS-FET의 특성

그림 10.18과 같이 MOS-FET의 특성은 J-FET의 특성과 똑같은 형태로 되어 있음을 알 수 있다. 몇 가지 차이점을 들자면, 다음과 같다.

① 펀치오프 전압 $V_T$가 (+)의 값이다.

② 게이트 전극이 산화막으로 절연되어 있기 때문에 게이트 전압의 크기 및 극성(±)에 관계없이 게이트 전류는 거의 0이다.

게이트-소스전압 $V_{GS}$를 펀치오프전압 $V_T$보다 높은 일정한 값으로 고정하고 드레인 전압 $V_{DS}$를 가했을 때의 전도채널의 모양은 그림 10.19에 나타내었다.

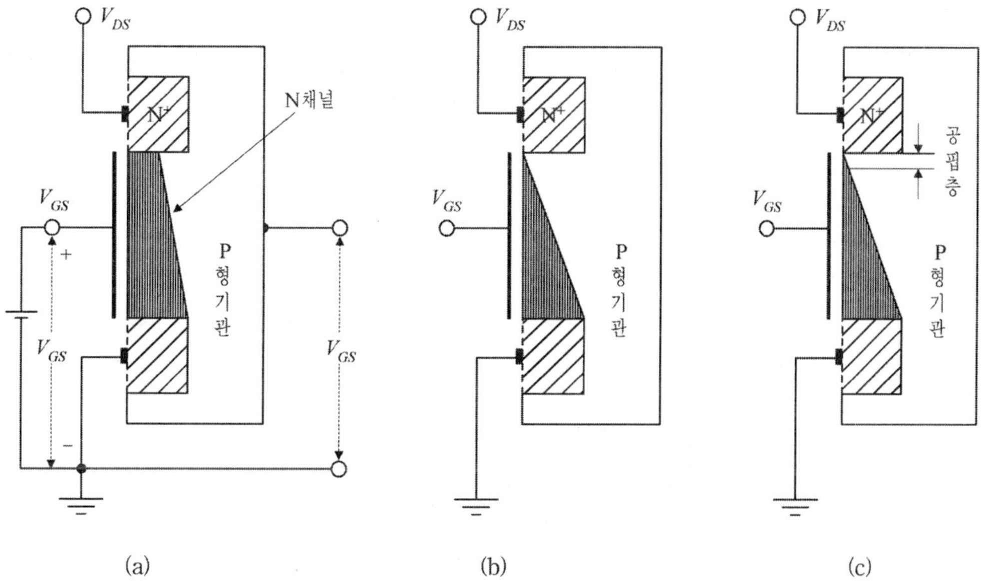


〈그림 10.19〉 드레인 전압과 전도채널과의 관계

그림 10.19(a)는 드레인 전압 $V_{DS}$가 비교적 작은 경우에 대한 것이다. 소스 쪽의 채널폭은 $V_{GS}$에 대응하여 변화하지만 드레인 쪽은 $V_{GS}-V_{DS}$에 대응하여 소스쪽보다 좁아진다. 그림 10.19(b)는 드레인 쪽의 채널이 바로 핀치오프 되었을 때의 경우를 나타낸 것이다. 이때 $V_{GS}-V_{DS}=V_T$이므로 이 경우의 드레인 전압은 다음 식으로 주어진다.

$$V_{DS}(\mathrm{pinch-off})=V_{DS}-V_T(V_{ss}=0)$$

$V_{DS}$가 핀치오프 전압을 넘게 되면 그림 10.19(c)와 같이 되며 드레인과 채널사이에 공핍층이 형성된다. 공핍층의 길이는 $V_{DS}$의 증가에 증가하는 것이 사실이지만 이러한 차이는 근소한 것이며 전도채널의 모양은 실질적으로 그림 10.190(b)와 같이 유지된다고 볼 수가 있다.

그러므로 핀치오프 이상의 범위에서는 $V_{DS}$가 증가해도 드레인 전류 $I_D$의 변화가 거의 없게 되는 것이다. 이와 같은 전도채널의 변화를 염두에 둔다면 그림 10.18의 특성은 곧 이해할 수 있을 것이다.

MOS-FET에서 전도채널이 형성되는 메카니즘은 J-FET의 경우와 다르기는 하나 드레인 전류가 게이트 전압에 의해서 제어되는 원리는 동일하다.

### (2) MOS-FET 특성

그림 10.20의 I의 포화점 ②를 기준으로 하여 ①은 $I_D$가 $V_D$에 따라 증가하는 선형영역이고 ③은 포화영역으로 구분하는데 일반적인 MOS-FET의 기본특성이다.

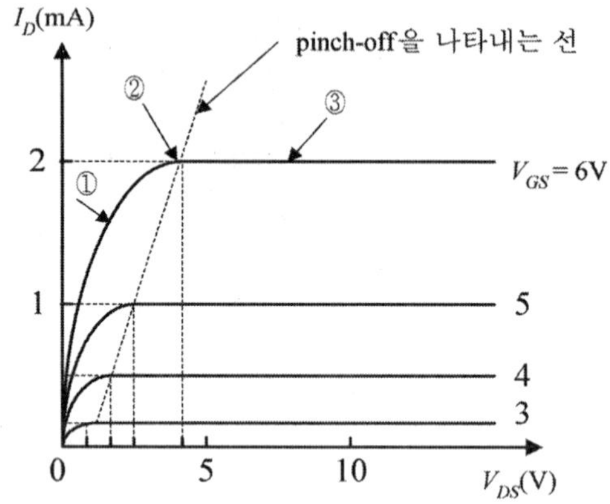


〈그림 10.20〉 MOS-FET의 특성

그림 10.21에서 보면 게이트 표면 아래의 채널영역은 $V_{GS}$의 바이어스 전압은 $x$방향으로 전자를 가속시켜 드레인 전류를 흐르게 한다. $V_{GS}$의 게이트 전압은 $y$방향으로의 전계를 가하여 표면으로 전자를 유기시켜 N채널을 형성시킨다. 그림 10.22에서 $V_{DS}$에 의하여 채널내의 소스에서 거리가 $x$인 지점의 전위를 $V_x$라 하면 기판은 소스와 서로 연결이 되었으므로 기판과 채널사이에도 전위가 가해져서 상대적으로 채널폭은 좁아지고 공핍층은 넓어지게 된다.

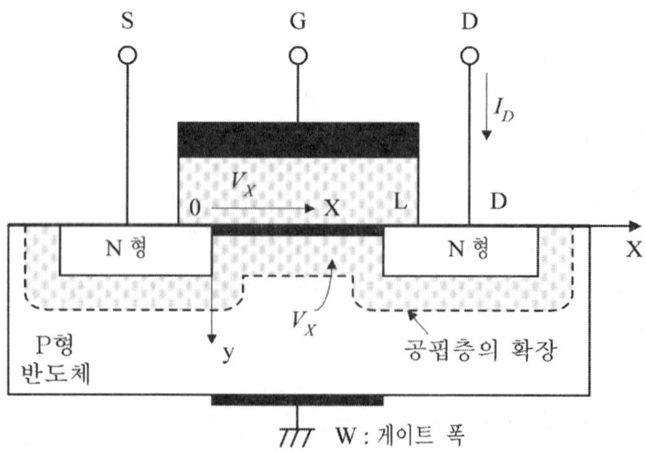


〈그림 10.21〉 MOS-FET의 단면도

이 때 반전층 채널에 유기된 전하를 $Q_d$라 하면 다음과 같다.

$$Q_d = - C_{0x}(V_{GS} - V_x - V_{TH}) \tag{10.1}$$

여기서 $V_{TH}$는 임계전압으로 다음과 같다.

$$V_{TH} = 2\phi_B + \frac{(2\epsilon_0\epsilon_s qN_a)^{1/2}(2\phi_B)^{1/2}}{C_{0x}} \tag{10.2}$$

가 된다. 여기서의 $V_T$식은 게이트 표면에 강한 반전이 일어나는 조건 $\varphi_s = 2\varphi_B$를 고려한 경우이다. 일반적으로 장벽전위($\varphi_B$)는 다음과 같다.

$$\varphi_B = \frac{KT}{q}\ln\left(\frac{N_a}{N_i}\right)$$

아울러 채널전류 $I_D$는 $dv(y) = I_D\,dR$ 관계이므로 반전층 채널의 유기된 전하를 고려하면 다음과 같다.

$$I_D = Q_d\,\mu_n\,E_x\,W \tag{10.3}$$

여기서 $W$는 채널폭이다.

이 식에서 $E_x = dV_x/dx$식과 식 (10.1), 식 (10.3)을 대입하여 식을 구하면 다음과 같다.

$$I_D\,dx = \mu_n C_{0x} W(V_{GS} - V_x - V_{TH})dV \tag{10.4}$$

식 (10.4)을 소스로부터 채널길이 방향으로 적분하면(좌면 $x = 0 \sim x$, 우변 $V_x = 0 \sim V_{DS}$)

$$I_D = \mu_n C_{0x}\frac{W}{L}\left\{V_{GS} - V_{TH})V_{DS} - \frac{1}{2}V_{DS}^2\right\} \tag{10.5}$$

의 드레인 식이 나오고 이때 $C_{0x}$는 산화막의 용량이다.

MOS-FET 드레인에 전압을 점차적으로 증가시키면 채널근처의 공핍층이 드레인 영역에서는 전계에 의해 넓어지고 $V_x = V_{DS}$에서 드레인 영역의 반전층이 소멸하게 된다.

이대의 현상은 채널에 높은 저항이 일정하게 연결된 것 같은 결과가 되기 때문에 전류는 포화하기 시작하고 이 경우의 포화전류식을 구하면 다음과 같다.

식 (10.1)에 포화상태의 조건은 $V_x = V_{DS}$에서 $Q_d$는 0이기 때문에 이 조건을 대입하면

$$V_{DS} = V_{GS} - V_{TH} \tag{10.6}$$

의 결과가 되고 이 전압을 펀치오프전압이라 한다.

이 식을 식 (10.5)에 대입하여 전류를 구하면 다음과 같다.

$$I_D = \frac{\mu_n W C_{0x}}{2L}(V_{GS} - V_{TH})^2$$

이 전류를 포화전류라 한다.

### (3) 공핍형 N채널 MOS-FET

그림 10.16의 구조에서 드레인과 소스사이에 N형 불순물을 확장시켜 N형 채널을 만든 것이 그림 10.21(a)의 공핍형(depletion type) N채널 FET로 이 소자에서는 $V_{DS} = 0$일 때에도 상당한 드레인 전류가 흐른다. 게이트 음("-") 전압을 걸었을 때 채널의 모양은 그림 10.21(b)와 같이 되며 N형 채널이 줄어든다.

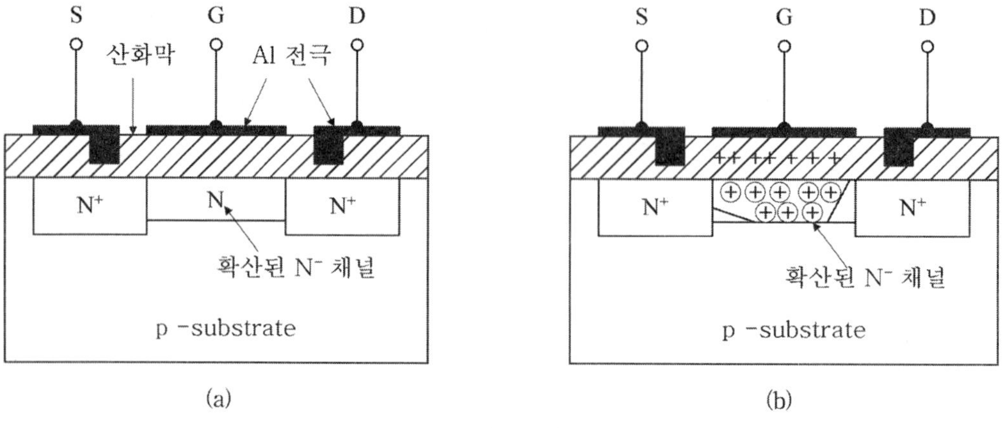


〈그림 10.22〉 공핍형 N채널 MOS-FET

즉, 증가형의 경우에는 게이트 전압 $V_{GS}$가 0일 때 드레인 전류 $I_D$가 흐르지 않다가 $V_{GS}$를 "+" 방향으로 증가시킴으로써 비로소 $I_D$가 흐르게 되는 것과는 달리 공핍형에서는 게이트의 0바이어스에서 드레인 전류가 흐르게 되고 필요에 따라 게이트에 채널을 약하게 하는 (공핍하는)방향, 즉 드레인 전류를 작게 하는 방향으로 신호를 가하는 방법이다. 다시 말하면 J-FET에서와 같이 게이트 전압 0, 즉 바이어스에서 이미 채널이 존재하여 드레인 전류 $I_D$가 흐르고 있다. 이 때 게이트-소스간의 P-N접합을 역바이어스하여 이 역방향전압을 더욱 깊게 함으로써 채널폭을 좁혀 전류를 제어한다. 따라서 0바이어스 상태보다 채널을 약하게 하는 방향으로 게이트 전압을 걸어주는 셈이 되는 것이다.

게이트 음("-") 전압을 충분히 크게 한다면 마침내는 채널이 핀치오프 되고 드레인 전류는 차단되고 말 것이다. 그림 10.22에 그 대표적 특성을 나타내었다. 여기서 핀치오프 전압 $V_t \approx -3\text{V}$로 되어있다.

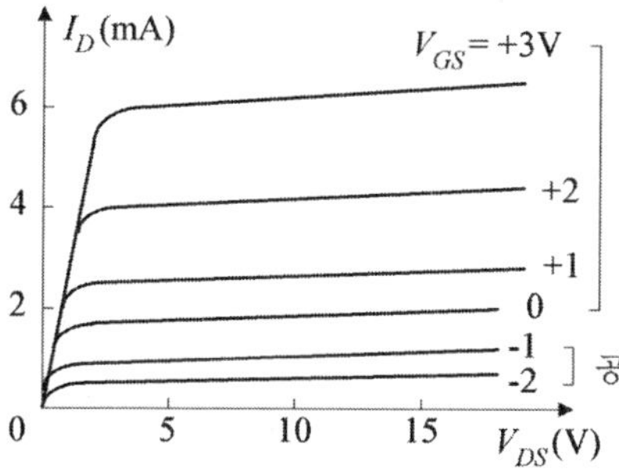


(a) $V_{DS} - I_D$ 특성

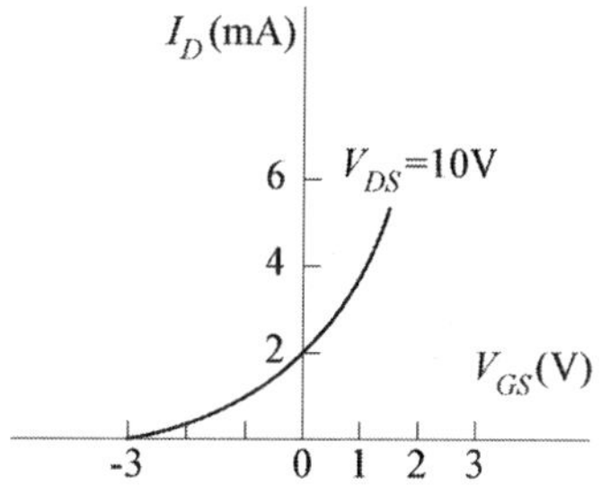


(b) $V_{GS} - I_D$ 특성

〈그림 10.23〉 공핍형 N채널 MOS-FET 특성

한편 공핍형에서는 게이트에 양("+")전압을 거는 것도 가능한데 이 경우에는 그림 10.18의 경우와 마찬가지로 전자 반전층이 유기되므로 드레인 전류는 더욱 증가하게 된다. 즉, 게이트에 가하는 전압을 (+), (-) 어느 방향으로도 바이어스 할 수 있으므로 공핍형과 증가형의 어느 쪽으로도 가능하게 되는 것이다.

그림 10.22의 모드 특성에 있어서 $V_{GS} < 0$의 변위를 공핍모드, $V_{GS} > 0$의 범위를 증가형 모드라 한다.

## 4. FET의 정특성

### (1) $V_{GS}$-$I_D$ 정특성

그림 10.23과 같이 회로를 구성하고 드레인 전압 $V_{DS}$를 일정하게 한 다음 게이트 전압 $V_{GS}$를 변화시키면서 변화시킬 때마다 드레인 전류 $I_D$를 측정하여 곡선을 그리면 그림 10.24와 같이 된다.

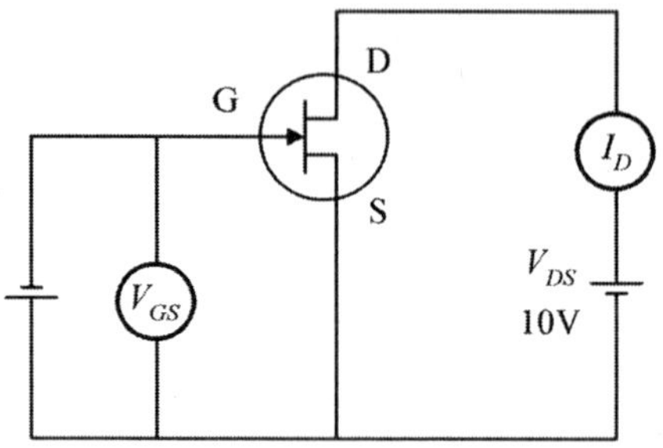


〈그림 10.24〉 회로구성

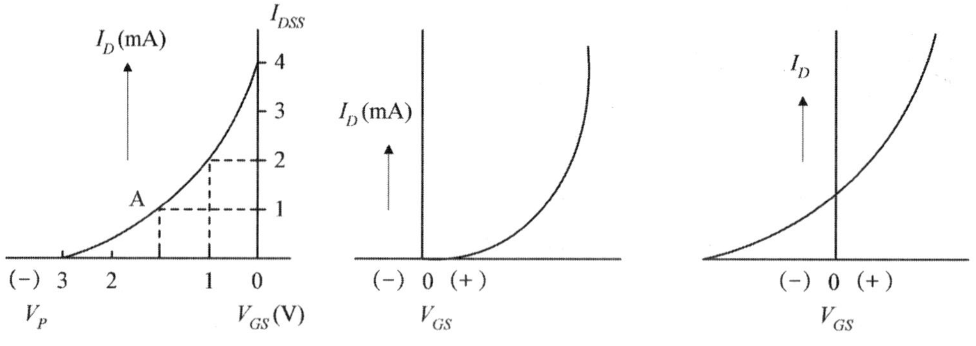


(a) 공핍형 특성 (b) 증가형 특성 (c) 공핍형+증가형 특성

〈그림 10.25〉 $V_{GS}-I_D$ 정특성

그림 10.24(a)는 공핍형(depletion type)의 특성이고 그림 10.24(b)는 증가형(enhancement type)의 특성이며 그림 10.26(c)는 공핍형과 증가형의 합성특성으로 되어 있는 $V_{GS}$-$I_D$ 정특성곡선이다.

그림 10.24(a)에서 $V_{GS}=0\text{V}$일 때의 드레인 전류를 드레인 포화전류($I_{DSS}$)라 하고 드레인 전류가 거의 0일 때 게이트와 소스간의 전압을 핀치오프 전압이라 하며 $V_p$로 표시한다.

$V_{GS}-I_D$정특성 곡선을 보면, $V_p$가 1/2로 되면 $I_D$는 $I_{DSS}$의 1/4로 되고 $I_D$를 $I_{DSS}$의1/2이 되도록 하려면 $V_{GS}$는 $V_p$의 1/3정도로 해주어야 한다는 것을 알 수 있습니다. 그림 10.24(a)에서는 A급 바이어스 전압이 $V_p$의 1/2인 1.5V이고, 동작 전류($I_D$)는 $I_{DSS}$의 1/4인 1mA이다. 특성곡선에서 알 수 있는 바와 같이 $V_{GS}$를 1.5V로 0.5V를 변화시킨다면 $I_D$는 1mA에서 2mA로 1mA 만큼 변화된다. 여기에서 게이트 전압의 변화분인 0.5V로서 드레인 전류의 변화분인 1mA를 나누면 게이트 전압 1V가 드레인 전류를 어느 정도로 변화시키는가를 알려주는 값이 얻어지는데, 이때 얻어지는 값을 상호컨덕턴스라 하고 $g_m$으로 표시하며, 단위는 S(simens)이다.

$$g_m = \frac{\triangle I_D}{\triangle V_{GS}} = \frac{1\times10^{-3}}{0.5} = 0.002[S]$$

(△는 델타라 하며 적은 범위 내에서의 변화된 크기를 나타내는 기호임)

FET의 규격표에는 이와 같이 $g_m$의 값이 표시되고 있는데 이 값은 정수 결정과 증폭도 계산에 이용되는 것으로 클수록 성능이 좋은 것이다.

### (2) $V_{DS}-I_D$정특성

그림 10.25(a)와 같이 회로를 구성한 다음 $V_{DS}$를 점점 높여가며, 그때 변화한 $I_D$의 값을 측정하여 곡선을 그리고 다시 $V_{GS}$를 변경시켜놓은 다음 $V_{DS}$를 점점 높여가며 변화된 $I_D$의 값을 측정하여 여러 개의 곡선을 그려놓으면 그림 10.25(b)와 같이 되는데 이것은 $V_{DS}-I_D$ 정특성곡선 또는 출력특성곡선이라고 한다.

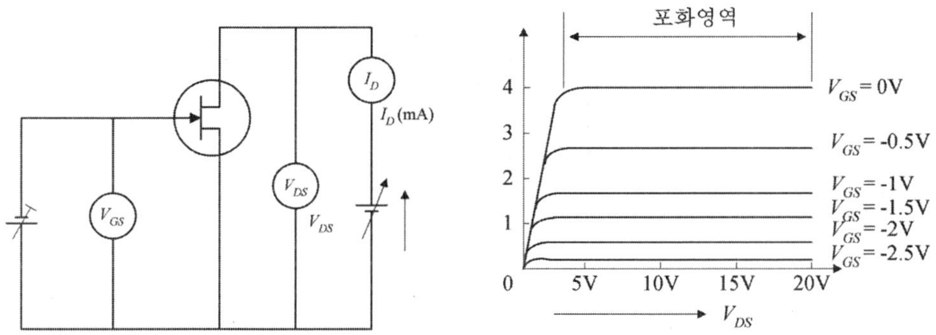


(a) 회로　　　(b) $V_{DS}-I_D$ 정특성 곡선

〈그림 10.26〉 $V_{DS}-I_D$ 정특성 곡선

이 곡선에 의하여 $V_{DS}$가 0.5V~3.5V가 되기까지에는 $V_{DS}$를 높이면 거기에 비례하여 $I_D$가 현저하게 증가하나 3.5V를 넘으면 $I_D$는 포화되어 거의 증가하지 않는다는 것을 알 수 있다. 여기에서 $V_{DS}$가 변화하여도 $I_D$의 변화가 거의 없는 $V_{DS}$의 범위를 포화영역이라 한다.

이처럼 드레인 전류는 $V_{DS}$에는 변화를 거의 받지 않으나 $V_{GS}$에 의해서는 크게 변화하는 특성을 가지고 있다. 이러한 $V_{DS}-I_D$ 정특성곡선은 다음과 같은 요령으로 직류부하곡선과 교류부하곡선을 그리면 가장 이상적인 동작점을 구할 수가 있으며 최대의 출력을 알 수가 있다. 부하곡선은 접합 TR회로의 정수 결정 중 $R_C$결정에서 설명한 바와 같이 그 회로에서 드레인에 흐를 수 있는 최대의 전류값과 드레인에 걸릴 수 있는 최고 전압의 값을 $V_{DS}-I_D$ 정특성곡선상에 잡고 두 점을 연결하면 된다. 그런데 증폭회로는 직류적인 동작을 함과 동시에 교류적인 동작을 하므로 부하곡선을 그리려면 직류부하곡선과 교류부하곡선의 두 가지를 모두 그리지 않으면 안 된다.

직류부하곡선은 그림 10.27과 같은 CR결합증폭회로일 경우에는 드레인에 걸릴 수 있는 최고의 전압은 $V_{DD}(I_D'=0$일 때, $V_{DD}$가 걸림)이고 드레인에 흐를 수 있는 최대의 직류전류 $I_{D_{max}}=V_{DD}/(R_S+R_D)$로서 얻어지므로(최대의 드레인 전류가 흐를 때는 드레인과 소스가 쇼트상태에 가까워지기 때문에 위와 같은 식으로 $I_{D_{max}}$이 계산된다.) 그림 10.28(a)와 같이 $V_{DD}$의 점과 $I_{D_{max}}$점을 연결하여 a 의 사선을 얻으면 a의 사선이 직류부하곡선이다.

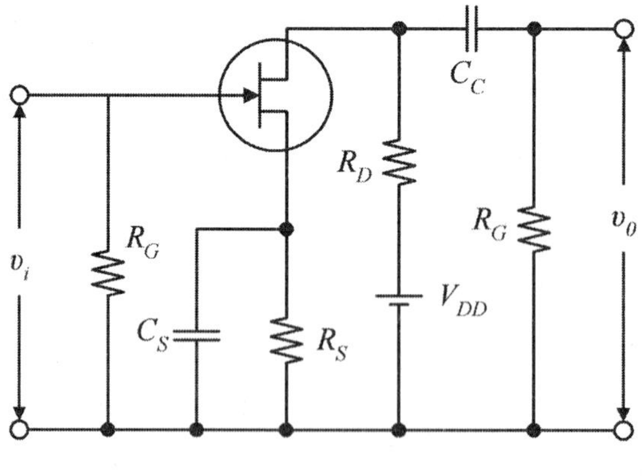


〈그림 10.27〉 CR 증폭회로

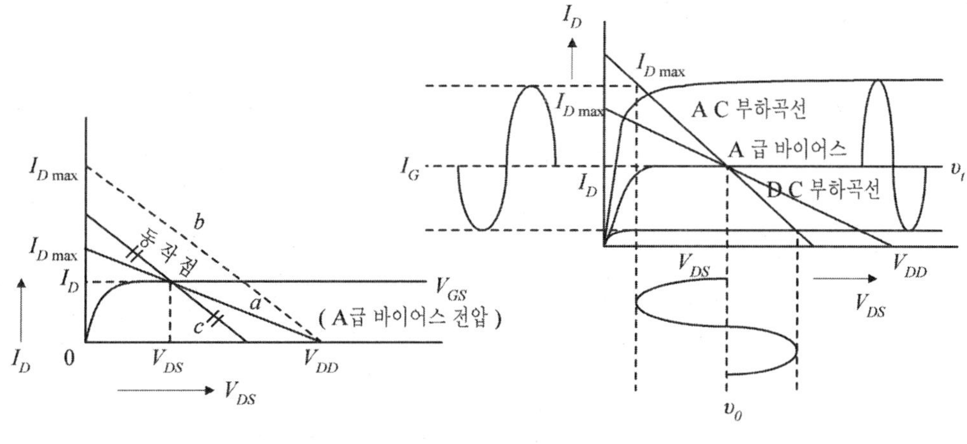


(a) 직류부하곡선 (b) 교류부하곡선

〈그림 10.28〉 부하곡선

그러나 교류적으로는 $C_c$가 쇼트상태로 되어 $R_D$와 $R_g$가 병렬로 연결된 것과 같고, $R_s$는 $C_s$에 의하여 쇼트된 것과 같으므로 드레인에 걸릴 수 있는 최고 전압은 $V_{DD}$이나 드레인에 흐를 수 있는 최대의 교류적인 전류 $i_{D_{max}} = V_{DD}/(R_D//R_g)$가 된다. 따라서 그림 10.28(a)와같이 $V_{DD}$의 점과 $i_{D_{max}}$점을 연결하여 점선으로 된 b의 사선을 얻으면 b의 사선이 교류부하곡선이다.

이상과 같은 부하곡선의 경사는 모두 부하저항의 크기에 의하여 결정되는 것이다. 교류적으로 동작할 때는 b의 점선과 같은 경사로서 동작을 하는 것이나, 동작점은 직류부하에 의하여 정해지는 것이므로 교류적인 동작 역시 직류부하곡선상의 어느 점에서 동작하게 된다. 그러므로 점선으로 된 b의 교류부하곡선을 평행으로 이동시켜 직류부하곡선인 a 곡선에 의하여 교류부하곡선이 될 수 있으면 2등분되는 점에서 교차되도록 옮겨놓으면 c의 곡선이 얻어지는데 이것이 실제 동작상의 교류부하곡선이 된다.

여기에서 a 곡선과 c 곡선과의 교점을 동작점으로 정하면 찌그러짐이 적고, 가장 큰 출력을 낼 수가 있는데 이때의 바이어스 전압은 동작점을 통과하고 있는 정특성곡선의 게이트 전압이 된다(그림 10.28(a)에서는 $V_{GS}$가 A급 바이어스 전압임).

위와 같이 동작점을 정했을 때 최대의 출력전류는 그림 10.28(b)에서 $i_o$와 같고 최대의 출력전압은 $v_o$와 같으며 게이트 신호입력전압은 최대로 $v_i$까지 공급할 수 있다 (이때, 출력전력 = 출력전압 × 출력전류 = $v_o \cdot i_o$가 된다.).

## 5. 전달 컨덕턴스 곡선

일반적으로 $I_D = I_{DSS}(1 - V_{GS}/V_p)^2$으로 계산되지만 실제 응용에 있어서 계산값과 측정값은 약간의 차이가 있다. 그림 10.29는 전달컨덕턴스 곡선과 드레인 특성곡선을 대응시킨 것이다. 전달컨덕턴스 곡선은 각 $V_{GS}$값에 대한 $I_D$를 대응시킨 것이다. 이 때 $I_D$를 알면 회로내의 전압강하는 쉽게 구해진다. 그러므로 회로설계를 할 때 전달컨덕턴스 곡선을 알고 소스 저항의 역 기울시를 사용하면 $I_D$를 구하는 데 유용하게 이용될 수 있다.

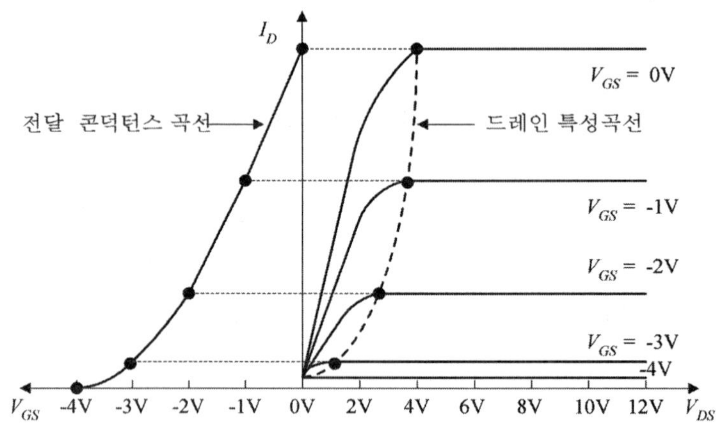


〈그림 10.29〉 전달컨덕턴스 곡선

그림 10.30(b)의 회로는 $R_s = 1\text{k}\Omega$의 저항기의 역 기울기오 전달컨덕턴스 곡선을 대응시킨 것이다. 1kΩ 저항양단의 전압이 1V이면 $i_D = 1\text{mA}$, 2V이면 2mA가 흐르므로 역 기울기 직선은 0V, 0mA에서 점 4V, 4mA의 점을 지나게 된다.

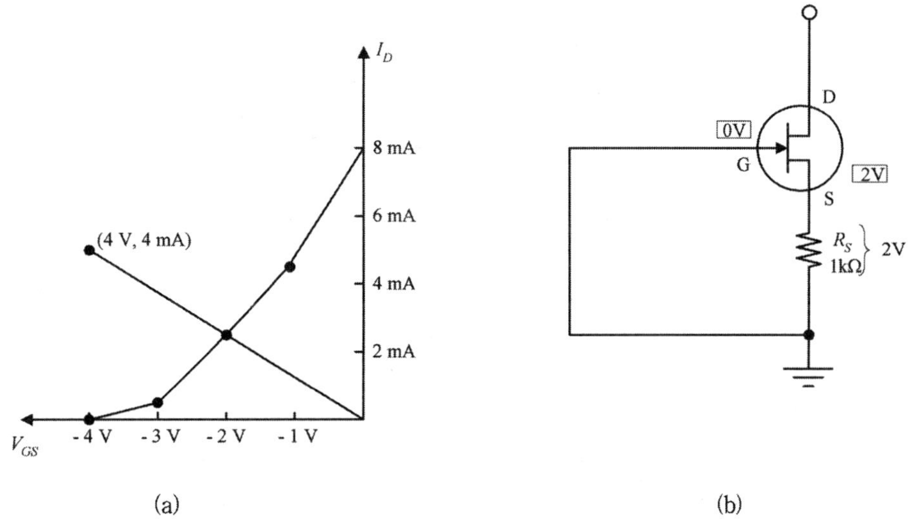


〈그림 10.30〉 전달컨덕턴스 곡선의 예

전달컨덕턴스 곡선과 역기울기 직선은 2V, 2mA에서 만나므로 $V_{GS}=-2$V에서 $I_D$는 2mA가 흐르게 된다. 그림 10.31에 4개의 각기 다른 $R_S$저항값에 따른 역 기울기 직선이 그려져 있다.

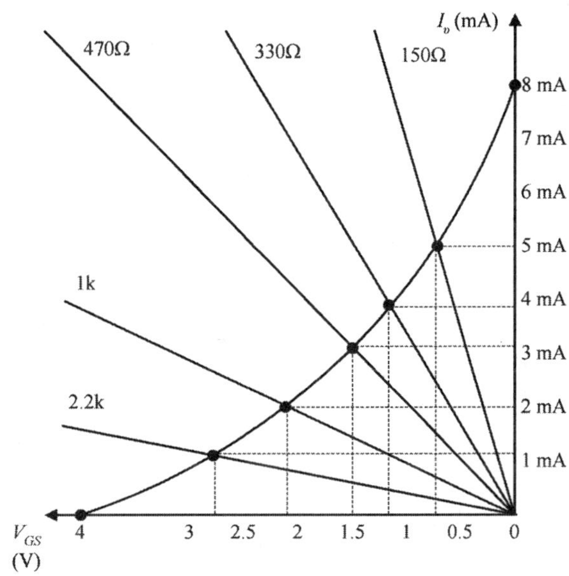

| $R_S$ | $V_{GS}$ | $I_D$ |
|---|---|---|
| 2.2kΩ | 2.5V | 1.125mA |
| 1kΩ | 2V | 2mA |
| 470Ω | 1.5V | ≒ 3.125mA |
| 330Ω | 1.25V | ≒ 3.8mA |
| 150Ω | 0.8V | ≒ 5mA |

〈그림 10.31〉 전달컨덕턴스 곡선

이 직선은 예를 들어 2.2kΩ의 저항을 사용하였을 경우 원점과 4.4V, 2mA의 점을 이으면 되고, 470Ω의 경우 2.35V, 5mA와 원점을 연결하면 된다. 이때 전달컨덕턴스 곡선과 역기울기 직선이 만나는 점은 회로의 $V_{GS}$값 및 회로에 흐르는 $I_D$전류를 나타내고 있다. 따라서 그림 10.32와 같이 회로를 결선하였을 경우 $T_s = 2.2\text{k}\Omega$의 소스저항을 사용한 그림 10.32(a)의 경우에 $R_S$ 저항 양단전압은 2.5V가 되며 이때 $I_p = 1.125\text{mA}$가 흐르게 된다.

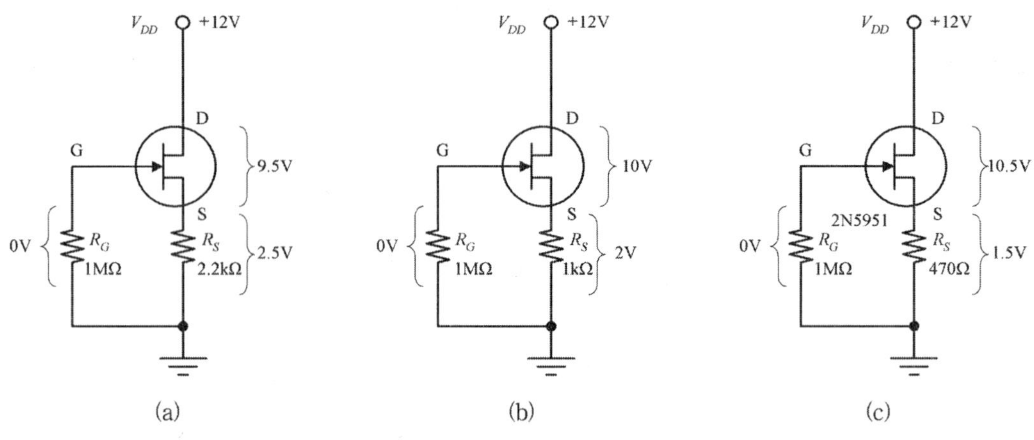


〈그림 10.32〉 회로결선

마찬가지로 그림 10.32(b), (c)는 각각 $R_s = 1\text{k}\Omega$, $R_S = 470\,\Omega$의 저항이 연결되었을 경우를 나타내었다.

## 6. FET의 규격표

FET 규격표에 있는 문자는 각각 다음과 같은 뜻을 가지고 있다.

①$V_{GDS}$ : 소스를 드레인과 단락(short)시킨 상태에서 게이트와 드레인간에 걸릴 수 있는 최고한도의 역방향 전압
②$V_{GDO}$ : 소스를 개방(open)상태에서 게이트와 드레인간에 걸릴 수 있는 초고 한도의 역방향 전압
③$V_{DSX}$ : 드레인과 소스 간에 지정된 공급전압

위의 부호 중 맨 마지막에 첨부되어 있는 문자가 S일 때 단락(short)를 의미하고 O는 개방(open)을 나타내며 X는 지정된 값을 나타낸다.

④ $I_G$ : 게이트 전류
⑤ $I_D$ : 드레인 전류
⑥ $P_d$ : 드레인의 허용손실전력($P_{ch}$ 역시 같은 뜻인데 $ch$는 채널을 의미한다.)
⑦$T_j$ : 접합부의 온도($T_{ch}$ 역시 같은 뜻임)
⑧$I_{GSS}$ : 소스와 드레인을 단락시킨 상태에서 게이트에 흐르는 역방향 전류
⑨$I_{DSS}$ : 게이트를 소스와 단락시킨 상태에서 드레인에 흐르는 전류인데 드레인 포화전류라고 한다.

같은 명칭의 FET일지라도 전류가 많이 흐르는 것과 적게 흐르는 것이 있는데 그중 가장 적게 흐르는 것은 최소(min)의 값을 표시하였고 가장 많이 흐르는 것은 최대(max)의 값으로 표시하고 있다.

⑩ $V_p$ : 핀치오프전압(pinch off voltage)이라 하는 것으로 드레인 전류를 전혀 흐르지 못하게 하는 한도의 게이트 전압이다. 즉 드레인 전류의 차단전압이다.
⑪ $g_m$ : 상호컨덕턴스라 하는 것으로 게이트에 변화된 전압의 크기를 그 때 변화된 드레인 전류를 나눈 값을 말한다. 단위는 S(simens)이다.
⑫ $C_{is}$ : 소스 접지 때 입력측의 정전용량
⑬ $C_{rs}$ : 소스 접지 때 귀환용량(드레인과 게이트간 정전용량)

⑭ NF : 잡음지수(noise figure)라고 하는 것으로 어떤 신호가 그 트랜지스터를 통과하였을 때 잡음이 얼마나 증가되는가의 비율을 나타내는 것인데 그 비율은 일반적으로 dB 단위로써 나타낸다. 이 값은 적은 FET일수록 잡음 발생율이 적은 것이다.

FET를 이용할 때에는 규격표의 뒤에 있는 외형도에 전극의 명칭이 표시되어 있으므로 전극을 정확히 찾아서 이용해야 한다. FET의 출력임피던스는 접합 TR과 같이 수 kΩ~수시kΩ정도로써 비슷하나 입력임피던스는 접합 TR이 1kΩ내외인데 반하여 FET의 입력 임피던스는 수십~수백MΩ이나 되어 입력임피던스가 대단히 높고 잡음 발생율이 매우 낮은 편이라는 특징이 있다.

그리고 접합 TR은 입력신호전류에 의해서 증폭작용을 하나 FET는 입력측에 신호전압만 공급되면 증폭작용을 한다. MOS형 FET는 게이트에 있는 산화물의 절연막이 매우 엷으므로 높은 전압이 걸리면 파괴되기 쉽다. 따라서 FET는 정전기에 의한 높은 전압으로 인해서 파괴되기 쉬우므로 사용하지 않을 때는 리드를 단락시켜두거나 알미늄박 등의 금속종이로 쌓아두어야 하며 제작을 할 때에도 조립이 완료된 후에 리드를 단락시켜둔 선을 제거해야 한다.

# 실험 17.

# J-FET의 직류특성

## 1. 멀티미터를 사용한 J-FET의 검사

(1) 멀티미터를 저항계 R×1k의 위치에 놓고 게이트와 소스사이 접합 저항을 측정하여 표 10.1에 기록하라. 측정은 처음에는 게이트와 소스가 순방향 바이어스 되도록 하고 그 다음 역방향 바이어스 되도록 한다.

(주의) 측정할 경우 순방향 바이어스를 가할 때는 R×1k의 범위보다 더 낮은 범위를 사용할 수도 있으며 역방향 바이어스를 가헬 때는 R×1k 보다 높은 범위에서 측정할 수도 있다.

(2) 동일한 방법으로 소스와 드레인 및 드레인과 게이트간의 저항을 측정하여 표 10.1에 기입하여라.

〈표 10.1〉 측정결과

| 2N5951 | 드레인-게이트 | | 소스-게이트 | | 드레인-소스 | |
|---|---|---|---|---|---|---|
| | 순방향 | 역방향 | 순방향 | 역방향 | 순방향 | 역방향 |
| 측정값 | | | | | | |

## 2. 전달컨덕턴스 곡선

(1) 그림 10.32회로를 구성하고 다음을 측정하라.

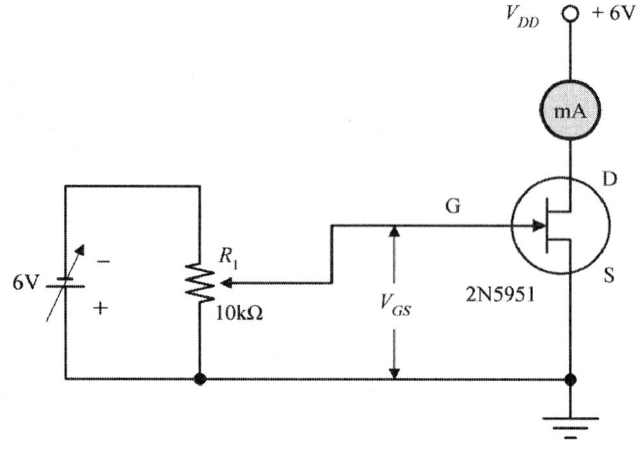


〈그림 10.33〉 회로구성

(주의) $I_D$를 측정하기 위하여 mA 전류계를 사용하여라.

(2) 가변저항 $R_1$을 조정하여 $V_{GS}=0$V가 되도록 하라.

1) mA 전류계로 $I_D=I_{DSS}$를 측정하라.

측정값 :

(3) $I_D$가 $I_{DSS}$의 약 0.1%로 감소되도록 역바이어스 $V_{GS}$를 증가시켜라.

1) 전압계로 $V_{GS}=V_{GS(\mathrm{off})}$상태가 되는 $V_{GS}$를 측정하라.

(주의) 실제적으로 $I_{DSS}$의 0.1%는 $V_{GS(\mathrm{off})}=V_p$조건을 기술하는데 적절하게 사용된다.

측정값 :

(4) 각 $V_{GS}$값에 따른 $I_D$의 값을 측정하여 표 10.2에 기록하라.

(주의) $V_{GS(\mathrm{off})}=5$V전에 발생되어져야 한다. 하지만 $V_p=V_{GS(\mathrm{off})}$조건이후에 측정한 $V_{GS}$는 $V_{GS(\mathrm{off})}$가 0.1%의 $I_{DSS}$에서 고려되었음을 나타낸다.

〈표 10.2〉 측정결과

| $V_{GS}$ | 0V | −0.5V | −1V | −1.5V | −2V | −2.5V | −3V | −3.5V | −4V | −4.5V | −5V |
|---|---|---|---|---|---|---|---|---|---|---|---|
| $I_D$ | | $I_{DSS}$ (0.1%) | | | | | | | | | |

### 3. 전달컨덕턴스 곡선의 표시

(1) 표 10.2의 $V_{GS}$및 $I_D$ 값으로 전달컨덕턴스 곡선을 표시한다.

1) 처음 $V_{GS=0}$V, $I_D = I_{DSS}$점에서 시작한다. 다음 $V_{GS}$를 0.5V씩 증가시켜가며 각각의 $I_D$값을 표시한다. 점의 표시는 $V_{GS} = V_{GS(off)}$, $I_D = 0.001$, $I_{DSS} \approx 0$mA되는 점에서 완료한다.

2) 그림 10.34에 전달컨덕턴스 곡선을 완성하라.

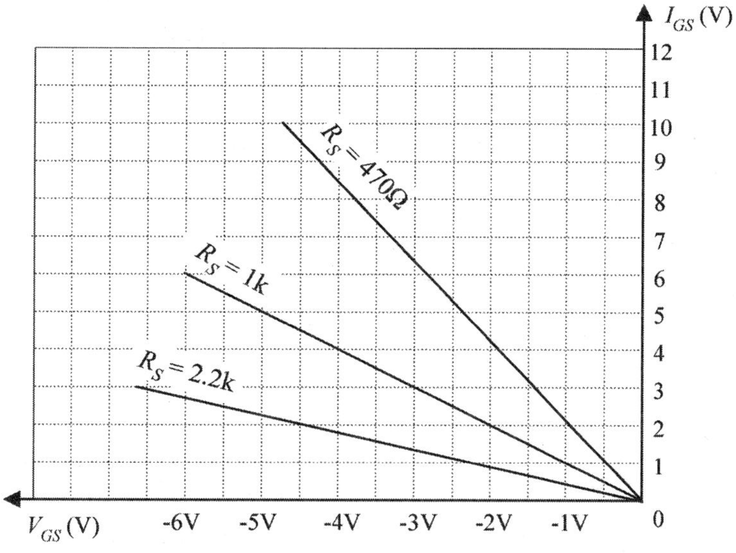


〈그림 10.34〉 전달컨덕턴스 곡선

3) 그람 10.34에서 전달컨덕턴스곡선과 $R_s = 2.2$kΩ, 1kΩ, 470kΩ의 직선과 만나게 된다. 이 만나는 점의 $V_{GS}$와 $I_D$값을 표 10.3에 기록하라.

(2) 그림 10.35(a)와 같이 $R_G = 100\text{k}\Omega$이고 $R_s = 2.2\text{k}\Omega$을 사용하여 회로를 결선하라.

1) 접지에 대한 소스, 드레인, 게이트의 전위 $V_S$, $V_D$, $V_G$를 측정하여 표 10.3에 기록하라.

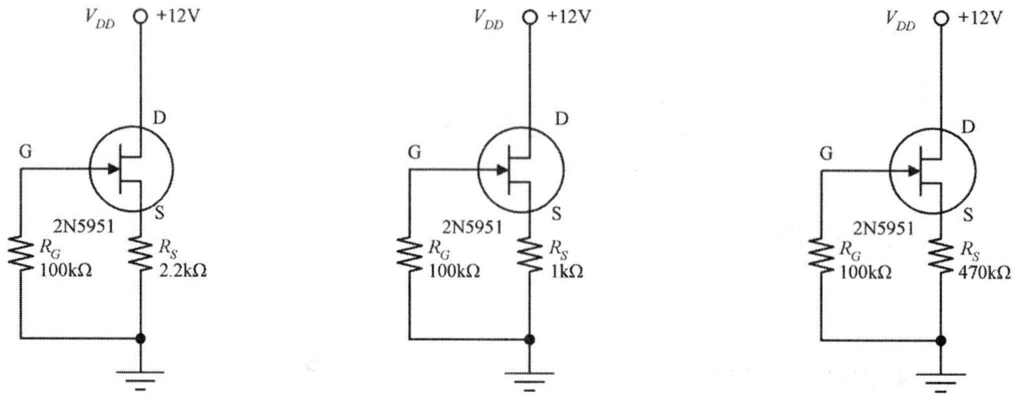


(a) $R_S = 2.2\text{k}\Omega$ (b) $R_S = 1\text{k}\Omega$ (c) $R_S = 470\,\Omega$

〈그림 10.35〉 $R_S$값에 따른 회로구성

2) 위의 측정값을 사용하여 $V_{R_G}$, $V_{GS}$, $V_{DS}$, $I_D$를 계산하라.

① $V_{R_G} = V_G = 0\text{V}$

② $V_{GS} = V_G - V_S = V_{R_S}$

③ $V_{DS} = V_D - V_S$

④ $I_D = V_{R_S}/R_S$

3) $I_D$를 계산하기 위하여 표 10.2에서 $I_{DSS}$및 $V_P$값을 이용하고 그림 10.35(a)에서 $V_{GS}$값을 계산한 후 다음 식을 사용한다. 계산 결과를 표 10.4에 기록하라.

$$I_D = I_{DSS}(1 - V_{GS}/V_P)^2, \qquad \text{단, } V_P = V_{GS(\text{off})}$$

(3) 그림 10.35(b)과 그림 10.35(c)를 결선하여 (2)의 경우와 동일한 방법으로 측정값과 계산값을 구하여 표 10.4에 기록하라.

〈표 10.4〉 계산 및 측정결과

| | | 컨덕턴스곡선 | | 회로측정 및 계산 | | | | | | | 이론적 |
|---|---|---|---|---|---|---|---|---|---|---|---|
| | | $V_{GS}$ | $I_D$ | $V_S$ | $V_D$ | $V_G$ | $V_{GS}$ | $V_{RG}$ | $V_{DS}$ | $I_D$ | $I_D$ |
| 2.2kΩ | 계산값 | | | | | | | | | | |
| | 측정값 | | | | | | | | | | |
| 1kΩ | 계산값 | | | | | | | | | | |
| | 측정값 | | | | | | | | | | |
| 470Ω | 계산값 | | | | | | | | | | |
| | 측정값 | | | | | | | | | | |

## 4. 드레인 곡선

(1) 그림 10.36의 회로를 구성하고 다음을 측정하라.

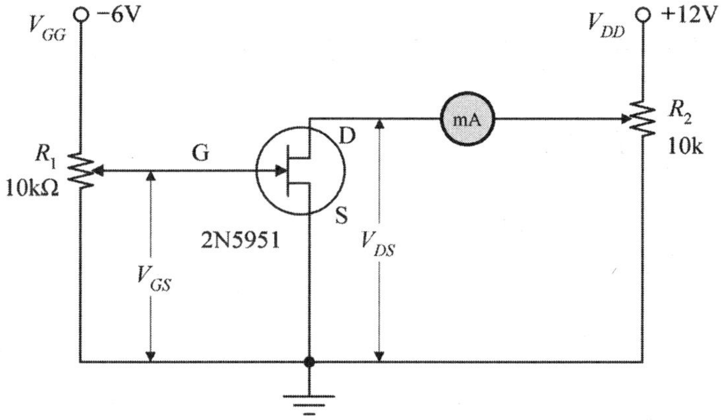


〈그림 10.36〉 회로구성

(2) 처음 $V_{GS} = 0\text{V}$, $V_{DS} = 12\text{V}$로 한다.

1) $V_{DS} = 12\text{V}$에서 $I_D$를 측정한 후 $V_{DS}$를 6V, 4V, 3V, 2V, 1V, 0.5V 그리고 0V로 $R_2$를 조정하면서 감소시킨다.

2) 각각의 $V_{DS}$의 경우 $I_D$를 측정하여 표 10.4에 기록하라.

(3) $V_{GS} = -1\text{V}$로 놓고 위 순서 (2)의 과정을 반복 실험하여 그 결과를 표 10.4에 기록하라.

(4) $V_{GS}=-2V$, −3V에서도 위 순서 (2)의 과정을 반복 실험하여 그 결과를 표 10.4에 기록하라.

〈표 10.4〉 측정결과

| $V_{GS}=0V$ | | | | | | | | |
|---|---|---|---|---|---|---|---|---|
| $V_{DS}$ | 12V | 6V | 4V | 3V | 2V | 1V | 0.5V | 0V |
| $I_D$ | | | | | | | | |
| $V_{GS}=-1V$ | | | | | | | | |
| $I_D$ | | | | | | | | |
| $V_{GS}=-2V$ | | | | | | | | |
| $I_D$ | | | | | | | | |
| $V_{GS}=-3V$ | | | | | | | | |
| $I_D$ | | | | | | | | |

(5) 표 10.4의 데이터를 사용하여 특성곡선을 그림 10.37에 그려라.

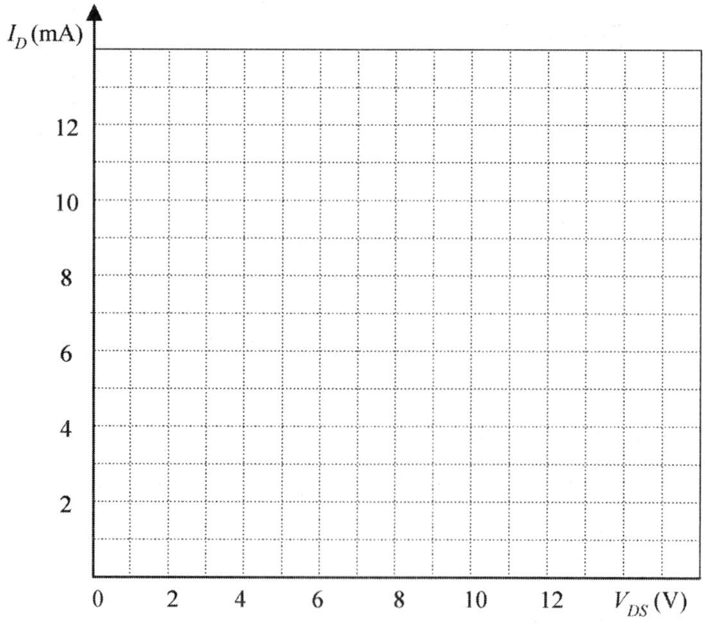


〈그림 10.37〉 특성곡선

**[실험결과 및 고찰]**

<table>
<tr><td>실험제목</td><td colspan="4">실험 17. J-FET 직류특성</td><td rowspan="2">평가</td><td>A+</td><td>A</td><td>B+</td><td>B</td><td>C+</td><td>C</td><td>D+</td><td>D</td><td>기타</td></tr>
<tr><td>소 속</td><td colspan="4">학과 학년 (주,야) 반</td><td></td><td></td><td></td><td></td><td></td><td></td><td></td><td></td><td></td></tr>
<tr><td>실험 조</td><td>조</td><td></td><td>인원</td><td></td><td>실험일자</td><td colspan="6">년 월 일 요일</td><td colspan="3">담 당 교 수</td><td>확인(인)</td></tr>
<tr><td>학 번</td><td colspan="3"></td><td rowspan="2">조원</td><td>학번</td><td>①</td><td>②</td><td colspan="3" rowspan="2"></td><td rowspan="2"></td></tr>
<tr><td>성 명</td><td colspan="3"></td><td>성명</td><td>①</td><td>②</td></tr>
</table>

17-1. J-FET는 단극성 소자라고 불리고 반면에 트랜지스터는 양극성 소자라고 불리는 이유는?

17-2. J-FET의 게이트와 소스산 역바이어스의 경우 높은 입력임피던스를 나타내는가? 만일 순방향 바이어스 된다면 어떻게 되겠는가? 이들과 J-FET의 입력임피던스 관계는?

17-3. $V_p$와 $V_{GS(\mathrm{off})}$은 보통 같다고 한다. 각각 어떻게 정의 되는가?

17-4. 미지의 J-FET를 사용하여 회로를 결선하기 전에 제조회사의 데이터 시트를 참조하는 것이 좋은 이유는 무엇인가?

17-5. 저항영역에서 동작할 때 J-FET의 D~S사이 전압이 0V에 가까운 이유는? 또한 역바이어스를 증가시키면 채널의 저항이 왜 증가하는가?

17-6. 표 10.3에 근거하여 전달컨덕턴스 곡선의 $I_D$와 이론적인 $I_D$값 중에서 더 정확한 것은 어느 쪽인가?

17-7. $I_D = \frac{1}{4} I_{DSS}$되게 하기 위하여 $V_{GS}$는 $V_p$의 몇 %정도가 되어야 하는가?

17-8. 그림 10.38에서 $V_p = 6\text{V}$, $I_{DSS} = 8\text{mA}$, $V_{GS} = -3\text{V}$일 때 다음을 구하라.

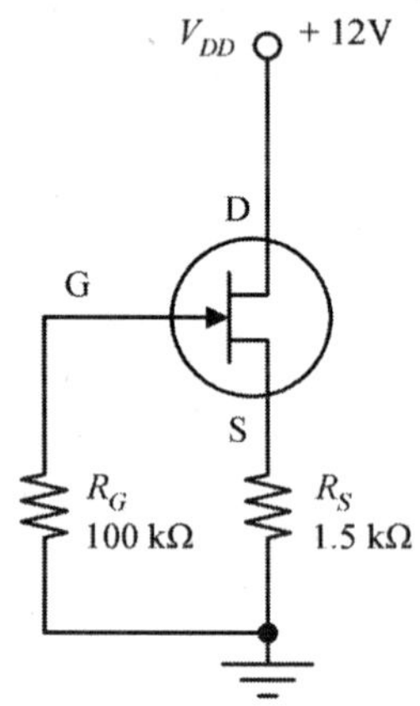


〈그림 10.38〉 실험결과 및 고찰 17-8

(1) $I_D =$

(2) $V_{RS} =$

(3) $V_S =$

(4) $V_G =$

(5) $V_{DS} =$

17-9. 실험을 한 후 배운점과 느낀점을 써라.

(1) 배운점

(2) 느낀점

# 11장 FET바이어스 및 증폭회로

## 1. 바이어스 회로

### (1) 게이트 바이어스

J-FET의 바이어스 중에서 J-FET 선형 증폭기로 사용할 때 가장 나쁜 바이어스 방법이 게이트 바이어스(gate bias)이다. 게이트 바이어스는 그림 11.1에 보였다.

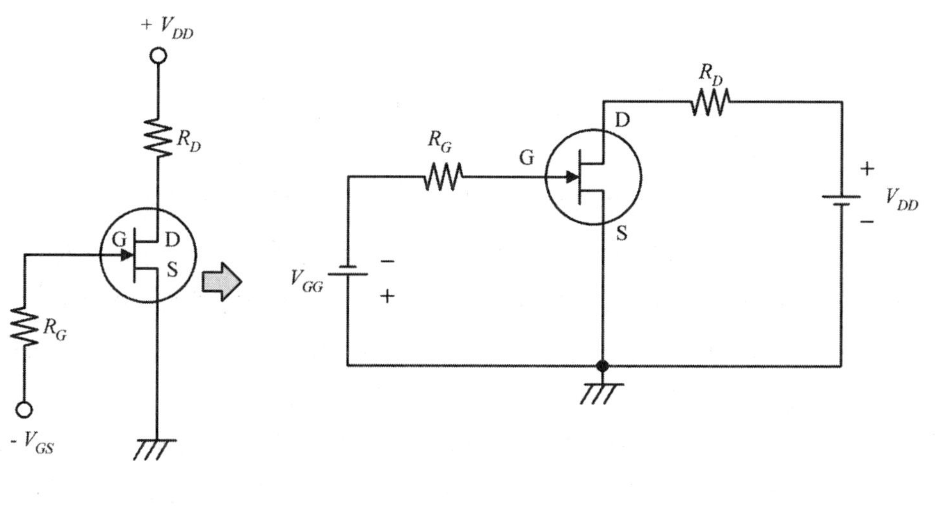


〈그림 11.1〉 게이트 바이어스

N채널 J-FET의 게이트는 게이트 저항 $R_G$를 통하여 마이너스("-") 전위를 공급하는 게이트 전압($V_{GG}$)에 연결되고 소스는 그라운드(GND)에 연결되어 드레인은 드레인 저항 $R_D$를 통하여 드레인 전원전압(+V)에 연결되어진다. 이러한 게이트 바이어스는 거의 사용하지 않는 바이어스 방법이다.

### (2) 자기바이어스

자기바이어스(self bias)는 그림 11.2에서 보는 바와 같이 게이트 전원은 없고 드레인 전원만 공급받는다는 것이다.

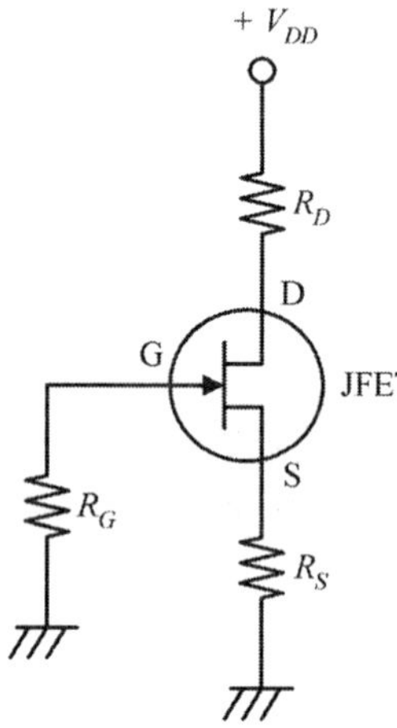


〈그림 11.2〉 자기바이어스

게이트(G)-소스(S)에 역방향 전압을 만들기 위해서 소스저항 $R_S$양단에 걸리는 전압을 사용한다. 만약 N채널 J-FET의 드레인에 흐르는 전류 $I_D$가 증가하면 드레인전류($I_D$)와 소스저항($R_S$)의 곱($I_D \times R_S$)이 증가하기 때문에 소스 저항 $R_S$양단에서 전압강하도 증가한다. 이것이 게이트-소스 역전압을 증가시키게 되어 채널을 좁게 만들게 하여 드레인 전류를 감소시킨다. 즉, 원래의 드레인 전류의 증가를 부분적으로 감소시키게 된다. 그림 11.2에서 보는 바와 같이 접지점에 대한 게이트 전압은 0이다. 또한 접지점에 대한 소스점의 전압은 드레인 전류에 소스저항을 곱한 값이 되므로 드레인 전류가 증가할수록 게이트-소스 전압은 더욱 마이너스("-")극성을 갖게 되는 것이다.

자기바이어스 회로는 간단하지만 드레인 전류와 회로내의 전압강하가 J-FET의 파라미터에 너무 의존된다는 단점이 있다. $I_D$는 $I_D = I_{DSS}(1 - V_{GS}/V_p)^2$으로 구해지지만 실제에 있어서$I_D$는 그래프적인 방법을 사용하여 더 정확하게 구해진다. 그림 11.3회로에서 J-FET의 $I_{DSS}=8\text{mA}$이고 $V_P=4\text{V}$이며, $V_{GS}=-2\text{V}\,(\text{V}_\text{p}/2)$되어 있다고 가정하면 다음과 같이 구할 수 있다.

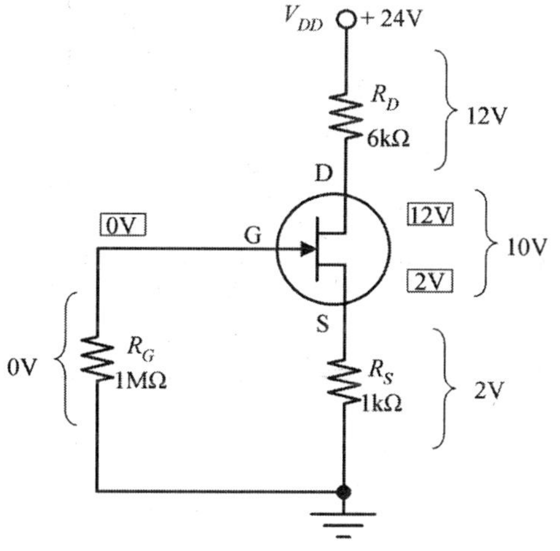


〈그림 11.3〉 자기바이어스 해석

$$I_D = I_{DSS}\left(1-\frac{V_{GS}}{V_P}\right)^2$$

$$= 8\text{m}\left(1-\frac{2}{4}\right)^2 = 8\text{m}\times 0.5^2 = 2\text{mA}$$

$V_{R_D} = I_D\,R_D = 2\text{m}\times 6\text{k} = 12\text{V}$

또한, $V_{R_S} = V_{GS} = 2\text{V}$

$V_D = V_{DD} - V_{R_D} = 24-12 = 12\text{V}$

$V_{DS} = V_D - V_S = 12-2 = 10\text{V}$

$V_{R_G} = I_G\,R_G \approx 0\text{V}$

$V_{DD} = V_{R_D} + V_{DS} + V_{R_S} = 12+10+2 = 24\text{V}$

그래프적으로 $I_D=2\text{mA}$, $V_{GS}=-2\text{V}$ 값이 전달컨덕턴스 곡선과 1kΩ 저항의 역기울기 직선과 교점임을 그림 11.4에 보여주고 있다.

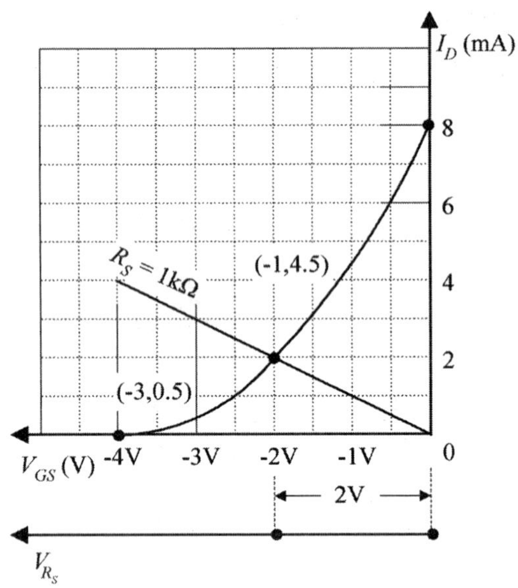


〈그림 11.4〉 특성곡선

### (3) 전압분배바이어스

전압분배바이어스(voltage divider bias)는 J-FET의 바이어스를 좋게 하는 방법 중 우수한 바이어스 방법이다. 이러한 전압분배기 바이어스는 트랜지스터 바이어스와 유사하다. 그림 11.4는 전압분배기 바이어스를 나타낸 것으로 J-FET의 게이트에 저항($R_1$, $R_2$)을 연결하여 드레인 전압을 분배하여 공급시키게 한다. FET의 바이어스 중에서 가장 효율적인 바이어스가 바로 전압분배기 바이어스이다.

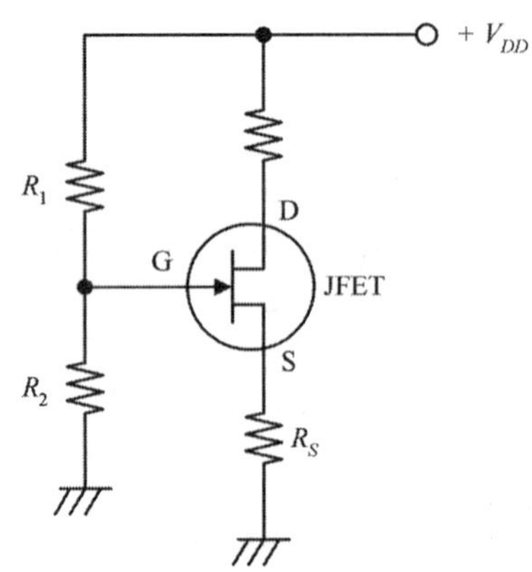


〈그림 11.5〉 전압분배바이어스

이 바이어스 회로는 단지 1개의 전원을 사용하는 점이 장점이지만 $I_D$전류의 조정은 $R_2$ 양단 전압에 의해서 조정되어진다. 그림 11.6의 회로를 이용해서 전압을 구하는 과정은 다음과 같다.

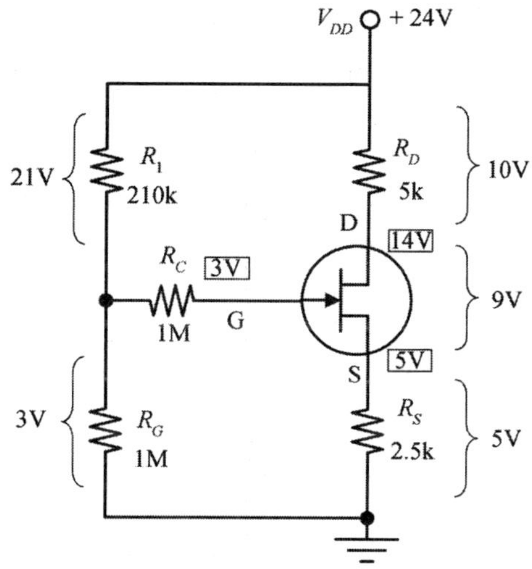


〈그림 11.6〉 전압분배바이어스 해석

$$V_{R_1} = \frac{V_{DD} \times R_1}{R_1 + R_2} = \frac{24 \times 210k}{210k + 30k} = 21V$$

$$V_{R_2} = \frac{V_{DD} \times R_2}{R_1 + R_2} = \frac{24 \times 30k}{210k + 30k} = 3V$$

$$I_D = I_{DSS}\left(1 - \frac{V_{GS}}{V_P}\right)^2 = 8m\left(1 - \frac{2}{4}\right)^2 = 2mA$$

$$V_{R_D} = I_D R_1 = 2m \times 5k = 10V$$

$$V_{R_S} = I_D R_S = 2m \times 2.5k = 5V$$

$$V_{R_G} = I_G R_G = 10 \times 10^{-9} \times 1M = 0.001V \approx 0V$$

$$V_D = V_{DD} - V_{R_S} = 24 - 10 = 14V$$

$$V_{DS} = V_D - V_{S=} 14 - 5 = 9V$$

$$V_{DD} = V_{R_D} + V_{DS} + V_{R_S} = 24V$$

파라미터가 다른 J-FET를 사용하면 회로내의 직류전압은 2전원 바이어스 회로보다 약간 더 변화하지만 자기바이어스 회로보다는 회로의 안정도가 좋다. 그림 11.7의 회로에 G~S접합은 역바이어스 되어져야 하므로 소스측의 전위가 게이트 특보다 높아야 한다. 또한 게이트 전류 $I_G$가 매우 낮으므로 $R_G$양단에서 전압강하는 거의 없으므로 $V_G \approx V_{R_2}$이다. 그래프적으로 $I_D = 2\text{mA}$, $V_{GS} = -2\text{V}$값은 전달컨덕턴스 곡선과 2.5Ω 저항의 역기울기와의 교점이 되며 게이트 전위가 +3V이므로 원점이 $V_{GS} = +3\text{V}$에서부터 그려져야 한다.

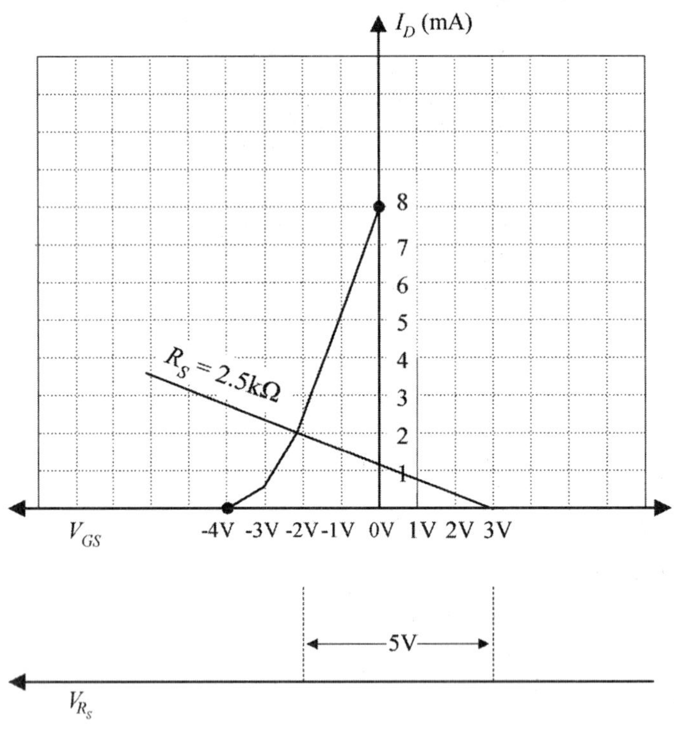


〈그림 11.7〉 특성곡선

### (4) 공핍형 MOS-FET의 바이어스 방법

공핍형 MOS-FET의 바이어스 방법은 J-FET에서 사용되었던 모든 바이어스 방법을 사용할 수 있다. 게이트바이어스, 자기바이어스, 전압분배바이어스와 그림 11.8에 보인 제로바이어스가 있다.

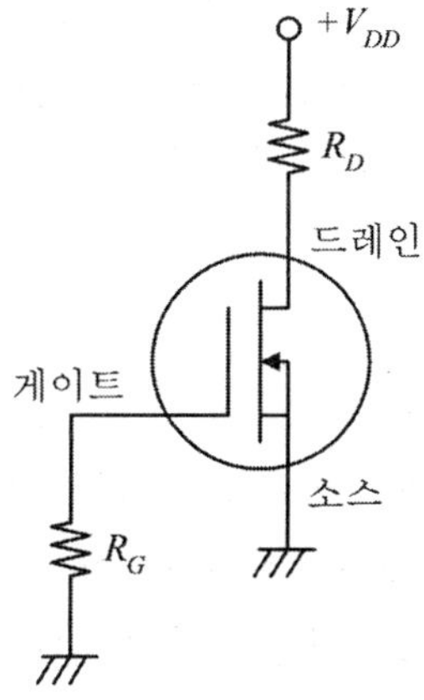


〈그림 11.8〉 제로바이어스

제로바이어스(zero bias)는 게이트 전압이나 소스전압을 공급할 필요가 없기 때문에 바이어스 방법이 간단하고 공핍형 MOS-FET에서만 사용할 수 있는 바이어스 방법이다.

### (5) 증가형 MOS-FET의 바이어스 방법

증가형 MOS-FET의 바이어스 방법에는 J-FET의 바이어스 방법 중에서 게이트바이어스, 전압분배바이어스를 사용하고 있으나 이러한 바이어스 방법보다 우수한 바이어스 방법이 있는 데 그것은 그림 11.9에 보인 드레인 귀환바이어스이다.

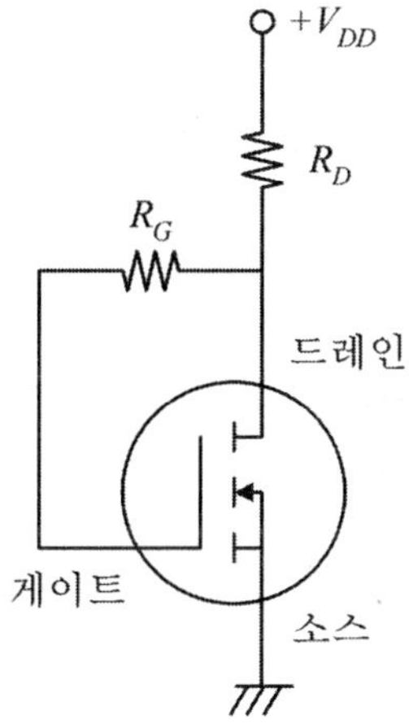


〈그림 11.9〉 드레인귀환 바이어스

MOS-FET가 도통되면 드레인 전류와 드레인 전압 $V_{DS}$을 얻을 수 있다. 따라서 드레인 전류는 거의 0이 되고 저항 $R_G$양단에는 전압이 나타나지 않는다. 그러므로 MOS-FET의 특성이 변화하여도 보상할 수 있게 되는 것이다.

### (6) 2전원바이어스 방법

2개의 바이어스 전원을 사용한 회로의 이점은 $I_D$가 FET에 의해서보다 회로 내에서 결정되는 점이다. 따라서 J-FET를 파라미터 값이 다른 J-FET로 대치하여도 회로내의 직류 전압은 단지 약간만 변동한다. 그러므로 자기바이어스보다 훨씬 회로의 안정도가 좋다. 그림 11.10의 2전원바이어스 회로를 분석하면 다음과 같다.

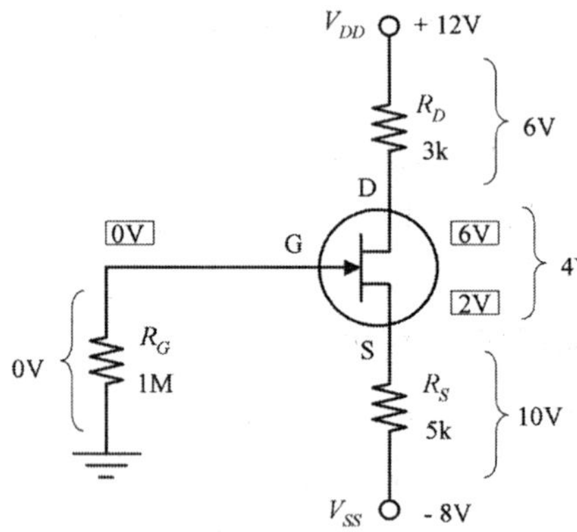


〈그림 11.10〉 2전원바이어스 회로

$$I_D = I_{DSS}(1 - V_{GS} \cdot V_P) = 8\text{m}\left(1 - \frac{2}{4}\right) = 2\text{mA}$$

$$V_{R_D} = I_D\,R_D = 2\text{m} \times 3\text{k} = 6\text{ V}$$

$$V_{R_S} = I_D\,R_S = 2\text{m} \times 5\text{k} = 10\text{V}$$

$$V_{R_G} = I_G\,R_G = 10\text{m} \times 1\text{M} = 0.01 \approx 0\text{V}$$

$$V_D = V_{DD} - V_{R_D} = 12 - 6 = 6\text{V}$$

$$V_S = V_{SS} - V_{R_S} = -8 - (-10) = 2\text{V}$$

$$V_{DS} = V_D - V_S = 6 - 2 = 4\text{V}$$

$$V_{DD} - V_{SS} = V_{R_D} + V_{DS} + V_{R_S}$$

$$12 - (-8) = 6 + 4 + 10 = 20\text{V}$$

그래프적으로 $I_D = 2\text{mA}$, $V_{GS} = -2\text{V}$의 회로 값은 그림 11.11에서와 같이 전달컨덕턴스 곡선과 5kΩ 의 역기울기 직선의 교점으로 구해진다. 그러나 $V_S = 2\text{V}$이고 $V_{GS} = -8\text{V}$이므로 $R_S$양단에는 10V의 전압차이가 발생한다. 그래프의 역기울기 직선의 원점이 $V_{SS} = 8$ V인 점에서 시작됨에 유의하라.

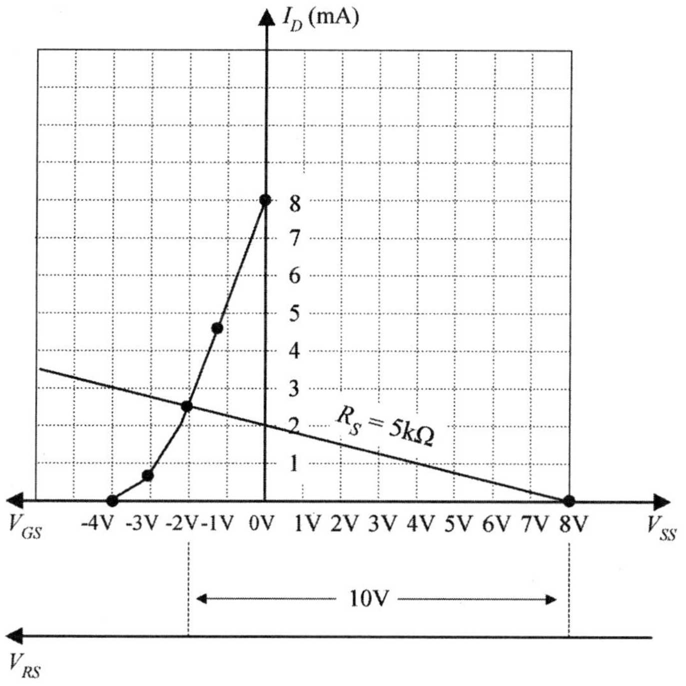


〈그림 11.11〉 특성곡선

# 실험 18.

# J-FET 바이어스 회로

## 1. 자기바이어스 회로

(1) 그림 11.12의 회로를 구성하고 다음을 측정하라.

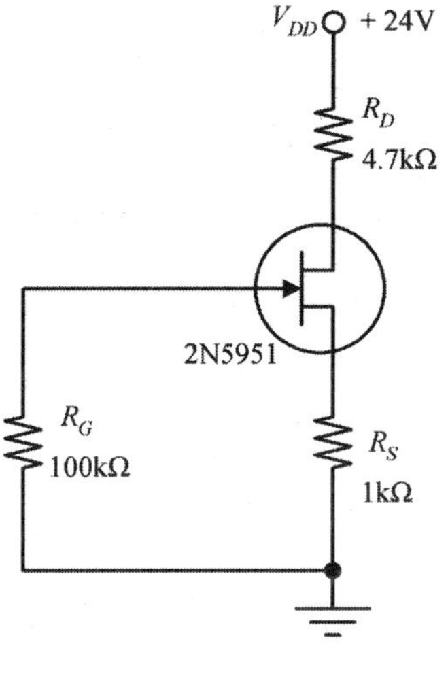


〈그림 11.12〉 자기바이어스 회로

(2) 접지에 대한 드레인, 소스, 게이트 전위를 측정하여 표 11.1에 기록하라.

1) $V_D =$

2) $V_S =$

3) $V_G =$

(3) 측정된 값을 사용하여 다음을 계산하여 표 11.1에 기록하라.

1) $V_{R_D} = V_{DD} - V_D =$

2) $V_{R_S} = V_S =$

3) $V_{DS} = V_D - V_S =$

4) $V_{R_G} = V_G \approx 0\text{V}$

5) $V_{GS} = V_G - V_S =$

$V_{GS} = V_{R_S}$

6) $I_D = \dfrac{V_{R_S}}{R_S} =$

〈표 11.1〉 계산 및 측정결과

| | $V_D$ | $V_S$ | $V_G$ | $V_{R_D}$ | $V_{R_S}$ | $V_{DS}$ | $V_{R_G}$ | $V_{GS}$ | $I_D$ |
|---|---|---|---|---|---|---|---|---|---|
| 계산값 | | | | | | | | | |
| 측정값 | | | | | | | | | |

(4) 그림 11.13의 그래프를 사용하여 J-FET의 전달 컨덕턴스 곡선을 그려라. 이 곡선과 $R_S = 1\text{k}\Omega$의 역 기울기 직선과 교점의 $V_{GS}$, $I_D$값을 표 11.2에 기록하라.

$V_{GS} =$

$I_D =$

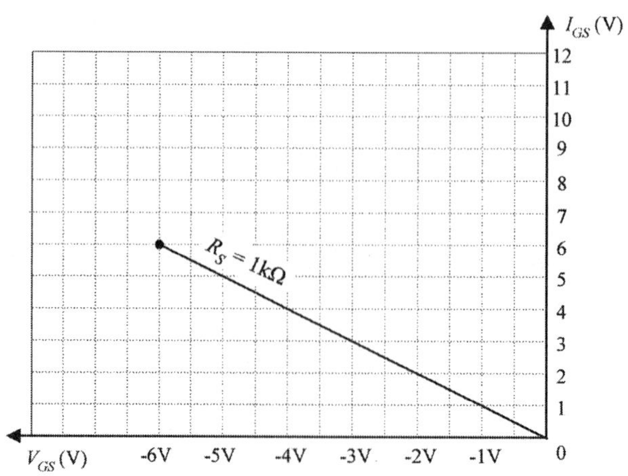


〈그림 11.13〉 특성곡선

(5) 그림 11.13에서 구해진 $I_D$및 $V_{GS}$를 사용하여 다음을 계산하고 표 11.2에 기록하라.

1) $V_{R_D} = I_D R_D =$

2) $V_{R_G} = I_G R_G = 0\text{V}$

3) $V_{R_S} = I_D R_S =$

4) $V_{DS} = V_{DD} - (V_{R_D} + V_{R_S}) =$

〈표 11.2〉 계산 결과

| | $I_D$ | $V_{GS}$ | $V_{R_D}$ | $V_{R_S}$ | $V_{R_G}$ | $V_{DS}$ |
|---|---|---|---|---|---|---|
| 계산값 | / | / | | | | |
| 측정값 | | | / | / | / | / |

## 2. 전압분배바이어스 회로

(1) 그림 11.14의 회로를 구성하여 다음을 측정하라.

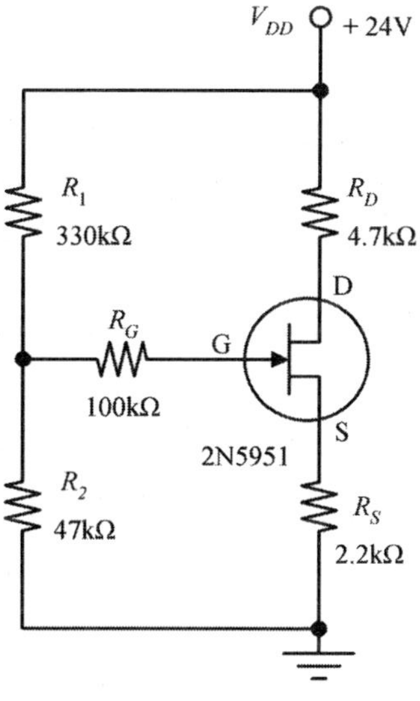


〈그림 11.14〉 전압분배 바이어스 회로

(2) 접지에 대하여 다음을 측정하여 표 11.3에 기록하라.

1) $V_D =$

2) $V_S =$

3) $V_G =$

4) $V_{R_2} =$

(3) 측정된 값을 사용하여 다음을 계산하여 표 11.1에 기록하라.

1) $V_{R_D} = V_{DD} - V_D =$

2) $V_{R_S} = V_S =$

3) $V_{DS} = V_D - V_S =$

4) $V_{R_G} = V_{R_2} - V_G =$

5) $V_{GS} = V_G - V_S =$

6) $V_{R_1} = V_{DD} - V_{R_2} =$

7) $I_D = \dfrac{V_{R_S}}{R_S} =$

〈표 11.3〉 계산 및 측정결과

| | $V_D$ | $V_S$ | $V_G$ | $V_{R_2}$ | $V_{R_1}$ | $V_{R_D}$ | $V_{R_S}$ | $V_{GS}$ | $V_{DS}$ | $V_{R_G}$ | $I_D$ |
|---|---|---|---|---|---|---|---|---|---|---|---|
| 계산값 | / | / | / | | | | | | | | |
| 측정값 | | | | / | / | / | / | / | / | / | / |

(4) 그림 11.15을 사용하여 J-FET의 전달컨덕턴스 곡선을 그려보아라. $R_S = 2.2\text{k}\Omega$ 저항의 역기울기 직선과의 교점에서 $V_{GS}$, $I_D$값을 구하여 표 11.4에 기록하라.

$V_{GS} =$

$I_D =$

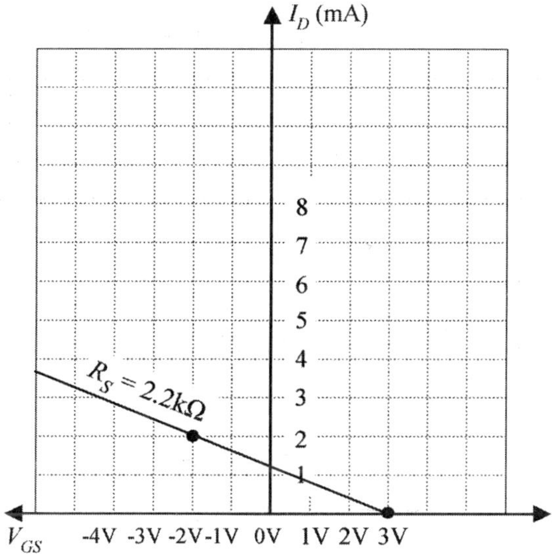


〈그림 11.15〉 특성곡선

(5) 그림 11.15에서 구한 $I_D$, $V_{GS}$값을 사용하여 다음을 계산하여 표 11.4에 기록하라.

1) $V_{R_D} = I_D R_D =$

2) $V_G = V_{R_S} - V_{G_S} =$

3) $V_{R_S} = I_D R_S =$

또는 $V_G + V_{GS} =$

4) $V_{DS} = V_{DD} - (V_{R_D} + V_{R_S}) =$

(6) 다음을 계산하여 표 11.4에 기록하라.

1) $V_{R_1} = \dfrac{V_{DD} \times R_1}{R_1 + R_2} =$

2) $V_{R_1} = \dfrac{V_{DD} \times R_2}{R_1 + R_2} =$

3) $V_{R_G} = I_G R_G \approx 0\text{V}$

〈표 11.4〉 계산 및 측정결과

| | $I_D$ | $V_{GS}$ | $V_{R_D}$ | $V_{R_S}$ | $V_G$ | $V_{D_S}$ | $V_{R_1}$ | $V_{R_2}$ | $V_{R_G}$ |
|---|---|---|---|---|---|---|---|---|---|
| 계산값 | / | / | | | | | | | |
| 측정값 | | | / | / | / | / | / | / | / |

### 3. 2전원바이어스 회로

(1) 그림 11.16의 회로를 구성하여 다음을 측정하라.

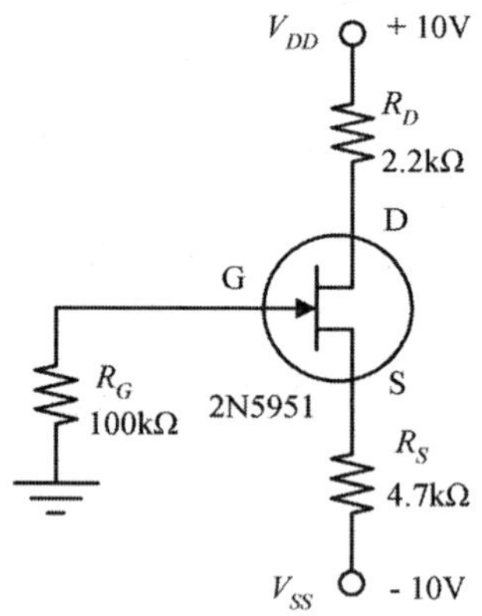


〈그림 11.16〉 2전원 바이어스 회로

(2) 접지에 대하여 다음을 측정하여 표 11.5에 기록하라.

1) $V_D =$

2) $V_S =$

3) $V_G =$

(3) 측정된 값을 사용하여 다음을 계산하여 표 11.5에 기록하라.

1) $V_{R_D} = I_D R_D =$

2) $V_{R_G} = V_G =$

3) $V_{R_S} = V_S - V_{SS} =$

4) $V_{GS} = V_G - V_S =$

5) $V_{DS} = V_D - V_S =$

6) $I_D = \dfrac{V_{R_S}}{R_S} =$

〈표 11.5〉 계산 및 측정결과

| | $V_D$ | $V_S$ | $V_G$ | $V_{R_D}$ | $V_{R_S}$ | $V_{DS}$ | $V_{R_G}$ | $V_{GS}$ | $I_D$ |
|---|---|---|---|---|---|---|---|---|---|
| 계산값 | | | | | | | | | |
| 측정값 | | | | | | | | | |

(4) 그림 11.17를 사용하여 J-FET 전달컨덕턴스 곡신을 그려보아라. $R_S = 4.7\text{k}\Omega$ 저항의 역기울기 곡선과의 교점에서 $V_{GS}$, $I_D$값을 구하여 표 11.6에 기록하라.

$V_{GS} =$

$I_D =$

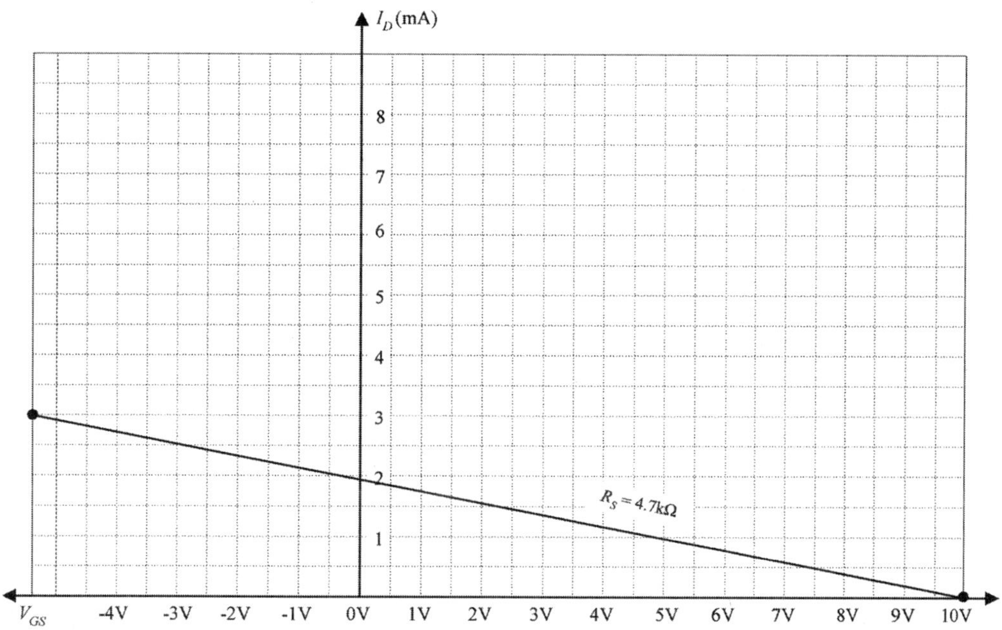


〈그림 11.17〉 특성곡선

(5) 그림 11.17에서 구한 $I_D$와 $V_{GS}$값을 사용하여 다음을 계산하여 표 11.6에 기록하라.

1) $V_{R_D} =$

2) $V_{R_G} =$

3) $V_{DS} =$

4) $V_{R_S} =$

5) $V_S =$

〈표 11.6〉 계산 및 측정결과

| | $I_D$ | $V_{GS}$ | $V_{R_D}$ | $V_{R_S}$ | $V_{R_G}$ | $V_S$ | $V_G$ |
|---|---|---|---|---|---|---|---|
| 계산값 | / | / | | | | | |
| 측정값 | | | / | / | / | / | / |

## [실험결과 및 고찰]

<table>
<tr><td>실험제목</td><td colspan="6">실험 18. J-FET 바이어스 회로</td><td rowspan="2">평가</td><td>A+</td><td>A</td><td>B+</td><td>B</td><td>C+</td><td>C</td><td>D+</td><td>D</td><td>기타</td></tr>
<tr><td>소 속</td><td colspan="6">학과 학년 (주,야) 반</td><td></td><td></td><td></td><td></td><td></td><td></td><td></td><td></td><td></td></tr>
<tr><td>실험 조</td><td>조</td><td></td><td>인원</td><td></td><td colspan="2">실험일자</td><td colspan="5">년 월 일 요일</td><td colspan="3">담당교수</td><td>확인<br>(인)</td></tr>
<tr><td>학 번</td><td colspan="3"></td><td rowspan="2">조원</td><td>학번</td><td colspan="3">①</td><td colspan="3">②</td><td colspan="3" rowspan="2"></td><td rowspan="2"></td></tr>
<tr><td>성 명</td><td colspan="3"></td><td>성명</td><td colspan="3">①</td><td colspan="3">②</td></tr>
</table>

18-1. 자기바이어스 회로의 이점은 무엇인가?

18-2. 자기바이어스 회로에 비하여 2전원 바이어스 회로의 이점은 무엇인가?

18-3. 2전원 바이어스 회로대신 전압분배 바이어스 회로를 사용하는 이유는 무엇인가?

18-4. 전압분배 바이어스 호로보다 2전원 바이어스 회로가 왜 더 안정한가?

18-5. N채널 J-FET의 소스단자는 항상 게이트보다 사용하는 회로의 구성에 관계없이 "+" 전위가 되는 이유는?

18-6. 그림 11.18에서 $I_{DSS}=8\text{mA}$, $V_{GS(\text{off})}=-4\text{V}$이다. $V_{GS}=1.2\text{V}$일 때 다음을 구하라.

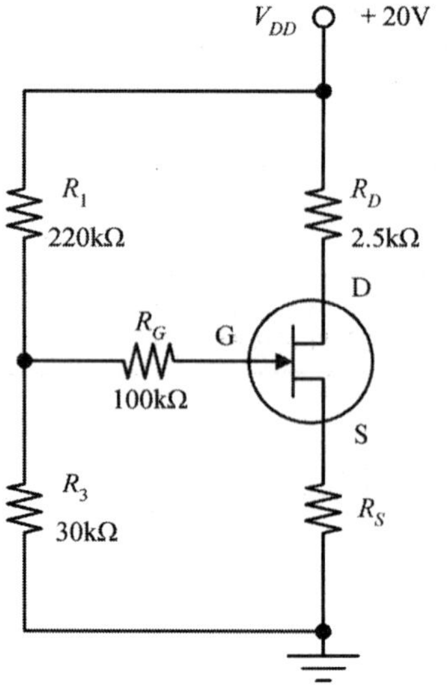


〈그림 11.18〉 실험결과 및 고찰 18-6

(1) $I_D =$

(2) $V_{R_S} =$

(3) $R_S =$

(4) $V_{R_D} =$

(5) $V_{DS} =$

(6) $V_{R_1} =$

(7) $V_{R_2} =$

18-7. 실험을 한 후 배운점과 느낀점을 써라.

(1) 배운점

(2) 느낀점

## 2. 공통 소스 증폭 회로

공통소스 또는 소스 접지 구성은 모든 MOSFET 증폭기 회로들 중에서 가장 널리 사용되는 것이다. 공통 소스증폭기는 그림 11.19에 나타내었다. 소스에 이따금 교류접지라고 부르는 신호접지를 설정하기 위하여 큰 커패시터 $C_S$를 소스와 접지사이에 접속하였다.

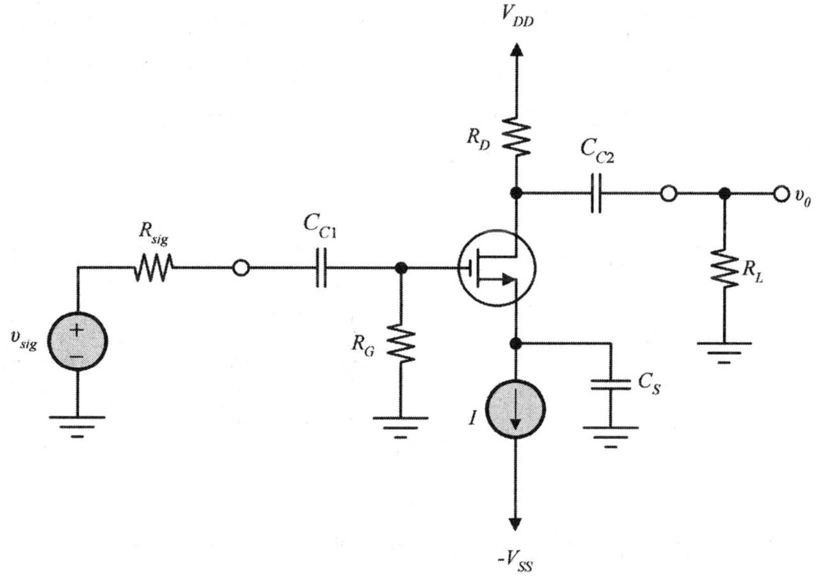


〈그림 11.19〉 공통 소스증폭기의 구성

보통 μF범위인 이 커패시터는 관심 있는 모든 신호 주파수들에서 매우 작은 임피던스(이상적으로는 영의 임피던스, 사실상 단락회로)를 제공하기 위하여 필요하다. 이렇게 하여 신호전류는 $C_S$를 통하여 접지로 빠져나가므로 전류전원$I$ (그리고 MOS-FET 소스에 접속될 수 있는 다른 회로부품)의 출력저항을 우회한다. 따라서 $C_S$를 우회 커패시터(bypass capacitor)라고 부른다. 명백하게 신호 주파수가 낮으면 낮을수록, 우회 커패시터는 그만큼 덜 효과적이 된다.

직류바이어스 전류와 전압들을 교란하지 않기 위하여 내부저항 $R_{sig}$인 전압원 $v_{sig}$로 나타낸 증폭될 신호는 큰 커패시터 $C_{C_1}$을 통하여 게이트에 접속된다. 결합커패시터(coupling capacitor)로 알려진 커패시터 $C_{C_1}$은 지류를 차단하면서 관심 있는 모든 신호 주파수들에게 완전한 단락회로로 동작할 필요가 있다. 신호주파수가 낮아지면 $C_{C_1}$의 임피던스$(1/j\omega C_{C_1})$

는 증가할 것이고 결합커패시터로서 그 효과는 대응하여 감소한다. 신호원이 접지로 적절한 직류 통로를 제공하는 경우에는 게이트가 신호원에 직접 연결될 수 있고 $R_G$와 $C_{C_1}$ 둘다 생략될 수 있다.

드레인에 나타나는 전압신호는 다른 결합 커패시터 $C_{C_2}$를 통하여 부하저항 $R_L$에 결합된다. $C_{C_2}$가 관심 있는 모든 신호 주파수들에서 완전한 단락회로로 동작하여 출력전압 $v_o = v_d$라고 가정한다. $R_L$은 증폭기가 출력전압신호를 공급하기 위하여 필요한 실제적인 부하 저항기이거나, 한단보다 많은 증폭단이 필요한 경우에 다른 증폭기 단의 입력저항일 수 있다. 공통소스 증폭기의 단자특성인 입력저항, 전압이득, 그리고 출력저항을 결정하기 이하여 MOS-FET를 소신호 모델로 대치하면 그림 11.20과 같다.

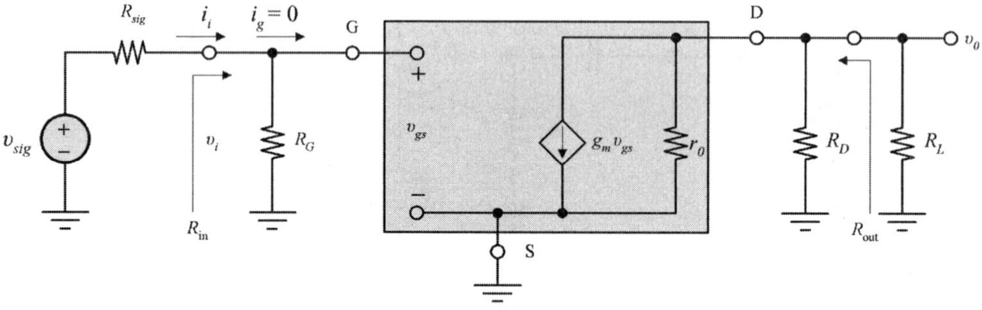


〈그림 11.20〉 소신호 해석을 위한 증폭기의 등가회로

$R_{in}$이 $R_L$에 의존하지 않으므로 $R_{in} = R_i$이다. 또한 $R_{out}$은 $R_{sig}$에 의존하지 않으므로 $R_{out} = R_o$이다. 이 회로의 해석은 간단하며 신호원에서 증폭기 부하로 단계별로 하면 다음과 같다.

입력에서는 다음과 같다.

$$i_g = 0,\quad R_{in} = R_G,\ v_i = v_{sig}\frac{R_{in}}{R_{in} + R_{sig}} = v_{sig}\ \frac{V_G}{R_G + R_{sig}}$$

보통 $R_G$를 매우 크게(MΩ범위로) 선정하여 많은 응용들에서 $R_G \gg R_{sig}$이고 이를 적용하면 다음과 같다.

$$v_i \cong v_{sig},\qquad v_{gs} = v_i,\quad v_o = -g_m v_{gs}(r_o // R_D // R_L)$$

따라서 전압이득 $A_v$는 다음과 같다.

$$A_v = -g_m(r_o // R_D // R_L)$$

개방회로이득 $A_{vo}$는 다음과 같다.

$$A_{vo} = -g_m(r_o // R_D)$$

신호원에서 부하까지의 전체 전압이득은 다음과 같다.

$$G_v = \frac{R_{in}}{R_{in} + R_{sig}} A_v = -\frac{R_G}{R_G + R_{sig}} g_m(r_o // R_D // R_L)$$

증폭기 출력저항 $R_{out}$을 결정하기 위하여 $v_{sig} = 0$으로 설정한다. 즉 신호발생기 $v_{sig}$를 단락회로로 대치하고 그림 11.21에 나타낸 것처럼 출력단자를 입력쪽으로 본다면 그 결과는 다음과 같다.

$$R_{out} = r_o // R_D$$

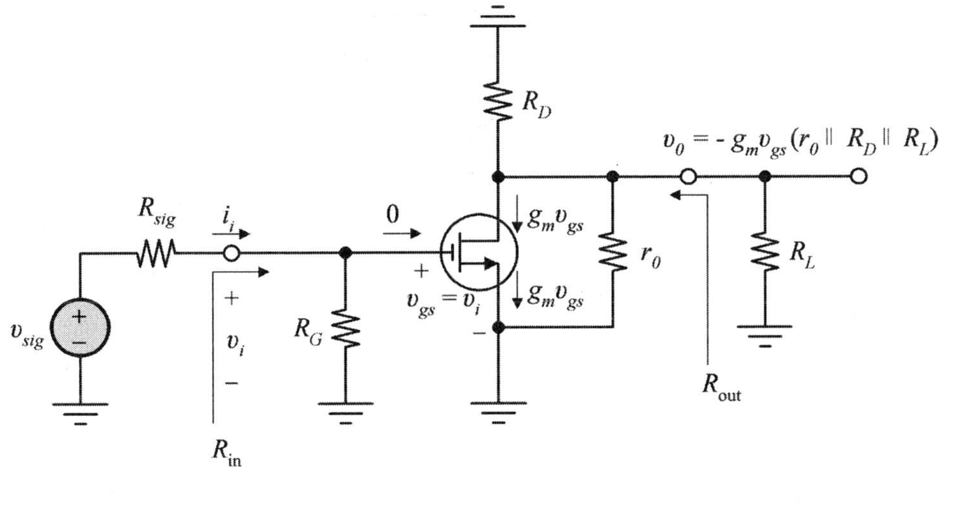


〈그림 11.21〉 소신호 해석

공통 소스증폭기의 해석에 출력저항 $r_o$를 포함하는 것은 간단하다. $r_o$가 드레인과 소스 사이에 접속되므로 사실상 $R_D$와 병렬로 나타난다. $r_o \gg R_D$인 경우가 보통이므로 $r_o$의 영향은 전압이득의 미소한 감소와 $R_{out}$의 감소일 것이다. 공통 소스증폭기는 매우 높은 입력저항, 적당히 높은 전압이득, 그리고 상대적으로 높은 출력저항을 갖는다.

### (1) 소스저항이 있을 때 공통소스증폭기

그림 11.22(a)에 나타낸 것처럼 공통소스증폭기의 소스단자에 저항 $R_S$를 삽입하는 것이 종종 유익하다. 대응하는 소신호 등가회로는 그림 11.22(b)와 같다.

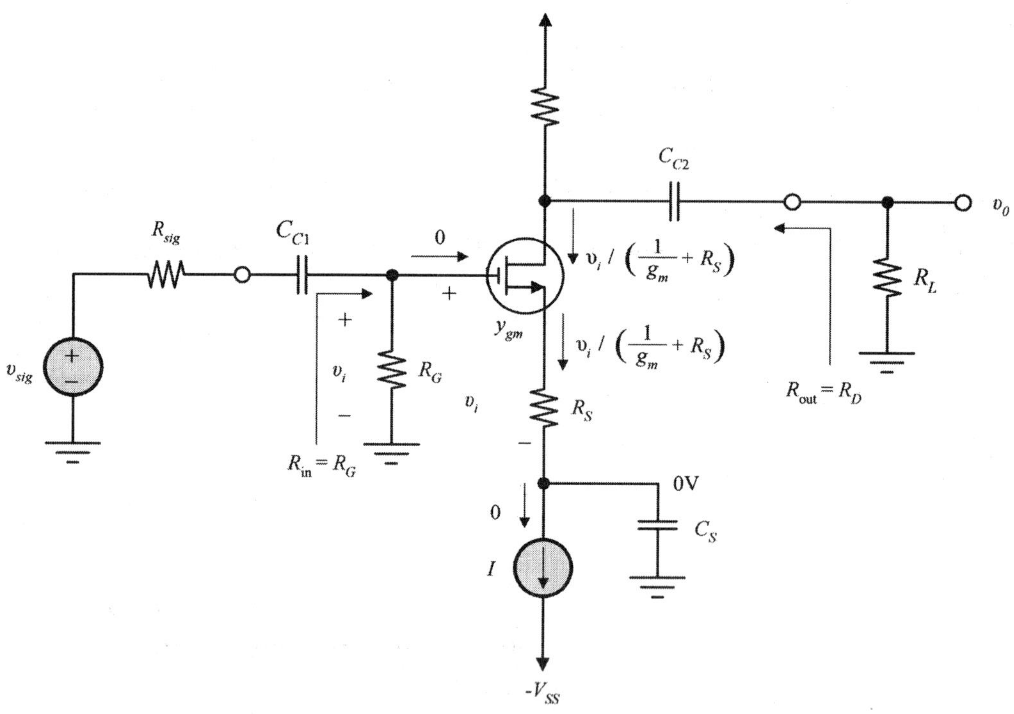


(a) $R_S$를 갖는 공통 소스증폭기

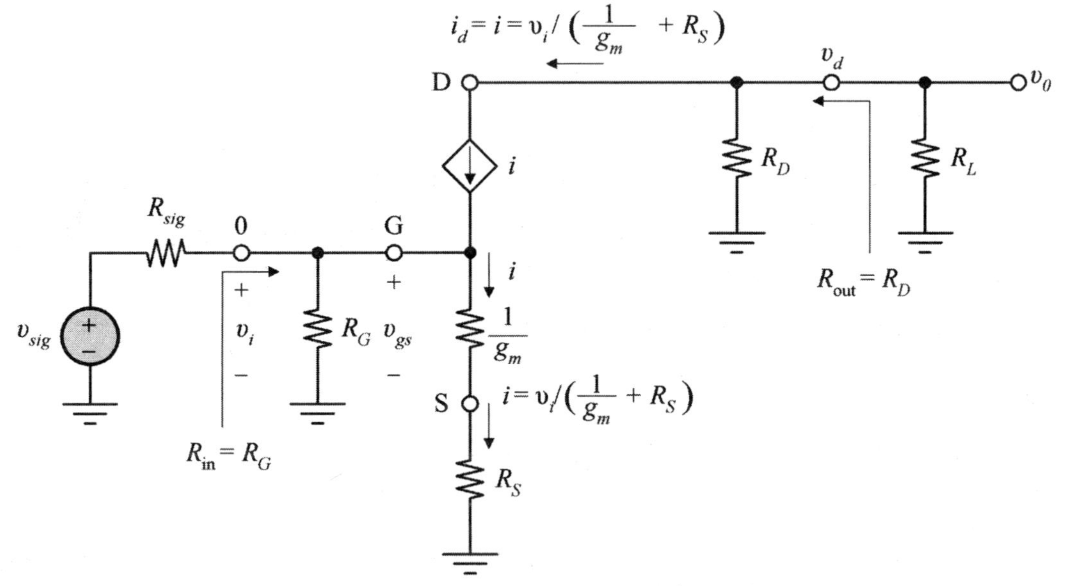


(b) $r_o$가 무시된 등가회로

〈그림 11.22〉 소스저항을 갖는 공통소스증폭기

여기서 T모델 등가회로로 대치하였다. 저항이 소스단자에 접속되었을 때는 언제나 T모델을 선호한다. 그러면 소스저항이 소스로 들여다본 소스와 게이트 사이의 저항을 나타내는 저항 $1/g_m$과 단순히 직렬로 나타난다. 등가모델에는 $r_o$가 포함되지 않았다.

공통소스증폭기의 경우와 같이 입력저항은 다음과 같다.

$$R_{in} = R_i = R_G$$

따라서 입력전압은 다음과 같다.

$$v_i = v_{sig}\frac{R_G}{R_G + R_{sig}}$$

그러나 공통소스회로와 다르게 여기서는 $v_{gs}$가 $v_i$의 일부분이다. 이는 증폭기 입력에 나타나는 $1/g_m$과 $R_S$로 구성된 전압분배기에서 다음과 같이 결정될 수 있다.

$$v_{gs} = v_i \frac{1/g_m}{1/g_m + R_S} = \frac{v_i}{1 + g_m R_S}$$

신호 $v_{gs}$의 크기를 조절하기 위하여 $R_S$의 값을 사용할 수 있고 $v_{gs}$가 너무커서 용납하기 어려운 높은 비선형 왜곡을 유발하지 않도록 보장할 수 있다. 이것은 저항기 $R_S$를 포함하여 얻어지는 첫 번째 이점이다. $R_S$가 증폭기 성능을 향상시키는 작용은 바로 부귀환의 작용이다. 하지만 전압이득은 감소한다.

전류 $i_d$는 소스단자에 흐르는 전류 $i$와 같다.

$$i_d = i = \frac{v_i}{1/g_m + R_S} = \frac{g_m v_i}{1 + g_m R_S} = g_m v_{gs}$$

그러므로 $R_S$를 포함하는 것은 인자 $1 + g_m R_S$만큼 $i_d$를 감소시킨다. 출력전압을 구하면 다음과 같다.

$$v_o = - i_d (R_D // R_L) = - \frac{g_m (R_D // R_L)}{1 + g_m R_S} v_i$$

따라서 전압이득은 다음과 같다.

$$A_v = - \frac{g_m (R_D // R_L}{1 + g_m R_S}$$

$R_L = \infty$로 두면 다음과 같이 얻을 수 있다.

$$A_{v0} = - \frac{g_m R_D}{1 + g_m R_S}$$

전체전압이득 $G_v$는 다음과 같다.

$$G_v = - \frac{R_G}{R_G + R_{sig}} \frac{g_m (R_D // R_L)}{1 + g_m R_S}$$

$R_S$가 없는 경우와 비교하면 $R_S$를 포함하는 결과로 전압이득이 인자 $1+g_m R_S$만큼 감소된다. 즉, $R_S$는 바이어스를 안정화시키고 $I_D$의 변화를 감소시키며 이득을 감소시킨다.

### (2) 전달컨덕턴스

J-FET의 전달컨덕턴스($g_m$)값을 알면 전압이득을 계산할 수 있다. $g_m$값은 제조회로의 데이터표에서 주어지지만 이 값은 특정한 $V_{GS}$에서의 값이므로 정확하지 않다. 그러므로 $g_m$값을 측정하거나 그래프적으로 구하거나 이론적으로 계산하여야 한다. 이론적으로는 다음과 같다.

$$g_m = (2/V_p)\sqrt{I_D \times I_{DSS}}$$

또한 $I_D = I_{DSS(1-V_{GS}}/V_P)^2$이고 $I_D = I_{DSS}$일 때 $g_m$값을 $g_{m0}$라 하면 다음과 같다.

$$g_m = g_{m0}(1 - V_{GS}/V_P)$$

그래프적으로 $g_m$을 계산하려면 $g_m = \Delta I_D / \Delta V_{GS}$이며 $\Delta V_{GS}$는 동작점에서 전압변동값이고 $\Delta I_D$는 그에 해당하는 전류 변동값 된다. $r_s' = 1/g_m = V_P(2\sqrt{I_D \times I_{DSS}})$ 가정해 보자.

$r_s' = \Delta V_{GS}/\Delta I_D$가 되므로 $r_s'$는 J-FET에서 낮은 값이며 약 1000Ω정도가 된다. $r_s'$의 의미는 접지에 대하여 J-FET의 소스단자를 들여다보는 임피던스이므로 J-FET의 소스저항 $R_S$와 병렬 합성되어 진다.

따라서 J-FET의 $r_s'$는 그림 11.23에서와 같이 트랜지스터의 교류 이미터 저항 $r_e'$와 유사하게 취급될 수 있으며 $r_e' = 26\text{mV}/I_E$이고 $r_e' = 1/g_m$이다.

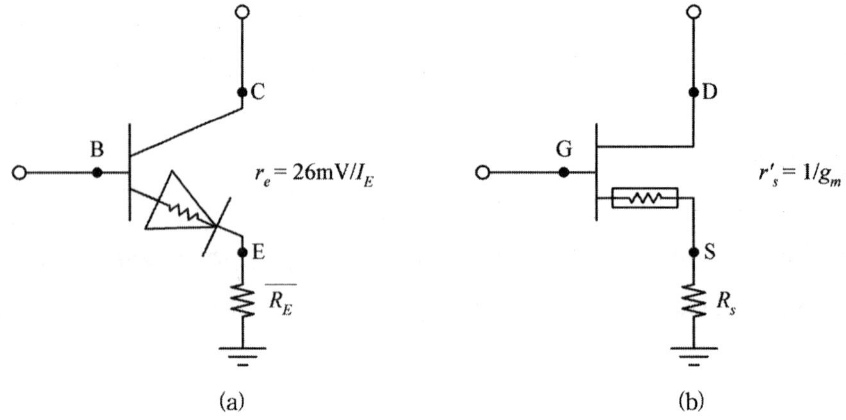


〈그림 11.23〉 전달컨덕턴스

### (3) $g_m$과 $r_s'$를 사용한 J-FET 전압이득

1) 소스저항을 연결하지 않은 경우

그림 11.24에 보인 회로를 해석하면 다음과 같다.

$$I_{DSS} = 8\text{mA}\,, \qquad V_P = V_{GS(\text{off})} = |4|\text{V}\,, \qquad g_m = 2\text{mS}$$
$$r_s' = 500\Omega\,, \qquad V_{GS} = -2\text{V}\,, \qquad I_D = 2\text{mA}$$

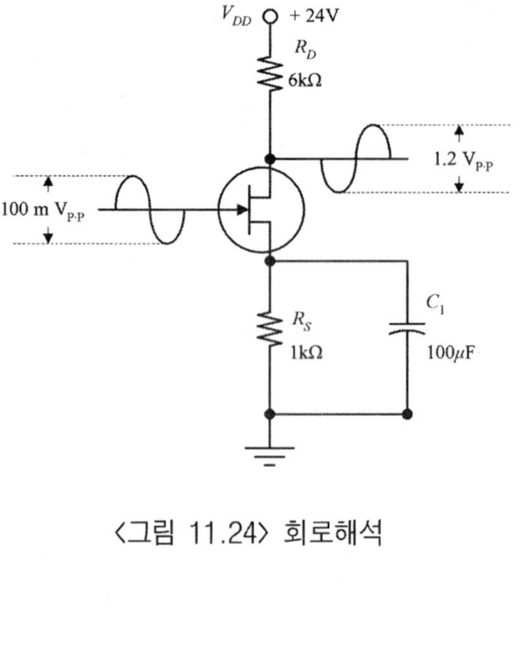


〈그림 11.24〉 회로해석

$$A_v = g_m R_D \approx 2\text{m} \times 6\text{k} = 12$$
$$A_v = R_D / r_s{}' = 6\text{k}/500 = 12$$
$$V_o = V_m \times A_v = 100\text{m} \times 12 = 1.2\text{V}_{\text{p-p}}$$

2) 소스저항이 있는 경우

$$A_v = \frac{g_m R_D}{1 + g_m R_S} = \frac{2\text{m} \times 6\text{k}}{1 + 2\text{m} \times 1\text{k}} = 12/3 = 4$$
$$A_v = \frac{R_D}{r_s{}' + R_S} = \frac{6\text{k}}{500 + 1k} = 4$$
$$V_o = V_{in} A_v = 100 \times 4 = 400\text{mV}_{\text{p-p}}$$

위식의 계산에서 전압이득 $R_D/r_s{}'$및 $R_D/(R_S{}' + R_S)$로 나타나게 되는데 이 현태는 트랜지스터 공통이미터 증폭기의 경우 $R_C/r_e{}'$및 $R_C/(r_e{}' + R_E)$의 형태와 같다.

### (4) 자기바이어스 공통 소스증폭기

그림 11.25의 회로를 해석하면 다음과 같다.

$I_{DSS} = 8\text{mA}$ ,  $V_P = V_{GS(\text{off})} = |4|\text{V}$

$V_{GS} = -2\text{V}$

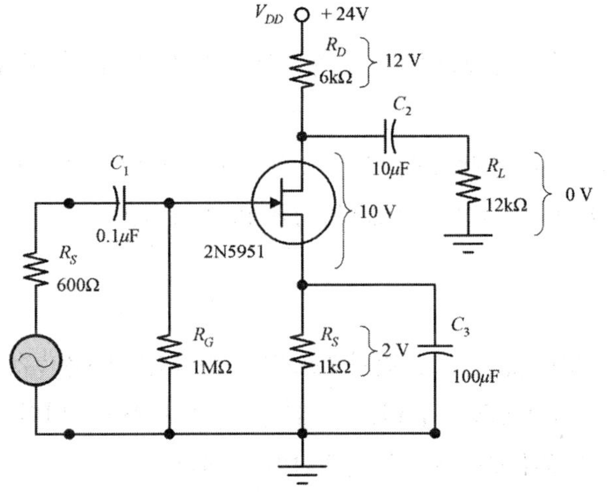


〈그림 11.25〉 자기바이어스 공통소스 증폭기

1) 직류해석

$$I_D = I_{DSS}\left(1 - \frac{V_{GS}}{V_P}\right)^2 = 8\text{m}\left(1 - \frac{2}{4}\right)^2 = 8\text{m} \times 0.25^2 = 2\text{mA}$$

$$R_S = V_{GS}/I_D = 2/2\text{m} = 1\text{k}\Omega$$

$$V_{R_S} = I_D \times R_S = 2\text{m} \times 1\text{k} = 2\text{V}$$

$$V_{R_D} = I_D \times R_D = 2\text{m} \times 6\text{k} = 12\text{V}$$

$$V_{R_G} = V_G = I_G R_G = 0\text{V}$$

$$V_D = V_{DD} - V_{R_D} = 24 - 12 = 12\text{V}$$

$$V_{DS} = V_D - V_S = 12 - 2 = 10\text{V}$$

$$V_{GS} = V_G - V_S = 0 - 2 = -2\text{V}$$

2) 교류해석

교류해석을 위한 J-FET의 파라미터 값들이 다음과 같다고 가정하고 해석하면 다음과 같다.

$$V_{in} = 1\text{V}_{p-p},\ V_P = 4\text{V},\ V_{DD} = 24\text{V},\ R_D = 6\text{k}\Omega,\ R_S = 1\text{k}\Omega,\ R_G = 1\text{M}\Omega$$

$$I_{DSS} = 8\text{mA}\ ,\ I_D = 2\text{mA}$$

$$g_m = (2/V_P)\sqrt{I_D \times I_{DSS}} = 2\text{mS}$$

$$r_s' = 1/2\text{m} = 500\Omega$$

3) 전압이득

부하저항 $R_L$이 연결되어 있으므로 실효 부하저항은 $R_D//R_L$이 된다.

$$A_v = g_m(R_D//R_L) = 2\text{m}(6\text{k}//12\text{k}) = 2 \times 10^{-3} \times 4 \times 10^3 = 8$$

$$A_v = (R_D//R_L)/r_s' = (6\text{k}//12\text{k})/500 = 4\text{k}/500 = 8$$

4) 최대출력전압

J-FET의 최대출력전압($V_{o(max)}$)는 핀치오프전압, 소자의 비직선성등으로 예측하기 어렵다. 그럼에도 불구하고 일반적으로 J-FET의 $V_{o(max)}$는 트랜지스터의 경우보다 커질 수도 있다. 따라서 $V_{o(max)}$는 오실로스코프로 측정하여야 한다.

5) 입력임피던스

$$Z_{in} \approx R_G = 1\,\text{M}\Omega$$

6) 출력임피던스

J-FET의 $R_{DS}$는 그림 11.26의 특성 곡선상에서 $R_{DS} = \Delta V_{DS}/\Delta I_D$로 계산되어진다.

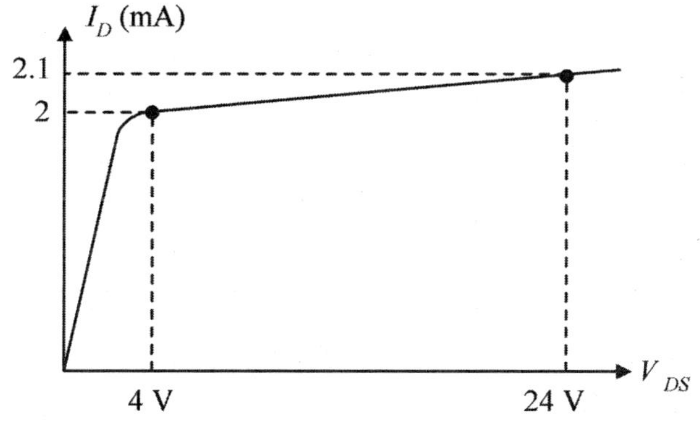


〈그림 11.26〉 특성곡선

$$R_o \approx R_{DS} = \Delta V_{DS}/\Delta I_D$$
$$= \frac{V_{DS_2} - V_{DS_1}}{I_{D_2} - I_{D_1}} = \frac{24-4}{2.1\text{m} - 2\text{m}} = 20/0.1\text{m} = 200\text{k}\Omega$$

그러므로 만일 $R_D = 6\text{k}\Omega$이면 회로의 출력임피던스는 대략 $R_D$가 된다.

$$Z_o = R_o // R_D \approx 200\text{k}//6\text{k} = 5825 \approx 6\text{k}\Omega$$

7) 전력이득

$$PG = A_v^2 \times Z_{in}/R_L = 8^2 \times 1\text{M}/12\text{k} = 5333$$

〈표 11.7〉 FET 증폭회로 요약

| 회로구성 | $A_V=V_O/V_i$ | $Z_i$ | $Z_O$ |
|---|---|---|---|
| 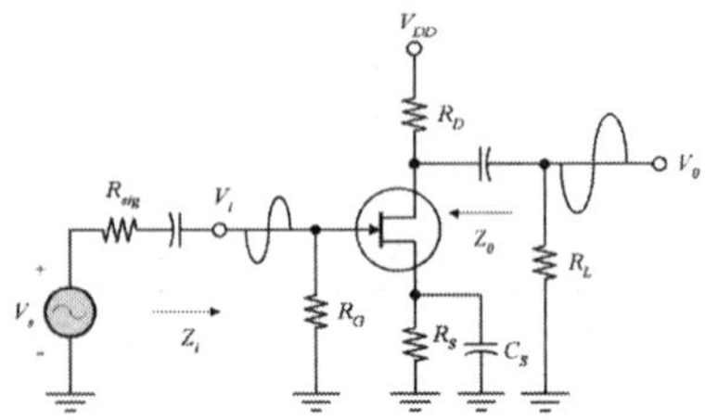 | $-g_m(R_D\|\|R_L)$<br>$r_o$ 포함:<br>$-g_m(R_D//R_L//r_o)$ | $R_G$<br><br>$R_G$ | $R_D$<br><br>$R_D//r_o$ |
| 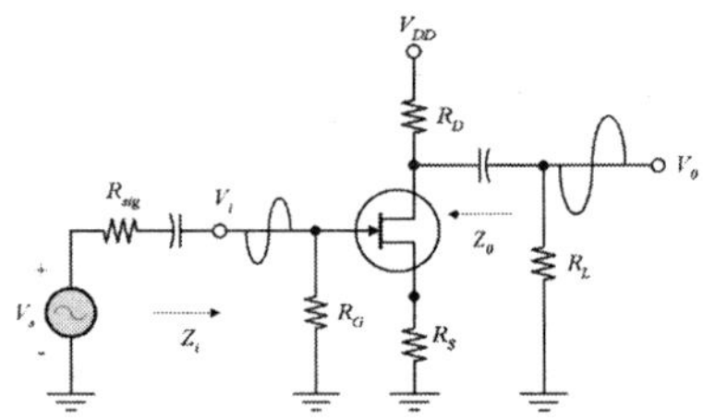 | $\frac{-g_m(R_D//R_L)}{1+g_mR_S}$<br>$r_o$ 포함:<br>$\frac{-g_m(R_D//R_L)}{1+g_mR_S+\frac{R_D+R_S}{r_o}}$ | $R_G$<br><br>$R_G$ | $\frac{R_D}{1+g_mR_S}$<br><br>$\cong\frac{R_D}{1+g_mR_S}$ |
| 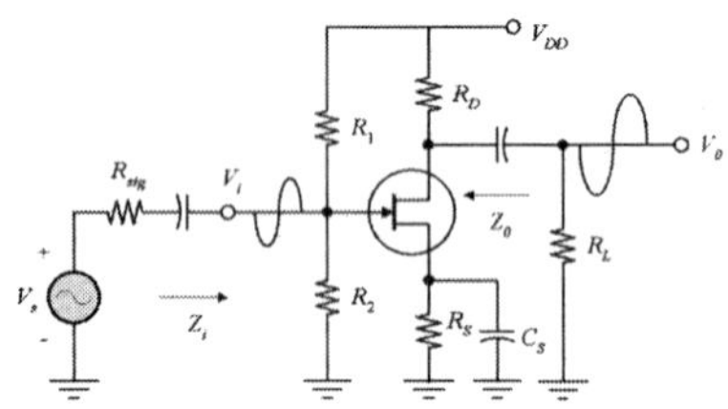 | $-g_m(R_D\|\|R_L)$<br>$r_o$ 포함:<br>$-g_m(R_D//R_L//r_o)$ | $R_1\|\|R_2$<br><br>$R_1\|\|R_2$ | $R_D$<br><br>$R_D//\|r_o$ |
| 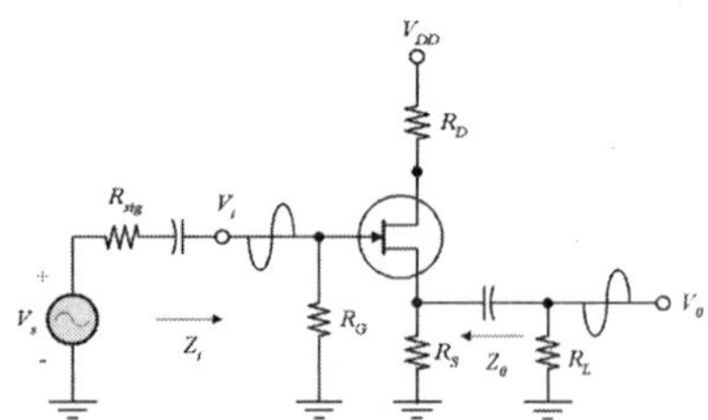 | $\frac{-g_m(R_S\|\|R_L)}{1+g_m(R_S\|\|R_L)}$<br>$r_o$ 포함:<br>$=\frac{g_mr_o(R_S//R_L)}{r_o+R_D+g_mr_o(R_S//R_L)}$ | $R_G$<br><br>$R_G$ | $R_S\|\|1/g_m$<br><br>$\frac{R_S}{1+\frac{g_mr_oR_S}{r_oR_D}}$ |
| 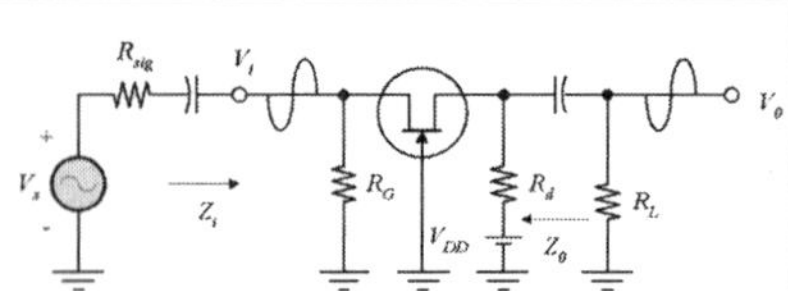 | $g_m(R_D\|\|R_L)$<br>$r_o$ 포함:<br>$\cong g_m(R_D\|\|R_L)$ | $\frac{R_S}{1+g_mR_S}$<br><br>$Z_i=\frac{R_S}{1+\frac{g_mr_oR_S}{r_o+R_D//R_L}}$ | $R_D$<br><br>$R_D\|\|r_d$ |

# 실험 19.

# 공통 소스 증폭기

## 1. 이론적 해석 및 그래프 해석

(1) 그림 11.38의 회로를 구성하고 다음을 측정하라.

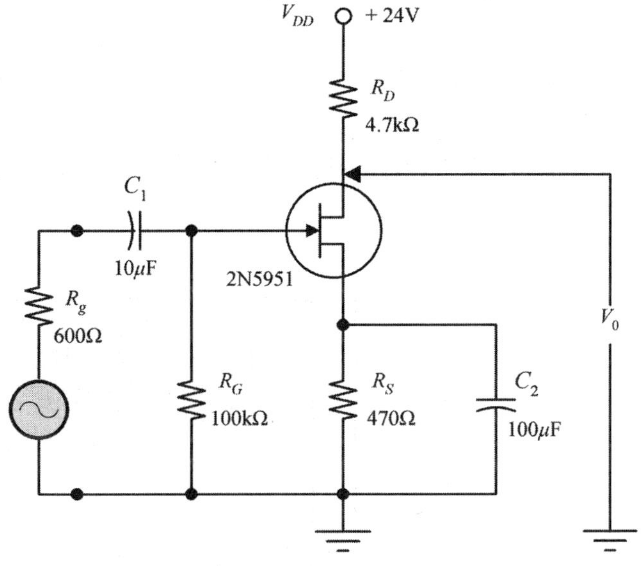


〈그림 11.38〉 공통 소스 증폭기

(2) 접지에 대한 다음을 측정하여 표 11.8에 기록하라.

1) $V_D =$

2) $V_S =$

3) $V_G =$

(3) 측정된 전압을 사용하여 다음을 계산하여 표 11.8에 기록하라.

1) $V_{R_D} = V_{DD} - V_D =$

2) $V_{DS} = V_D - V_S =$

3) $V_{GS} = V_D - V_S =$

4) $V_{R_S} = V_S =$

5) $V_{R_G} = V_G = 0\text{V}$

6) $I_D = \dfrac{V_{R_S}}{R_S} =$

〈표 11.8〉 계산 및 측정결과

| | $V_D$ | $V_S$ | $V_G$ | $V_{R_D}$ | $V_{R_S}$ | $V_{DS}$ | $V_{R_G}$ | $V_{GS}$ | $I_D$ |
|---|---|---|---|---|---|---|---|---|---|
| 계산값 | | | | | | | | | |
| 측정값 | | | | | | | | | |

(4) 1kHz, 100mV$_{p-p}$의 입력신호 전압을 사용하여 출력전압($V_o$)을 측정하여 표 11.9에 기록하라.

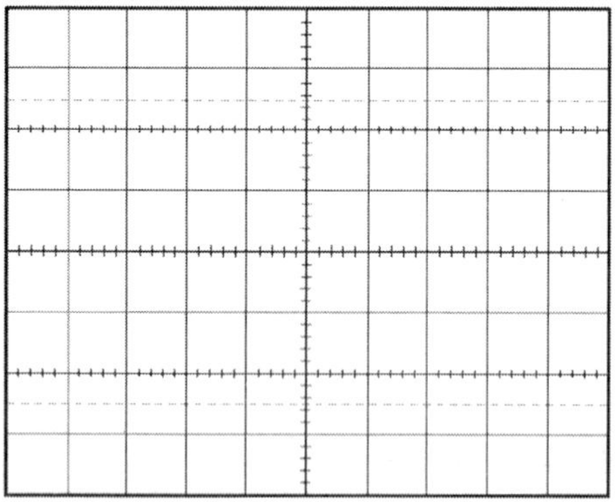

| 구분 | [VOLTS/DIV]<br>계산과정<br>전압($V_{p-p}$) | [TIME/DIV]<br>계산과정<br>주파수(Hz) |
|---|---|---|
| CH1 | | |
| | | |
| | | |
| CH2 | | |
| | | |
| | | |

(5) 전압이득을 계산하여 표 11.9에 기록하라.

$$A_v = \frac{V_o}{V_{in}}, \quad V_{in} = 100\text{mV}_{\text{p-p}}$$

$$=$$

(6) 소스저항 $r_s'$를 계산하여 표 11.9에 기록하라.

$$r_s' = \frac{R_D}{A_v} =$$

(7) 전달 컨덕턴스 $g_m$을 계산하여 표 11.9에 기록하라.

$$g_m = \frac{1}{r_s'} =$$

또는 $$g_m = \frac{A_v}{R_D} =$$

(8) 그림 11.39에 J-FET의 전달 컨덕턴스 곡선 및 470Ω 저항의 역 기울기 직선을 그려 보아라. 이 곡선과 직선의 교점에서 $V_{GS}$및 $I_D$값을 구하여 표 11.9에 기록하라.

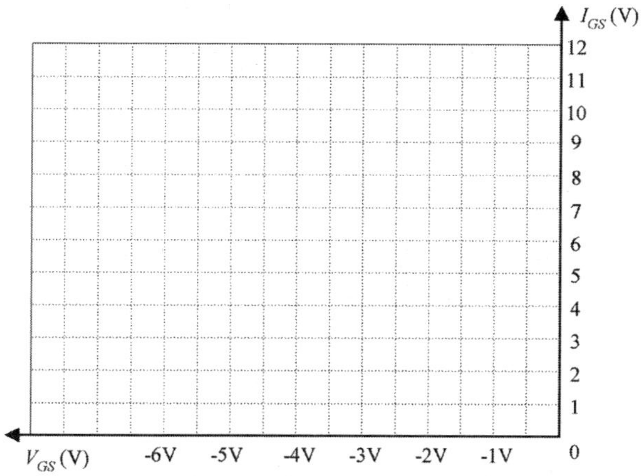


〈그림 11.39〉 특성곡선

〈표 11.9〉 계산 및 측정결과

| | (a) 회로해석기법 | | | | (b) 전달컨덕턴스기법 | | | | | |
|---|---|---|---|---|---|---|---|---|---|---|
| | $V_o$ | $A_v$ | $r_s'$ | $g_m$ | $I_D$ | $V_{GS}$ | $\Delta V_{GS}$ | $\Delta I_D$ | $g_m$ | $r_s'$ |
| 계산값 | | | | | | | | | | |
| 측정값 | | | | | | | $\approx 1\text{V}$ | | | |

(9) 교차된 $V_{GS}$점의 약 $\pm 0.5$V되는 두 점을 컨덕턴스 곡선상에 결정하여라. 이들 두 점을 각각 $V_{GS_1}(V_{GS}+0.5\text{V})$, $V_{GS_2}(V_{GS}-0.5\text{V})$라 하고 그래프상에서 각각에 해당되는 $I_D$값을 $I_{D_1}$, $I_{D_2}$라 한다. 다음 식으로 $g_m$ 및 $r_s'$를 계산하여 표 11.9에 기록하라.

$$g_m = \frac{I_D}{V_{GS}} \approx \frac{I_{D_1}-I_{D_2}}{V_{GS_1}-V_{GS_2}} \approx \frac{I_{D_1}-I_{D_2}}{1\text{V}}$$

$$r_s' = \frac{V_{GS}}{I_D} = \frac{V_{GS_1}-V_{GS_2}}{I_{D_1}-I_{D_2}} \approx \frac{1\text{V}}{I_{D_1}-I_{D_2}}$$

**2. 소스저항을 갖는 자기바이어스 공통 소스 증폭기**

(1) 그림 11.40의 회로를 구성하고 다음을 측정하라.

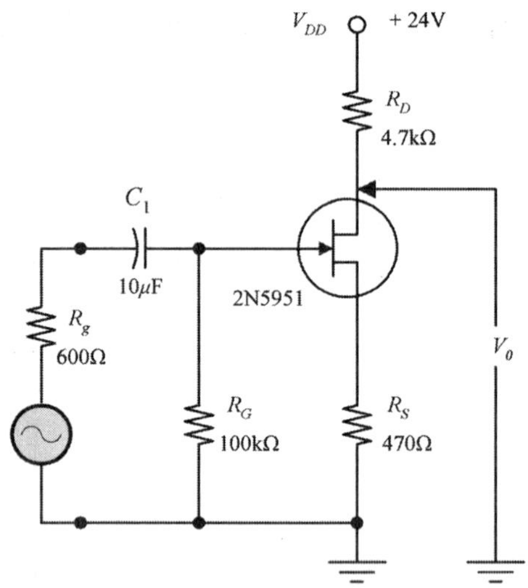


〈그림 11.40〉 소스 저항을 갖는 공통 소스 증폭기

(2) 전압이득

1) 전압이득을 계산하여 표 11.10에 기록하라.

$$A_v = \frac{R_D}{(r_s' + R_S)} =$$

단, $r_s'$값은 표 11.9(a)에서 구한 값을 사용한다.

2) 1kHz, 100mVp-p의 입력신호전압을 사용하여 전압이득을 측정하여 표 11.10에 기록하라.

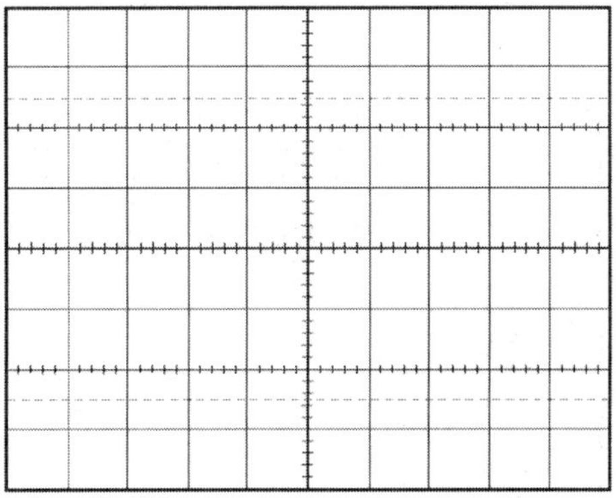

<table>
<tr><td rowspan="3">구분</td><td>[VOLTS/DIV]</td><td>[TIME/DIV]</td></tr>
<tr><td>계산과정</td><td>계산과정</td></tr>
<tr><td>전압($V_{p-p}$)</td><td>주파수(Hz)</td></tr>
<tr><td rowspan="3">CH1</td><td></td><td></td></tr>
<tr><td></td><td></td></tr>
<tr><td></td><td></td></tr>
<tr><td rowspan="3">CH2</td><td></td><td></td></tr>
<tr><td></td><td></td></tr>
<tr><td></td><td></td></tr>
</table>

(3) 입력 임피던스

1) 입력임피던스를 계산하여 표 11.10에 기록하라.

$$Z_{in} \approx R_G$$

2) 그림 11.41과 같이 100kΩ의 저항 $R_1$과 1kHz, 100mVp-p의 입력전압을 사용하여 입력 임피던스를 측정하여 표 11.10에 기록하라.

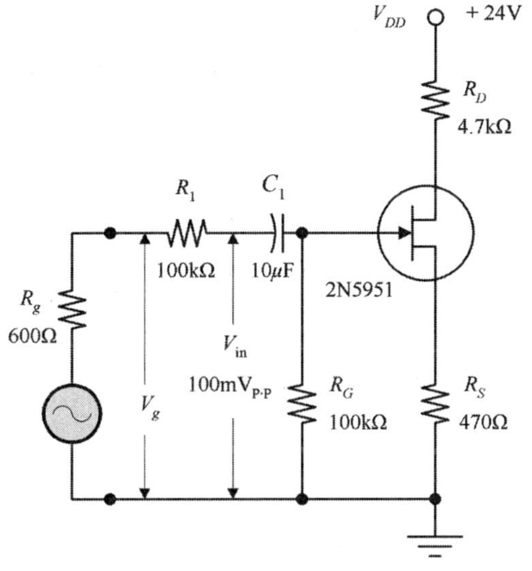


〈그림 11.41〉 입력임피던스 측정

(4) 1kHz에서 입력신호전압 레벨을 증가시켜 가면서 출력전압 파형이 클리핑 또는 찌그러짐이 발생하기 시작하는 점에서 $V_{o(\max)}$을 측정하여 표 11.10에 기록하라.

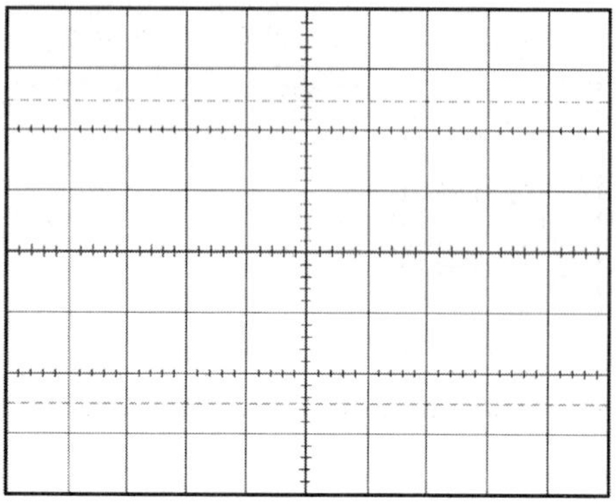

| 구분 | [VOLTS/DIV]<br>계산과정<br>전압($V_{p-p}$) | [TIME/DIV]<br>계산과정<br>주파수(Hz) |
|---|---|---|
| CH1 | | |
| | | |
| | | |
| CH2 | | |
| | | |
| | | |

(5) 드레인 저항에 대한 전력이득을 계산하여 표 11.10에 기록하라.

$$R_G = A_v^2 \times \frac{Z_{in}}{R_D} =$$

〈표 11.10〉 계산 및 측정결과

| | $A_v$ | $Z_{in}$ | $V_{o(\max)}$ | 전력이득 |
|---|---|---|---|---|
| 계산값 | | | | |
| 측정값 | | | | |

### 3. 부하저항을 갖는 공통소스 증폭기

(1) 그림 11.42의 회로를 구성하고 다음을 측정하라.

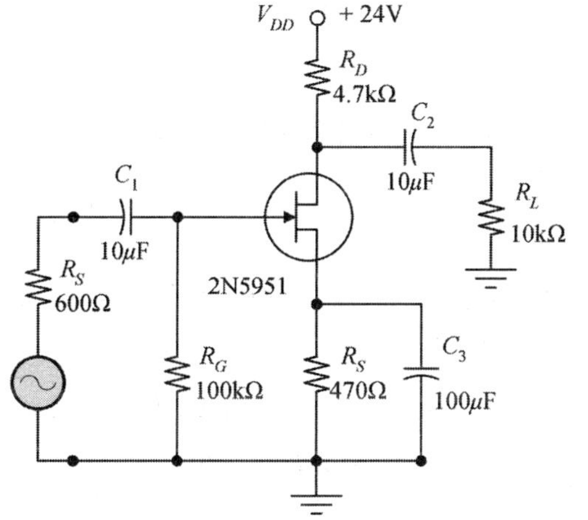


<그림 11.42> 부하저항을 갖는 공통 소스증폭기

(2) 전압이득

1) 전압이득을 계산하여 표 11.11에 기록하라.

$$A_v = r_L / r_s' = (R_D // R_L) / r_s'$$

2) 1kHz, 100mV$_{p-p}$의 입력신호 전압을 사용하여 전압이득을 측정하여 표 11.11에 기록하라.

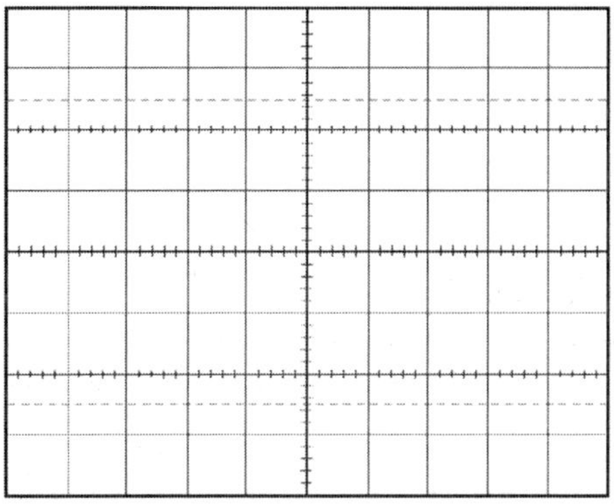

<table>
<tr><td rowspan="3">구분</td><td>[VOLTS/DIV]</td><td>[TIME/DIV]</td></tr>
<tr><td>계산과정</td><td>계산과정</td></tr>
<tr><td>전압(V$_{p-p}$)</td><td>주파수(Hz)</td></tr>
<tr><td rowspan="3">CH1</td><td></td><td></td></tr>
<tr><td></td><td></td></tr>
<tr><td></td><td></td></tr>
<tr><td rowspan="3">CH2</td><td></td><td></td></tr>
<tr><td></td><td></td></tr>
<tr><td></td><td></td></tr>
</table>

(3) 입력임피던스

1) 입력임피던스를 계산하여 표 11.11에 기록하라.

$$Z_{in} \approx R_G$$

2) 100kΩ의 직렬저항을 사용하여 입력임피던스를 측정하여 표 11.11에 기록하라.

(4) 부하저항 양단의 출력전압을 오실로스코프로 측정하면서 1kHz에서 입력신호 레벨을 증가시켜가면서 $V_{o(\max)}$을 측정하라.

(주의) J-FET는 주로 소신호 응용에 사용된다. J-FET는 $2V_{GS}$보다 약간 높은 $V_{in}$에 의하여 발생되는 전압변동의 극히 일부만 허용할 수 있다.

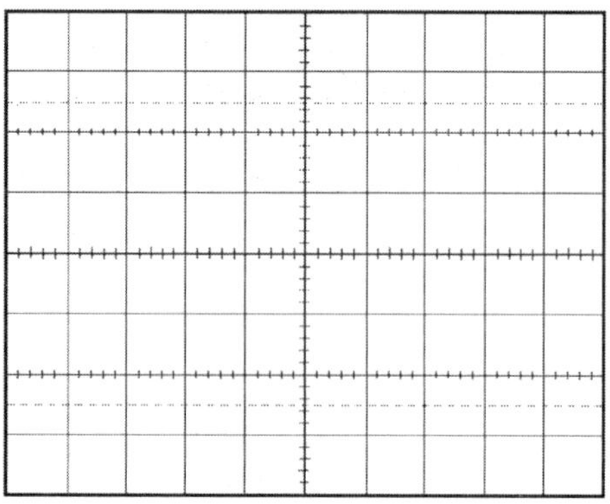

| 구분 | [VOLTS/DIV]<br>계산과정<br>전압($V_{p-p}$) | [TIME/DIV]<br>계산과정<br>주파수(Hz) |
|---|---|---|
| CH1 | | |
| | | |
| | | |
| CH2 | | |
| | | |
| | | |

(5) 전력이득을 계산하고 dB로 환산하여 표 11.11에 기록하라.

$$PG = A_v^2 \times \frac{Z_{in}}{R_L}, \quad R_L = 10\text{k}\Omega$$

〈표 11.11〉 계산 및 측정결과

| | $A_v$ | $Z_{in}$ | $V_{o(\max)}$ | PG | PG(dB) |
|---|---|---|---|---|---|
| 계산값 | | | | | |
| 측정값 | | | | | |

## [실험결과 및 고찰]

| 실험제목 | 실험 19. 공통 소스증폭기 | | | | | | 평가 | A+ | A | B+ | B | C+ | C | D+ | D | 기타 |
|---|---|---|---|---|---|---|---|---|---|---|---|---|---|---|---|---|
| 소　　속 | 학과　　학년 (주,야)　반 | | | | | | | | | | | | | | | |
| 실험 조 | 조 | | 인원 | | 실험일자 | | 년　월　일　요일 | | | | | 담당교수 | | | | 확인 (인) |
| 학　　번 | | | | | 조원 | 학번 | ① | | | ② | | | | | | |
| 성　　명 | | | | | | 성명 | ① | | | ② | | | | | | |

19-1. J-FET의 전달 컨덕턴스 값은 제조회로의 데이터 값을 사용하는 대신 측정하여야 하는 이유는 무엇인가?

19-2. 표 11.9(a)와 (b)에서 $r_s'$값을 비교하여라. 만일 그 값들이 비슷하지 않다면 $I_{DSS}$와 $I_{D(sat)}$조건을 고려하여 일치하지 않는 이유를 설명하라.

19-3. 그래프적인 기술은 $r_s'$나 $g_m$을 얻는데 정확한 방법이다. 하지만 어떤 조건하에서 이 방법은 크게 부정확하게 될 수 있는가?

19-4. J-FET의 $V_{o(\max)}$이 트랜지스터에 비하여 더 작아질 수 있는 2가지 가능한 이유를 들어라.

19-5. 자기바이어스된 JFET 회로의 입력임피던스가 게이트 저항값과 근사적으로 같은 이유는 무엇 때문인가?

19-6. 그림 11.43에서 $I_{DSS}=4\text{mA}$, $V_{GS}=-2\text{V}$이고 $V_P=4\text{V}$이다. 다음을 계산하라.

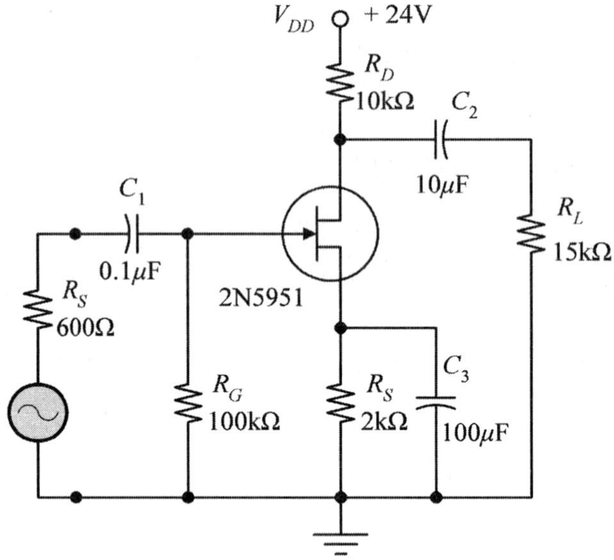


〈그림 11.43〉 실험결과 및 고찰 19-6

(1) $V_{R_G} =$

(2) $V_{R_D} =$

(3) $V_{DS} =$

(4) $r_s' =$

(5) $g_m =$

(6) $A_v =$

(7) $PG =$

19-7. 실험을 한 후 배운점과 느낀점을 써라.

(1) 배운점

(2) 느낀점

# 제 5부

## 발진회로 설계와 응용회로의 예

# 12장 발진기 설계

## 1. 발진회로

발진 회로란 증폭된 출력의 일부를 입력 측에 되돌려(feedback) 출력 측에서 여러 파형을 연속적으로 발생하는 것을 말한다. 증폭기를 통한 출력을 입력 측으로 반복해 주면 신호는 점점 크게 되어 일정한 진폭으로 진동하게 된다. 이것을 발진이라 한다. 따라서 발진을 시키기 위해서는 증폭기의 출력신호를 입력 측에 귀환시키면 발진하게 된다.

전기회로에서는 L과 C의 조합으로 전기 진동이 일어난다. 하나의 증폭기에 외부에서 진동을 인가해서 회로가 진동을 일으키게 하는 타려발진기와, 외부에서 신호를 받지 않고 주기적인 전기진동을 행하는 자려발진기 등이 있다.

LC 공진회로를 이용한 발진의 경우에 대해 전기진동이 일어나는 과정을 설명하면 다음과 같다.

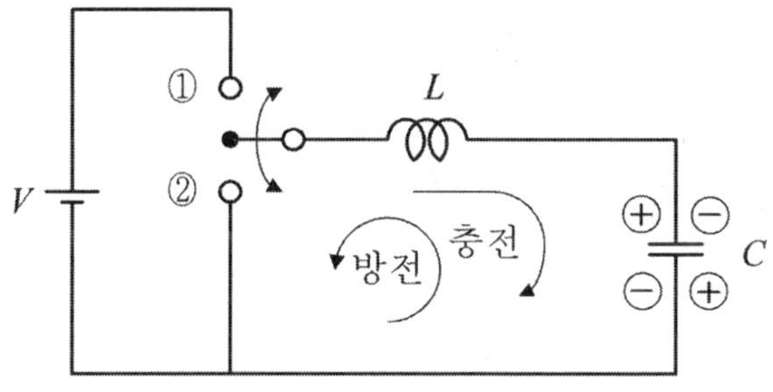


〈그림 12.1〉 L과 C로 구성된 공진회로

동작 원리는 먼저 SW를 ①에 접속하면 콘덴서에 충전된다. 이어서 SW를 ②로 전환시키면 C에 축적된 전기에너지가 L을 통해 방전하려고 한다. 그러나 L은 관성능력 즉 현재의 상태를 유지하려는 성질을 갖고 있기 때문에 C는 역으로 충전되는 상태가 되어 ⊕, ⊖가 교체된다. 다시 L을 통해 방전하려고 하는데 L의 성질에 의해 방전이 되지 않고 다시 충전되는 방법을 계속 반복해서 발진이 일어난다.

이때 발진 주파수는 폐회로에서의 임피던스( $Z$ )중 리액턴스 성분( $X$ )이 0이 되는 것이다.

이때 발진되는 주파수를 공진주파수( $f_0$)라 한다.

$$\boldsymbol{Z}=R+jX = R=j(X_L-X_C) = j(\omega L-\frac{1}{\omega C})$$

$$X=(\omega L-\frac{1}{\omega C}) = 0, \qquad \omega_0 L = \frac{1}{\omega_0 C} \quad \omega_0^2=\frac{1}{LC} \quad \omega_0=\frac{1}{\sqrt{LC}}$$

$$2\pi f_0=\frac{1}{\sqrt{LC}} \quad f_0=\frac{1}{2\pi\sqrt{LC}}$$

**예제 12-1**

R, L, C 소자 각각 1개씩 이용하여 직렬공진 대역통과 필터를 설계하시오.

① 조건 : 공진주파수가 113 kHz, L의 저항성분은 0Ω으로 가정

② $L=1\text{mH}$일 때 조건에 맞는 부품 C (nF)를 계산식에 의해 선정하시오.

**풀이**

· 회로설계

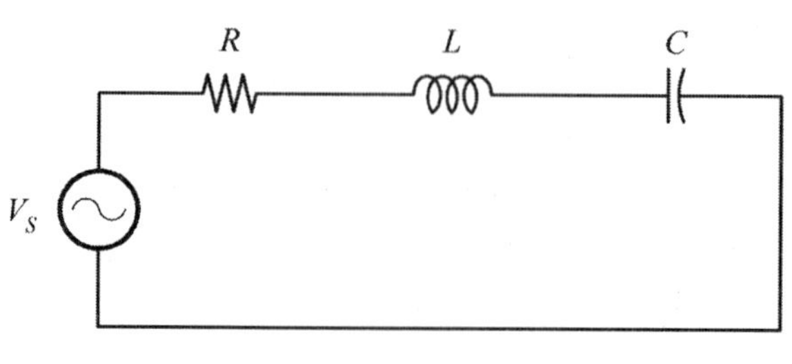

· 부품(C)의 선정 계산과정 :

$$f_0 = \frac{1}{2\pi\sqrt{LC}} = 113\text{kHz}$$

$$C = \frac{1}{4\pi^2 f_0^2 L} = \frac{1}{4\pi^2(113\times10^3)^2\times10^{-3}} = 1.98\text{nF}$$

**예제 12-2**

R, L, C 소자 각각 1개씩 이용하여 병렬공진 대역통과 필터를 설계하시오.

① 조건 : 공진주파수가 5 MHz, L의 저항성분은 0Ω으로 가정

② L=1μH일 때 조건에 맞는 부품 C(pF)를 계산식에 의해 선정하시오.

**풀이**

· 회로설계

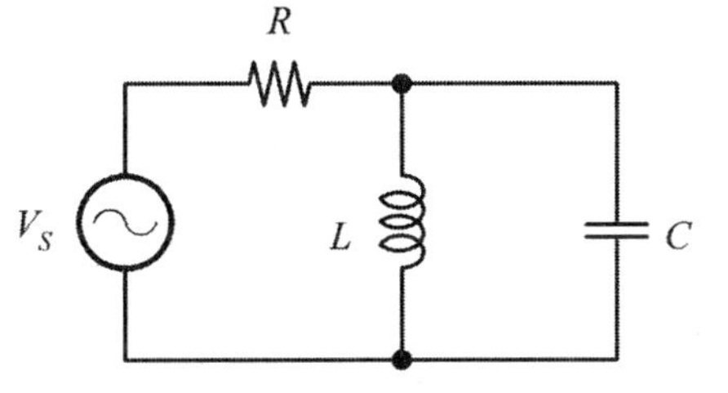


· 부품(C)의 선정 계산과정 :

$$f_0 = \frac{1}{2\pi\sqrt{LC}} = 5\text{MHz}$$

$$C = \frac{1}{4\pi^2 f_0^2 L} = \frac{1}{4\pi^2(5\times10^6)^2\times2\times10^{-6}} = 506.6\text{pF}$$

이와 같은 원리는 직렬회로, 병렬회로와 직/병렬회로에서 모두 성립하면 직렬회로에서나 병렬회로에서의 공진주파수는 같은 공식으로 적용된다.

그러나 인덕터(코일)는 완전한 리액턴스가 아니다. 즉 저항성분을 갖고 있기 때문에 이 진동전류는 감소되어 감쇠진동으로 끝나버린다.

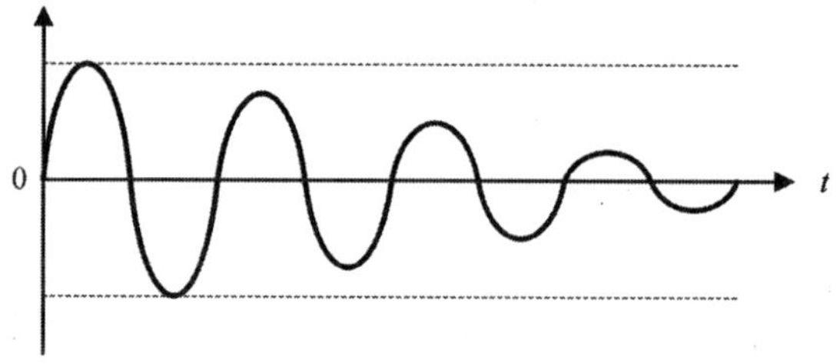


〈그림 12.2〉 L의 관성 능력에 의해 감쇠 진동이 일어나는 모양

처음의 진동이 감쇠진동 없이 지속될 수 있는 상태를 유지하기 위해서는 증폭능력을 이용해서 계속 에너지를 공급해 주어야 한다.

이를 위해서 발진조건은 $\beta A = 1$ 이 성립하면 출력파형은 스위치를 닫힌 후에도 계속발생하게 된다. 이것이 Barkhausen의 발진조건이다.

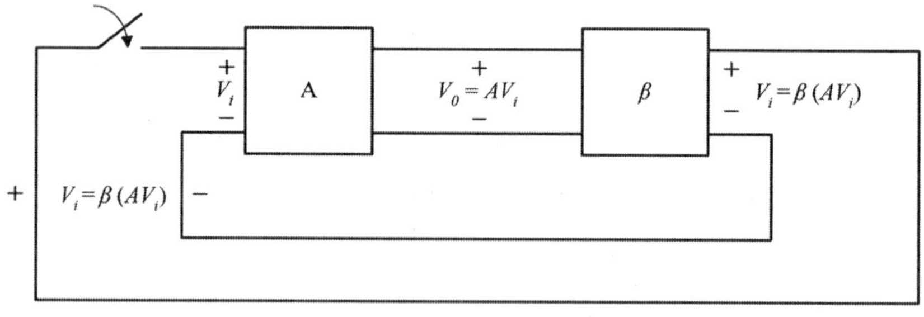


〈그림 12.3〉 발진기로 사용되는 귀환 회로

### (1) RC발진회로(위상이동발진기)

RC 발진 회로는 시정수( $\tau = RC$)에 의해 발진되는 발진 회로로 LC 발진 회로에 비해 저주파 발진용으로 적합하며 증폭용 트랜지스터 A급으로 사용하는 경우가 있으며 특히 전압이득에 밀접한 관계를 가지며 동작한다.

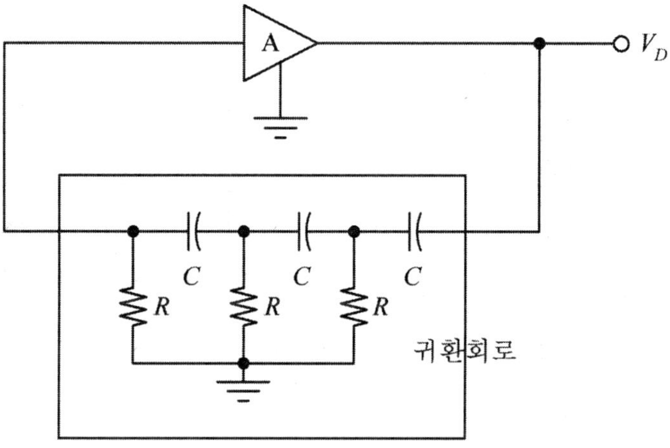


〈그림 12.4〉 이상적인 위상이동 발진기

발진조건은 루프 이득 $\beta A$가 1보다 커야 하고, 또한 귀환회로만을 통한 위상차가 180 이며 양귀환이 되어야 한다. 발진 주파수는 다음과 같다.

$$f_0 = \frac{1}{2\pi RC\sqrt{6}}, \quad \beta = \frac{1}{29}$$

**(2) 이상형 병렬 R형 발진 회로(CR형 위상 발진기) : 미분형**

1) TR을 이용한 발진 회로

발진 주파수는 다음과 같다.

$$f_0 = \frac{1}{2\pi RC} \frac{1}{\sqrt{6 + 4(R_C / R)}} \text{(Hz)}$$

$R_C = 0$이면

$$f_0 = \frac{1}{2\pi RC\sqrt{6}} \text{(Hz)}$$

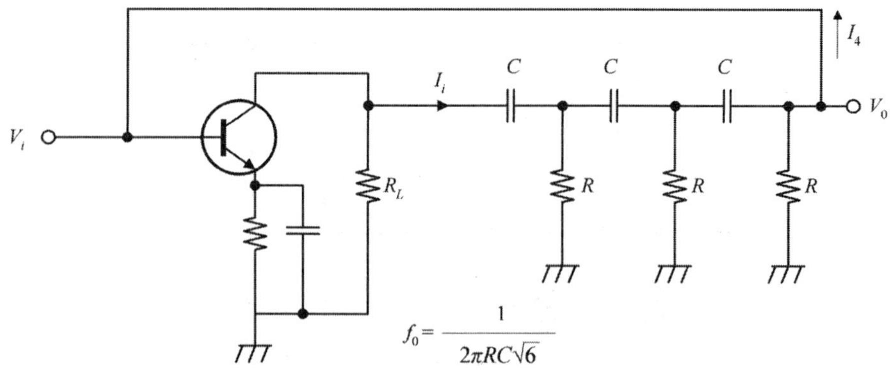


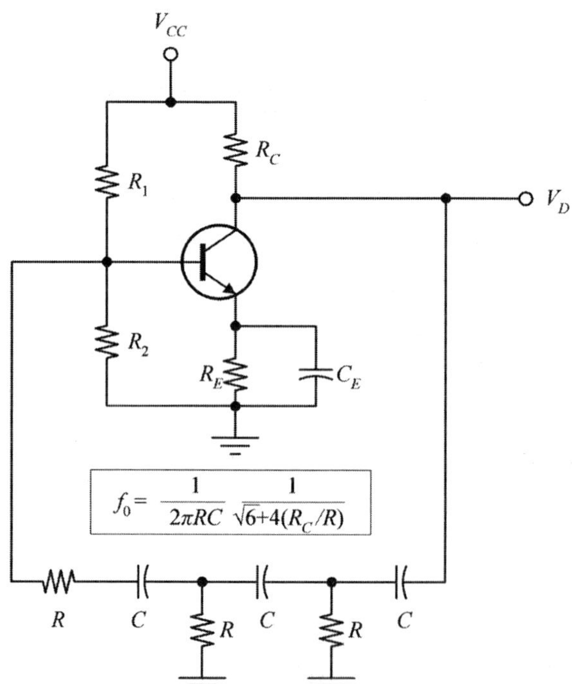


〈그림 12.5〉 BJT를 이용한 이상형 병렬 R의 발진기(미분형)

루프 이득을 1보다 더 크게 하려면 트랜지스터의 전류 이득($h_{fe}$)이 다음 조건을 만족해야 한다.

$$h_{fe} > 23 + 29\frac{R}{R_c} + 4\frac{R_c}{R}$$

2) FET를 이용한 발진 회로

증폭단은 전원저항 $R_S$와 드레인 저항 $R_D$에 의해 바이패스 된 커패시터로 자기바이어스 된다. 증폭기의 이득은

$$|A| = g_m R_L \qquad R_L = \frac{R_D\, r_d}{R_D + r_d}(\Omega)$$

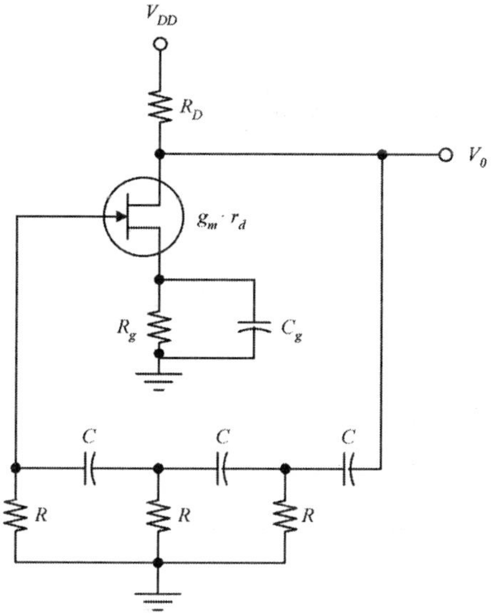


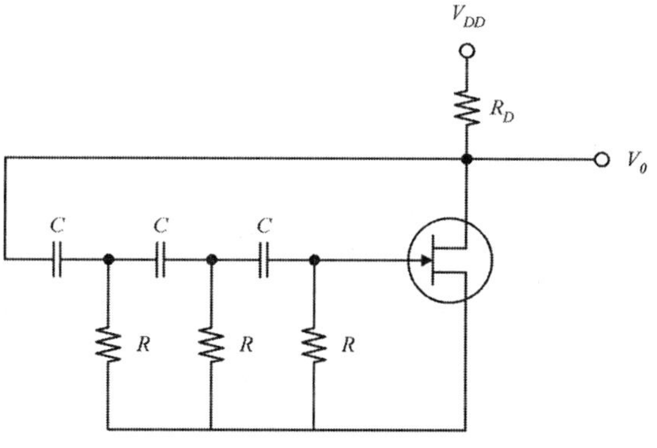


〈그림 12.6〉 FET를 이용한 이상형 병렬 R의 발진기(미분형)

발진 주파수($f_0$ ) $f_0 = \dfrac{1}{2\pi RC\sqrt{6}}$(Hz)

**예제 12-3**

TR 1개를 이용하여 CR 이상 회로를 3단으로 하는 미분형 이상 발진 회로를 설계하시오.

① 조건 : 발진 주파수가 1.5kHz를 가정한다.

② $C = 0.01\mu$ F일 때 조건에 맞는 부품 R를 계산식에 의해 선정하시오.

**풀이**

· 회로설계 : TR를 이용한 CR(미분형) 위상이동 발진기이므로 그림 10.5 참고

· 부품(C)의 선정 계산과정 :

$$f_0 = \frac{1}{2\pi RC\sqrt{6}} = 1.5\,\text{kHz}$$

$$R = \frac{1}{2\pi\sqrt{6}Cf_0} = \frac{1}{2\pi\sqrt{6}\times(0.01\times10^{-6})\times(1.5\times10^{3})} = 4.3316\,\text{k}\Omega$$

### (3) 이상형 병렬 C 발진 회로 (RC형 위상 이동 발진기) : 적분형

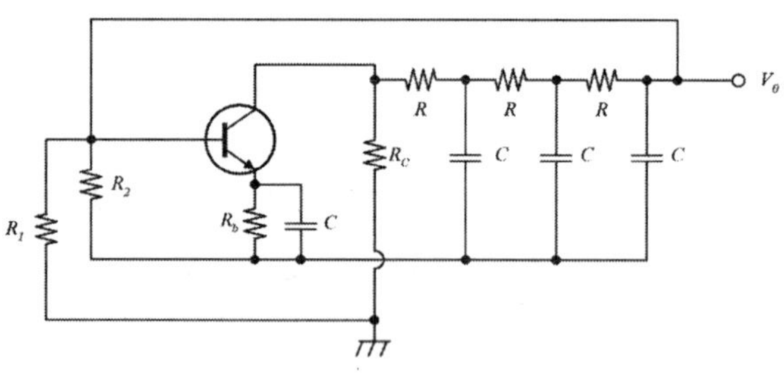

(a) TR을 이용한 발진 회로

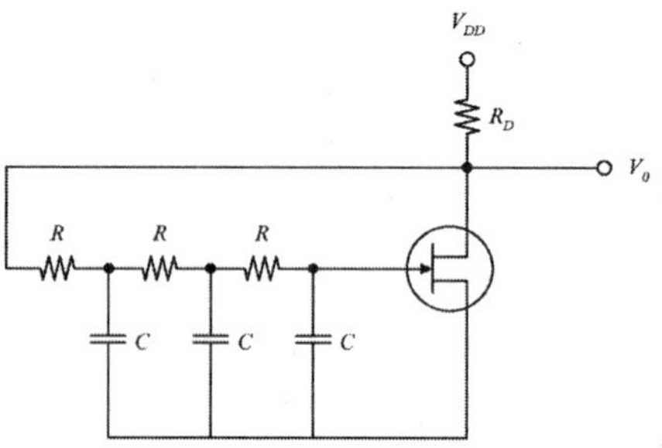

(b) FET를 이용한 발진 회로

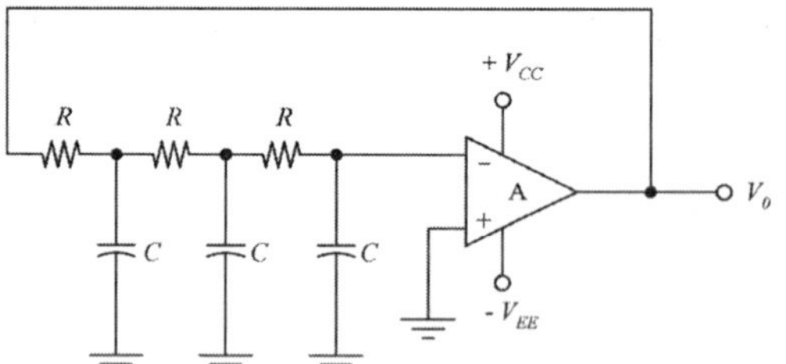

(c) IC를 이용한 발진 회로

<그림 12.8> 이상형 병렬 C형 발진 회로(적분형)

발진 주파수( $f_0$ ) $f_0 = \frac{\sqrt{6}}{2\pi RC}$ (Hz)

**예제 12-4**

FET 1개를 이용하여 RC 이상 회로를 3단으로 하는 적분형 이상 발진 회로를 설계하시오.

① 조건 : 발진 주파수가 3kHz를 가정한다.

② $C=0.01\mu$ F일 때 조건에 맞는 부품 R를 계산식에 의해 선정하시오.

**풀이**

· 회로설계 : TR를 이용한 CR(미분형) 위상이동 발진기이므로 그림 10.8(b) 참고

· 부품(C)의 선정 계산과정 :

$$f_0 = \frac{\sqrt{6}}{2\pi RC} = 3\,\text{kHz}$$

$$R = \frac{\sqrt{6}}{2\pi Cf_0} = \frac{\sqrt{6}}{2\pi\sqrt{6}\times(0.01\times10^{-6})\times(3\times10^3)} = 13\,\text{k}\Omega$$

### (4) Wien bridge 발진기

특징을 살펴보면 다음과 같다.

① 부귀환 회로에 평형 브리지를 이용해서 주파수 선택성을 갖도록 증폭기를 이용하고 정귀환에 의해서 정현파의 발진을 한다.

② A급으로 동작시킨다.

③ 가변발진기 사용이 용이하다.

④ 전압이득과 밀접한 관계가 있다.( $A_v \geq 29$)

브리지회로를 보면 저항 $R_1$, $R_2$와 커패시터 $C_1$, $C_2$가 주파수를 결정하는 소자이고, 저항 $R_3$, $R_4$가 귀환회로의 일부를 형성한다. 연산증폭기의 출력은 브리지 회로의 입력으로서 먼저 a와 c에 접속한다. b, d에서 취한 브리지 회로의 출력이 연산증폭기에 입력된다.

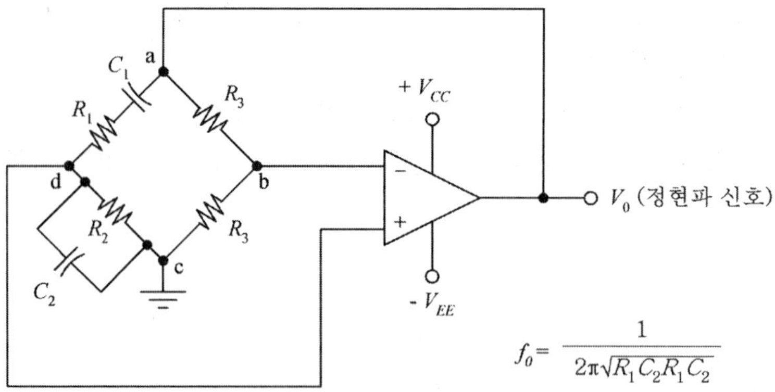


〈그림 12.9〉 연산증폭기를 사용한 Wien 브리지 발진기 회로

$\frac{R_3}{R_4} = \frac{R_1}{R_2} + \frac{C_2}{C_1}$, 발진 주파수 $f_0 = \frac{1}{2\pi\sqrt{R_1 C_1 R_2 C_2}}$

만약 $R_1 = R_2 = R$, $C_1 = C_2 = C$라면

$f_0 = \frac{1}{2\pi RC}$

$\frac{R_3}{R_4} = 2$이며 $\frac{R_3}{R_4}$가 2보다 크면 충분한 루프 이득을 제공한다.

**예제 12-5**

Wien 브리지 발진 회로를 다음 조건에 맞도록 설계하시오.

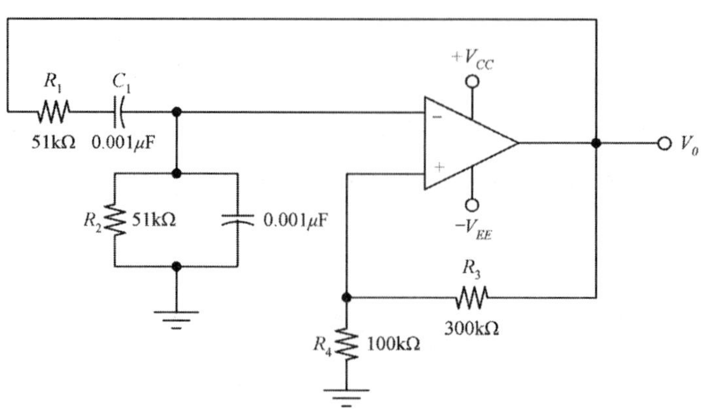

① 조건 : 발진 주파수가 5kHz가 되도록 하시오.

② $C = 0.01\mu$ F일 때 조건에 맞는 부품 R를 계산식에 의해 선정하시오.

**풀이**

· 부품(C)의 선정 계산과정 :

$$f_0 = \frac{1}{2\pi RC} = 5\,\text{kHz}$$

$$R = \frac{1}{2\pi C f_0} = \frac{1}{2\pi \times (0.01\times 10^{-6})\times(5\times 10^3)} = 3.183\,\text{k}\Omega$$

## 2. 동조발진회로

### (1) 입력 동조 및 출력 동조 발진기 회로

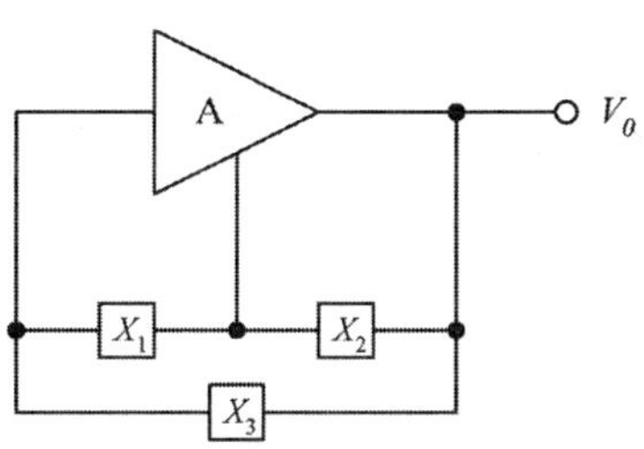


| 발진기 형태 | 리액턴스 소자 | | |
|---|---|---|---|
| | $X_1$ | $X_2$ | $X_3$ |
| 콜피츠(Colpitts) | $C$ | $C$ | $L$ |
| 하틀리(Hartley) | $L$ | $L$ | $C$ |
| Tuned input<br>Tuned output | $LC$ | $LC$ | - |

〈그림 12.10〉 공진회로 발진기의 기본접속

## (2) 콜피츠(Colpitts) 발진 회로

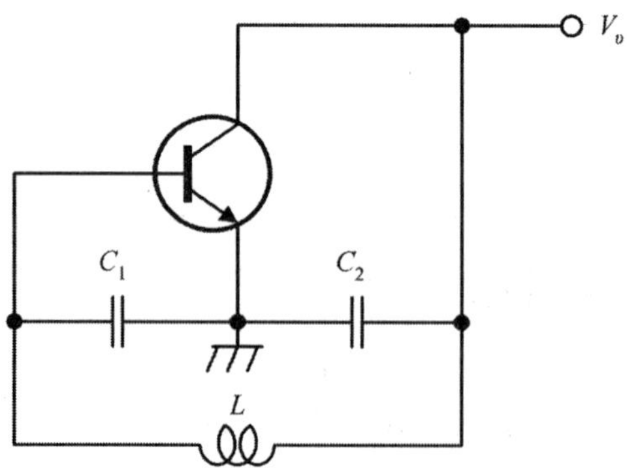


〈그림 12.11〉 콜피츠 발진기의 기본 회로

1) 동작 원리

① $C_1$과 $C_2$양단에 TR의 입력전압과 반대위상의 출력전압이 나타난다.

② 접지를 기준으로 $C_1$양단의 전압은 입력전압과 같은 양이 정귀환된다.

③ 정귀환 전압 ≥ 입력전압 → 발진계속

④ 코일의 중간 탭에서 귀환시키지 않고 용량성 귀환을 하므로 발진파형이 양호하다.

2) 전류 증폭률($h_{\rm fe}$) : $h_{\rm fe} > \omega^2 L C_2$

3) 발진 주파수( $f_0$ )

$$f_0 = \frac{1}{2\pi\sqrt{L\,C_{\rm eq}}}, \qquad C_{\rm eq} = \frac{C_1\,C_2}{C_1 + C_2}$$

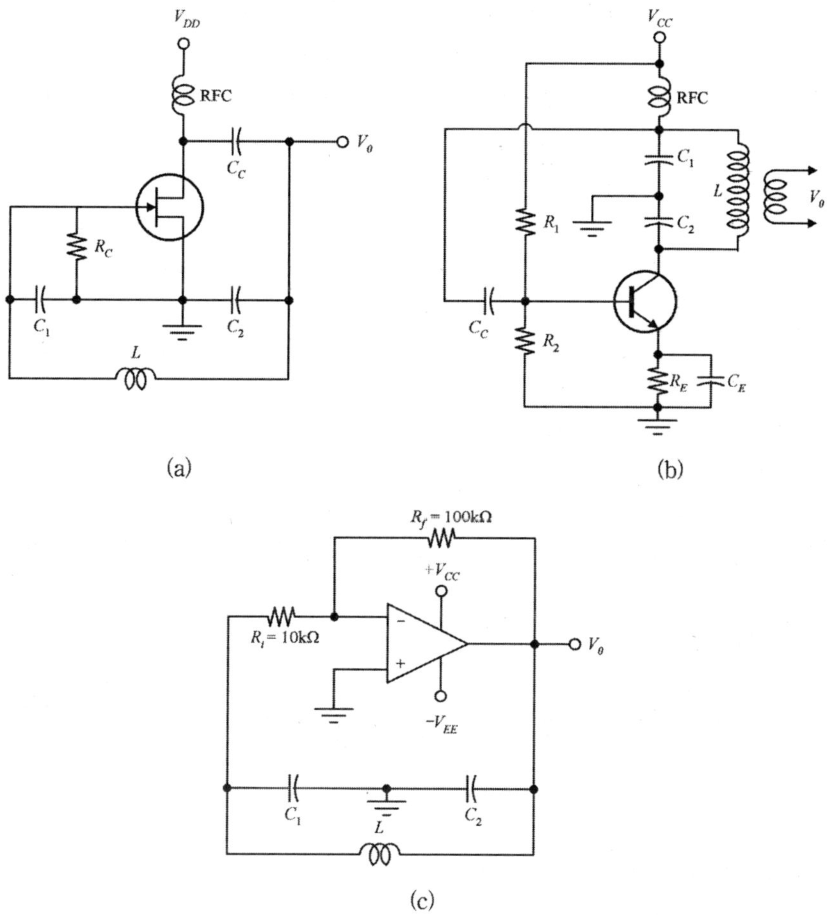


<그림 12.12> 콜피츠 발진기

4) 콜피츠 발진기의 특징

① $C_1$, $C_2$는 발진 주파수를 변화시킬 수 있으나 가변발진기로는 불편하다.

② 고조파에 대한 임피던스가 낮기 때문에 발진 주파수 파형이 좋다.

③ 코일의 임피던스를 작게 할 수 있기 때문에 매우 높은 주파수를 얻을 수 있다.

④ 주파수 결정요소인 공진회로에서 용량성 정귀환을 사용해서 인덕턴스를 작게 할 수 있으므로 발진 주파수를 높일 수 있다. 이 때문에 초단파 발진 회로, FM수신기, TV Tunner 등에서 사용된다.

**예제 12-6**

TR을 이용하여 다음 조건에 맞는 콜피츠 발진 회로를 설계하시오.

① 조건 : 발진 주파수가 200 kHz이다.

② 콘덴서가 모두 $C=0.1\mu$ F일 때 조건에 맞는 부품 $L$의 값을 계산식에 의해 선정하시오.

**풀이**

· 회로설계 : 그림 10.11 참고

· 부품( $C$)의 선정 계산과정 :

$$f_0 = \frac{1}{2\pi\sqrt{L C_{eq}}}\,\text{Hz}, \quad C_{eq} = \frac{C_1 C_2}{C_1 + C_2} = \frac{C}{2} \;(C_1 = C_2 = C)$$

$$f_0 = \frac{1}{2\pi\sqrt{L(C/2)}} = 200\,\text{kHz}$$

$$L = \frac{2}{4\pi^2 f_0^2 C} = \frac{2}{4\pi^2 \times (200\times10^3)^2 \times 0.1\times10^{-6}} = 12.66\mu\text{H}$$

## (2) 하틀리(Hartly) 발진기

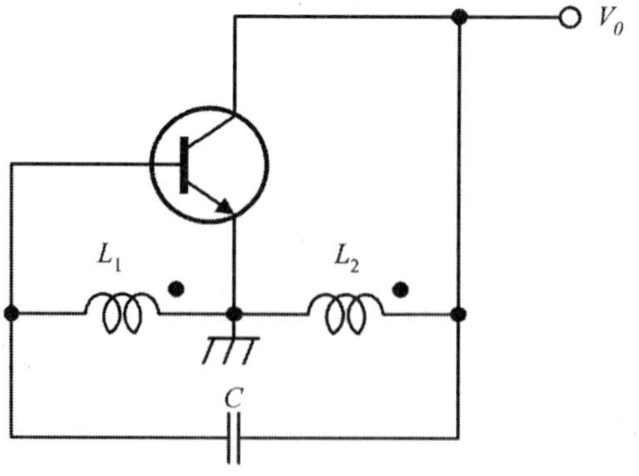


〈그림 12.13〉 하틀리 발진기의 기본 회로

1) 동작 원리

CE 증폭기에 의해서 증폭된 미소진동은 $L_1$, $L_2$및 $C$로서 구성되고 동조회로에 들어간다. 이 동조회로에 의해서 선택된 특정주파수가 TR의 베이스로 들어가서 재차 증폭되어 컬렉터에 출력된다.

2) 하틀리 발진기에서 귀환 요소는 $L$(코일)이다.

3) 전류증폭률($h_{fe}$ )

$$h_{fe} = \frac{L_1 + M}{L_2 + M}$$

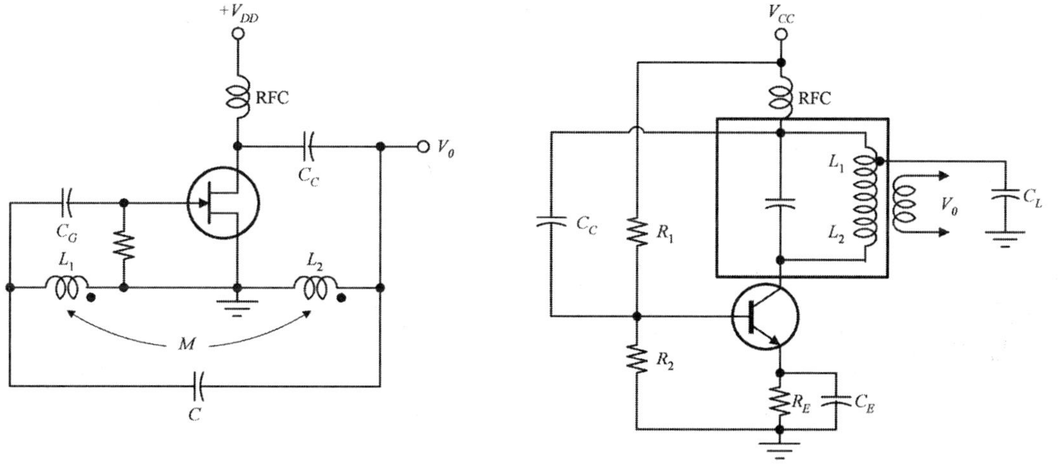


〈그림 12.14〉 하틀리 발진기

4) 발진 주파수( $f_0$ )

$$f_0 = \frac{1}{2\pi\sqrt{L_{eq}C}}, \ L_{eq} = L_1 + L_2 + 2M$$

$M$을 조정해서 파형을 조정할 수 있다.

여기서 $L_1$, $L_2$는 자기 인덕턴스, $M$은 상호 인덕턴스이다.

$$\text{결합계수 } k = \frac{M}{\sqrt{L_1 L_2}} \quad (0 \le k \le 1), \quad M = k\sqrt{L_1 L_2}$$

$k = 0$이면 상호자속이 없음, $k = 1$이면 완전결합
$k = 0.5$ 정도이면 밀결합(close coupling)이라 하고
$k = 0.01$정도이면 소결합(loose coupling)이라 한다.

5) 특징

① 가변발진기로 사용이 용이하다.
즉 coil 탭을 조정하여 발진강도를 용이하게 변화시킬 수 있다.

② 발진을 계속하기 위한 최소증폭률은 다음과 같다.

$$h_{fe} = \frac{1}{\omega^2 (L_2 + M) C} - 1$$

**예제 12-7**

TR을 이용하여 다음 조건에 맞는 하틀리 발진 회로를 설계하시오.

① 조건 : 발진 주파수가 200kHz이다.

② 인덕터가 모두 $L = 1(\mathrm{mH})$이고 결합계수가 0.5일 때 조건에 맞는 부품 $C$의 값을 계산식에 의해 선정하시오.

**풀이**

· 회로설계 : 그림 12.13 참고
· 부품( $L$)의 선정 계산과정 :

$$f_0 = \frac{1}{2\pi\sqrt{L_{eq} C}}\,\mathrm{Hz}, \quad L_{eq} = L_1 + L_2 + 2M, \quad M = k\sqrt{L_1 L_2}$$

$$M = 0.5L \ (L_1 = L_2 = L), \ L_{eq} = 3L = 3\mathrm{mH}$$

$$f_0 = \frac{1}{2\pi\sqrt{3LC}} = 200\,\mathrm{kHz}$$

$$C = \frac{2}{4\pi^2 f_0^2 \times 3L} = \frac{1}{4\pi^2 \times (200\times 10^3)^2 \times 3\times 10^{-3}} = 211.08\,\mathrm{pF}$$

### (3) Clapp 발진기

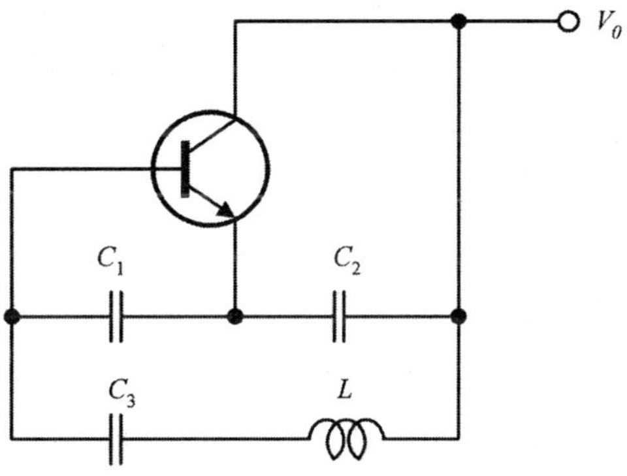


〈그림 12.15〉 Clapp 발진기의 기본 회로

1) 동작 원리

$C_3$가 $C_1$이나 $C_2$보다 훨씬 적으면 공진주파수는 거의 $C_3$에 의해 제어된다.

2) 발진 주파수( $f_0$ )

$$f_0 = \frac{1}{2\pi\sqrt{LC_3}}\,(\mathrm{Hz})$$

3) 특징

① 콜피츠 발진기의 변형으로 $C_1$, $C_2$를 $C_3$에 비해 훨씬 크게 하고 그 임피던스를 작게 해서 트랜지스터의 공진회로에 영향을 적게 하여 발진 주파수의 안정을 크게 한 발진 회로이다.

② Clapp 발진 회로의 발진 주파수는 거의 $C_3$와 $L$에 의해서 결정되므로 콜피츠 발진기보다 발진정도가 우수하다.

# 3. 수정발진기

수정발진기는 기본적인 공진 탱크 회로로서 압전 크리스털(수정)을 사용한 동조회로발진기이다. 수정발진기는 어떤 주파수에서도 일정하게 유지되는 뛰어난 안정도를 가진다. 이때 주파수는 수정의 절단방법에 따라 결정된다. 수정 발진기는 통신의 수신기나 송신기 등의 높은 안정도를 요구하는 곳에 주로 쓰인다.

### (1) 특징

① 수정 발진 회로의 발진 주파수는 수정 진동자의 공진주파수로 결정된다.

② 수정 발진기의 주파수 변동은 주정진동자의 $Q$가 매우 크기 때문에 온도에 의한 진동자 자체의 공진 주파수의 변화가 절대적이다.

### (2) 크리스털(수정)의 등가 회로

크리스털은 기계적인 압력이 결정면에 가하면 그 양단면에 전위차가 발생하는 성질을 가지고 있다. 크리스털의 이와 같은 성질을 압전효과(piezo−electric effct) 라 한다.

$L$과 $C$는 크리스털의 질량과 컴플라이언스(compliance)에 대한 전기적 등가표현이다. $R$은 크리스털 구조의 내부마찰을 전기적으로 나타낸 등가저항이다. 병렬 $C_M$은 크리스털의 기계적 구조에 의해 생기는 커패시턴스를 나타낸다.

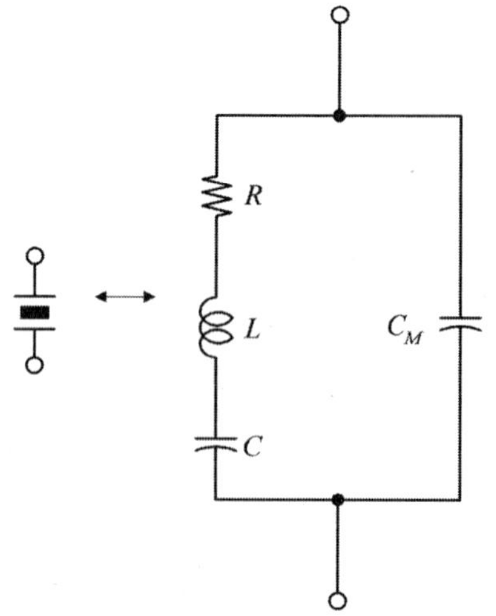


〈그림 12.16〉 크리스털의 전기적 등가회로

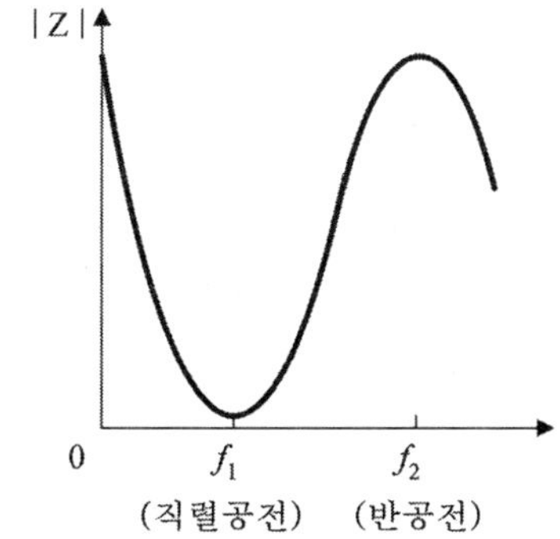


〈그림 12.17〉 크리스털의 임피던스 대 주파수 관계

### (3) 수정발진기(회로)의 안정도가 좋은 이유

① 수정 진동자의 Q가 높다(Q = 104~106)

② 수정 진동자가 기계적으로나 물리적으로 안정하다.

③ 수정 진동자의 발진조건을 만족하는 유도성 주파수 범위가 매우 좁다.

④ 주위온도의 영향이 적다.

⑤ 주파수 안정도가 좋다(10~6정도).

⑥ 수정 발진기는 유도성 동작상태에서 가장 안정된 발진을 한다.

⑦ 수정 발진자의 진동주파수는 수정 발진자의 밀도를 $d$, 거리를 $l$이라고 하면 수정 발진가의 고유 주파수( $f$ ) $f=\frac{\sqrt{Y}}{2\,l\,\sqrt{d}}$ 로 나타낸다. 여기서 $Y$는 변형률(영률)이라고 한다.

⑧ 수정 발진기의 발진 주파수 변동을 방지하기 위한 대책으로 부하와의 사이에 완충 증폭기를 설치, $Q$를 높은 진동자로 사용, 그리고 정전압 회로를 사용하여 컬렉터 전압을 안정하게 한다.

# 13장 응용회로의 예

## 1. 안정화회로(Regulator)

### (1) 준비물

| 명칭 | 규격 | 수량 | 비고 |
|---|---|---|---|
| 트랜지스터 | CS9013 | 1개 | NPN |
| 다이오드 | 1N4001 | 1개 | 1A |
| 제너다이오드 | $V_Z = 9\text{V}$ | 1개 | |
| 전해콘덴서 | 100μF | 3개 | 50V |
| 저항 | 470Ω, 47kΩ | 각 1개 | 1W |
| 파워트랜스 | 12V | 1개 | 220V |
| 기판 | 13 × 23 × 1 | 1개 | |

### (2) 회로도

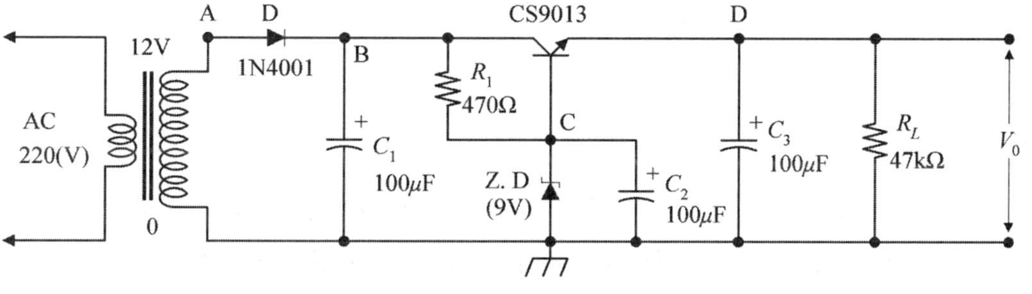

### (3) 관련이론

· 정류회로(rectifier) : 본문 참조

· 안정화회로(regulator) : 정류회로의 출력을 일정하게 유지시키는 회로이다.

## 2. 비안정 멀티바이브레이터 발진기(2석 윙커)

### (1) 준비물

| 명칭 | 규격 | 수량 | 비고 |
|---|---|---|---|
| 트랜지스터 | 2SC1815 | 2개 | NPN |
| 발광다이오드 | 적색 | 2개 | 1A |
| 전해콘덴서 | 22μF | 3개 | 16V |
| 저항 | 470Ω, 22kΩ | 각 2개 | |
| 기판 | 13 × 23 × 1 | 1개 | |

### (2) 회로도

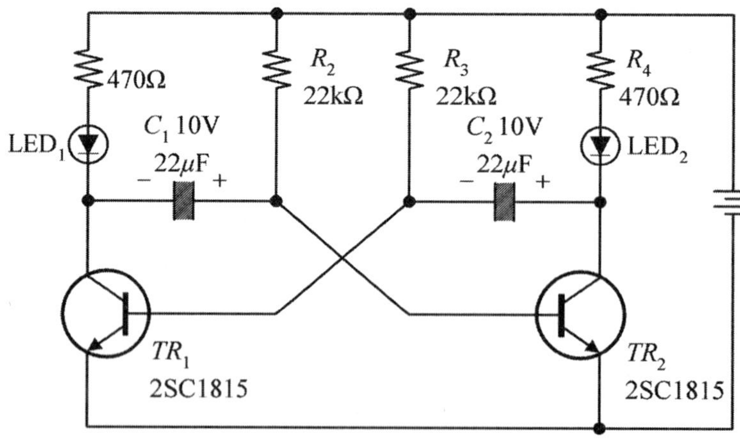


### (3) 동작설명

1) TR1에 $I_{C_1}$이 흐르면 $V_{CC}$로부터 $C_1$이 서서히 충전을 하여 전원전압까지 상승한다.

2) TR2는 $C_1$의 충전에 의하여 서서히 역바이어스로 되어 $I_{C_2}$로 차단, $V_{C_2}$가 증가하게 된다(LED1－점등, LEF2－소등)

3) $V_{C_2}$의 증가는 TR1의 바이어스 전압을 상승시키므로 TR1은 포화되고 TR2는 차단되어버린다.

4) 잠시 후 $C_1$의 충전전압은 $R_2$를 통해 서서히 방전, 다 없어지면 TR2가 $R_2$에 의하여 순바이어스가 되므로 $I_{C_2}$가 흘러 $C_2$가 서서히 충전을 시작하여 전원전압까지 상승한다.

5) 따라서 TR1이 서서히 역바이어스되어 $V_{C_1}$이 더욱 상승하므로 TR2는 포화되고 TR1이 차단되어 버린다(LED1-소등, LEF2-점등).

6) 잠시후 $C_2$의 충전전압이 서서히 방전되어 없어지면 TR1이 $R_3$에 의하여 순바이어스가 걸리게 되므로 $I_{C_1}$이 흘러 처음과 같은 상태를 반복발진하게 된다.

7) 이때 발진주기는 $T = 0.69(R_2C_1 + R_3C_2)$[sec]로 결정된다.

※발광다이오드(LED)를 이미터에 넣어도 같은 동작을 한다.

## 3. 4석 경보음 발생기

### (1) 준비물

| 명칭 | 규격 | 수량 | 비고 |
|---|---|---|---|
| 트랜지스터 | CS9014 | 2개 | NPN |
| | CS9013 | 1개 | NPN |
| | CS9012 | 1개 | PNP |
| 다이오드 | 1N60 | 1개 | |
| 전해콘덴서 | 220μF, 100μF | 각2개 | 16V |
| | 47μF | 1개 | 16V |
| 콘덴서 | 0.047μF | 1개 | 16V |
| 저항 | 100Ω, 220Ω, 560Ω | 각 1개 | 1/2W |
| | 3.9Ω, 33kΩ | 각 2개 | 1/2W |
| | 15kΩ | 1개 | 1/2W |
| 기판 | 13 × 23 × 1 | 1개 | |
| 스피커 | 2.2인치 | 1개 | |

### (2) 회로도

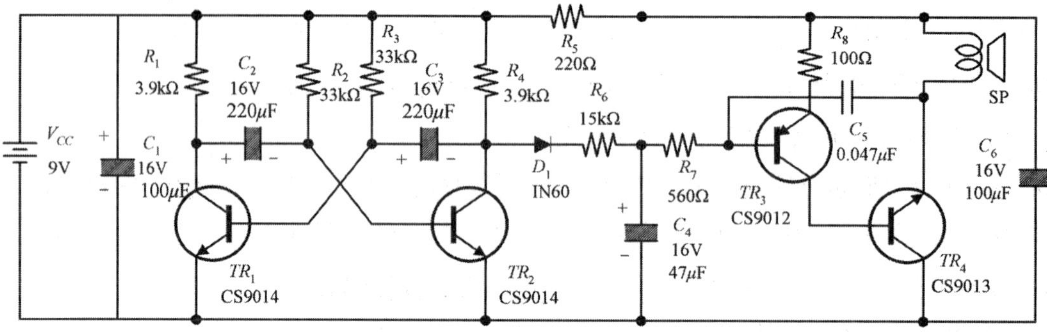


### (3) 동작설명

1) TR1과 TR2는 비안정 멀티바이브레이터회로이다.

2) 발진주기 $T \approx 0.7(R_2C_2 + R_3C_3) \approx 1.4\mathrm{s}$

3) TR3와 TR4는 다링톤 접속의 증폭회로로써 $C_4$에 의하여 정귀환이 걸려 발진을 일으킨다.

4) TR2가 차단될 때 $V_{CE}$가 높아져 $D_1$이 도통, $C_6$이 서서히 충전(TR3의 바이어스 전압이 서서히 증가한다.)하여 TR3과 TR4의 증폭작용을 감소시키게 되므로 음이 점점 작아져 사이렌 소리가 난다.

5) 잠시 후 (4)번으로 되돌아가는 반복되는 사이렌 소리가 난다.

[주의] ① TR3가 PNP 형이므로 전극아 바꾸어 지지 않도록 할 것
② $D_1$은 1N60을 사용하는 것이 좋다.

# 4. 3석 전자 경보 사이렌

## (1) 준비물

| 명칭 | 규격 | 수량 | 비고 |
|---|---|---|---|
| 트랜지스터 | 2SC1815 | 2개 | NPN |
| | 2SA562 | 1개 | PNP |
| 전해콘덴서 | 47μF | 2개 | 16V |
| 콘덴서 | 0.1μF | 2개 | 16V |
| 저항 | 330Ω, 47kΩ, 100kΩ | 각 1개 | 1/2W |
| | 1kΩ, 33kΩ | 각 2개 | 1/2W |
| | 15kΩ | 1개 | 1/2W |
| LED | 적색 | 1개 | |
| 스위치 | PUSH 스위치 | 1개 | |
| 기판 | 13 × 23 × 1 | 1개 | |
| 스피커 | 2.2인치 | 1개 | |

## (2) 회로도

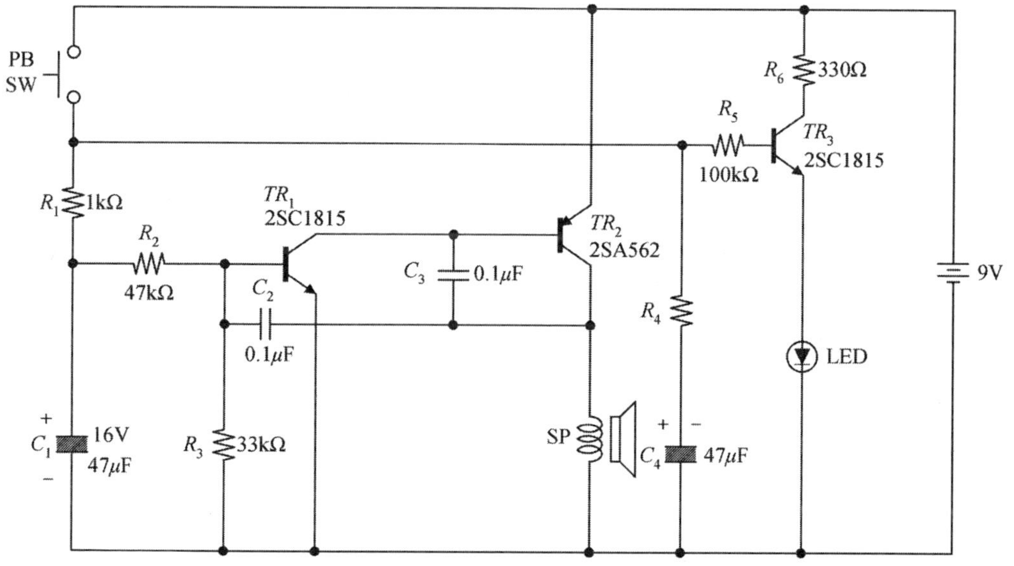

### (3) 동작설명

이 회로는 PB SW를 눌렀다 놓으면 $C_1$의 충전에 이은 $C_1$의 방전시간동안 TR1이 도통(ON)되어 TR2를 도통시키게 되고 TR3를 도통시켜 경보등인 LEF가 점등되며 동시에 $C_2$와 $C_3$에 의해 귀환이 걸려 발진을 하게 되고 사이렌 음이 나오는 회로이다.

1) 경보등 점등(LED 점등)

① PB SW를 누르면  TR3의 베이스 전위가 높아져 TR3가 도통되어 LED가 점등된다.

② PB SW를 눌렀다 높으면 $C_4$의 충전전하가 $C_4$ → $R_4$ →$R_5$ → TR2 → LED → GND의 경로로 방전하게 되고 방전시간 동안만 LED가 점등되었다가 방전이 완료되면 TR3가 차단(OFF)되어 LED가 소등된다.

2) 경보음 발생

① PB SW를 누름과 동시에 TR1의 도통으로 TR2가 도통되어 사이렌음이 시작된다.

② PB SW를 눌렀다 놓게 되면 $C_1$의 충전전하가 $R_2$를 통해 방전되고 방전시간동안 TR1과 TR2가 도통되고 $C_2$와 $C_3$에 의해 출력이 되먹임(귀환)되어 발진을 하게하여 사이렌 음이 들리게 한다.

③ $C_1$의 방전이 완료되면 TR1과 TR2가 차단되어 사이렌 음이 멈추게 된다.

# 5. 멀티발진회로

## (1) 준비물

| 명칭 | 규격 | 수량 | 비고 |
|---|---|---|---|
| 트랜지스터 | 2SC1815 | 2개 | NPN |
| | 2SA562 | 1개 | PNP |
| 다이오드 | 1N4001 | 5개 | |
| 전해콘덴서 | 4.7µF | 2개 | |
| 콘덴서 | 30pF | 4개 | |
| | 82pF | 2개 | |
| 저항 | 1kΩ | 6개 | 1/2W |
| | 30kΩ, 10kΩ | 각 1개 | 1/2W |
| | 47kΩ | 4개 | 1/2W |
| LED | 적색 | 6개 | |
| 기판 | 13 × 23 × 1 | 1개 | |

## (2) 회로도

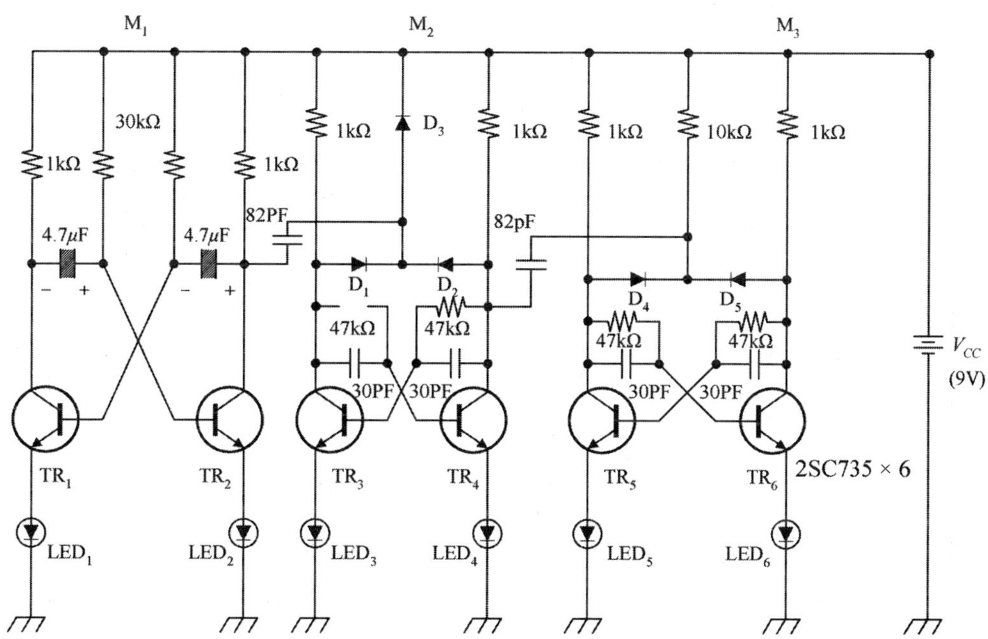

### (3) 동작설명

① TR1과 TR2로 구성된 부분은 비안정 멀티바이브레이터로써 구형파 펄스를 발생한다.
② 이 때 비안정 멀티바이브레이터의 발진주기(T)는 다음 공식으로 구해진다.

$$
\begin{aligned}
T &= 0.69(R_1C_1 + R_2C_2) \\
&= 0.69((30\times10^3\times4.7\times10^{-6}) + (30\times10^3\times4.7\times10^{-6})) \\
&\approx 0.1\,\mathrm{s}
\end{aligned}
$$

③ TR3와 TR4 및 TR5, TR6 로 구성된 부분은 쌍안정 멀티바이브레이터 회로로 비안정 M/V(multivibrator)에서 받은 펄스로 LED3및 LED4를 점등한다.
④ 이 쌍안정 M/V는 펄스공급 때마다 LED3, LED4가 ON-OFF상태로 바뀌므로 T형 플립플롭과 같은 회로동작을 한다.
⑤ TR5와 TR6도 TR3와 TR4와 동일한 쌍안정 M/V로써 앞의 설명과 같이 T형 F/F(flip-flop)를 구성하여 분주(2분주)기로 동작한다.
⑥ 이 회로에는 비안정 M/V와 쌍안정 M/V가 들어있다.

## 6. 4석 OTL AMP

### (1) 준비물

| 명칭 | 규격 | 수량 | 비고 |
|---|---|---|---|
| 트랜지스터 | CS9011,CS9013G | 각1개 | NPN |
| | CS9015, CS9012G | 각 1개 | PNP |
| 다이오드 | CD0021 | 2개 | |
| 전해콘덴서 | 1μF, 4.7μF, 100μF | 각 1개 | |
| | 47μF, 5μF | 1개 | |
| 콘덴서 | 0.02μF | 2개 | |
| 가변저항 | 5kΩ | 1개 | |
| 저항 | 68kΩ, 6.8kΩ, 150kΩ | 각 1개 | |
| | 22Ω, 820Ω | 각 1개 | |
| | 5.6kΩ | 2개 | |
| 기판 | 13 × 23 × 1 | 1개 | |

### (2) 회로도

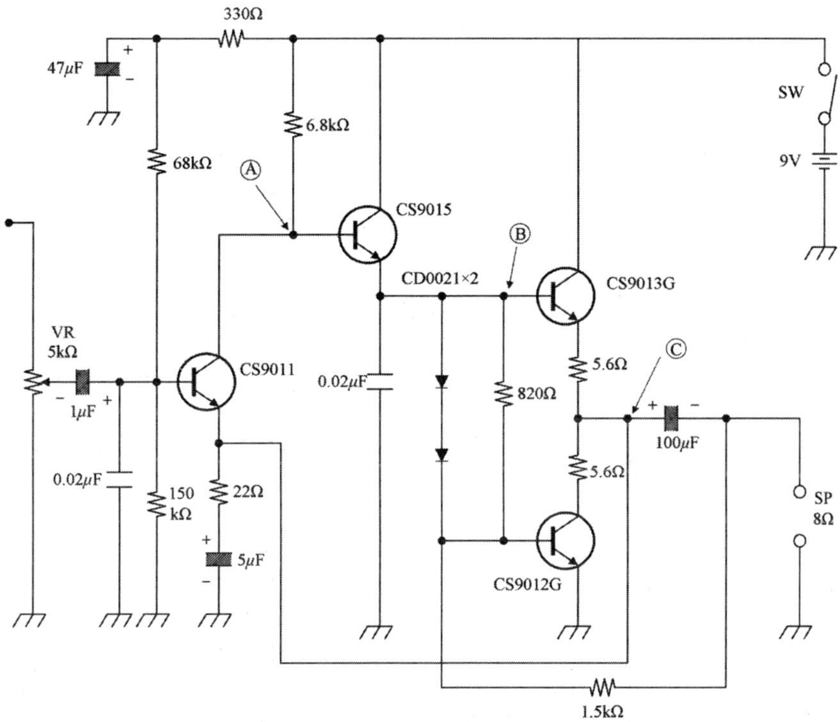


### (3) 요구사항

1) 주어진 재료를 이용하여 회로도와 같이 조립한다.
2) 의사 부하저항을 연결시켜 무신호시 전류를 측정한다.
3) Ⓐ, Ⓑ, Ⓒ점의 전압을 측정한다.

# 7. 저주파 증폭기

## (1) 준비물

| 명칭 | 규격 | 수량 | 비고 |
|---|---|---|---|
| 트랜지스터 | CS9014D | 2개 | NPN |
| | CS9013G | 3개 | NPN |
| | CS1860 | 1개 | NPN |
| | CS9012G, CS1861 | 각 1개 | PNP |
| 전해콘덴서 | 220μF, 3μF, 4.7μF | 각 1개 | |
| | 1μF, 1000μF | 1개 | |
| | 100μF | 2개 | |
| 콘덴서 | 20pF, 150pF, 200pF | 1개 | |
| | 0.04μF | 1개 | |
| 가변저항 | 5kΩ | 1개 | |
| 저항 | 500Ω, 27kΩ, 150kΩ | 각 1개 | |
| | 47kΩ, 1.8kΩ, 6.8kΩ | 각 1개 | |
| | 1.5kΩ, 560kΩ, 10Ω | 각 1개 | |
| | 10kΩ,470kΩ,100Ω | 2개 | |
| | 0.5Ω | 2개 | |
| 기판 | 13 × 23 × 1 | 1개 | |

### (2) 회로도

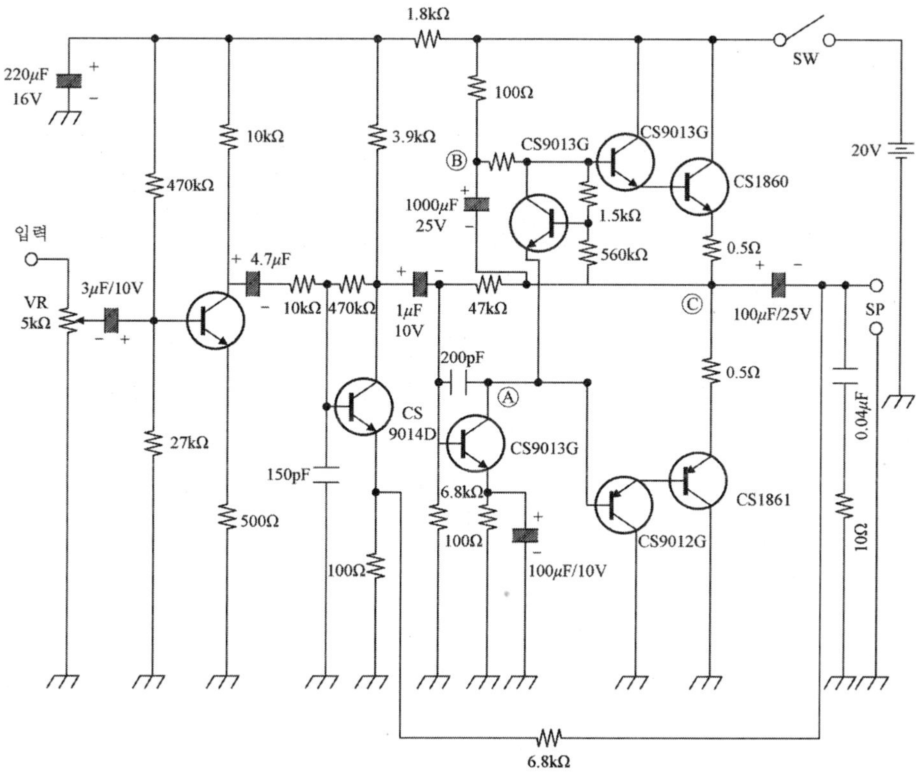


### (3) 동작설명

① 입력단자에 연결된 VR 5kΩ은 음량조정용 볼륨이고 3μF/10V 전해콘덴서는 입력결합용 콘덴서($C_c$)로 단락 시는 음이 찌그러지고 단선 시는 소리가 안 난다.

② 470kΩ과 27kΩ 저항은 베이스 바이어스 저항으로 증폭기의 특성에 중요한 역할을 하므로 저항값의 정밀을 요한다.

③ 초단 증폭 TR CS9014D의 컬렉터에 연결된 10kΩ저항은 초단 부하저항이며 값이 크면 전압증폭도는 좋으나 찌그러짐이 발생하고 값이 적으면 증폭도가 떨어진다.

④ 출력측(SP 단자)에 연결된 0.04μF와 10Ω의 저항은 고역보상용 부품으로 단선 시 고역 발진 또는 음이 찌그러진다.

⑤ 출력 트랜지스터는 순 컴플리멘터리 방식으로 Ⓒ점에서 중점전압(10V)을 정확히 맞춰야 맑고 깨끗한 음을 들을 수가 있다.

⑥ 출력 트랜지스터 베이스에 연결된 CS9013 및 CS9012 TR은 출력 드라이버용으로 동작한다.

# 8. 돌비(DOLBY) EQ 회로

## (1) 준비물

| 명칭 | 규격 | 수량 | 비고 |
|---|---|---|---|
| 트랜지스터 | 2SC372 | 2개 | NPN |
| | 2SA495 | 1개 | PNP |
| FET | 2SK30 | 1개 | |
| 다이오드 | 1N60 | 5개 | |
| 전해콘덴서 | 47μF, 4.7μF | 각 1개 | |
| | 220μF | 각 2개 | |
| | 10μF | 3개 | |
| | 1μF | 5개 | |
| 콘덴서 | 0.002μF, 0.001μF | 1개 | |
| | 0.0047μF | 2개 | |
| 가변저항 | 50kΩ | 2개 | |
| 저항 | 220Ω, 3.3kΩ, 2.7kΩ | 각 1개 | |
| | 8.2kΩ, 220kΩ, 1MΩ | 각 1개 | |
| | 10kΩ, 120kΩ, 47kΩ | 각 1개 | |
| | 1kΩ, 68Ω, 22Ω | 각 1개 | |
| | 33kΩ, 15kΩ | 각 2개 | |
| 기판 | 13 × 23 × 1 | 1개 | |

### (2) 회로도

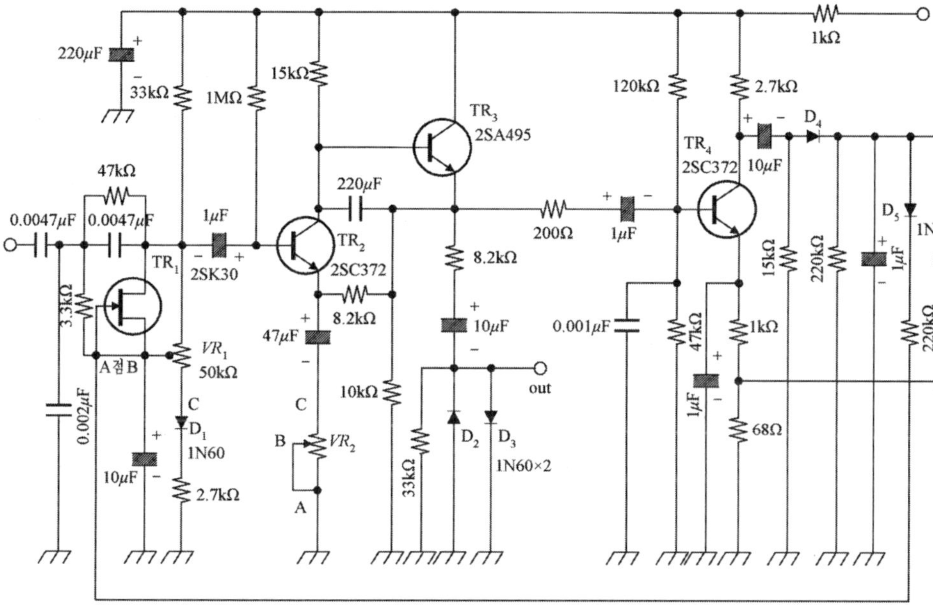


### (3) 동작설명

녹음된 음반이나 테이프로부터 원음을 재생하려면 저음은 별 문제가 되지 않지만 고음을 강조하려 할 때는 음로와 침의 마찰로 인해 고음역에 해당하는 잡음이 발생한다. 이때 재생하는 증폭기에서 원음 재생을 이하여 고음일수록 단계적으로 알맞게 이득을 낮추어 주는 회로를 등화회로(EQ AMP)라 한다. 이 이퀄라이저(equalizer amplifier)는 극히 적은 신호를 증폭하고 있으므로 잡음지수가 낮은 TR(low noise TR)과 저잡음 저항을 이용해야 하며 외부에서 잡음이 들어가지 않도록 특별히 주의해야 한다. 그러므로 이곳에서는 저잡음 TR(FET 2SK30)을 이용하여 주파수 특성을 개선하고 일그러짐을 적게 한다.

입력신호는 TR2(2SC372)와 TR3(2SC495)로 증폭하여 출력으로 보내고 일부는 TR4로 증폭하여 D4와 D5로 정류하여 DET 바이어스 전압으로 이용하므로 신호전압의 크기에 비례하여 주파수 특성을 개선할 수 있다.

# 제 6부
## 부록(데이터 시트, 패턴도)

**FAIRCHILD**
SEMICONDUCTOR ™

***Discrete POWER & Signal Technologies***



# 1N4001 - 1N4007

**Features**

- Low forward voltage drop.
- High surge current capability.

**DO-41**
COLOR BAND DENOTES CATHODE

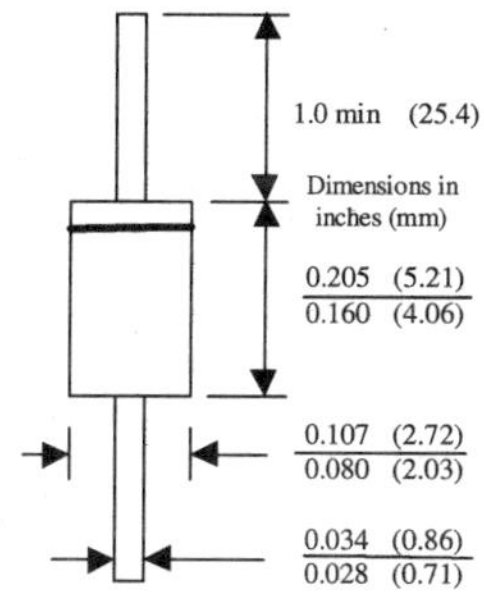


## 1.0 Ampere General Purpose Rectifiers

### Absolute Maximum Ratings*

$T_A$ = 25°C unless otherwise noted

| Symbol | Parameter | Value | Units |
|---|---|---|---|
| $I_O$ | Average Rectified Current<br>.375 " lead length @ $T_A$ = 75°C | 1.0 | A |
| $i_{f(surge)}$ | Peak Forward Surge Current<br>8.3 ms single half-sine-wave<br>Superimposed on rated load (JEDEC method) | 30 | A |
| $P_D$ | Total Device Dissipation<br>Derate above 25°C | 2.5<br>20 | W<br>mW/°C |
| $R_{\theta JA}$ | Thermal Resistance, Junction to Ambient | 50 | °C/W |
| $T_{stg}$ | Storage Temperature Range | -55 to +175 | °C |
| $T_J$ | Operating Junction Temperature | -55 to +150 | °C |

*These ratings are limiting values above which the serviceability of any semiconductor device may be impaired.

### Electrical Characteristics

$T_A$ = 25°C unless otherwise noted

| Parameter | Device | | | | | | | Units |
|---|---|---|---|---|---|---|---|---|
| | 4001 | 4002 | 4003 | 4004 | 4005 | 4006 | 4007 | |
| Peak Repetitive Reverse Voltage | 50 | 100 | 200 | 400 | 600 | 800 | 1000 | V |
| Maximum RMS Voltage | 35 | 70 | 140 | 280 | 420 | 560 | 700 | V |
| DC Reverse Voltage (Rated $V_R$) | 50 | 100 | 200 | 400 | 600 | 800 | 1000 | V |
| Maximum Reverse Current<br>@ rated $V_R$ $T_A$ = 25°C<br>$T_A$ = 100°C | 5.0<br>500 | | | | | | | µA<br>µA |
| Maximum Forward Voltage @ 1.0 A | 1.1 | | | | | | | V |
| Maximum Full Load Reverse Current, Full Cycle $T_A$ = 75°C | 30 | | | | | | | µA |
| Typical Junction Capacitance<br>$V_R$ = 4.0 V, f = 1.0 MHz | 15 | | | | | | | pF |

## Typical Characteristics

### Forward Current Derating Curve

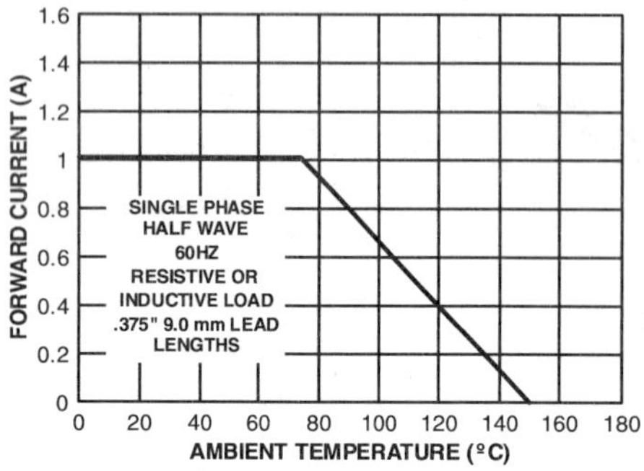


### Forward Characteristics

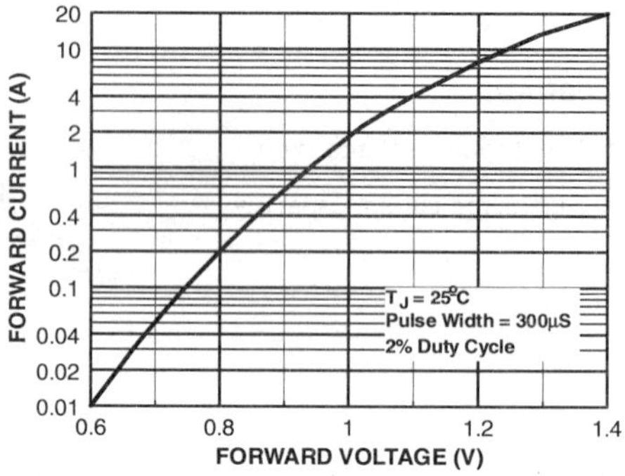


### Non-Repetitive Surge Current

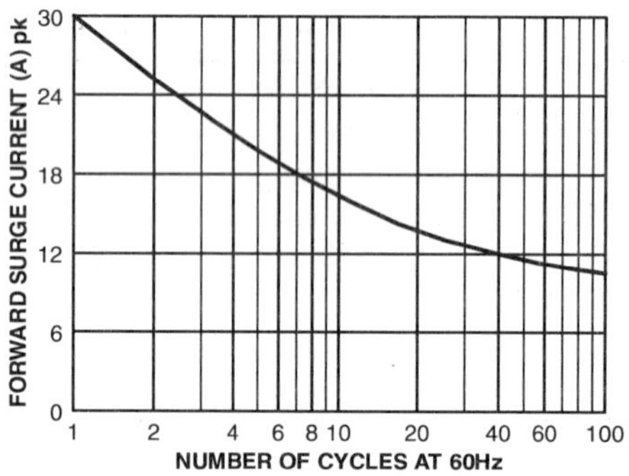


### Reverse Characteristics

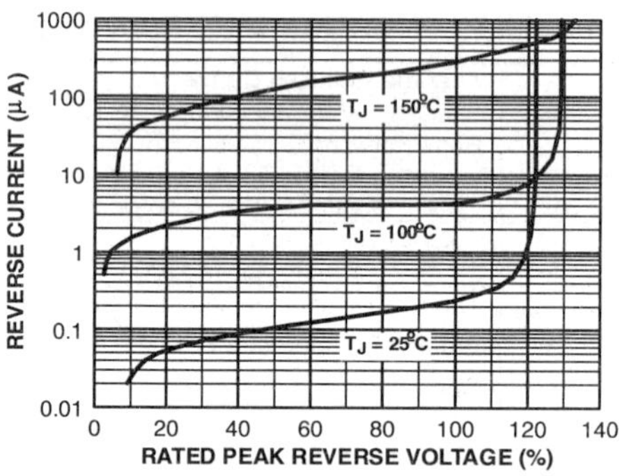

DIODES
INCORPORATED

# 1N4728A - 1N4761A

## 1.0W ZENER DIODE

## Features

- 1.0 Watt Power Dissipation
- 3.3V - 75V Nominal Zener Voltage
- Standard $V_Z$ Tolerance is 5%
- **Lead Free Finish, RoHS Compliant (Note 2)**

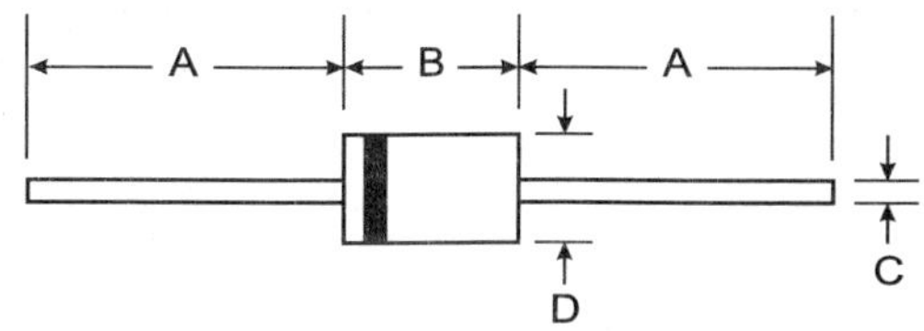


| DO-41 Glass | | |
|---|---|---|
| **Dim** | **Min** | **Max** |
| **A** | 26.0 | — |
| **B** | — | 4.10 |
| **C** | — | 0.86 |
| **D** | — | 2.60 |
| **All Dimensions in mm** | | |

## Mechanical Data

- Case: DO-41
- Case Material: Glass. UL Flammability Classification Rating 94V-0
- Moisture Sensitivity: Level 1 per J-STD-020C
- Terminals: Finish — Sn96.5Ag3.5. Solderable per MIL-STD-202, Method 208
- Polarity: Cathode Band
- Marking: Type Number
- Weight: 0.35 grams (approximate)

## Maximum Ratings @ $T_A$ = 25°C unless otherwise specified

| Characteristic | Symbol | Value | Unit |
|---|---|---|---|
| Zener Current (see Table page 2) | $I_Z$ | Pd / $V_Z$ | mA |
| Power Dissipation<br>Derate Above 50°C (Note 1) | $P_d$ | 1.0<br>6.67 | W<br>mW/°C |
| Thermal Resistance - Junction to Ambient Air | $R_{\theta JA}$ | 175 | °C/W |
| Forward Voltage @ $I_F$ = 200 mA | $V_F$ | 1.2 | V |
| Operating and Storage Temperature Range | $T_j$, $T_{STG}$ | -65 to + 175 | °C |

Note: 1. Valid provided that leads are kept at $T_L$ @ 50°C with lead length = 9.5mm (3/8") from case.
2. EC Directive 2002/95/EC (RoHS) revision 13.2.2003. Glass and High Temperature Solder Exemptions Applied where applicable, see *EU Directive Annex Notes 5 and 7.*

DIODES
INCORPORATED

## Electrical Characteristics @ $T_A = 25°C$ unless otherwise specified

| Type Number | Nominal Zener Voltage (Note 3) | Test Current | Maximum Zener Impedance (Note 4) | | | Maximum Reverse Leakage Current | | Max Surge Current 8.3ms | Temperature Coefficient @ $I_{ZT}$ |
|---|---|---|---|---|---|---|---|---|---|
| | $V_Z$ @ $I_{ZT}$ | $I_{ZT}$ | $Z_{ZT}$ @ $I_{ZT}$ | $Z_{ZK}$ @ $I_{ZK}$ | $I_{ZK}$ | $I_R$ | @ $V_R$ | $I_{ZS}$ | |
| | (V) | (mA) | (Ω) | (Ω) | (mA) | (μA) | (V) | (mA) | %/°C |
| 1N4728A | 3.3 | 76 | 10 | 400 | 1.0 | 100 | 1.0 | 1380 | -0.08 to -0.05 |
| 1N4729A | 3.6 | 69 | 10 | 400 | 1.0 | 100 | 1.0 | 1260 | -0.08 to -0.05 |
| 1N4730A | 3.9 | 64 | 9.0 | 400 | 1.0 | 50 | 1.0 | 1190 | -0.07 to -0.02 |
| 1N4731A | 4.3 | 58 | 9.0 | 400 | 1.0 | 10 | 1.0 | 1070 | -0.07 to -0.01 |
| 1N4732A | 4.7 | 53 | 8.0 | 500 | 1.0 | 10 | 1.0 | 970 | -0.03 to +0.04 |
| 1N4733A | 5.1 | 49 | 7.0 | 550 | 1.0 | 10 | 1.0 | 890 | -0.01 to +0.04 |
| 1N4734A | 5.6 | 45 | 5.0 | 600 | 1.0 | 10 | 2.0 | 810 | 0 to +0.045 |
| 1N4735A | 6.2 | 41 | 2.0 | 700 | 1.0 | 10 | 3.0 | 730 | +0.01 to +0.055 |
| 1N4736A | 6.8 | 37 | 3.5 | 700 | 1.0 | 10 | 4.0 | 660 | +0.015 to +0.06 |
| 1N4737A | 7.5 | 34 | 4.0 | 700 | 0.5 | 10 | 5.0 | 605 | +0.02 to +0.065 |
| 1N4738A | 8.2 | 31 | 4.5 | 700 | 0.5 | 10 | 6.0 | 550 | 0.03 to 0.07 |
| 1N4739A | 9.1 | 28 | 5.0 | 700 | 0.5 | 10 | 7.0 | 500 | 0.035 to 0.075 |
| 1N4740A | 10 | 25 | 7.0 | 700 | 0.25 | 10 | 7.6 | 454 | 0.04 to 0.08 |
| 1N4741A | 11 | 23 | 8.0 | 700 | 0.25 | 5.0 | 8.4 | 414 | 0.045 to 0.08 |
| 1N4742A | 12 | 21 | 9.0 | 700 | 0.25 | 5.0 | 9.1 | 380 | 0.045 to 0.085 |
| 1N4743A | 13 | 19 | 10 | 700 | 0.25 | 5.0 | 9.9 | 344 | 0.05 to 0.085 |
| 1N4744A | 15 | 17 | 14 | 700 | 0.25 | 5.0 | 11.4 | 304 | 0.055 to 0.09 |
| 1N4745A | 16 | 15.5 | 16 | 700 | 0.25 | 5.0 | 12.2 | 285 | 0.055 to 0.09 |
| 1N4746A | 18 | 14 | 20 | 750 | 0.25 | 5.0 | 13.7 | 250 | 0.06 to 0.09 |
| 1N4747A | 20 | 12.5 | 22 | 750 | 0.25 | 5.0 | 15.2 | 225 | 0.06 to 0.09 |
| 1N4748A | 22 | 11.5 | 23 | 750 | 0.25 | 5.0 | 16.7 | 205 | 0.06 to 0.095 |
| 1N4749A | 24 | 10.5 | 25 | 750 | 0.25 | 5.0 | 18.2 | 190 | 0.06 to 0.095 |
| 1N4750A | 27 | 9.5 | 35 | 750 | 0.25 | 5.0 | 20.6 | 170 | 0.06 to 0.095 |
| 1N4751A | 30 | 8.5 | 40 | 1000 | 0.25 | 5.0 | 22.8 | 150 | 0.06 to 0.095 |
| 1N4752A | 33 | 7.5 | 45 | 1000 | 0.25 | 5.0 | 25.1 | 135 | 0.06 to 0.095 |
| 1N4753A | 36 | 7.0 | 50 | 1000 | 0.25 | 5.0 | 27.4 | 125 | 0.06 to 0.095 |
| 1N4754A | 39 | 6.5 | 60 | 1000 | 0.25 | 5.0 | 29.7 | 115 | 0.06 to 0.095 |
| 1N4755A | 43 | 6.0 | 70 | 1500 | 0.25 | 5.0 | 32.7 | 110 | 0.06 to 0.095 |
| 1N4756A | 47 | 5.5 | 80 | 1500 | 0.25 | 5.0 | 35.8 | 95 | 0.06 to 0.095 |
| 1N4757A | 51 | 5.0 | 95 | 1500 | 0.25 | 5.0 | 38.8 | 90 | 0.06 to 0.095 |
| 1N4758A | 56 | 4.5 | 110 | 2000 | 0.25 | 5.0 | 42.6 | 80 | 0.06 to 0.095 |
| 1N4759A | 62 | 4.0 | 125 | 2000 | 0.25 | 5.0 | 47.1 | 70 | 0.06 to 0.095 |
| 1N4760A | 68 | 3.7 | 150 | 2000 | 0.25 | 5.0 | 51.7 | 65 | 0.06 to 0.095 |
| 1N4761A | 75 | 3.3 | 175 | 2000 | 0.25 | 5.0 | 56.0 | 60 | 0.06 to 0.095 |

Notes: 3. Measured under thermal equilibrium and dc ($I_{ZT}$) test conditions.
4. The Zener impedance is derived from the 60 Hz ac voltage which results when an ac current having an rms value equal to 10% of the Zener current ($I_{ZT}$ or $I_{ZK}$) is superimposed on $I_{ZT}$ or $I_{ZK}$. Zener impedance is measured at two points to insure a sharp knee on the breakdown curve and to eliminate unstable units.

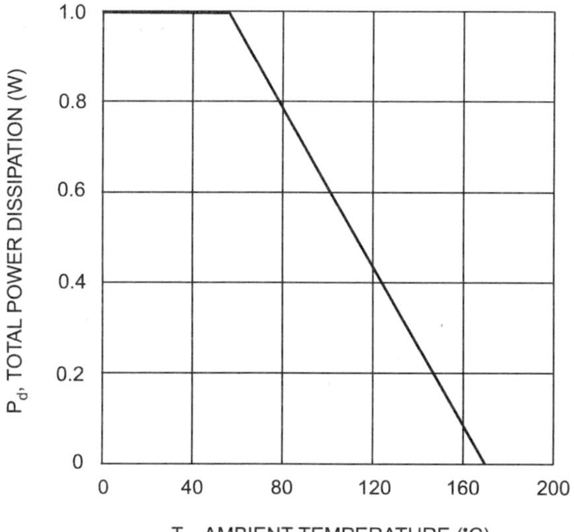


Fig.1 Power Dissipation vs Ambient Temperature

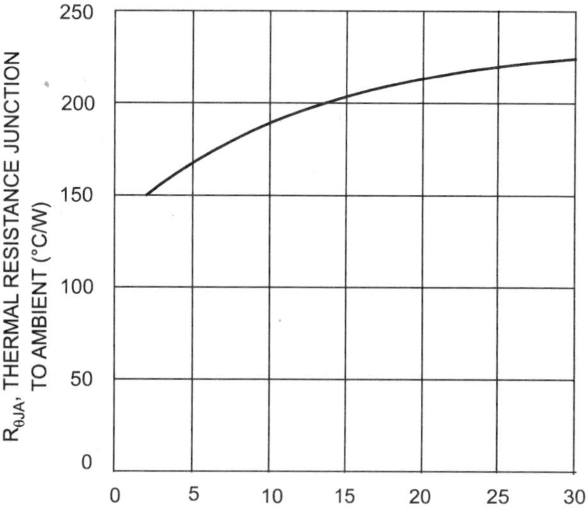


Fig. 2 Typical Thermal Resistance vs. Lead Length

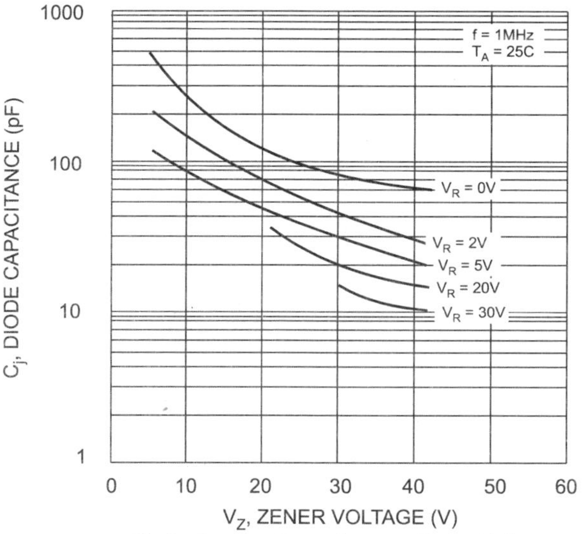


Fig.3, Junction Capacitance vs Zener Voltage

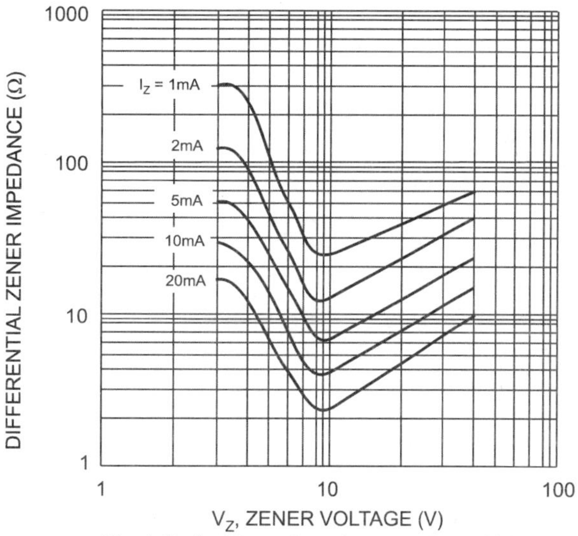


Fig. 4 Typical Zener Impedance vs. Zener Voltage

## Ordering Information (Note 6)

| Device | Packaging | Shipping |
|---|---|---|
| (Type Number)-A* | DO-41 | 5K/Ammo Pack |
| (Type Number)-T* | DO-41 | 5K/Tape & Reel |

Notes: 5. *Add "-A" or "-T" to the appropriate type number in Table 1. Example: 6.2V Zener = 1N4735A-A for ammo pack.
6. For packaging details, visit our website at http://www.diodes.com/datasheets/ap02008.pdf

FAIRCHILD
SEMICONDUCTOR ™

# 2N3904 | MMBT3904

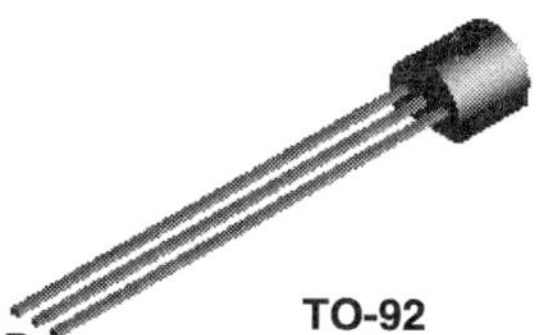

C B E TO-92

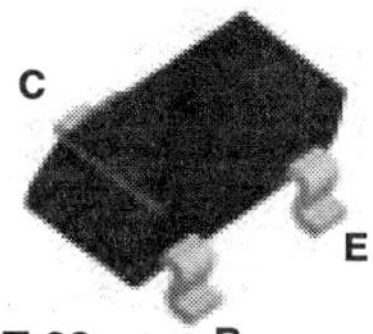

C E B
SOT-23
Mark: 1A

# PZT3904

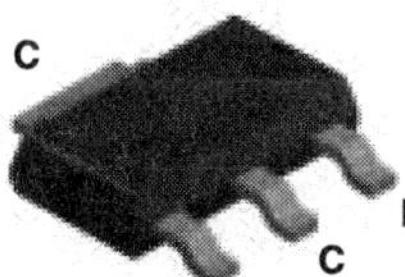

C E C B
SOT-223

## NPN General Purpose Amplifier

This device is designed as a general purpose amplifier and switch. The useful dynamic range extends to 100 mA as a switch and to 100 MHz as an amplifier. Sourced from Process 23.

## Absolute Maximum Ratings*

TA = 25°C unless otherwise noted

| Symbol | Parameter | Value | Units |
|---|---|---|---|
| $V_{CEO}$ | Collector-Emitter Voltage | 40 | V |
| $V_{CBO}$ | Collector-Base Voltage | 60 | V |
| $V_{EBO}$ | Emitter-Base Voltage | 6.0 | V |
| $I_C$ | Collector Current - Continuous | 200 | mA |
| $T_J$, $T_{stg}$ | Operating and Storage Junction Temperature Range | -55 to +150 | °C |

*These ratings are limiting values above which the serviceability of any semiconductor device may be impaired.

NOTES:
1) These ratings are based on a maximum junction temperature of 150 degrees C.
2) These are steady state limits. The factory should be consulted on applications involving pulsed or low duty cycle operations.

## NPN General Purpose Amplifier
(continued)

### Electrical Characteristics
TA = 25°C unless otherwise noted

| Symbol | Parameter | Test Conditions | Min | Max | Units |
|---|---|---|---|---|---|
| **OFF CHARACTERISTICS** | | | | | |
| $V_{(BR)CEO}$ | Collector-Emitter Breakdown Voltage | $I_C = 1.0$ mA, $I_B = 0$ | 40 | | V |
| $V_{(BR)CBO}$ | Collector-Base Breakdown Voltage | $I_C = 10$ μA, $I_E = 0$ | 60 | | V |
| $V_{(BR)EBO}$ | Emitter-Base Breakdown Voltage | $I_E = 10$ μA, $I_C = 0$ | 6.0 | | V |
| $I_{BL}$ | Base Cutoff Current | $V_{CE} = 30$ V, $V_{EB} = 0$ | | 50 | nA |
| $I_{CEX}$ | Collector Cutoff Current | $V_{CE} = 30$ V, $V_{EB} = 0$ | | 50 | nA |
| **ON CHARACTERISTICS*** | | | | | |
| $h_{FE}$ | DC Current Gain | $I_C = 0.1$ mA, $V_{CE} = 1.0$ V<br>$I_C = 1.0$ mA, $V_{CE} = 1.0$ V<br>$I_C = 10$ mA, $V_{CE} = 1.0$ V<br>$I_C = 50$ mA, $V_{CE} = 1.0$ V<br>$I_C = 100$ mA, $V_{CE} = 1.0$ V | 40<br>70<br>100<br>60<br>30 | <br><br>300<br><br> | |
| $V_{CE(sat)}$ | Collector-Emitter Saturation Voltage | $I_C = 10$ mA, $I_B = 1.0$ mA<br>$I_C = 50$ mA, $I_B = 5.0$ mA | | 0.2<br>0.3 | V<br>V |
| $V_{BE(sat)}$ | Base-Emitter Saturation Voltage | $I_C = 10$ mA, $I_B = 1.0$ mA<br>$I_C = 50$ mA, $I_B = 5.0$ mA | 0.65 | 0.85<br>0.95 | V<br>V |
| **SMALL SIGNAL CHARACTERISTICS** | | | | | |
| $f_T$ | Current Gain - Bandwidth Product | $I_C = 10$ mA, $V_{CE} = 20$ V,<br>f = 100 MHz | 300 | | MHz |
| $C_{obo}$ | Output Capacitance | $V_{CB} = 5.0$ V, $I_E = 0$,<br>f = 1.0 MHz | | 4.0 | pF |
| $C_{ibo}$ | Input Capacitance | $V_{EB} = 0.5$ V, $I_C = 0$,<br>f = 1.0 MHz | | 8.0 | pF |
| NF | Noise Figure (except MMPQ3904) | $I_C = 100$ μA, $V_{CE} = 5.0$ V,<br>$R_S$ =1.0kΩ, f=10 Hz to 15.7 kHz | | 5.0 | dB |
| **SWITCHING CHARACTERISTICS** (except MMPQ3904) | | | | | |
| $t_d$ | Delay Time | $V_{CC} = 3.0$ V, $V_{BE} = 0.5$ V, | | 35 | ns |
| $t_r$ | Rise Time | $I_C = 10$ mA, $I_{B1} = 1.0$ mA | | 35 | ns |
| $t_s$ | Storage Time | $V_{CC} = 3.0$ V, $I_C = 10$mA | | 200 | ns |
| $t_f$ | Fall Time | $I_{B1} = I_{B2} = 1.0$ mA | | 50 | ns |

*Pulse Test: Pulse Width ≤ 300 μs, Duty Cycle ≤ 2.0%

### Spice Model

NPN (Is=6.734f Xti=3 Eg=1.11 Vaf=74.03 Bf=416.4 Ne=1.259 Ise=6.734 Ikf=66.78m Xtb=1.5 Br=.7371 Nc=2 Isc=0 Ikr=0 Rc=1 Cjc=3.638p Mjc=.3085 Vjc=.75 Fc=.5 Cje=4.493p Mje=.2593 Vje=.75 Tr=239.5n Tf=301.2p Itf=.4 Vtf=4 Xtf=2 Rb=10)

## NPN General Purpose Amplifier
(continued)

### Thermal Characteristics
TA = 25°C unless otherwise noted

| Symbol | Characteristic | Max | | Units |
|---|---|---|---|---|
| | | 2N3904 | *PZT3904 | |
| $P_D$ | Total Device Dissipation<br>Derate above 25°C | 625<br>5.0 | 1,000<br>8.0 | mW<br>mW/°C |
| $R_{\theta JC}$ | Thermal Resistance, Junction to Case | 83.3 | | °C/W |
| $R_{\theta JA}$ | Thermal Resistance, Junction to Ambient | 200 | 125 | °C/W |

| Symbol | Characteristic | Max | | Units |
|---|---|---|---|---|
| | | **MMBT3904 | MMPQ3904 | |
| $P_D$ | Total Device Dissipation<br>Derate above 25°C | 350<br>2.8 | 1,000<br>8.0 | mW<br>mW/°C |
| $R_{\theta JA}$ | Thermal Resistance, Junction to Ambient<br>Effective 4 Die<br>Each Die | 357 | <br>125<br>240 | °C/W<br>°C/W<br>°C/W |

*Device mounted on FR-4 PCB 30 mm X 18 mm X 1.5 mm; mounting pad for the collector lead min. 6 $cm^2$.

**Device mounted on FR-4 PCB 1.6" X 1.6" X 0.06."

### Typical Characteristics

**Typical Pulsed Current Gain vs Collector Current**

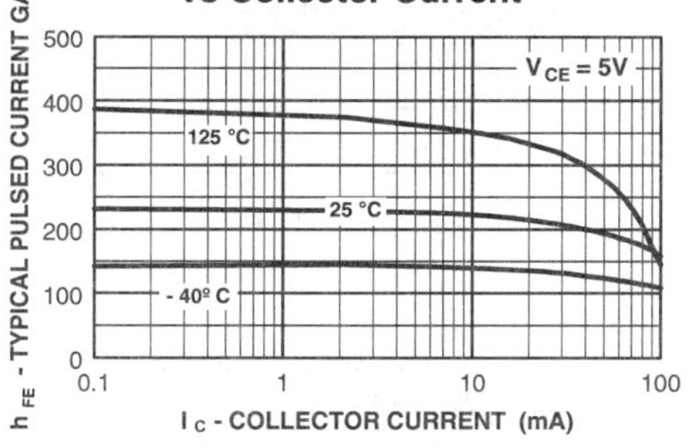


**Collector-Emitter Saturation Voltage vs Collector Current**

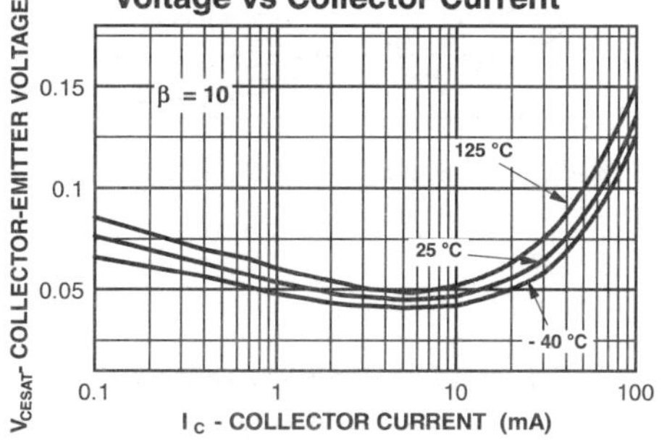


**Base-Emitter Saturation Voltage vs Collector Current**

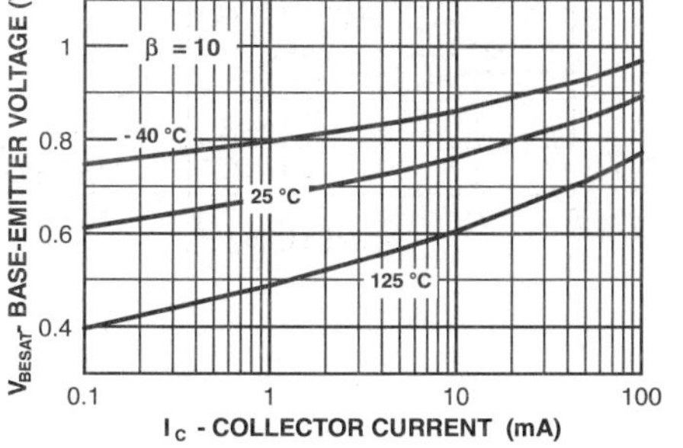


**Base-Emitter ON Voltage vs Collector Current**

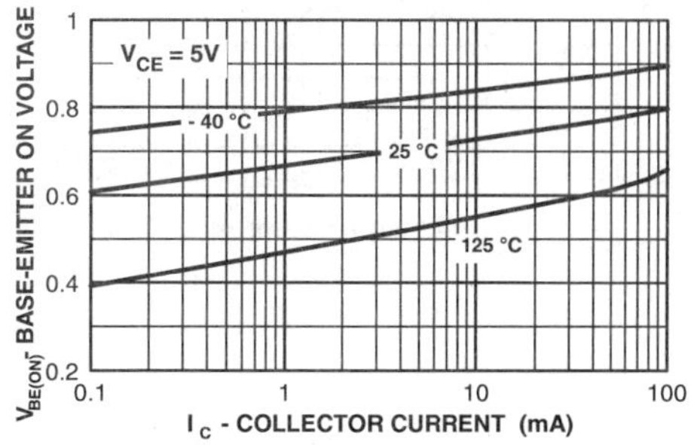

## Typical Characteristics (continued)

### Collector-Cutoff Current vs Ambient Temperature

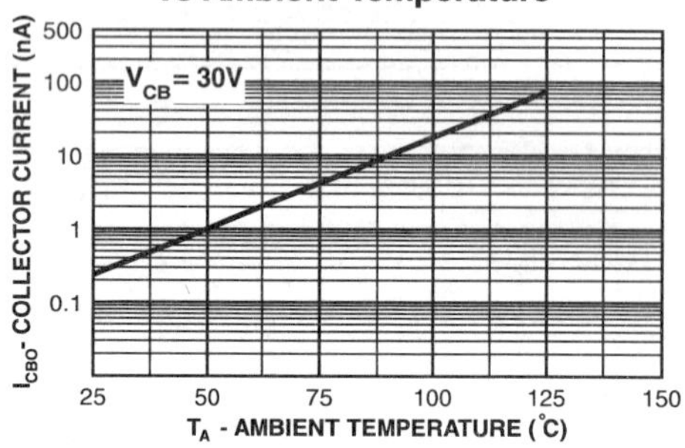


### Capacitance vs Reverse Bias Voltage

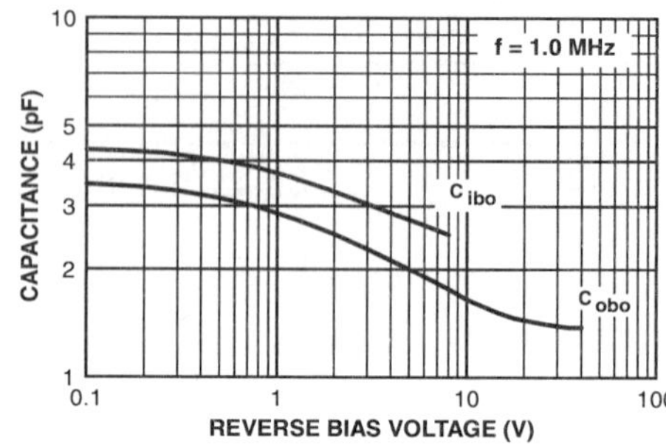


### Noise Figure vs Frequency

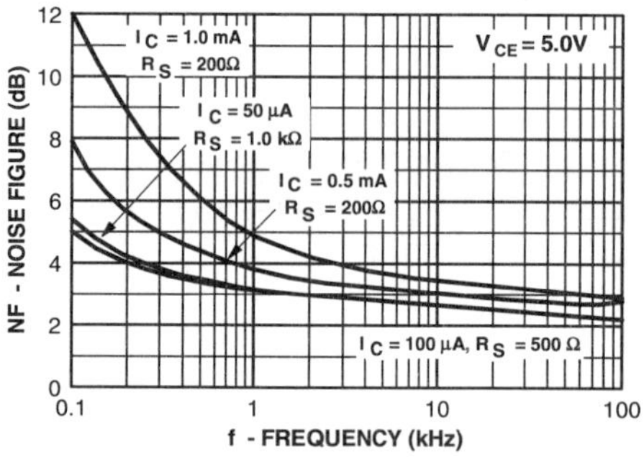


### Noise Figure vs Source Resistance

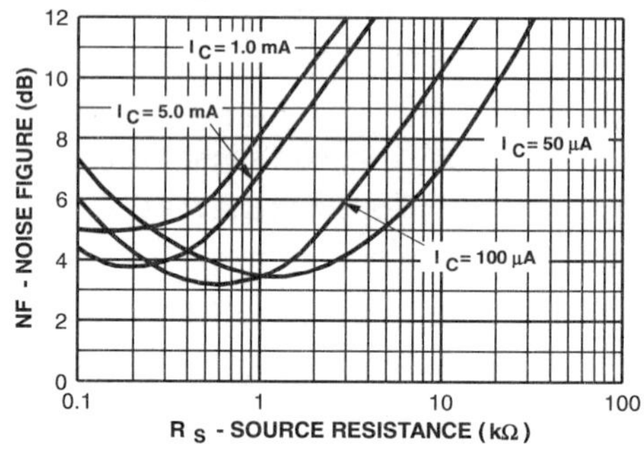


### Current Gain and Phase Angle vs Frequency

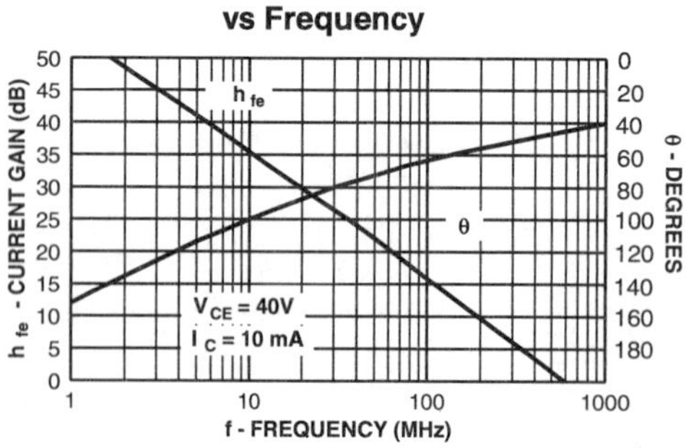


### Power Dissipation vs Ambient Temperature

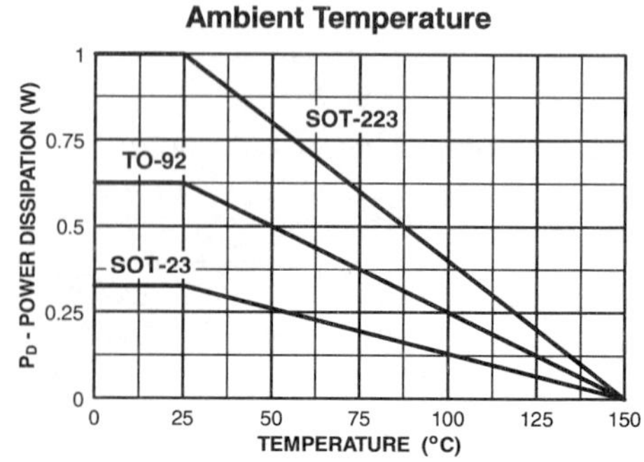

## Typical Characteristics (continued)

### Turn-On Time vs Collector Current

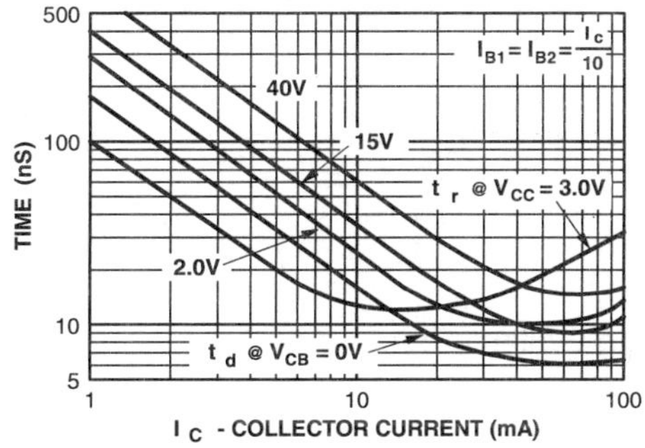


### Rise Time vs Collector Current

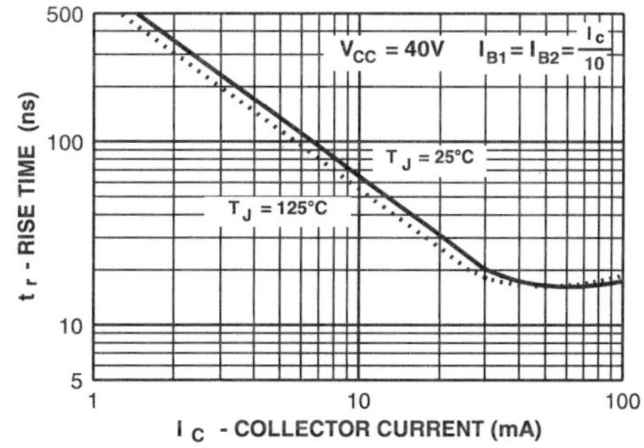


### Storage Time vs Collector Current

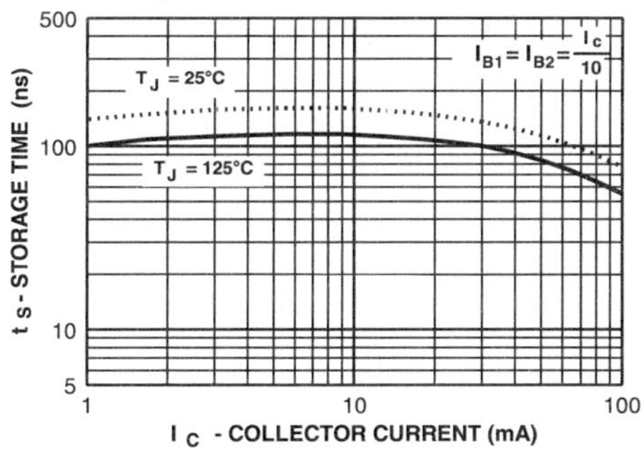


### Fall Time vs Collector Current

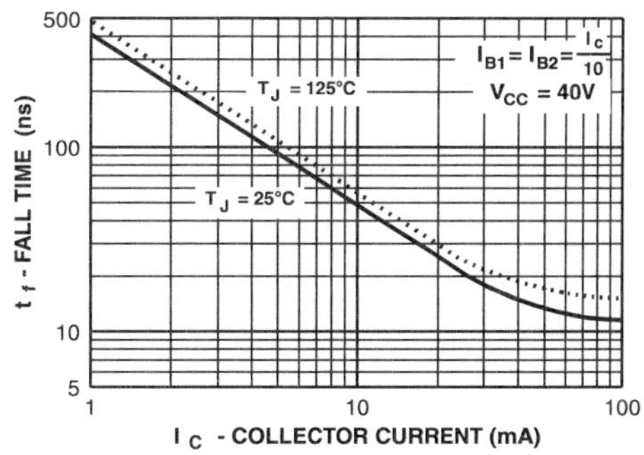

## Test Circuits

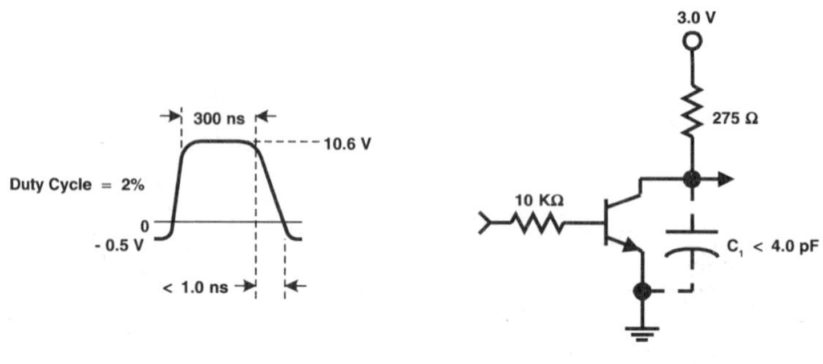


FIGURE 1: Delay and Rise Time Equivalent Test Circuit

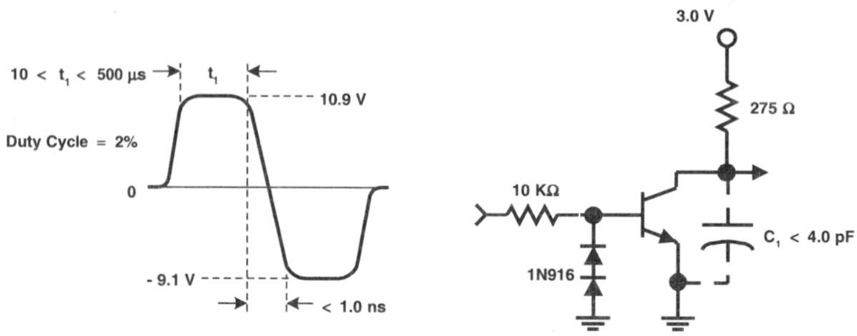


FIGURE 2: Storage and Fall Time Equivalent Test Circuit

## TRADEMARKS

The following are registered and unregistered trademarks Fairchild Semiconductor owns or is authorized to use and is not intended to be an exhaustive list of all such trademarks.

ACEx™
CoolFET™
CROSSVOLT™
E²CMOS™
FACT™
FACT Quiet Series™
FAST®
FASTr™
GTO™
HiSeC™
ISOPLANAR™
MICROWIRE™
POP™
PowerTrench™
QS™
Quiet Series™
SuperSOT™-3
SuperSOT™-6
SuperSOT™-8
TinyLogic™

## DISCLAIMER

FAIRCHILD SEMICONDUCTOR RESERVES THE RIGHT TO MAKE CHANGES WITHOUT FURTHER NOTICE TO ANY PRODUCTS HEREIN TO IMPROVE RELIABILITY, FUNCTION OR DESIGN. FAIRCHILD DOES NOT ASSUME ANY LIABILITY ARISING OUT OF THE APPLICATION OR USE OF ANY PRODUCT OR CIRCUIT DESCRIBED HEREIN; NEITHER DOES IT CONVEY ANY LICENSE UNDER ITS PATENT RIGHTS, NOR THE RIGHTS OF OTHERS.

## LIFE SUPPORT POLICY

FAIRCHILD'S PRODUCTS ARE NOT AUTHORIZED FOR USE AS CRITICAL COMPONENTS IN LIFE SUPPORT DEVICES OR SYSTEMS WITHOUT THE EXPRESS WRITTEN APPROVAL OF FAIRCHILD SEMICONDUCTOR CORPORATION. As used herein:

1. Life support devices or systems are devices or systems which, (a) are intended for surgical implant into the body, or (b) support or sustain life, or (c) whose failure to perform when properly used in accordance with instructions for use provided in the labeling, can be reasonably expected to result in significant injury to the user.

2. A critical component is any component of a life support device or system whose failure to perform can be reasonably expected to cause the failure of the life support device or system, or to affect its safety or effectiveness.

## PRODUCT STATUS DEFINITIONS

### Definition of Terms

| Datasheet Identification | Product Status | Definition |
|---|---|---|
| Advance Information | Formative or In Design | This datasheet contains the design specifications for product development. Specifications may change in any manner without notice. |
| Preliminary | First Production | This datasheet contains preliminary data, and supplementary data will be published at a later date. Fairchild Semiconductor reserves the right to make changes at any time without notice in order to improve design. |
| No Identification Needed | Full Production | This datasheet contains final specifications. Fairchild Semiconductor reserves the right to make changes at any time without notice in order to improve design. |
| Obsolete | Not In Production | This datasheet contains specifications on a product that has been discontinued by Fairchild semiconductor. The datasheet is printed for reference information only. |

*Data Sheet*

**Central™ Semiconductor Corp.**
145 Adams Avenue, Hauppauge, NY 11788 USA
Tel: (631) 435-1110 • Fax: (631) 435-1824

Manufacturers of World Class Discrete Semiconductors

# 2N5949 2N5950 2N5951 2N5952 2N5953

N-CHANNEL FET

TO-92-18R CASE

## DESCRIPTION

The CENTRAL SEMICONDUCTOR 2N5949 Series types are Silicon N Channel Junction FETs designed for switching, RF amplifier and mixer applications where low capacitance is desired.

## MAXIMUM RATINGS ($T_A$=25°C unless otherwise noted)

| | SYMBOL | | UNIT |
|---|---|---|---|
| Gate-Source Voltage | $V_{GS}$ | 30 | V |
| Drain-Gate Voltage | $V_{DG}$ | 30 | V |
| Gate Current | $I_G$ | 10 | mA |
| Power Dissipation | $P_D$ | 360 | mW |
| Operating and Storage Junction Temperature | $T_J$, $T_{stg}$ | -65 TO +150 | °C |

## ELECTRICAL CHARACTERISTICS ($T_A$=25°C unless otherwise noted)

| SYMBOL | TEST CONDITIONS | 2N5949 | | 2N5950 | | 2N5951 | | 2N5952 | | 2N5953 | | UNIT |
|---|---|---|---|---|---|---|---|---|---|---|---|---|
| | | MIN | MAX | MIN | MAX | MIN | MAX | MIN | MAX | MIN | MAX | |
| $I_{GSS}$ | $V_{GS}$=15V | | 1.0 | | 1.0 | | 1.0 | | 1.0 | | 1.0 | nA |
| $I_{GSS}$ | $V_{GS}$=15V, $T_A$=100°C | | 200 | | 200 | | 200 | | 200 | | 200 | nA |
| $I_{DSS}$ | $V_{DS}$=15V | 12 | 18 | 10 | 15 | 7.0 | 13 | 4.0 | 8.0 | 2.5 | 5.0 | mA |
| $BV_{GSS}$ | $I_G$=1.0μA | 30 | | 30 | | 30 | | 30 | | 30 | | V |
| $V_{GS}$ | $V_{DS}$=15V, $I_D$=1.2mA | 2.25 | 6.0 | - | - | - | - | - | - | - | - | V |
| $V_{GS}$ | $V_{DS}$=15V, $I_D$=1.0mA | - | - | 1.8 | 5.0 | - | - | - | - | - | - | V |
| $V_{GS}$ | $V_{DS}$=15V, $I_D$=0.7mA | - | - | - | - | 1.3 | 4.5 | - | - | - | - | V |
| $V_{GS}$ | $V_{DS}$=15V, $I_D$=0.4mA | - | - | - | - | - | - | 0.75 | 3.0 | - | - | V |
| $V_{GS}$ | $V_{DS}$=15V, $I_D$=0.25mA | - | - | - | - | - | - | - | - | 0.5 | 2.5 | V |
| $V_{GS(OFF)}$ | $V_{DS}$=15V, $I_D$=100nA | 3.0 | 7.0 | 2.5 | 6.0 | 2.0 | 5.0 | 1.3 | 3.5 | 0.8 | 3.0 | V |
| $Y_{fs}$ | $V_{DS}$=15V, $V_{GS}$=0, f=1.0kHz | 3.5 | 7.5 | 3.5 | 7.5 | 3.5 | 6.5 | 2.0 | 6.5 | 2.0 | 6.5 | mmho |
| $Y_{os}$ | $V_{DS}$=15V, $V_{GS}$=0, f=1.0kHz | | 75 | | 75 | | 75 | | 50 | | 50 | μmho |
| $C_{iss}$ | $V_{DS}$=15V, $V_{GS}$=0, f=1.0MHz | | 6.0 | | 6.0 | | 6.0 | | 6.0 | | 6.0 | pF |
| $C_{rss}$ | $V_{DS}$=15V, $V_{GS}$=0, f=1.0MHz | | 2.0 | | 2.0 | | 2.0 | | 2.0 | | 2.0 | pF |
| $r_{ds(ON)}$ | $V_{GS}$=0, $I_D$=0, f=1.0kHz | | 200 | | 210 | | 250 | | 300 | | 375 | Ω |
| $g_{is}$ | $V_{DS}$=15V, $V_{GS}$=0, f=100MHz | | 250 | | 250 | | 250 | | 250 | | 250 | μmho |
| $g_{fs}$ | $V_{DS}$=15V, $V_{GS}$=0, f=100MHz | 3.0 | 7.5 | 3.0 | 7.5 | 3.0 | 6.5 | 1.0 | 6.5 | 1.0 | 6.5 | mmho |
| $g_{os}$ | $V_{DS}$=15V, $V_{GS}$=0, f=100MHz | | 150 | | 125 | | 100 | | 75 | | 50 | μmho |
| NF | $V_{DS}$=15V, $V_{GS}$=0, f=100MHz, $R_G$=1.0kΩ | | 5.0 | | 5.0 | | 5.0 | | 5.0 | | 5.0 | dB |
| NF | $V_{DS}$=15V, $V_{GS}$=0, f=1.0kHz, $R_G$=1.0MΩ | | 2.0 | | 2.0 | | 2.0 | | 2.0 | | 2.0 | dB |
| $V_N$ | $V_{DS}$=15V, $V_{GS}$=0, f=1.0kHz | | 100 | | 100 | | 100 | | 100 | | 100 | nV/√Hz |

| 제목 | |
|---|---|

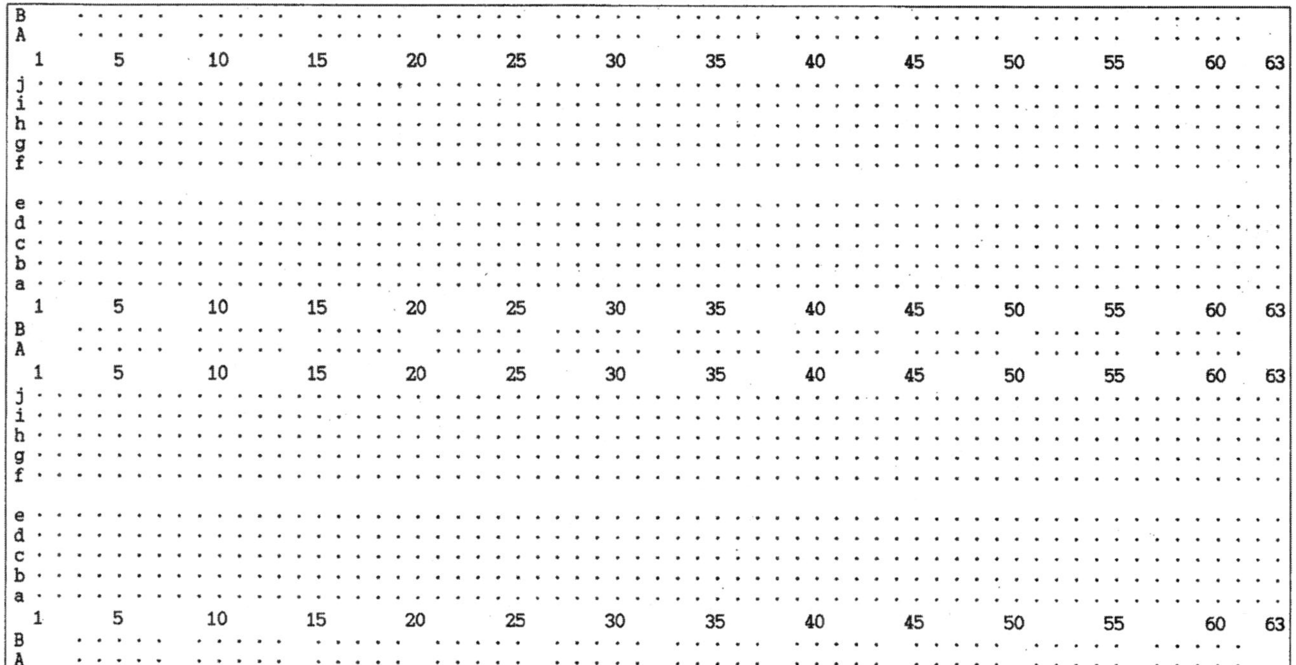


| 학번 | | 반 | | 번호 | |
|---|---|---|---|---|---|
| 제출일자 | | 20 년 월 일 | | | |
| 성 명 | | | | | |

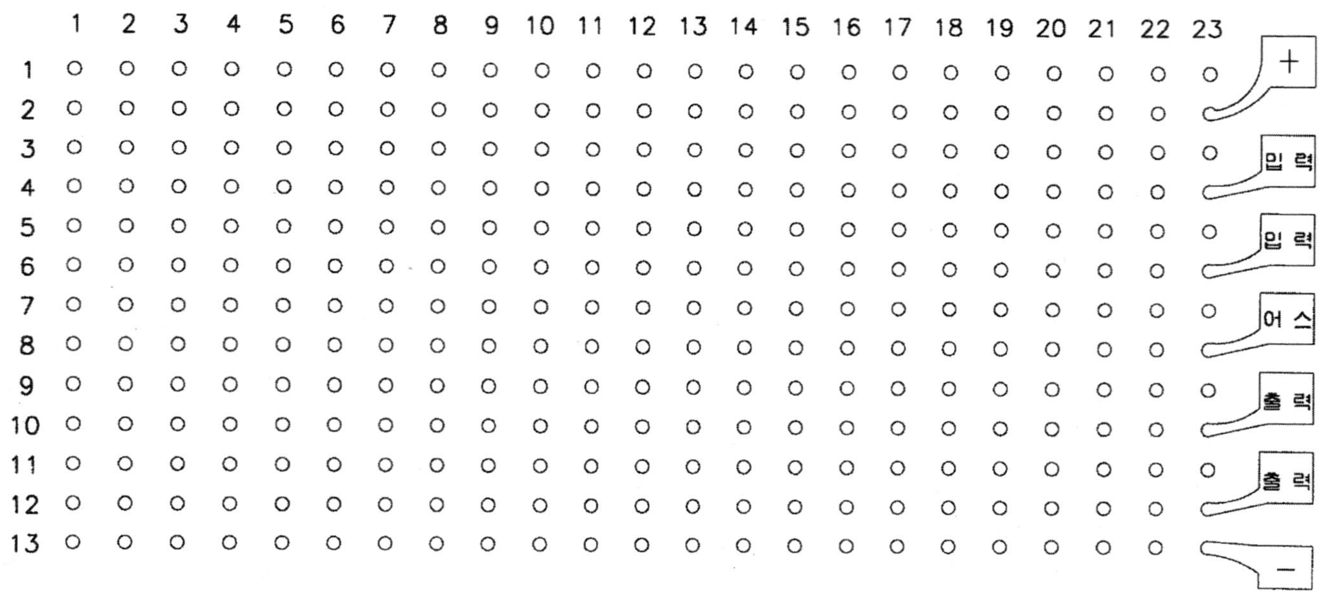
+
입 력
입 력
어 스
출 력
출 력
−

| 제목 | |
|---|---|

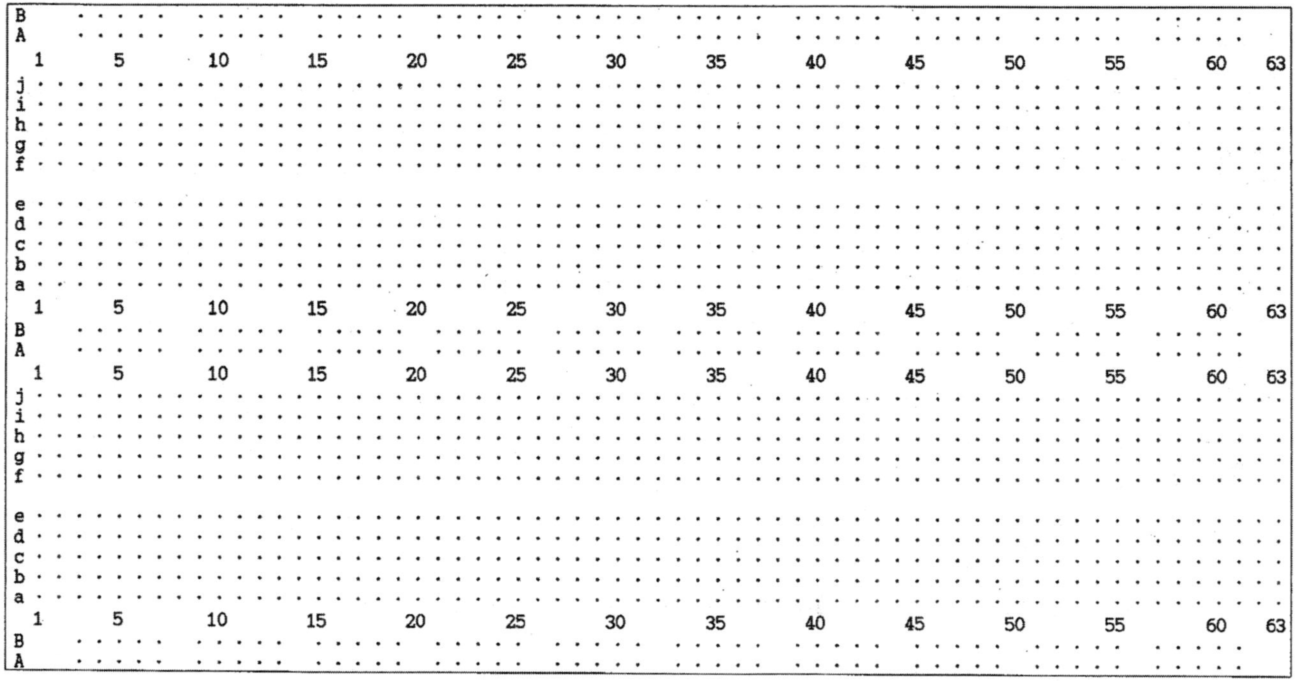


| 학번 | | 반 | | 번호 | |
|---|---|---|---|---|---|
| 제출일자 | | 20 년 월 일 | | | |
| 성 명 | | | | | |

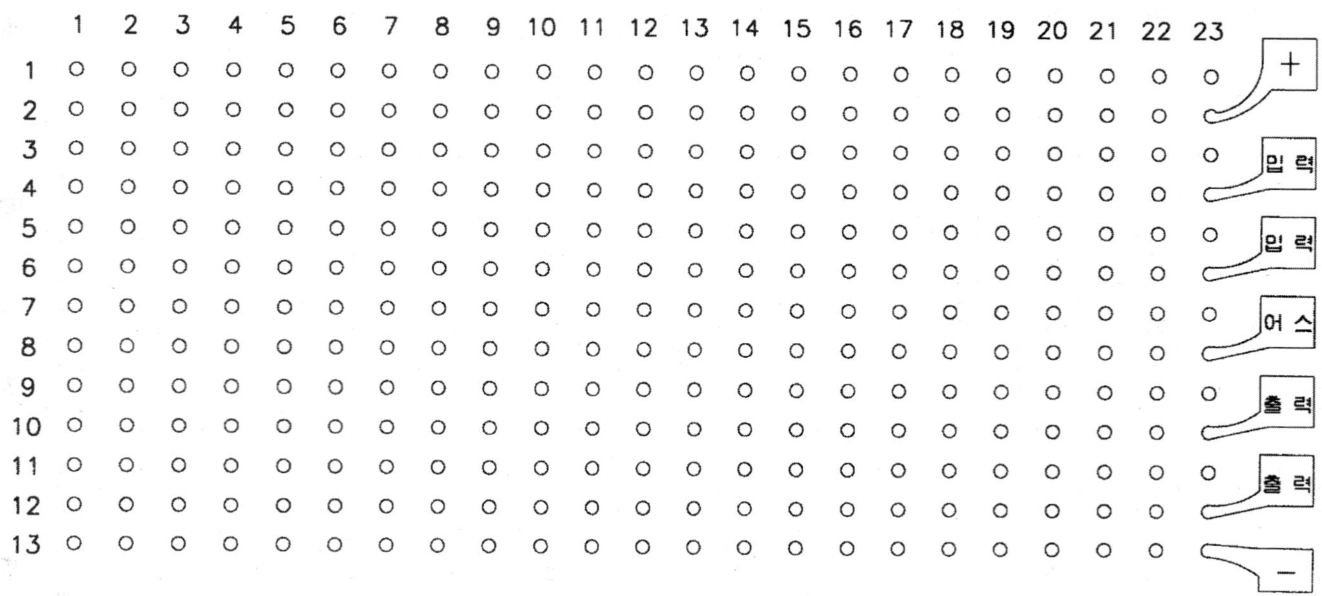

+
입 력
입 력
어 스
출 력
출 력
−

| 제목 | |
|---|---|

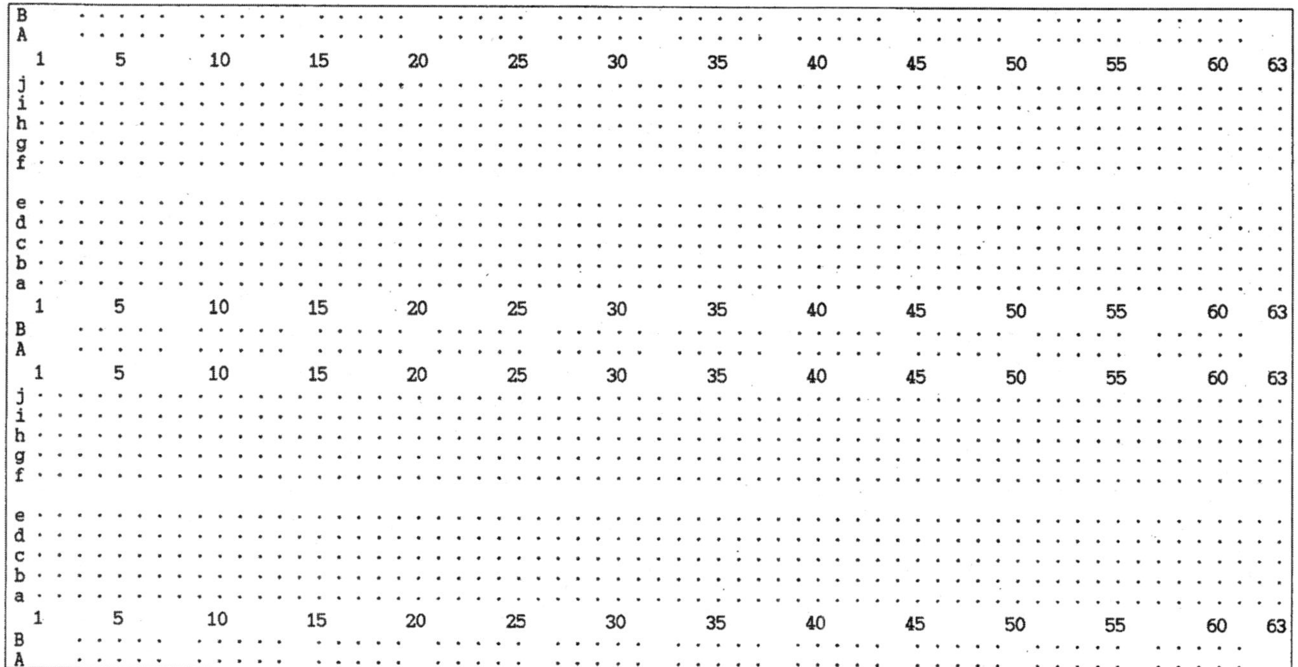


| 학번 | | 반 | | 번호 | |
|---|---|---|---|---|---|
| 제출일자 | | 20 년 월 일 | | | |
| 성 명 | | | | | |

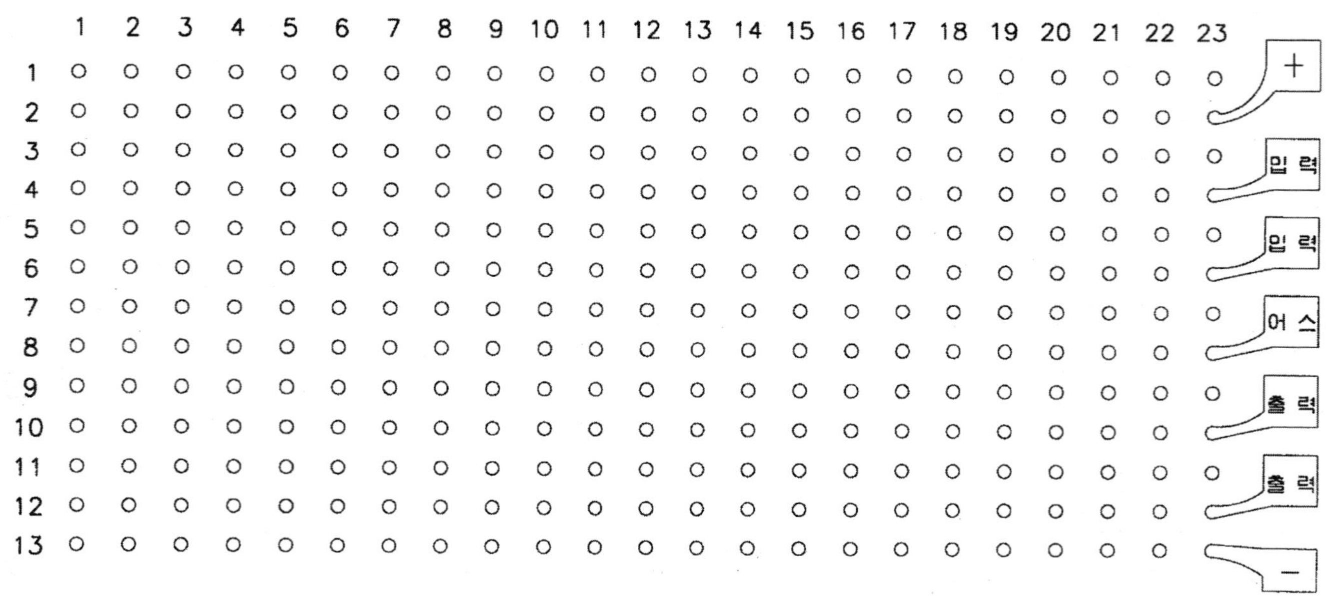

입력
입력
어스
출력
출력

| 제목 | |
|---|---|

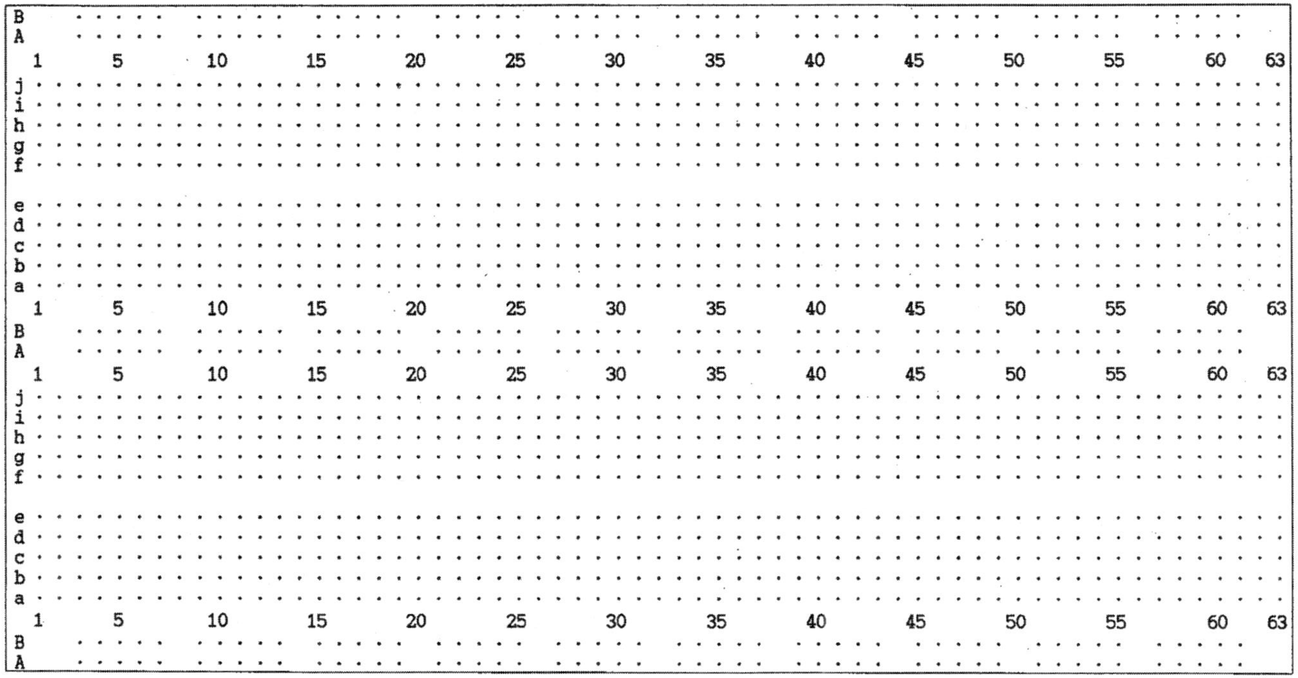


| 학번 | | 반 | | 번호 | |
|---|---|---|---|---|---|
| 제출일자 | | 20 년 월 일 | | | |
| 성 명 | | | | | |

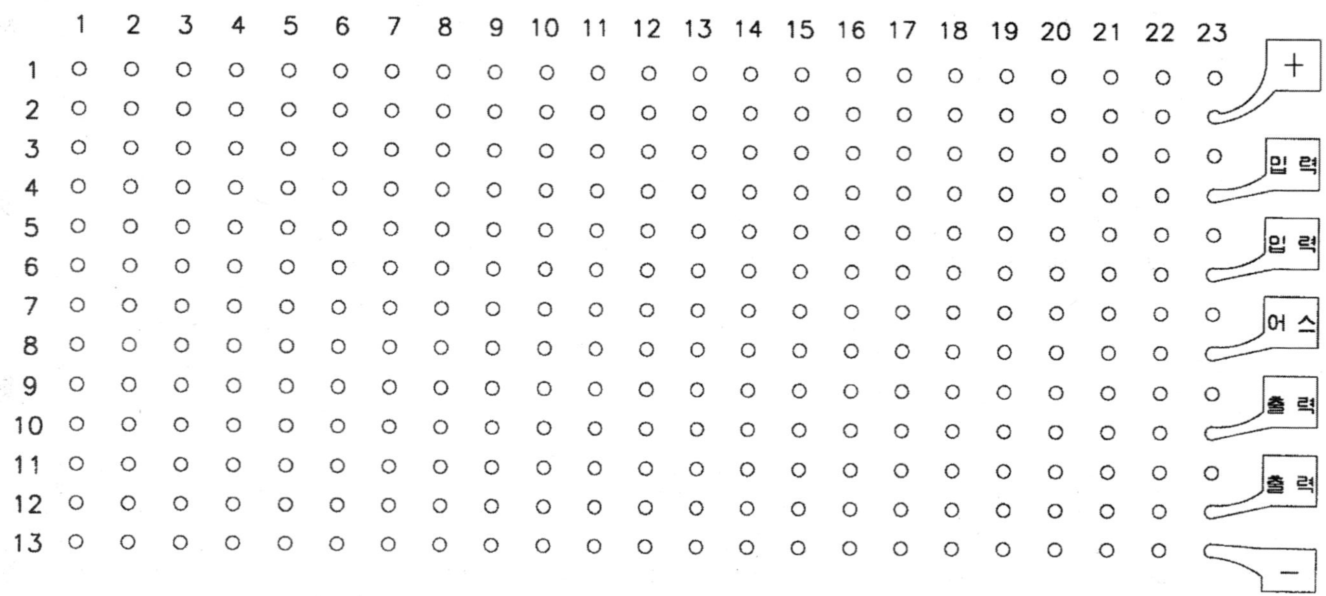
1 2 3 4 5 6 7 8 9 10 11 12 13 14 15 16 17 18 19 20 21 22 23
1 2 3 4 5 6 7 8 9 10 11 12 13
+
입 력
입 력
어 스
출 력
출 력
–

| 제목 | |
|---|---|

B
A
1 5 10 15 20 25 30 35 40 45 50 55 60 63
j
i
h
g
f

e
d
c
b
a
1 5 10 15 20 25 30 35 40 45 50 55 60 63
B
A
1 5 10 15 20 25 30 35 40 45 50 55 60 63
j
i
h
g
f

e
d
c
b
a
1 5 10 15 20 25 30 35 40 45 50 55 60 63
B
A

| 학번 | | 반 | | 번호 | |
|---|---|---|---|---|---|
| 제출일자 | | 20 년 월 일 | | | |
| 성 명 | | | | | |

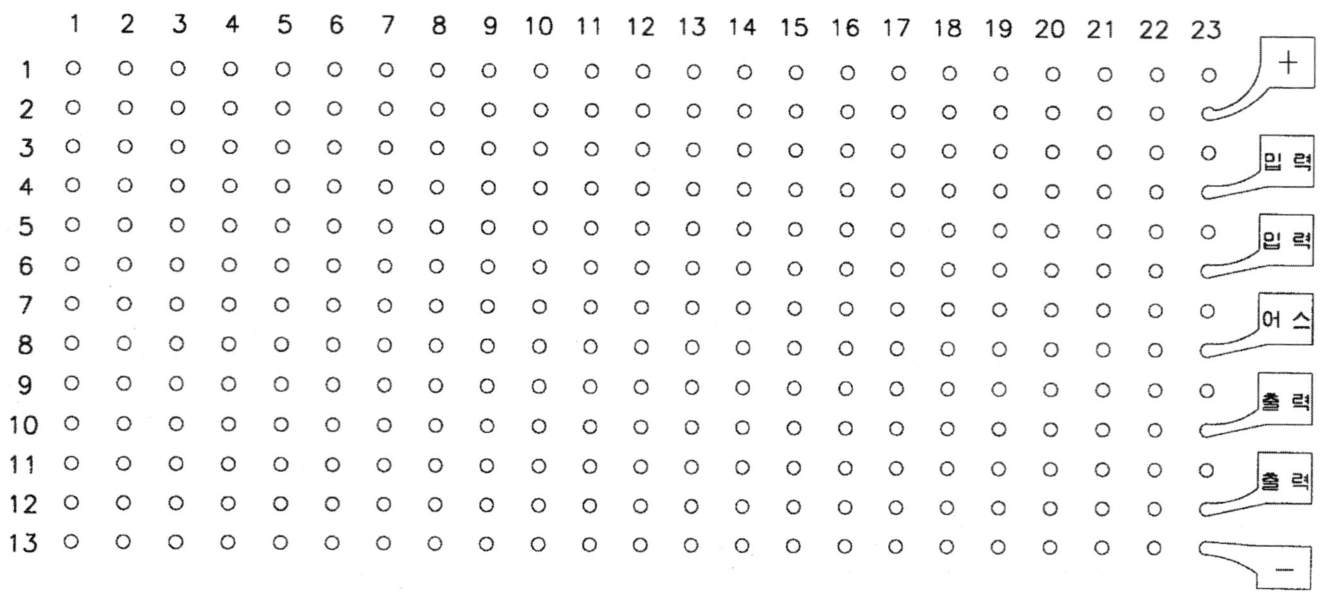
+
입 력
입 력
어 스
출 력
출 력
−

| 제목 | |
|---|---|

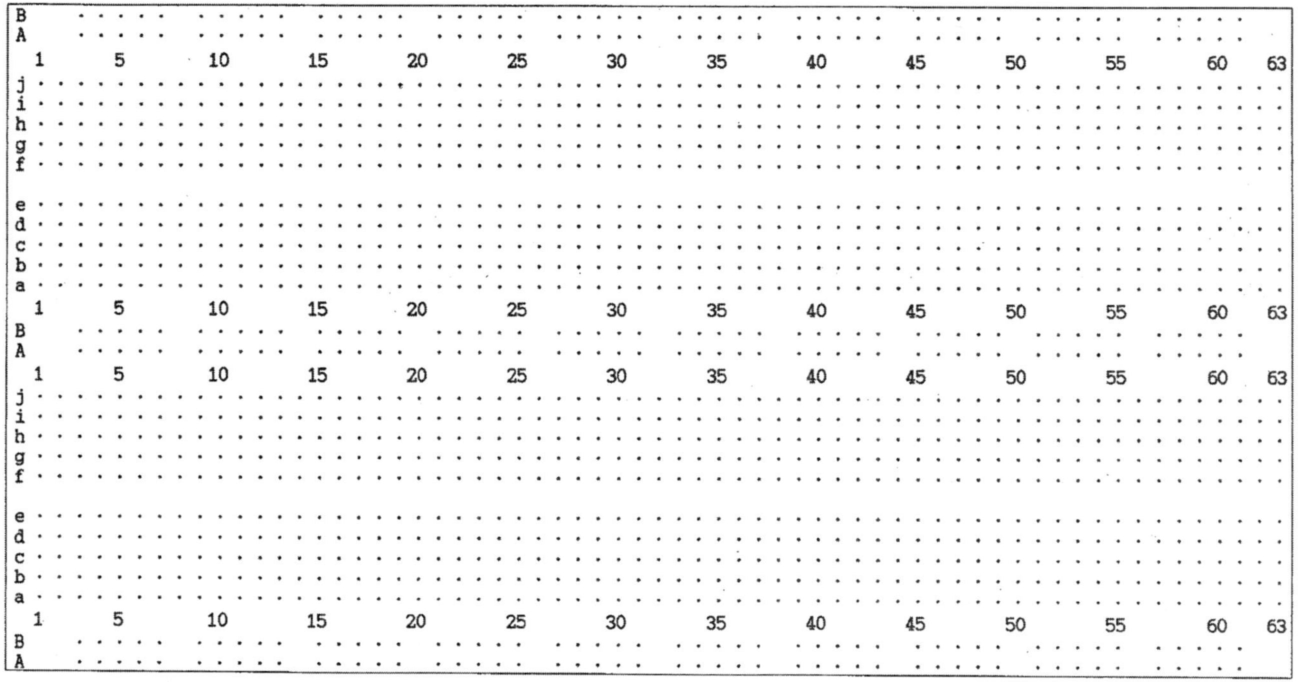


| 학번 | | 반 | | 번호 | |
|---|---|---|---|---|---|
| 제출일자 | | 20 년 월 일 | | | |
| 성 명 | | | | | |

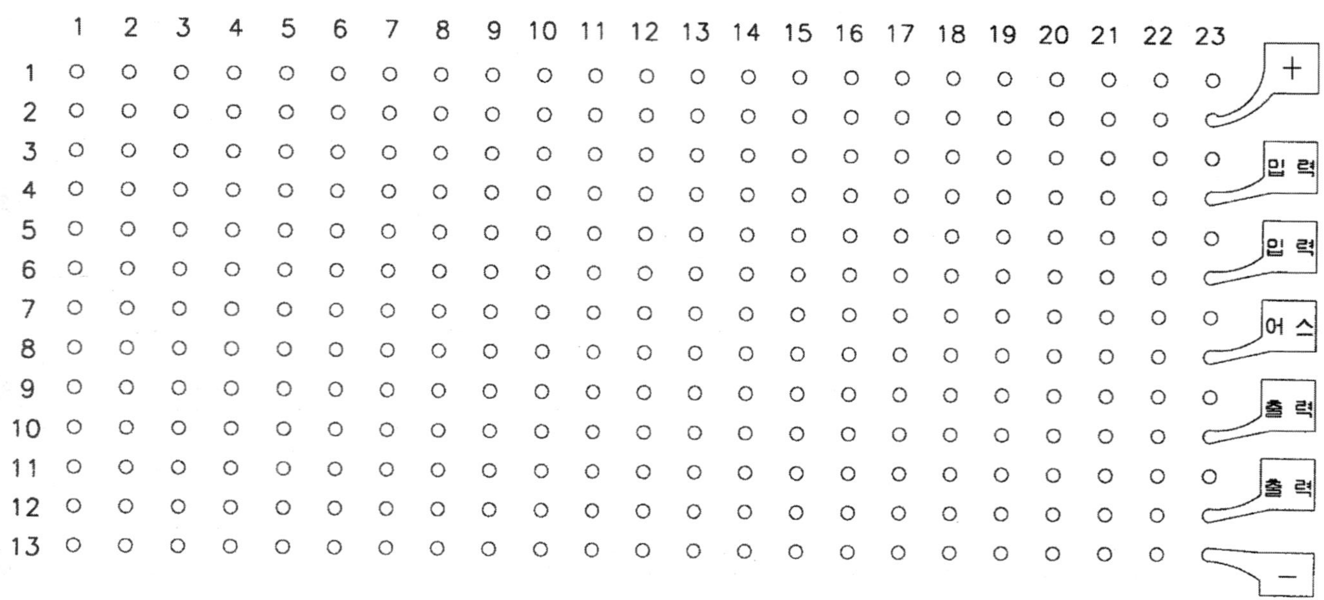
+
입 력
입 력
어 스
출 력
출 력
−

저자와의
협의에 의해
인지 생략

회로의 기본 소자 - 다이오드와 TR, FET를 중심으로 다룬

**기초 전자회로 실험·실습**

3판 2쇄 2017년 1월 5일

저 자 이기학 / 주창식 / 백주기
발행인 송광헌
발행처 복두출판사
주 소 서울특별시 영등포구 경인로82길 3-4
센터플러스 807호
(우) 07371
전 화 02-2164-2580~1
FAX 02-2164-2584
등 록 1993. 11. 22. 제 10-902 호

**정가 : 24,000원**

ISBN : 979-11-5906-087-8 93560

한국과학기술출판협회 회원사